U0170485

科学出版社"十四五"普通高等教育研究生规划教材

卫星导航定位新技术及应用

边少锋　纪　兵　李厚朴　编著

国家自然科学基金项目（No：41971416、41874091、42122025）

资助出版

科 学 出 版 社

北 京

内 容 简 介

卫星导航定位系统自诞生以来,其技术的革新与完善就伴随着系统的建设和用户终端的广泛应用而飞速发展,也催生出了许多新理论、新技术、新方法与新应用。本书跟踪、阐述当前卫星导航系统定位的发展动态,以满足该领域中不同用户的需求,主要内容包括:GNSS 精密定位基本数学原理,主要阐述精密定位中的整数估计及基于格基规约的整数估计方法等;网络 RTK 技术,主要阐述网络 RTK 技术的种类、技术优势;精密单点定位技术,主要阐述精密单点定位基本原理、误差来源及处理方法,以及模糊度固定的研究进展;北斗/GNSS 地基/星基增强系统,主要阐述地基/星基增强的系统构成和涉及的关键技术;GNSS 组合导航,主要阐述 GNSS 与 INS、GIS、天文导航、视觉导航等方式组合导航的关键技术及技术优势;GNSS 遥感新技术,主要阐述 GNSS 折射与反射遥感可获取的有效观测量及相关的新技术。

本书可作为高等院校卫星导航技术专业方向的本科生、研究生教材,同时可作为卫星精密导航定位领域的科技工作者的参考书。

图书在版编目(CIP)数据

卫星导航定位新技术及应用/边少锋,纪兵,李厚朴编著. —北京:科学出版社,2023.7
科学出版社"十四五"普通高等教育研究生规划教材
ISBN 978-7-03-075969-6

Ⅰ.① 卫… Ⅱ.① 边… ②纪… ③李… Ⅲ.① 卫星导航-全球定位系统-高等学校-教材 Ⅳ.① P228.4

中国国家版本馆 CIP 数据核字(2023)第 124070 号

责任编辑:杨光华 刘 畅/责任校对:高 嵘
责任印制:彭 超/封面设计:苏 波

斜 学 出 版 社 出版
北京东黄城根北街 16 号
邮政编码:100717
http://www.sciencep.com

武汉市首壹印务有限公司印刷
科学出版社发行 各地新华书店经销
*

开本:787×1092 1/16
2023 年 7 月第 一 版 印张:19
2023 年 7 月第一次印刷 字数:462 000
定价:118.00 元
(如有印装质量问题,我社负责调换)

前言

卫星导航领域的发展日新月异、突飞猛进，涵盖的技术领域也非常广泛，且处于不断发展变化之中。本书根据海军工程大学近几年研究生"卫星导航新技术"课程教学实施的具体情况，重点选择卫星导航领域的研究前沿动态和应用热点问题展开阐述，在内容体系上，融合了教学科研团队近些年研究取得的研究成果，以及培养的研究生在该领域取得的学术成果。

本书是在边少锋教授的主持下撰写完成的。第 1 章由李厚朴撰写，第 2 章由边少锋撰写，第 3 章由纪兵撰写，第 4 章由李厚朴撰写，第 5 章由边少锋、李厚朴共同撰写，第 6 章由边少锋撰写，第 7 章由纪兵撰写。全书由纪兵统稿并完成文字校对，由边少锋整体修改、定稿。

此外，鉴于国际 GNSS 相关组织对科学研究可以提供权威的资料，可为学生下载相关文献、获取实验数据等提供重要帮助，本书附录对 GNSS 相关组织进行较为详细的介绍；同时为了配合课程教学，选取一些典型的卫星导航仿真计算软件进行介绍，如 STK 软件、RTKLIB 软件等，涵盖软件实现的原理、算法模型等，以及具体的操作使用说明等，为读者深刻理解、体会原理方法，以及实际的操作使用等提供指导。

本书的编著得到了董旭荣教授、柴洪洲教授、卞鸿巍教授、覃方君教授、许江宁教授等专家的指导、审阅，他们高屋建瓴地提出了很多有建设性的意见和建议，为完善课程体系、优化课程内容等提供了很好的帮助；教学科研团队的吴泽民，周威、马恒超、赵东方、李得宴、余德荧、张涛等博士研究生给予了大力支持与配合，完成了书稿编撰的大量具体工作，在此一并表示感谢。

卫星导航领域的技术革新是非常迅猛的，本书只对重点关注的课程授课内容进行详细的阐述、总结与研究成果转化，该领域其他实用、高效的新技术在本书中未能一一得以体现。由于编写时间有限，以及课程组的出发点不同，本书尚有诸多不足之处，敬请各位读者批评指正。如果有意见或建议可通过邮箱联系我们：sfbian@sina.com、jibing1978@126.com、lihoupu1985@126.com。

边少锋 纪 兵 李厚朴

2023 年 5 月

目录

第1章 全球卫星导航系统起源与发展动态

【教学及学习目标】

本章主要介绍全球卫星导航系统起源、发展动态及应用。通过本章的学习，学生可以了解卫星导航定位系统的基本情况、前沿动态、在国防与国民经济建设领域的典型应用，以及基于 GNSS 的 PNT 体系建设情况，从而建立起对卫星导航定位系统全局性的认识。

1.1 引　言

1957年10月4日，苏联发射了世界上第一颗人造地球卫星斯普特尼克1号（Sputnik-1）。卫星入轨后，科学家意外发现：当卫星过境时，地面站测量可检测到明显的无线电信号多普勒频移信息，该信息可用于卫星轨道确定。该发现及相关的研究成果推动了美国海军设计建设世界上第一个卫星导航系统，开启了人类利用人造卫星进行导航定位的新纪元。

基于多普勒频移测量的卫星导航系统适合海上舰船，因为其用户定位更新需求不频繁，但不适合要求频繁或连续定位的飞机和移动用户。为了满足用户连续、实时、精确导航的需求，人们开始探索基于无线电信号传输的时间和星地时间同步的被动式卫星测距技术。

随着卫星导航系统在越来越多领域中的广泛应用，系统提供的基本全球导航卫星系统（global navigation satellite system，GNSS）性能已无法满足某些特定应用场景下用户的需求。人们通过技术进步与创新，提出并实现了面向民航、海事等生命安全重点用户领域的广域差分与完好性增强等技术手段。

卫星导航系统具有统一、精确、易用、广泛的独特优势，作为信息化社会基础的时间空间基准服务已深度融入社会的各行各业中，在空间信息网络中的重要地位日益凸显，催生着其在定位授时功能的基础上进行融合创新，并发展符合新用户需求的各类特色服务。

随着自动驾驶、移动物联网、5G 等技术的发展，智能时代已经来临，人类对精准时空信息的需求愈发强烈，卫星导航系统作为最重要的时空基础设施，可为各类智能应用场景广泛赋能。目前，各卫星导航系统相互并存也相互竞争，通过时空基准、信号体制的创新设计，实现了不同系统的兼容互操作和融合处理，共同为人类提供更加优质的定位、导航和授时（positioning，navigation，and timing，PNT）服务。与此同时，各卫星导航系统地面系统能力大幅提升，数以万计的地面监测站覆盖全球，低成本高性能接收设备不断涌现，卫星导航信号和信息数据处理技术不断创新，使卫星导航进入多星座全球服务新时代。

1.2 卫星导航系统起源

卫星导航系统的建立，最初是出于军事目的。1964 年投入使用的美国子午仪卫星导航系统（简称子午仪系统），就是为修正北极星潜艇的惯性导航系统定位误差而研制的。随着冷战的结束及卫星导航系统的发展和完善，卫星导航技术在军事和民用领域已经得到了广泛的应用，卫星导航定位技术的商业化趋势也越来越明显。

1.2.1 子午仪系统及其局限性

子午仪系统（图 1-1），又称为海军导航卫星系统（navy navigation satellite system，NNSS）。1964 年在军事上正式投入使用，1967 年开始提供民用，目前已停止使用。

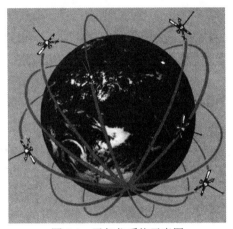

图 1-1 子午仪系统示意图

子午仪系统由三部分组成，即空间部分、地面监控部分和用户部分。

（1）空间部分由 6 颗轨道高约 1 100 km 的卫星组成，它们分布在 6 个轨道平面内，其轨道面相对地球赤道的倾角约为 90°，轨道形状近于圆形，运行周期约为 108 min。卫星发播 400 MHz 及 150 MHz 两种频率的载波，供用户及监控站对卫星进行观测。在 400 MHz 的载波上调制有导航电文，它向用户提供卫星位置和时间信息，用于测站位置解算。

（2）地面监控部分包括卫星跟踪站、计算中心和注入站。卫星跟踪站不间断地观测卫星，将数据传至计算中心，计算中心根据跟踪数据计算卫星轨道，并形成对应不同时间的一系列导航电文，注入站将电文注入卫星存储器，由卫星定时提供给用户。

（3）用户部分主要是用户接收机。用户接收机接收卫星播发的无线电信号，测量卫星与接收机相对运动而产生的多普勒频移，并根据卫星播发的导航电文，计算卫星位置。由于多普勒频移反映了卫星与接收机的相对运动速度，它包含了卫星与接收机的相对位置信息，根据卫星位置就可以计算接收机的位置。

子午仪系统只能提供二维导航解，取得一次定位结果需对一颗卫星观测 8～10 min，定位精度一般优于±40 m。不同地理位置的测站，平均 1.5 h 才能定位一次，利用卫星的瞬时位置和测站坐标之间的数学关系，可以计算出测站地心坐标。固定地面测站，每隔一小时可以观测到子午仪卫星通过一次，一般观测 40～50 次，利用收到的卫星星历和单点定位技术求得的测站地心坐标，其精度可达±（3～5）m。

苏联在 20 世纪 70 年代也建成过类似于子午仪系统的奇卡达（Tsikada）卫星导航系统。奇卡达卫星导航系统由 6 颗导航卫星组成卫星网，轨道高约为 1 000 km，与赤道面夹角为 83°，绕地球一周时间为 105 min。系统工作频率为 400 MHz 和 150 MHz，信号调制方法与子午仪系统有所不同。

虽然采用多普勒测量的方法建立起来的子午仪系统在卫星导航定位的发展中具有里程碑的意义，但该系统也存在明显的缺点，主要表现如下。

（1）无法提供实时、动态定位。由于该系统卫星数目较少，从地面站观测所需等待卫星出现的时间较长（平均约为 1.5 h），无法提供连续的实时定位，难以充分满足军事方面的要求，尤其是高动态目标（如飞机、导弹、卫星等）导航的要求，也无法满足汽车等运行轨迹较为复杂的地面车辆导航定位的需要。

（2）定位速度慢。利用子午仪卫星进行测量时，由于卫星数目少，大部分时间都是在等待卫星，真正的观测时间不足 20%，限制了作业效率。为获得对大地测量有意义的成果，一般需观测 50～100 次合格的卫星通过，历时一星期左右。

（3）定位精度低。子午仪卫星运行高度较低（平均约为 1 100 km），属于低轨卫星，卫星运行时受地球重力场模型误差和大气阻力等摄动因素造成的误差影响很大，通常只能获得分米级至米级的定位精度；同时，还受到信号频率、卫星钟等其他因素的影响，因此该系统在大地测量学和地球动力学研究方面的应用也受到了很大的限制。

1.2.2　全球定位系统的产生、发展及前景

随着 1957 年苏联第一颗人造地球卫星的发射，20 世纪 60 年代空间技术迅速发展，各种人造卫星相继升空，人们很自然地想到如果把无线电信号从卫星上发射，组成一个卫星导航系统，就能较好地解决覆盖面与定位精度之间的矛盾，于是出现了卫星导航系统。它具有地基无线电导航系统无法比拟的优点和精度，因而得到了迅速的发展，特别是美国全球定位系统（global positioning system，GPS）的投入使用和应用范围的不断扩大，逐渐使传统的天文导航和地面/近地无线电导航定位系统结束了长期的垄断地位。

卫星导航定位技术代表着无线电导航技术的发展趋势，对传统的导航理论与技术产生了深远的影响。随着卫星导航系统的建设与发展，一些传统的无线电导航系统有的已经关闭或退出现役，如奥米伽系统已经关闭、子午仪系统已退出现役。一些已有的卫星导航系统如美国的全球定位系统（GPS）、俄罗斯的格洛纳斯全球卫星导航系统（global navigation satellite system，GLONASS）、中国的北斗卫星导航系统（BeiDou navigation satellite system，BDS）的发展与应用及地理信息技术在国民经济发展中凸显出的重要作用，促使一些国家和地区开始建设和发展其自身的卫星导航系统，如欧洲正在建设中的伽利略（Galileo）卫星导航系统、日本的准天顶卫星系统（quasi-zenith satellite system，QZSS）等。其中，GPS、GLONASS、Galileo、BDS 为全球导航系统，为方便起见，在本书中将以上卫星导航系统统一称为全球导航卫星系统（GNSS）。GNSS 具有如下特点。

（1）覆盖区域广。GNSS 能在全球范围内提供全天候连续定位、导航和授时（PNT）服务。

（2）测量精度高。GNSS 能连续地为用户提供三维的位置和速度信息，以及精确的时间信息。如 GPS 相对定位精度在 50 km 以内可达 10^{-6}，在 100～500 km 范围内可达 10^{-7}，在 1 000 km 以上可达 10^{-9}。在 300～1500 m 工程精密定位中，1 h 以上观测的解算，其平

面误差小于 1 mm；测速精度优于 0.1 m/s；相对于 GPS 时间标准的授时精度优于 10 ns，相对世界协调时（coordinated universal time，UTC）的授时精度优于 1 μs，将来有可能提高到 100 ns。

（3）观测时间短。一般的用户接收机冷启动时间约为 35 s、热启动时间为 1 s，观测数据采样率可达 100 Hz，这对飞机、火箭、导弹等高动态用户有重要意义。GNSS 用于快速静态相对定位测量，流动站与基准站基线距离小于 15 km 时，流动站只需观测 1～2 min，即可达到毫米级测量精度；用于动态相对定位，基线距离小于 15 km 时，实时动态定位精度平面优于 3 cm、垂直优于 5 cm。

（4）抗干扰能力强。GNSS 导航信号是用导航电文和伪随机码调制高频载波而得到的。通过给不同的导航卫星分配不同的伪随机码，用伪随机码对导航电文进行调制，使导航信号的带宽被扩展，进而调制高频载波，实现码分多址（code division multiple access，CDMA），从而使卫星导航信号具有 CDMA 抗干扰性强的基本特点。

（5）操作简便。GNSS 测量的自动化程度很高，在观测中测量员的主要任务是安装并开关仪器、量取仪器高程、监视仪器的工作状态和采集环境的气象数据，其他的观测和数据记录等均由仪器自动完成。

1.3 全球卫星导航系统建设进展

1.3.1 BDS

1. 概述

北斗卫星导航系统是我国着眼于国家安全和经济社会发展需要，自主建设、独立运行的卫星导航系统，是为全球用户提供全天候、全天时、高精度的定位、导航和授时服务的国家重要空间基础设施。

我国高度重视北斗系统建设发展，自 20 世纪 80 年代开始探索适合我国国情的卫星导航系统发展道路，形成了"三步走"发展战略：2000 年底，建成北斗一号系统，向国内提供服务；2012 年底，建成北斗二号系统，向亚太地区提供服务；2020 年，建成北斗三号系统，向全球提供服务（发展历程如图 1-2 所示，星轨设计如图 1-3 所示，北斗导航卫星系统覆盖范围示意图如图 1-4 所示，卫星发射情况如表 1-1 所示）。

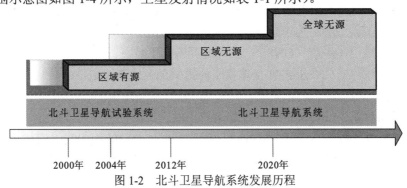

图 1-2 北斗卫星导航系统发展历程

北斗一号系统　　　　　　　北斗二号系统　　　　　　　北斗全球系统

图 1-3　北斗卫星导航系统星轨设计

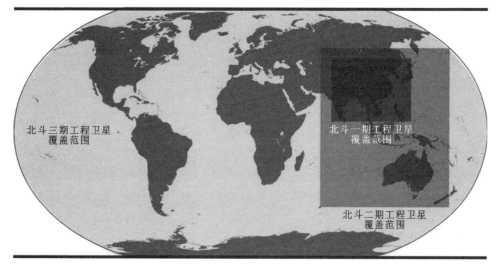

北斗三期工程卫星
覆盖范围

北斗一期工程卫星
覆盖范围

北斗二期工程卫星
覆盖范围

图 1-4　北斗导航卫星系统覆盖范围示意图

扫封底二维码看彩图

表 1-1　北斗卫星发射列表

卫星	发射日期	运载火箭	轨道
第 1 颗北斗导航试验卫星	2000.10.31	CZ-3A	GEO
第 2 颗北斗导航试验卫星	2000.12.21	CZ-3A	GEO
第 3 颗北斗导航试验卫星	2003.5.25	CZ-3A	GEO
第 4 颗北斗导航试验卫星	2007.2.3	CZ-3A	GEO
第 1 颗北斗导航卫星	2007.4.14	CZ-3A	MEO
第 2 颗北斗导航卫星	2009.4.15	CZ-3C	GEO
第 3 颗北斗导航卫星	2010.1.17	CZ-3C	GEO
第 4 颗北斗导航卫星	2010.6.2	CZ-3C	GEO
第 5 颗北斗导航卫星	2010.8.1	CZ-3A	IGSO
第 6 颗北斗导航卫星	2010.11.1	CZ-3C	GEO
第 7 颗北斗导航卫星	2010.12.18	CZ-3A	IGSO
第 8 颗北斗导航卫星	2011.4.10	CZ-3A	IGSO
第 9 颗北斗导航卫星	2011.7.27	CZ-3A	IGSO

卫星	发射日期	运载火箭	轨道
第 10 颗北斗导航卫星	2011.12.2	CZ-3A	IGSO
第 11 颗北斗导航卫星	2012.2.25	CZ-3C	GEO
第 12、13 颗北斗导航卫星	2012.4.30	CZ-3B	MEO
第 14、15 颗北斗导航卫星	2012.9.19	CZ-3B	MEO
第 16 颗北斗导航卫星	2012.10.25	CZ-3C	GEO
第 17 颗北斗导航卫星	2015.3.30	CZ-3C	IGSO
第 18、19 颗北斗导航卫星	2015.7.25	CZ-3B	MEO
第 20 颗北斗导航卫星	2015.9.30	CZ-3B	IGSO
第 21 颗北斗导航卫星	2016.2.1	CZ-3C	MEO
第 22 颗北斗导航卫星	2016.3.30	CZ-3A	IGSO
第 23 颗北斗导航卫星	2016.6.12	CZ-3C	GEO
第 24、25 颗北斗导航卫星	2017.11.5	CZ-3B	MEO
第 26、27 颗北斗导航卫星	2018.1.12	CZ-3B	MEO
第 28、29 颗北斗导航卫星	2018.2.12	CZ-3B	MEO
第 30、31 颗北斗导航卫星	2018.3.30	CZ-3B	MEO
第 32 颗北斗导航卫星	2018.7.10	CZ-3A	IGSO
第 33、34 颗北斗导航卫星	2018.7.29	CZ-3B	MEO
第 35、36 颗北斗导航卫星	2018.8.25	CZ-3B	MEO
第 37、38 颗北斗导航卫星	2018.9.19	CZ-3B	MEO
第 39、40 颗北斗导航卫星	2018.10.15	CZ-3B	MEO
第 41 颗北斗导航卫星	2018.11.1	CZ-3B	GEO
第 42、43 颗北斗导航卫星	2018.11.19	CZ-3B	MEO
第 44 颗北斗导航卫星	2019.4.20	CZ-3B	IGSO
第 45 颗北斗导航卫星	2019.5.17	CZ-3C	GEO
第 46 颗北斗导航卫星	2019.6.25	CZ-3B	IGSO
第 47、48 颗北斗导航卫星	2019.9.23	CZ-3B	MEO
第 49 颗北斗导航卫星	2019.11.5	CZ-3B	IGSO
第 50、51 颗北斗导航卫星	2019.11.23	CZ-3B	MEO
第 52、53 颗北斗导航卫星	2019.12.16	CZ-3B	MEO
第 54 颗北斗导航卫星	2020.3.9	CZ-3B	GEO
第 55 颗北斗导航卫星	2020.6.23	CZ-3B	GEO

注：GEO（geostationary orbit），地球静止轨道；MEO（medium Earth orbit），中地球轨道；IGSO（inclined geosynchronous orbit），倾斜地球同步轨道

第一步，建成北斗一号系统（又称为北斗卫星导航试验系统）。1994 年，启动北斗一号系统建设；2000 年，发射 2 颗地球静止轨道卫星，建成系统并投入使用，采用有源定位体制，为中国用户提供定位、授时、广域差分和短报文通信服务；2003 年发射第 3 颗地球静止轨道卫星，进一步增强系统性能。

第二步，建成北斗二号系统。2004 年，启动北斗二号系统建设；2012 年底，完成 14 颗卫星（5 颗地球静止轨道卫星、5 颗倾斜地球同步轨道卫星和 4 颗中地球轨道卫星）发射组网。北斗二号系统在兼容北斗一号系统技术体制基础上，增加无源定位体制，为亚太地区用户提供定位、测速、授时和短报文通信服务。

第三步，建成北斗三号系统。2009 年，启动北斗三号系统建设；2018 年，完成 19 颗卫星发射组网，完成基本系统建设，向全球提供服务；2020 年，完成 30 颗卫星发射组网，全面建成北斗三号系统。北斗三号系统继承北斗有源服务和无源服务两种技术体制，能够为全球用户提供基本导航（定位、测速、授时）、全球短报文通信、国际搜救服务，中国及周边地区用户还可享有区域短报文通信、星基增强、精密单点定位等服务。

从 2017 年底开始，北斗三号系统建设进入了超高密度发射。2017 年 11 月到 2020 年 6 月，我国成功发射 30 颗北斗三号组网星和 2 颗北斗二号备份星，以超过月均 1 颗星的速度，创造世界卫星导航系统组网发射新纪录。2020 年 6 月 23 日，我国在西昌卫星发射中心用长征三号乙运载火箭，成功发射北斗系统第 55 颗导航卫星，即北斗三号最后一颗全球组网卫星，至此北斗三号全球卫星导航系统星座部署比原计划提前半年全面完成。2020 年 7 月 31 日上午，北斗三号全球卫星导航系统建成暨开通仪式在人民大会堂举行，中共中央总书记、国家主席、中央军委主席习近平宣布北斗三号全球卫星导航系统正式开通。

我国正在推动以下一代北斗系统为核心的国家综合定位、导航和授时（PNT）体系建设。2022 年 4 月 14 日上午，中国卫星导航系统管理办公室在第十三届中国卫星导航年会新闻发布会上表示，北斗三号全球卫星导航系统自正式建成开通以来，运行稳定，服务性能稳中有升，全球范围定位精度实测优于 4.4 m，与美国 GPS 相当，亚太地区性能更优，已经成为经济和社会发展的重要时空基石，成为中国以实际行动积极推动构建人类命运共同体的生动案例。2022 年 10 月，由中国科学技术大学地球和空间科学学院及物理学院组成的空间等离子体科学探测载荷研制团队，联合山东航天电子技术研究所 513 所等单位，成功研制北斗三号卫星低能离子探测载荷。

到 2035 年，我国将建设完善更加泛在、更加融合、更加智能的综合时空体系，进一步提升时空信息服务能力，为人类走得更深更远做出中国贡献。

2. 北斗一号系统

1）系统概况

北斗一号系统是我国第一代卫星导航系统，即有源区域卫星定位系统。该系统于 1994 年正式立项，2000 年发射 2 颗卫星后即能够工作，2003 年又发射了 1 颗备份卫星，完成了试验系统的组建。该系统服务范围为 70°～145°E、5°～55°N（图 1-4 中蓝色部分）。该系统由于采用有源定位的方式，仅用少量卫星即可实现定位，系统建设成本低、见效快。

但是系统在定位精度、用户容量、定位的频率次数、隐蔽性等方面均受到限制。另外该系统无测速功能，不能用于精确制导武器，该系统存在的诸多不足，促使我国研制系统升级方案，后成功过渡到北斗二号系统。

北斗一号系统由导航通信卫星、地面测控网和用户设备组成。

（1）导航通信卫星

系统中的卫星是空间导航站，即在空间的位置基准点，也是通信中继站。系统的卫星部分由 3 颗北斗一号卫星组成，均是离地面约 36 000 km 的地球同步卫星。其中 2 颗工作卫星分别定点于 80°E、140°E 上空，因此北斗一号系统又称为北斗双星导航定位系统，另一颗为在轨备份卫星，定点在 110.5°E。每颗卫星由有效载荷、电源、测控、姿态和轨道控制、推进、热控、结构等分系统组成。卫星上设置两套转发器，一套构成地面中心到用户的通信链路，另一套构成由用户到地面中心的通信链路，卫星波束覆盖我国领土和周边区域，主要满足国内导航通信的需要。

（2）地面测控网

地面测控网包括主控站（包括计算中心）、测轨站、气压测高站、校准站。

主控站设在北京，控制整个系统工作，具有六大主要任务：①接收卫星发射的遥测信号；向卫星发送遥控指令，控制卫星的运行、姿态和工作；②控制各测轨站的工作，收集它们的测量数据，对卫星进行测轨、定位，结合卫星的动力学、运动学模型，制作卫星星历；③实现计算中心与用户间的双向通信，并测量电波在计算中心、卫星、用户间往返的传播时间（或距离）；④收集来自测高站的海拔高度数据和校准站的系统误差校正数据；⑤主控站利用测得的计算中心、卫星、用户间电波往返的传播时间，以及气压高度数据、误差校正数据、卫星星历数据，结合存储在中心的系统覆盖区数字地图，对用户进行精密定位；⑥系统中各用户通过与计算中心的通信，间接地实现用户与用户之间的通信。由于计算中心集中了系统中全部用户的位置、航迹等信息，可方便地实现对覆盖区内用户的识别、监视和控制。

测轨站设置在位置坐标准确已知的地点，作为卫星定位的位置基准点，测量卫星与测轨站间电波传播时间（或距离），以多边定位方法确定卫星的空间位置，一般需设置 3 个或 3 个以上的测轨站，各测轨站之间应尽可能拉开距离，以得到较好的几何精度系数，3 个测轨站分别设在佳木斯、喀什和湛江。各测轨站将测量数据通过卫星发送至计算中心，由计算中心进行卫星位置的解算。

气压测高站设置在系统覆盖区内，用气压式高度计测量测高站所在地区的海拔高度。通常一个测高站测得的数据粗略地代表其周围 100～200 km 地区的海拔高度。海拔高度和该地区大地水准面高度的代数和即为该地区实际地形离基准椭球面的高度。各测高站将测量的数据通过卫星发送至计算中心。

校准站也分布在系统覆盖区内，其位置坐标应准确已知。校准站的设备及其工作方式与用户的设备及其工作方式完全相同。由计算中心对其进行定位，将计算中心解算出校准站的位置坐标与校准站的实际位置坐标相减，求得差值，由此差值形成用户定位修正值，一个校准站的修正值一般可用作其周围 100～200 km 区域内用户的定位修正值。

一般地，测轨站、测高站、校准站均是无人的自动数据测量、收集中心，在计算中心的控制下工作。

（3）用户设备

用户设备是带有全向收发天线的接收、转发器。用于接收卫星发射的 S 波段信号，从中提取计算中心传送给用户的数字信息。用户设备仅是接收、转发设备，因此可做得简单些，成本也可降低。对于一个容量极大的系统，降低用户设备的价格是扩大系统用户、提高系统使用效率的关键，也是提高系统竞争能力的关键因素之一。

用户设备具有三大功能。①开机快速定位功能：用户开机几秒钟就可以进行定位，而 GPS 等其他卫星导航系统需要几分钟。②位置报告功能：用户与用户、用户管理部门及地面中心之间均可实行双向报文通信，传递位置及其他信息，这是目前其他卫星导航系统不具备的。③双向授时功能：可以为用户提供双向授时服务，这也是目前其他卫星导航系统不具备的。

由于北斗一号系统采用有源定位体制，系统在用户容量、定位精度、隐蔽性和定位频度等方面均受到一定限制，而且系统无测速功能，不能满足远程精确打击武器的高精度制导要求。但是与其他卫星导航系统相比，该系统的投资要少得多，而且它还具有其他系统不具备的位置报告功能，因此，可以说双星导航定位系统是一个性能价格比较高的、具有中国特色的卫星导航系统。

2）系统主要技术指标

（1）服务区域。系统服务区域经度区间为 70°～145°E，纬度区间为 5°～55°N。

（2）动态性能及环境条件。系统适合于用户机载体瞬时速度小于 1 000 km/h 的动、静态用户使用。陆上各类用户机在公路上行进时对树木有轻微遮挡条件下能正常使用。

（3）用户容量。系统可为以下用户每小时提供 54 万次服务：一类用户机 10 000～20 000 个，适合于单兵携带用户，5～10 min 服务一次；二类用户机 5 500 个，适合于汽车、坦克、装甲车、舰船及直升机等用户，10～60 s 服务一次。

（4）系统阻塞率。不大于 10^{-3}。

（5）数据误码率。不大于 10^{-5}。

（6）定位精度。平面位置精度（1σ）20 m（不设标校机区域 100 m）；高程控制精度（1σ）10 m。其中，1σ 表示达到指标的概率为 0.68。

（7）简短报文通信功能。用户每次最多可以传送 120 个汉字的信息。

（8）授时精度（相对于中心控制系统时统）。单向传递精度为 100 ns，双向传递精度为 20 ns。

3）定位解算

北斗一号系统采用双星定位体制，其定位基本原理为三球交会测量原理：地面中心通过两颗卫星向用户广播询问信号（出站信号），并根据用户响应的应答信号（入站信号）测量并计算出用户到两颗卫星的距离；然后根据中心存储的数字地图或用户自带测高仪测出的高程算出用户到地心的距离，根据这 3 个距离就可以确定用户的位置，并通过出站信号将定位结果告知用户。授时和报文通信功能也在这种出入站信号的传输过程中同时实现。

首先由地面中心向卫星 1 和卫星 2 同时发送出站询问信号（C 频段）；两颗工作卫星接

收信号后，经卫星上出站转发器变频放大向服务区内的用户广播（S 频段）；用户响应其中一颗卫星的询问信号，并同时向 2 颗卫星发送入站响应信号（用户的申请服务内容包含在内，L 频段），经卫星转发回地面中心（C 频段），地面中心接收解调用户发送的信号，测量出用户所在点至 2 颗卫星的 2 个距离和，然后根据用户的申请服务内容进行相应的数据处理。对定位申请：根据测量出的 2 个距离和，加上从储存在计算机内的数字地图查询到的用户高程值（或由用户携带的气压测高仪提供），计算出用户所在点的坐标位置，然后置入出站信号中发送给用户，用户收到此信号后便知自己的坐标位置。对通信申请：地面中心根据通信地址将通信内容置入出站信号发送给相应用户。图 1-5 是用户响应卫星转发的出站信号的过程示意图。

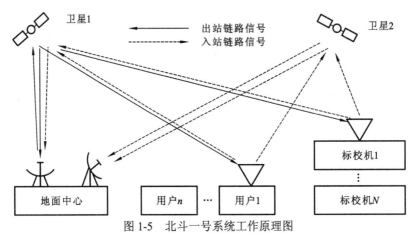

图 1-5 北斗一号系统工作原理图

系统采用广域差分定位方法，利用标校机的观测信息，确定服务区内电离层、对流层及卫星轨道位置误差等校准参数，从而为用户提供更高精度的定位服务。

3. 北斗区域卫星导航系统

1）系统概况

从 2004 年开始，我国就开始筹建北斗第二代卫星导航系统，按照先区域、后全球的总体建设思路，计划先建成导航信号覆盖我国及周边地区的北斗二号系统，已于 2012 年底完成。北斗二号系统由空间星座、地面运控和用户终端组成。

（1）空间星座

2012 年 12 月 27 日，官方宣布北斗卫星导航系统正式提供区域服务，北斗二号系统建设完成。在轨工作卫星有 5 颗地球静止轨道（GEO）卫星、5 颗倾斜地球同步轨道（IGSO）卫星和 4 颗中地球轨道（MEO）卫星。北斗二号系统空间星座组成如图 1-6 所示。

GEO 卫星轨道高度为 35 786 km，分别定点于 58.75°E、80°E、110.5°E、140°E 和 160°E，如图 1-6 中 1 号轨道所示。

MEO 卫星轨道高度为 21 528 km，轨道倾角为 55°，回归周期为 7 天 13 圈，相位从 Walker24/3/1 星座中选择，第一轨道面升交点赤经为 0°。4 颗 MEO 卫星分别位于第一轨道面 7、8 相位及第二轨道面 3、4 相位，如图 1-6 中 2 号轨道所示。

IGSO 卫星轨道高度为 35 786 km，轨道倾角为 55°，分布在 3 个轨道面内，如图 1-6 中 3 号轨道所示，升交点赤经分别相差 120°，其中 3 颗卫星的星下点轨迹重合，交叉点经度为 118°E，其余 2 颗卫星的星下点轨迹重合，交叉点经度为 95°E。

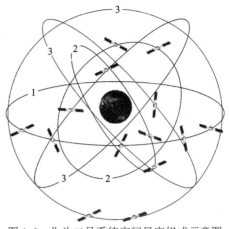

图 1-6　北斗二号系统空间星座组成示意图

（2）地面运控

地面运控由若干主控站、注入站和监测站组成。主控站主要任务是收集各个监测站的观测数据，进行数据处理，生成卫星导航电文、广域差分信息和完好性信息，完成任务规划和调度，实现系统运行控制与管理等；注入站主要任务是在主控站的统一调度下，完成卫星导航电文、广域差分信息和完好性信息注入，以及有效载荷的控制管理；监测站对导航卫星进行连续跟踪监测、接收导航信号，发送给主控站，为卫星轨道确定和时间同步提供观测数据。主控站设在北京，另有 1 个备份主控站设在成都；2 个注入站分别设在喀什和三亚；监测站分为一类监测站和二类监测站，一类监测站分别设在北京、哈尔滨、乌鲁木齐、喀什、成都、汕头和三亚等地，二类监测站分别设在兰州、郑州、武汉、昆明和上海等地。

（3）用户终端

北斗卫星导航系统的用户终端是由各类北斗用户终端，以及与其他卫星导航系统兼容的终端组成，能够满足不同领域和行业的应用需求。北斗卫星导航系统开始建设后，一些高等院校、科研院所、卫星导航相关企业争相推出了众多的北斗卫星导航系统终端产品。这些终端产品按产品类型分为手持型、车载型、船载型及机载型等；按应用功能分为导航型、授时型、测量型等；按接收机可处理的频点数分为北斗单频、双频、三频接收机等；按导航系统分为单北斗接收机、北斗/GPS 双系统组合接收机及北斗/GPS/GLONASS 三系统组合接收机乃至北斗/GPS/GLONASS/Galileo 四系统组合接收机等。这些北斗终端产品均具有自主知识产权，并在气象、港口、铁路、公路、航空、渔业、地震、洪水、滑坡和森林防火等诸多领域得到了较好的应用。

国内卫星导航领域厂商起步较晚，在卫星导航终端设备的设计制造的关键技术、理论算法及制造工艺上与国外著名厂商如天宝（Trimble）、诺瓦泰（Novatel）和徕卡（Leica）等仍有一定的差距。为培育北斗卫星导航系统的本地终端厂商，国家政策对国内厂商有一定的倾斜。目前国内厂商在接收机整机和板卡领域已经取得了长足的进步，多家厂商陆续推出了具有自主知识产权的导航和测量型整机和板卡，部分产品已经进入了批量生产阶段。

随着北斗卫星导航系统的建设和发展，北斗卫星导航系统空间接口控制文件正式版已发布，国内的北斗/GNSS 用户终端厂商将面临国外厂商的严峻挑战。国内北斗/GNSS 用户终端厂商只有不断加强自身的人才建设，不断地进行技术和工艺革新，才能在卫星导航终端领域站稳脚跟。

2）系统主要技术指标

北斗二号系统服务区如图1-4中红色部分和图1-7中红框所示,其范围为70°～150°E、55°S～55°N的大部分地区,其中75°～135°E、10°～55°N区域为重点服务区域,定位精度为10 m,测速精度优于0.2 m/s,授时精度优于50 ns,其他区域定位精度为20 m。

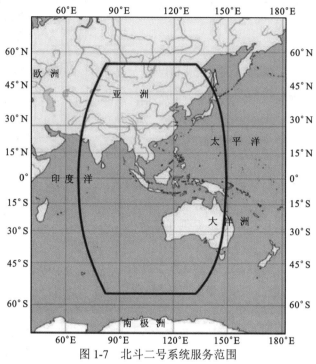

图1-7 北斗二号系统服务范围

来源:《北斗卫星导航系统公开服务性能规范》(1.0 版)——中国卫星导航系统管理办公室
扫封底二维码看彩图

4. 北斗全球卫星导航系统

1）系统概况

北斗三号系统建设目标是为全球用户提供陆、海、空导航定位服务,促进卫星定位、导航、授时服务功能的应用,为航天用户提供定位和轨道测定手段,满足武器制导的需要、满足导航定位信息交换的需要。2018年底,北斗三号基本系统建成,为"一带一路"沿线国家提供服务。2020年,世界一流的北斗三号系统建成,提供全球服务。系统主要由空间星座、地面运控和用户终端组成。

（1）空间星座

北斗三号系统的空间星座由3颗GEO卫星和27颗非地球静止轨道(Non-GEO)卫星组成,Non-GEO卫星由24颗中地球轨道(MEO)卫星和3颗倾斜地球同步轨道(IGSO)卫星组成,星座结构如图1-8所示。分布于赤道上空的地球静止轨道的3颗卫星均为GEO卫星,MEO卫星平均分布在3个轨道面上,每个轨道平均分布8颗MEO卫星。

（2）地面运控

地面控制段负责系统导航任务的运行控制,主要由主控站、时间同步/注入站、监测站等组成。主控站是北斗系统的运行控制中心,主要任务包括:收集各时间同步/注入站、监

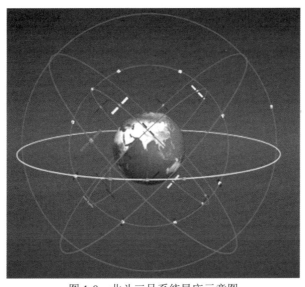

图 1-8 北斗三号系统星座示意图

测站的导航信号监测数据，进行数据处理，生成并注入导航电文等；负责任务规划与调度和系统运行管理与控制；负责星地时间观测比对；卫星有效载荷监测和异常情况分析等。时间同步/注入站主要负责完成星地时间同步测量，向卫星注入导航电文参数。监测站对卫星导航信号进行连续监测，为主控站提供实时观测数据。

（3）用户终端

用户终端包括各种类型的北斗用户终端。

2）系统主要技术指标

（1）服务精度

服务精度包括定位精度和授时精度。定位精度指用户使用公开服务信号确定的位置与其位置之差的统计值，包括水平定位精度和垂直定位精度。授时精度指用户使用公开服务信号确定的时间与北斗时间（BeiDou time，BDT）之差的统计值。定位精度指标见表 1-2，授时精度指标见表 1-3。

表 1-2　定位精度指标

信号类型	定位精度/m（95%置信度）		约束条件
全球 B1I、B3I 任意单频、双频	水平方向	≤10	满足规定使用条件的用户，使用健康的卫星信号进行解算；B1I、B3I 信号全球所有点 24 h 的定位误差的统计值；不包括传输误差和用户段误差
	垂直方向	≤10	
亚太大部分地区 B1I、B3I 任意单频、双频	水平方向	≤5	满足规定使用条件的用户，使用健康的卫星信号进行解算；B1I、B3I 信号亚太大部分地区所有点 24 h 的定位误差的统计值；不包括传输误差和用户段误差
	垂直方向	≤5	
全球 B1C、B2a 任意单频、双频	水平方向	≤10	满足规定使用条件的用户，使用健康的卫星信号进行解算；B1C、B2a 信号全球所有点 24 h 的定位误差的统计值；不包括传输误差和用户段误差
	垂直方向	≤10	

表 1-3　授时精度指标

信号类型	授时精度/ns（95%置信度）	约束条件
全球 B1I、B3I 任意单频、双频	≤20	满足规定使用条件的用户，使用健康的卫星信号进行多星解算；B1I、B3I 信号全球所有点 24 h 的授时误差的统计值；不包括传输误差和用户段误差
亚太大部分地区 B1I、B3I 任意单频、双频	≤10	满足规定使用条件的用户，使用健康的卫星信号进行多星解算；B1I、B3I 信号亚太大部分地区所有点 24 h 的授时误差的统计值；不包括传输误差和用户段误差
全球 B1C、B2a 任意单频、双频	≤20	满足规定使用条件的用户，使用健康的卫星信号进行多星解算；B1C、B2a 信号全球所有点 24 h 的授时误差的统计值；不包括传输误差和用户段误差

（2）服务区域

2018 年 12 月 27 日，北斗三号基本系统已完成建设，开始提供全球服务，卫星运行轨迹如图 1-9 所示。这标志着北斗卫星导航系统服务范围由区域扩展为全球，北斗卫星导航系统正式迈入全球时代。至 2020 年，北斗三号系统已经如期完成建设，已在全球实现了定位精度优于 10 m、测速精度优于 0.2 m/s、授时精度优于 20 ns 的服务。

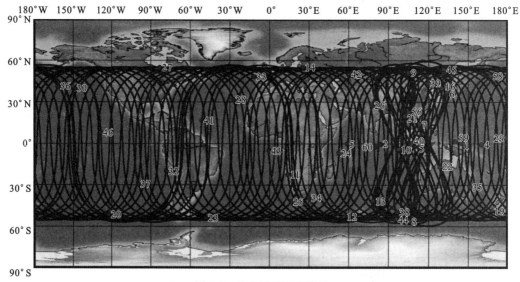

图 1-9　北斗卫星运行轨迹

（3）卫星种类

未来，北斗卫星导航系统将持续提升服务性能，扩展服务功能，保障连续稳定运行，进一步提升全球定位导航授时和区域短报文通信服务能力，并提供星基增强、地基增强、精密单点定位、全球短报文通信和国际搜救等服务。

1.3.2　Galileo

Galileo 卫星导航系统是欧洲正在实施的一项重大民用航天项目，于 20 世纪 90 年代由欧盟委员会和欧洲航天局（European Space Agency，ESA）共同发起，其目标是建成欧洲自主的民用全球卫星导航系统，并与美国 GPS 和俄罗斯 GLONASS 相兼容，从而摆脱对 GPS 的依赖，打破美国对全球卫星导航定位产业的垄断。在使欧洲获得工业和商业效益的同时，它将为建立欧洲共同安全防务体系提供基础条件。

1. 系统概况

"Galileo 计划"的酝酿开始于 1990 年，欧洲航天局决定研制"全球导航卫星系统（GNSS）"。GNSS 的开发分为两个阶段：第一阶段是建立一个与美国 GPS、俄罗斯 GLONASS 及 3 种区域增强系统均能相容的第一代全球导航卫星系统（GNSS-1）；第二阶段是建立一个完全独立于 GPS 和 GLONASS 之外的第二代全球导航卫星系统（GNSS-2），也就是 Galileo 系统。Galileo 系统将实现欧洲拥有自己独立的全球导航卫星系统的长远目标。

Galileo 系统包括 30 颗导航卫星及其相关地面设施，按照欧盟的最初设想，"Galileo 计划"的安排共分为 4 个阶段。

第一阶段（1999~2000 年）：系统的可行性评估阶段或者定义阶段，该阶段已在 2001 年宣告结束。

第二阶段（2001~2005 年）：开发和在轨验证阶段，主要工作是汇总任务需求、开发 2~4 颗卫星和地面部分及系统在轨验证。2005 年 12 月 28 日，由英国萨瑞卫星技术公司研制的首颗在轨验证的试验卫星 GIOVE-A 成功发射，标志着"Galileo 计划"在轨验证阶段迈出重要一步。按计划，第 2 颗试验卫星 GIOVE-B 应于 2006 年 4 月发射以确保国际电信联盟把已分配给 Galileo 系统的频率继续保留给其使用，后来由于种种原因，该颗卫星推迟至 2008 年 4 月 27 日在位于哈萨克斯坦的拜科努尔航天中心成功发射并入轨后运行良好。2009 年 6 月 15 日，欧洲航天局"Galileo 计划"主任与阿里安航天公司首席执行官在巴黎航展上签署协议：使用 2 枚联盟号火箭从欧洲的法属圭亚那发射场发射首批 4 颗 Galileo 卫星，到 2010 年底，4 颗 Galileo 卫星将进入 23 600 km 高空的椭圆轨道运行。4 颗 Galileo 工作卫星发射成功后才标志着进行真正意义上的空间、地面和用户联合在轨验证试验。

第三阶段（2006~2007 年）：部署阶段，主要任务是进行卫星的发射布网、地面站的架设及系统的整体联调。显然，此阶段已经推迟进行，并且此阶段是整个计划耗资最大的阶段。

第四阶段（2008 年至今）：系统商业运行阶段，提供增值服务，资方获得收益。系统原先预计到 2014 年达到收支平衡，但实现独立运转的计划已被推迟。

2. 系统组成

1）空间段

（1）卫星星座

Galileo 卫星星座由 30 颗卫星组成，如图 1-10 所示。这些卫星均匀分布在 3 个中地球轨道上，其星座构型为 Walker27/3/1，并有 3 颗在轨备份星。卫星轨道高度为 23 616 km，轨道倾角为 56°，设计寿命为 20 年。Galileo 卫星的尺寸为 2.7 m×1.2 m×1.1 m，太阳电池翼展开跨度为 13 m，发射质量为 700 kg，功率为 1.6 kW，主要有效载荷包括质量为 130 kg、功率为 900 W 的导航载荷和质量为 15 kg、功率为 50 W 的搜救转发器。Galileo 卫星发送连续的测距码和导航数据，即使在恶劣情况下，时钟坐标和导航数据每 100 min 上行注入一次，完好性数据每秒钟上行注入一次。Galileo 卫星提供 10 个右圆极化的导航信号和 1 个搜救信号。依据国际电信联盟的规定：导航信号分别在分配的无线电导航卫星系统频段 1 164～1 215 MHz、1 260～1 300 MHz 和 1 559～1 591 MHz 内发射；搜救信号将在一个紧急服务预留频段（1 544～1 545 MHz）内广播。系统采用码分多址（CDMA）扩频技术，各卫星以相同的频率发射信号。Galileo 卫星射频信号的调制除了采用传统的二进制相移键控（binary phase shift keying，BPSK）调制技术，还采用一种新的调制技术——二进制偏移载波（binary offset carrier，BOC）调制技术。与 BPSK 调制技术相比，BOC 调制技术具有较好的抗多路径效应、降低码噪声和易于信号跟踪等优点，将成为未来卫星导航与通信系统信号的有效调制手段。

图 1-10　Galileo 卫星星座结构图

截至 2022 年 12 月，Galileo 卫星星座共有 28 颗在轨卫星，其中 24 颗处于运行状态，4 颗无法使用。

（2）有效载荷

导航有效载荷主要包括：①授时系统；②信号产生子系统，对载波频率进行格式化、编码和调制；③无线电频率子系统，放大调制载波；④天线子系统，向用户发送导航信号；⑤C 频段数据接收系统，负责接收导航电文和完好性数据。其中，授时系统由星载原子钟及相对应的功分器、功率合成器、频率分配网络、二次电源模块和锁相环（phase locked loop，PLL）电路等部件构成。星载原子钟是卫星授时系统的核心，包括 2 台铷钟和 2 台氢脉泽钟。铷钟质量为 3.2 kg，功率为 30 W；氢脉泽钟质量为 18 kg，功率为 70 W。铷钟体积小，成本低，具有较短的周期稳定度（优于 10 ns/d），是在星上采用的最先进的铷钟；而氢脉泽钟的周期稳定度更短（优于 1 ns/d），世界上首次在星上采用这种氢钟。

搜救有效载荷：每颗 Galileo 卫星上都安装有搜救（search and rescue，SAR）有效载荷。它支持现有的国际搜救卫星系统 COSPAS/SARSAT（COSPAS 是俄文的拉丁化，英文全称为 space system for search od distress vessels，SARSAT 英文全称为 search and rescue satellite aided tracking），并能满足国际海事组织（International Marine Organization，IMO）和国际

民航组织（International Civil Aviation Organization，ICAO）在求救信号探测方面的要求。搜救有效载荷是一个变频转发器，质量约为 15 kg，功率为 50 W。该有效载荷在 406 MHz 频带上检出求救信号，将其转换为 1 544 MHz 频带（称为 L6 频带，保留为紧急服务使用）的信号发送到地面救援系统。另外，它还将把在 C 频段上接收到的由搜救注入站发来的救援指令变换到 L 频段发送给搜救终端。Galileo 系统将定位功能和搜救功能集成在一个系统中，并能够实现全球无缝覆盖，系统用户在任何地点和时间均可接收到 4 颗卫星信号，从而确保实时报警和求救信号被可靠接收。搜救有效载荷具有双向转发功能，可以将救援指令发送到求救者所在区域，及时通知附近的救援组织前往营救；求救者收到此信号后，也可以确知求救信号已被受理，从而做好准备，以配合救援行动。

（3）研制进程

2012 年，Galileo 空间段的建造已完成 2 颗 GIOVE 试验卫星和 4 颗在轨验证（in-orbit validation，IOV）卫星的成功发射，标志着伽利略系统建设已取得阶段性重要成果，4 颗 IOV 卫星可以组成微型网络，初步发挥地面定位功能，并确保今后发射的其他卫星能准确进入预定轨道正常运转，GIOVE 试验卫星和 IOV 卫星的主要性能见表 1-4。2020 年，欧洲航天局向欧洲卫星制造商进行首批第二代 Galileo 卫星的招标。第二代 Galileo 卫星除了具备第一代卫星提供的所有服务和能力，还将进行重大改进，提供新的服务和能力，首批卫星预计于 2024 年发射。

表 1-4　GIOVE 试验卫星和 IOV 卫星主要性能比较

指标	GIOVE-A	GIOVE-B	IOV
寿命/年	2.25	2.25	12
卫星质量/kg	600	500	700
卫星功率/W	700	1 100	1 600
信号发送	E5+E2/L1/E1 或 E6+E2/L1/E1		
信号配置	E5：A1tBOC（15，10），2×QPSK（10） E6-A：BOC（10，5），E6-B：BPSK（5）		
信号配置	E2/L1/E1-A：BOCc（15，2.5）		L1-A：BOCc（15，2.5） L1-B/C：CBOC （1，6，1，10/1）
信号配置	E2/L1/E1-B/C：BOC （1，1）	E2/L1/E1-B/C：CBOC （1，6，1，10/1）	L1-A：BOCc（15，2.5） L1-B/C：CBOC （1，6，1，10/1）
通道带宽/MHz	E5：51.15 E5a/E5b：20.46 E6：40.92 E2/L1/E1：32.74	E5：54 E6：40 E2/L1/E1：32	E5：92.07 E6：40.92 L1：40.92
地面最小接收功率/dBW	E5a：−154.4 E6：−154.1 E2/L1/E1：−156.6	E5a：−152.1 E5b：−152.5 E6：−152.3 E2/L1/E1：−156.5	E5/E6/L1：−152.0

GIOVE 试验卫星包括 GIOVE-A、GIOVE-B 2 颗卫星，如图 1-11 所示。这 2 颗卫星同时开始研制，2 颗卫星性能互补。英国萨瑞卫星技术有限公司研制的 GIOVE-A 卫星携带了 2 台铷钟，通过 2 个单独的通道同时发射试验信号，已于 2005 年 12 月 28 日由联盟号火箭发射；较大的 GIOVE-B 卫星由 Galileo 工业集团研制，携带了 2 台铷钟和 1 台被动氢脉泽

钟，通过3个单独的通道发射试验信号，已于2008年4月27日发射。每颗卫星的设计寿命为2年。GIOVE卫星是欧洲第一组导航卫星，也是欧洲第一组中地球轨道卫星。研制和发射GIOVE卫星的目标：保证国际电信联盟分配给Galileo系统的频率占用；验证Galileo系统采用的关键技术；试验验证Galileo信号设计；测量Galileo卫星运行轨道周围的辐射环境。按照Galileo系统设计，2颗试验卫星按高精度（优于50 cm）和低修正率（2 h）发送近实时轨道确定和时间同步数据。

（a）GIOVE-A卫星　　　　　　　　　　　（b）GIOVE-B卫星

图1-11　GIOVE-A和GIOVE-B卫星

GIOVE-A卫星尺寸为1.3 m×1.74 m×1.65 m，发射质量为450 kg，功率为660 W，有2副太阳电池翼，每副长4.54 m，推进系统有2个储箱，每个储箱携带25 kg丁烷推进剂。卫星的三重冗余有效载荷在2个单独的频率通道上传输导航信号，其有效载荷具有5个主要单元。①天线单元。独立的L频段阵元组成的相控阵列天线，其波束覆盖全球。②信号发生单元。产生2个独立的Galileo信号。③时钟单元。双重冗余的小型化铷钟，稳定度约为$1.16×10^{-13}$/天。④辐射监测器单元。由2台辐射监测器组成，监测中地球轨道环境。⑤导航接收机单元。

GIOVE-B卫星尺寸为0.95 m×0.95 m×2.4 m，发射质量为523 kg，功率为943 W，有2副太阳电池翼，每副长4.34 m，推进系统有1个储箱，携带28 kg肼推进剂。双重冗余有效载荷在3个单独的频率通道上发射Galileo信号，有4个主要载荷单元。①天线单元。独立的L频段阵元组成的相控阵列天线，其波束覆盖全球。②信号发生单元。产生不同的Galileo信号。③时钟单元。1台氢脉泽钟，稳定度约为$1.16×10^{-14}$/天，是目前在太空中飞行的最精确的时钟；2台小型化铷钟，其中一台作为氢脉泽钟的热备份，另一台作为冷备份。④辐射监测器单元。由2台辐射监测器组成，监测中地球轨道环境。

4颗IOV卫星既是在轨验证卫星，也是正式运行的Galileo卫星，主承包商是阿斯特留姆公司。2010年5月，卫星的所有4个平台已经运送到泰雷兹-阿莱尼亚宇航公司的组装净化室。首发的2颗IOV卫星于2011年10月从法属圭亚那联盟2号火箭发射。在IOV卫星成功运行和在轨验证之后，Galileo星座中的其余26颗具备完全运行能力的卫星将陆续升空。IOV卫星如图1-12所示，它的尺寸为2.7 m×1.1 m×1.2 m，太阳电池翼展开跨度为13 m，发射质量为700 kg，卫星在1 200～1 600 MHz范围内发射10种信号。与GIOVE卫星相比，IOV卫星有效载荷的性能有了改进和提高。IOV卫星有效载荷仍然具备GIOVE卫星的基本导航特征，增加了一些附加功能，尤其是提供导航信号的C频段上行链路、有效载荷安全特征、搜救有效载荷前向和返回链路。IOV卫星有效载荷具有6个设计特点：①频率由2台氢脉泽钟和2台铷钟产生；②2个平行的主动固态功率放大器（solid state power amplifier,

SSPA）提供更高效的等效全向辐射功率（effective isotropic radiated power，EIRP），在 L1 输出通道提供功率放大；③专用的 C 频段任务上行链路，传输地面任务段（ground mission segment，GMS）和外部区域完好性系统（external regional integrity system，ERIS）数据；④增加了 1 个安全单元防火墙，提供 C 频段上行链路数据接收认证，同时产生公共特许服务码；⑤在 E6 通道上提供商业加密测距码；⑥搜救有效载荷包括搜救转发器和搜救天线。

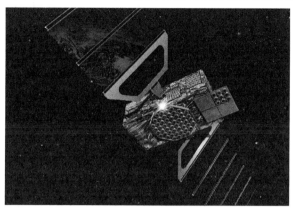

图 1-12　IOV 卫星

2）地面段

Galileo 地面段包括地面控制段和地面任务段，它包括 4 个基础设施：①2 个 Galileo 控制中心（Galileo control centre，GCC），在每个站点执行地面控制和地面任务能力；②Galileo 传感器站（Galileo sensor station，GSS）全球网络，实时收集并将 Galileo SIS 测量数据转发给 Galileo 控制中心；③Galileo 上行站（upload station，ULS）全球网络，将任务数据分发和上行到 Galileo 星座；④遥测、跟踪和指令（telemetry tracking and command，TTC）站全球网络，收集和转发由 Galileo 卫星产生的遥测数据，并分发和上行所需的控制命令，以维持 Galileo 卫星的正常运行。

图 1-13 描述了 Galileo 地面段的体系结构，其中只包括与开放服务相关的 Galileo 地面段功能。

Galileo 地面段实现的功能：①生成 Galileo 任务支持数据，如卫星轨道和时间同步数据、电离层校正模型数据和在导航信号中传输的其他信息；②对所有 Galileo 系统的地面段和空间段进行监测和控制；③与服务设施的接口，这些实体不属于 Galileo 核心基础设施地面部分，但在提供 Galileo 服务方面发挥作用，并被视为 Galileo 系统的一部分，如时间服务提供商、大地测量参考服务提供商、COSPAS-SARSAT 任务部分、欧洲 GNSS 服务中心（总体背景如图 1-14 所示）。

地面控制段：Galileo 地面控制段（ground control segment，GCS）提供了大量的功能来支持卫星星座的管理和控制。该功能范围包括对卫星和有效载荷的控制和监测，允许进行安全正确操作的计划和自动化功能，以及通过测控链路支持与有效载荷相关的操作。

地面任务段：Galileo 地面任务段（ground mission segment，GMS）确定导航信息中的导航和授时数据部分，并通过 C 频段地面站将其传输到卫星。GMS 体系结构包括部署在 2 个 Galileo 控制中心的设施，以及部署在世界各地远程站点的 ULS 和 GSS。地面任务段包括处理链，它负责计算将在 Galileo 导航电文中广播的数据。

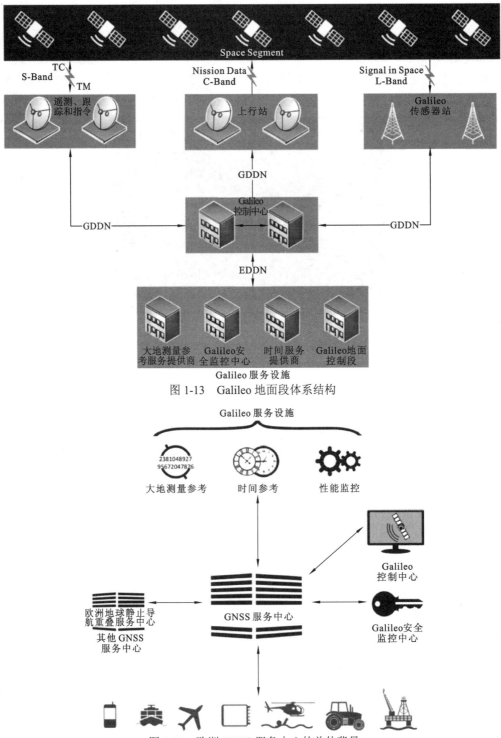

图 1-13　Galileo 地面段体系结构

图 1-14　欧洲 GNSS 服务中心的总体背景

3）用户终端

Galileo 系统用户终端主要由导航定位模块和通信模块组成，包括用于飞机、舰船、车辆等载体的各种用户接收机。由于 Galileo 系统尚未建成，目前还没有商品化的用户设备（接收机）推向市场。从 Galileo 系统提供的多种应用与服务的模式来考虑，其用户接收机的设计和研制分为高、中、低 3 个档次。低档 Galileo 接收机一般只接收 Galileo 系统的免费单频信号；中档接收机可接收双频商业服务信号；而高档接收机计划可兼容 Galileo/GPS/GLONASS 系统的信号，从而获得更高的定位精度，保障导航和定位信息的可用性、完好性及连续性。

GPS 接收机和 GPS/GLONASS 兼容接收机已经具有成熟的产品，GPS 和 GLONASS 接收机的成熟技术完全可以用于低、中档 Galileo 接收机。Galileo 用户接收机需要解决的关键技术主要是高档接收机的多频、多星座系统融合技术。为此，Galileo 计划中专门组织了"用户段设计和性能"研究工作，Galileo 接收机设计中的内容包括 5 条标准。①Galileo 系统的坐标系统和时间系统标准。②多星座组合导航坐标框架及时间系统标准格式。③空间信号接口规范，包括：接收机天线和信号参数标准；导航电文数据标准及格式（包括卫星星历、卫星健康状况、卫星工作状况、差分数据、差分状态、定位精度等）；接收机测距数据格式（含伪距和载波相位测量、多普勒频移测量等）。④接收机导航定位输出格式（含单点定位结果、卫星空间分布、定位精度、历书等）。⑤差分信号格式[航空、海用、陆用、信息服务、实时动态（real time kinematic，RTK）差分等]。

目前，Septentrio 卫星导航公司按照与欧洲航天局签订的合同，已研制出 Galileo 试验用户接收机（test user receiver，TUR）。TUR-N 接收机是一种完全独立操作、多频、多星座接收机，能独立生成测量和定位值。在 Galileo 在轨验证阶段，研制 TUR-N 接收机的目的是验证 Galileo 在轨验证星座的服务性能，并与 GPS 导航星座相兼容。该接收机能实现：Galileo 单频和双频公开服务；Galileo 单频和双频生命安全服务，包括整个 Galileo 导航报警算法；Galileo 商业服务，包括跟踪和解码加密的 E6BC 信号；GPS/SBAS（satellite-based augmentation system，星基增强系统）/Galileo 单频和双频多星座定位；Galileo 单频和双频差分定位；Galileo 三频实时动态（RTK）测量。TUR-N 接收机的主要技术参数见表 1-5。

表 1-5 TUR-N 接收机的主要技术参数

参数	指标
尺寸	450 mm×295 mm×310 mm
质量/kg	12
物理通道	78 对偶码通道
逻辑通道配置	5 频 13 通道（Galileo 接收机）
	双频 26 通道（Galileo/GPS/SBAS 接收机）
耗费功率/W	80
以太网络端口/个	2（支持 8 个远程并联）
串行端口/个	2
电源/V	交流 120/220；直流 10~36

2010 年 7 月 30 日欧洲与美国发布的共同声明中表示，要提升 GPS 和 Galileo 组合接收机性能。双方设立的加强下一代 GPS 和 Galileo 合作的工作组完成了 GPS/SBAS 接收机性能的全球评估，这种接收机使用了欧洲地球静止导航重叠服务（European geostationary navigation overlay service，EGNOS）和 GPS 广域增强系统（wide area augmentation systems，WAAS）。评估结果显示，全球范围内的航空服务可用性得到改善，并显著提高 GPS 卫星的稳健性。工作组还完成了集成 GPS-3 和 Galileo 公开民用服务功能的互操作接收机组合评估，对 GPS、Galileo 和 GPS/Galileo 这 3 种接收机在 4 种情况下的工作性能进行了全面系统的分析比较。GPS/Galileo 组合接收机所提供的服务性能将显著提高，特别是在有遮蔽物的环境下（如建筑物、树木或是被地形阻碍）更加明显。双频接收机在大部分环境下可提供附加服务功能。

3. 服务及性能

Galileo 系统在军事和民用等领域都具有十分广阔的应用前景，可提供免费服务和有偿服务两种服务模式。免费服务的设计定位精度为 6 m，比现有 GPS 民用信号精度高；有偿服务的定位精度可优于 1 m，将为民航等用户提供高可靠性和高精度的导航定位服务。虽然 Galileo 系统提供的信息仍然是位置、速度和时间，但是其服务种类比 GPS 多，GPS 仅有标准定位服务（standard positioning service，SPS）和精确定位服务（precise positioning service，PPS）两种，而 Galileo 系统则能提供 5 种服务，分别是：公开服务、生命安全服务、商业服务、公共特许服务、搜救服务。

1）导航服务

在 Galileo 系统提供的 5 种服务中，公开服务、生命安全服务、商业服务、公共特许服务是导航服务。表 1-6 列出了 Galileo 系统导航服务性能参数。

表 1-6 Galileo 系统导航服务性能参数

项目	公开服务	商业服务	生命安全服务	公共特许服务
覆盖	全球	全球	全球	全球
定位精度/m（水平，2D-RMS，95%；垂直，95%）	单频：15 或 24（水平）、35（垂直）；双频：4（水平）、8（垂直）		双频：4（水平）、8（垂直）	单频：15 或 24（水平）、35（垂直）；双频：6.5（水平）、12（垂直）
定时精度/ns	30	30	30	30
完好性 警告限制/m	无	无	12（水平）、20（垂直）	20（水平）、35（垂直）
完好性 警告时间/s			6	10
完好性 完好性风险			$3.5×10^{-7}/150\ s$	$3.5×10^{-7}/150\ s$
连续性风险	—	—	$1×10^{-5}/15\ s$	$1×10^{-5}/15\ s$
服务有效性/%	99.5	99.5	99.5	99.5
通道控制	免费开放通道	控制通道：测距码和导航数据	导航数据的完好性信息证明	控制通道：测距码和导航数据
确认和服务保证	无	服务可用性保证	服务安全性保证	服务安全性保证

（1）公开服务。公开服务分为单频和双频两种，为大规模导航应用提供免费的定位、导航和授时服务，针对不需要任何保证的大市场应用，如车辆导航和移动电话定位，当用户在固定地面使用接收机时，可为网络同步和科学应用提供精确授时服务。公开服务和现

有的 GPS、GLONASS 的类似服务兼容，Galileo 接收机也能够接收 GPS 和 GLONASS 信号，其精度与常规的差分 GPS 精度相同，不需要额外的地面基础设施，任何用户只要配备 1 台接收机就可以使用。

（2）生命安全服务。生命安全服务主要涉及陆地车辆、航海和航空等危及用户生命安全的领域，要求提供迅速、及时和全面的系统完好性信息，以及高水平的导航定位和相关业务。它还将提供全球完好性信号，可以被加密，是公开服务信号的一部分。其性能与 ICAO 要求的标准和其他交通模式（地面、铁路、海洋）兼容。生命安全服务和当前的 EGNOS 校正增强的 GPS 系统相结合，能满足应用的更高要求。

（3）商业服务。商业服务主要涉及专业用户，是对公开服务的一种增值服务，以获取商业回报，它具备加密导航数据的鉴别功能，为测距和授时专业应用提供有保障的服务承诺。商业服务大部分与以下服务内容相关联：①分发公开服务中的加密附加数据；②非常精确的局部差分应用，使用公开信号覆盖公共特许服务信号 E6；③支持 Galileo 系统定位应用和无线通信网络的完好性领航信号。商业服务中 2 种额外加密信号的接入，使其具有更快的数据吞吐量和更高的精度，授时精度达到 100 ns。商业服务采用准入控制措施，其实现将通过接收机上的"进入密码"［类似移动通信中的个人识别码（personal identification number，PIN）］来保证，这样就无须使用昂贵的信号编码技术。

（4）公共特许服务。公共特许服务是为欧洲/国家安全应用专门设置的，主要用户包括警察、海岸警卫队及海关等。公共特许服务以专门的频率向欧盟各国提供更广泛的连续性定位和授时服务，其卫星信号具有高连续性和强抗干扰性，并受成员国控制。这种服务主要用于：欧洲/国家安全、应急服务，全球环境和安全监测，其他政府行为，某些相关或重要的能源、运输和电信应用，对欧洲有战略意义的经济和工业活动，等等。成员国采取准入控制技术对用户进行授权。公共特许服务有 2 个加密测距码和导航数据可用。

2）搜救服务

搜救服务主要用于海事和航空领域，能够收集从失事船只、飞机携带的紧急信标发出的信号，并中继给国家救援中心，救援中心由此确定事件的精确位置。每颗 Galileo 卫星能中继 150 个浮标同时发出的信号，10 min 之内浮标信息就能发送到搜救地面站，码误差率小于 10^{-5}，卫星每分钟能发送 6 条 100 bit 的信息。Galileo 系统搜救服务的优势在于：缩短对事件地点的探测和定位时间；提供包括其他信息在内的扩展灾难通报，有利于搜救行动的开展；多颗卫星覆盖避免在极端情况下的信息阻塞。

4. 系统优势

Galileo 系统是世界上第一个基于民用的全球卫星导航定位系统，在 2008 年投入运行后，全球的用户可使用多制式的接收机，获得更多的导航定位卫星的信号，将无形中极大地提高导航定位的精度，这是 Galileo 计划给用户带来的直接好处。另外，由于全球将出现多套全球导航定位系统，从市场的发展来看，将会出现 GPS 系统与 Galileo 系统竞争的局面，竞争会使用户得到更稳定的信号、更优质的服务。世界上多套全球导航定位系统并存，相互之间的制约和互补将是各国大力发展全球导航定位产业的根本保证。

Galileo 系统是欧洲自主、独立的全球多模式卫星定位导航系统，提供高精度、高可靠性的定位服务，实现完全非军方控制、管理，可以进行覆盖全球的导航和定位。Galileo 系统还能够和美国的 GPS、俄罗斯的 GLONASS 实现多系统内的相互合作，任何用户将来都可以用一个多系统接收机采集各个系统的数据或者各系统数据的组合来实现定位导航的要求。

Galileo 系统可以发送实时的高精度定位信息，这是现有的卫星导航系统所没有的，同时 Galileo 系统能够保证在许多特殊情况下提供服务，如果失败也能在几秒钟内通知客户。与美国的 GPS 相比，Galileo 系统更先进且更可靠。美国 GPS 向别国提供的卫星信号，只能发现地面长约 10 m 的物体，而 Galileo 的卫星则能发现长 1 m 的目标。

1.3.3 GPS

美国国防部于 1973 年正式批准研制全球定位系统，简称 GPS。GPS 计划是美国国防部的一项规模宏大的战略性计划，其目的是为美国军队各兵种提供统一的定位、导航及授时服务。美国太空部队负责开发、维护和运营空间段和控制段。

1. 空间部分

美国原计划部署 24 颗卫星、均匀分布在 3 个轨道面上，后来调整为 24 颗卫星、配置在 6 个轨道面上，每个轨道面上分布 4 颗，高度约为 20 000 km，倾角为 55°，周期为 11 小时 58 分，各轨道面升交点赤经相差 60°，相邻轨道面的邻近卫星的相位差为 30°，卫星轨道为近圆形。GPS 卫星星座的分布保证了在地球上任何地点、任何时刻至少有 4 颗卫星可供观测。图 1-15 所示为 GPS 卫星星座。

图 1-15　GPS 卫星星座

GPS 的导航卫星从建设至今先后发展了 Block I、Block II、Block IIA、Block IIR、Block IIR-M、Block IIF、GPS III 等多个型号。GPS 卫星正在更新为 GPS III 新型导航卫星。2018 年 12 月 23 日，SPACE 公司使用"猎鹰"9-1.2 型运载火箭成功发射了首颗 GPS III 卫星，共将发射 32 颗卫星，具备高速上行/下行通信机制，精度号称达到 0.3 m，抗干扰能力提高 8 倍，延续到 2025 年。截至 2022 年 6 月 26 日，GPS 共有在轨工作卫星 31 颗，其中 7 颗 Block IIR 卫星、7 颗 Block IIR-M 卫星、12 颗 Block IIF 卫星、5 颗 GPS III/IIIF 卫星。

GPS 星座是新旧卫星的组合。表 1-7 总结了当前和未来几代 GPS 卫星的特点，包括 Block IIA（第二代，"Advanced"）、Block IIR（"Replenishment"）、Block IIR-M（"Modernized"）、Block IIF（"Follow-on"）、GPS III 和 GPS IIIF（"Follow-on"）。

表 1-7 GPS 星座技术参数

项目		传统卫星			现代化卫星	
图像						
卫星		Block IIA	Block IIR	Block IIR-M	Block IIF	GPS III/IIIF
现存数量		0 颗	7 颗	7 颗	12 颗	5 颗
技术参数		民用 L1 频率粗捕获（C/A）码； 军用 L1 和 L2 频率的精确 P(Y)码； 7.5 年设计寿命； 1990～1997 年发射； 最后一颗卫星于 2019 年退役	L1 C/A 码； L1&L2 P(Y)码； 车载时钟监控； 7.5 年设计寿命； 1997～2004 年发射	所有传统信号； L2 频率上的第二个民用信号（L2C）； 增强抗干扰能力的新型军用 M 码信号； 军事信号的灵活功率水平； 7.5 年设计寿命； 2005～2009 年发射	所有 Block IIR-M 信号； L5 频率上的第三个民用信号（L5）； 先进的原子钟； 更高的精度、信号强度和质量； 12 年设计寿命； 2010～2016 年发射	所有 Block IIF 信号； L1 频率上的第 4 个民用信号（L1C）； 增强的信号可靠性、准确性和完整性； 无选择性、可用性； 15 年设计寿命； IIIF：激光反射器，搜索和救援有效载荷； 首次发射于 2018 年

GPS 卫星上最关键的设备是原子钟，它为 GPS 提供精确时间和频率标准。原子钟的精度和稳定性决定定位、导航和授时的精度和稳定性，原子钟的可靠性决定导航卫星的寿命。前三颗 Block I 卫星每颗配置 3 台铷钟，由于早期铷钟的可靠性较差，而铯钟具有更好的性能，余下的 Block I 卫星的原子钟改为 3 台铷钟、1 台铯钟。Block II 和 Block IIA 卫星都配置 2 台铷钟、2 台铯钟，Block II 和 Block IIA 卫星的铷钟性能优于铯钟，但是寿命却比铯钟短，只能用铯钟来满足寿命要求。Block IIR 卫星铷钟解决了长寿命、可靠性的问题，Block IIR/IIR-M 卫星每颗只配置 3 台铷钟，Block IIF 卫星每颗配置 2 台铷钟和 1 台铯钟。

GPS 卫星的导航信号包括 3 个分量：载波信号、伪随机码和导航信号。导航信号与伪随机码进行模 2 加，所合成的信号被加载到载波上进行调制，然后将调制好的信号发送出去。载波信号使用 L 波段的 3 个频率：L1（1 575.42 MHz）、L2（1 227.60 MHz）和 L5（1 176.45 MHz）。GPS 伪随机噪声（pseudo random noise，PRN）码有 C/A 码、P 码、Y 码和 M 码。其中 C/A 码为民用码，P 码、Y 码和 M 码为军用码。Block I、Block II、Block IIA、Block IIR 卫星的导航信号在 L1 频段提供一个 C/A 码导航信号，在 L1、L2 频段各提供一个 P(Y) 码导航信号。从 Block IIR-M 卫星开始，L2 频段增加了 L2C 民用导航信号，L1、L2 频段各增加了一个 M 码军用导航信号，Block IIF 卫星又新增了 L5 频段的 L5 民用导航信号。GPS 现代化计划在 2012～2021 年提供第 4 个民用信号 L1C，该信号是频率为 1 575.42 MHz 的 BOC 调制导航信号。民用信号的增加使民用用户可以从不同频段获得 GPS 卫星导航信号，并通过频率组合校正电离层传播的延迟，从而提高民用用户的定位精度。新的 M 码的启用使军方导航信号与民用导航信号分离，实现了不需要民用导航信号引导就可以直接访问 M 码军用导航信号，提高了美国军用导航信号的安全性和抗干扰能力。

GPS 现代化计划的一个主要重点是向卫星星座添加新的导航信号。正在部署 3 种新的民用信号：L2C、L5 和 L1C。传统的民用信号被称为 L1 C/A 或 C/A，将继续广播，对于新的信号用户，必须升级设备才能正常接收使用。

1）第二个民用信号：L2C

L2C 是第二个民用 GPS 信号，专门为满足商业需求而设计，它使用的是无线电频率 1 227 MHz，信号状态及特征见表 1-8。当与双频接收机中的 L1 组合使用时，L2C 可实现电离层校正，这是一种提高精度的技术。拥有双频 GPS 接收机的民用设备享有与军方同等（或更高）的精度。对于现有双频操作的专业用户，L2C 能够实现更快的信号采集、增强的可靠性和更大的工作范围。L2C 广播的有效功率比传统的 L1 信号更高，因此更容易在树下甚至室内接收。美国商务部估计，到 2030 年，L2C 可以创造 58 亿美元的经济生产率收益。

第一颗以 L2C 为特色的 GPS 卫星于 2005 年发射。从那以后，每一颗 GPS 卫星都装有 L2C 发射器。2014 年 4 月，空军开始在 L2C 信号上广播民用导航（civil navigation，CNAV）信息。但是，L2C 仍处于运行前状态，在宣布投入运行之前，应由用户自行承担风险。

表 1-8　L2C 信号状态及特征

状态	特征
预操作信号，带有"健康"标识； 4 颗 GPS 卫星广播（截至 2022 年 6 月 26 日）； 2005 年开始发射 Block IIR-M 卫星； 到 2023 年，可在 24 颗具有地面段控制能力的 GPS 卫星上使用（截至 2020 年 1 月）	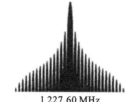 1 227.60 MHz 无线电导航卫星服务（radio navigation satellite services，RNSS）无线电波段； 现代信号（CNAV）设计，包括多种消息类型和前向纠错； BPSK 调制； 包括用于无码跟踪的专用信道

2）第三个民用信号：L5

L5 是第三个民用 GPS 信号，旨在满足生命安全运输和其他高性能应用的苛刻要求，它使用的无线电频率为 1 176 MHz，信号状态及特征见表 1-9。L5 专门为航空安全服务保留了无线电波段广播。它具有更高的功率、更大的带宽和先进的信号设计。未来的飞机将使用 L5 和 L1 C/A 来提高精度（通过电离层校正）和鲁棒性（通过信号冗余）。L5 的使用除了提高安全性，还将提高美国领空、铁路、水路和公路的容量和燃油效率。除了交通运输，L5 还将为全球用户提供最先进的民用 GPS 信号。当与 L1 C/A 和 L2C 结合使用时，L5 将提供高度可靠的服务。通过一种称为三向导航的技术，使用 3 个 GPS 频率可以在不增强的情况下实现亚米精度，并在增强的情况下实现远距离的操作。

表 1-9　L5 信号状态及特征

状态	特征
预操作信号，带有"不健康"标识，目前监控能力不足； 17 颗 GPS 卫星广播（截至 2022 年 6 月 26 日）； 2010 年开始发射 Block IIF 卫星； 2027 年可在 24 颗 GPS 卫星上使用（截至 2020 年 1 月）	 1 176.45 MHz 高度保护的航空无线电导航服务（aeronautical radio navigation services，ARNS）无线电波段； 传输功率高于 L1 C/A 或 L2C； 更大的带宽，提高抗干扰能力； 现代信号（CNAV）设计，包括多种消息类型和前向纠错； BPSK 调制； 包括用于无码跟踪的专用信道

2009 年，美国空军在 Block IIR-20（M）卫星上成功广播了一个实验性的 L5 信号。2010 年 5 月发射了第一颗配备全 L5 发射机的 Block IIF 卫星。2014 年 4 月，空军开始在 L5 信号上广播民用导航信息。然而，L5 仍处于预运行状态，在宣布运行之前，用户应自行承担使用风险。

3）第四个民用信号：L1C

L1C 是第四个民用 GPS 信号，旨在实现 GPS 和国际卫星导航系统之间的互操作性。它使用的无线电频率为 1575 MHz，信号状态及特征见表 1-10。L1 还有 2 个军事信号，以及传统的 C/A 信号，L1C 不应与 L1 C/A 混淆。L1C 采用多路二进制偏移载波（multiplexed binary offset carrier，MBOC）调制方案，在保护美国国家安全利益的同时实现国际合作。该设计将改善城市和其他具有挑战性环境中的移动 GPS 接收。美国和欧洲最初开发 L1C 作为 GPS 和 Galileo 系统的通用民用信号。日本的准天顶卫星系统（QZSS）和中国的北斗系统也采用了类似 L1C 的信号。

表 1-10　L1C 信号状态及特征

状态	特征
发展的信号，带有"不健康"标识，且没有导航数据； 5 颗 GPS 卫星广播（截至 2022 年 6 月 26 日）； 2018 年开始发射 Block III 卫星； 21 世纪 20 年代末，可在 24 颗 GPS 卫星上使用	 1 575.42 MHz 航空无线电导航服务（ARNS）无线电波段； 设计用于国际 GNSS 互操作性； 现代信号（CNAV-2）设计，包括前向纠错； MBOC 调制

2018 年 12 月发射了首颗具有 L1C 功能的 GPS 卫星。L1C 以与原始 L1 C/A 信号相同的频率广播，将保留该信号以实现向后兼容性。

一旦 L2C 和 L5 完全投入使用，它们的功能将不再需要无码或半无码 GPS 接收机，如今许多 GPS 专业人员使用这些接收机来获得非常高的精度。此类接收机通过利用 L2 频率下加密军用 P(Y)信号的特性来实现双频功能。美国政府鼓励所有无码/半无码 GPS 技术的用户开始规划向现代化民用信号的过渡。

2. 地面控制部分

GPS 控制段由全球地面设施网络组成，这些地面设施跟踪 GPS 卫星，监测其传输、执行分析，并向星座发送命令和数据。当前操作控制段（operational control segment，OCS）包括 1 个主控制站、1 个备用主控制站、11 个命令和控制天线及 16 个监测站。这些设施的位置如图 1-16 所示。

得益于美国空军第二空间作战中队（The U.S. Air Force's 2nd Space Operations Squadron，2SOPS）和空军预备役第十九空间作战中队（The Air Force Reserve's 19th Space Operations Squadron，19SOPS）的不懈努力，GPS 星座始终保持着高性能。2SOPS 和 19SOPS（统称为"21 点部队"）共同确保 GPS 卫星全天候飞行，为数十亿民用和军用用户提供连续可用的高精度服务。

图 1-16　GPS 地面控制部分的全球分布情况

地图标注：
格陵兰　阿拉斯加　科罗拉多施里弗空军基地　加利福尼亚范登堡空军基地　夏威夷　新罕布什尔　华盛顿美国海军天文台　佛罗里达卡纳维拉尔角　厄瓜多尔　乌拉圭　阿森松岛　南非　英国　巴林　韩国　关岛　夸贾林　迪戈加西亚岛　澳大利亚　新西兰

图例：
★ 主控制站　　☆ 备用主控制站
▲ 地面天线　　△ 空军卫星控制网络远程跟踪站
● 空军监测站　● 国家地理空间情报局监测站

1）监测站

跟踪从它们上空经过的 GPS 卫星；收集导航信号、伪距/载波测量值和大气数据；将观测结果反馈给主控制站；利用先进的 GPS 接收机；通过 16 个站点提供全球覆盖：6 个来自空军，10 个来自国家地理空间情报局（National Geospatial-Intelligence Agency，NGA）。

2）主控制站

提供 GPS 星座的命令和控制；使用全球监测站数据计算卫星的精确位置；生成导航信息上传到卫星；监测卫星广播和系统完整性，以确保星座的健康和准确；执行卫星维护和异常解决，包括重新定位卫星以保持最佳星座；目前使用单独的系统［架构演进计划（architecture evolution plan，AEP）系统和发射/早期轨道、异常解决和处置操作（launch/early orbit，anomaly resolution，and disposal operations，LADO）系统］控制运行和非运行卫星；由完全运行的备用主控制站备份。

3）地面天线

向卫星发送指令、导航数据上传和处理器程序加载；收集遥测数据；通过 S 波段通信并执行 S 波段测距，以提供异常分辨率和早期轨道支持；由 4 个专用 GPS 地面天线和 7 个空军卫星控制网络（air force satellite control network，AFSCN）远程跟踪站组成。

作为 GPS 现代化计划的一部分，美国空军多年来不断升级 GPS 控制段，如图 1-17 所示。地面升级对指挥和控制更新的 GPS 卫星及加强网络安全是必要的。

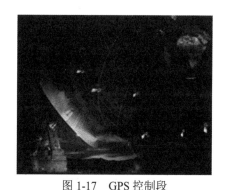

图 1-17　GPS 控制段

https://www.gps.gov/systems/gps/control/

（1）过去的升级

美国空军目前通过 AEP 系统指挥和控制 GPS 星座。该系统能够管理当今所有的 GPS 卫星。AEP 指的是 2007 年实施的架构演进计划。根据该计划，空军将其原来基于主机的 GPS 主控站更换为基于现代 IT 技术的全新主控站。AEP 系统提高了 GPS 操作的灵活性和响应能力，为下一代 GPS 空间和控制能力铺平了道路。利用商用现货（commercial off-the-shelf，COTS）产品，AEP 还改进了 GPS 监测站和地面天线，大大提高了可持续性和准确性。

2007 年，美国空军部署了 LADO 系统，以处理非运行 GPS（Block IIA/IIR/IIR-M，IIF）卫星。其中包括：正在检查的新发射卫星；为解决异常而停止服务的卫星；在轨存储的剩余卫星和需要报废处理的卫星。LADO 系统具有 3 个主要功能：遥测、跟踪和控制；卫星运动的规划和执行；模拟 GPS 有效载荷和子系统的不同遥测任务。LADO 系统是 GPS 运行控制段的一部分，但它与负责指挥和控制运行中的 GPS 卫星星座的 AEP 系统是分开的。LADO 系统仅使用空军卫星控制网络（AFSCN）远程跟踪站，而不使用专用 GPS 地面天线。自 2007 年以来，LADO 系统已多次升级。2010 年 10 月，增加了 Block IIF。未来，LADO 和整个 GPS 控制段将被新一代操作控制系统（operational control system，OCX）取代。

2008 年完成的传统精度改进计划（legacy accuracy improvement initiative，L-AII）将 GPS 运行控制段的监测站数量从 6 个增加到 16 个。这使 GPS 卫星轨道上收集的数据量增加了 3 倍，使 GPS 星座广播信息的精度提高了 10%～15%。

（2）正在进行的升级

新一代 OCX 是 GPS 控制段的未来版本。新一代 OCX 将指挥所有现代化和传统的 GPS 卫星，管理所有民用和军用导航信号，并为下一代 GPS 操作提供更好的网络安全和弹性。它将包括：主控制站和备用主控制站、专用监测站、地面天线、GPS 系统模拟器和标准化太空教练机。

GPS III 计划包括 2 项工作，作为 OCX 交付延迟的风险缓解措施：应急行动（contingency operations，COps）和 M 代码早期使用（M-code early use，MCEU）。

3. 用户部分

用户部分由天线、接收机、数据处理机和控制/显示装置组成。现在世界范围内已有许多厂家生产出百种以上的 GPS 接收设备，经过多年的发展，其体积越来越小，性能越来越高。以美国为例，其 GPS 终端已应用于众多领域，并在近年的战争中发挥了关键作用。美国目前已成功开发出选择可用性/反电子欺骗模块（selective availability/anti-spoofing module，SAASM），使 GPS 接收终端具有更高的安全性和抗干扰、反欺骗能力；开发了具有自适应调零天线技术的 GPS 时空抗干扰接收机，使 GPS 的抗干扰能力提高了 40～50 dB；成功研制 P(Y)码直捕 GPS 接收机，接收机无需 C/A 码引导即可直接捕获 P(Y)码；研制了集卫星遥感、超视距语音与数据通信和卫星导航功能为一体的接收机，将战场测绘、通信指挥、搜救与定位多功能融为一体；研制了目前世界上体积最小的"锤头-II"接收机，其体积仅为 3.74 mm×3.59 mm×0.6 mm。卫星导航接收机将向数字化、多通道、超小型、多功能、抗干扰、集成化、软件化的方向发展。

1.3.4 GLONASS

GLONASS 是俄罗斯全球卫星无线电导航系统，建设目的是能够在全球和近地空间连续地为无限制数量的空中、水域及其他类型的用户提供一种能够实现全天候三维定位、测速和授时的功能服务。从 20 世纪 70 年代中期开始，苏联就在其多普勒卫星系统 Tsikada 的基础上启动了 GLONASS 的开发。GLONASS 从 1982 年开始发射导航卫星，1993 年系统开始运行，1996 年完成系统星座组网，达到完全运行状态，并于 1999 年通过政府文件将 GLONASS 民用信号免费向国际用户开放。由于卫星使用寿命短，系统建设缺乏资金支持，GLONASS 的工作卫星数量在 1996 之后逐渐减少，到 2001 年仅有 6 颗。从 2006 年开始，俄罗斯开始补发导航卫星，逐渐恢复系统的完全运行状态并实现导航信号的全球覆盖。

与 GPS 的系统组成一样，GLONASS 由空间星座、地面测控网和用户接收设备这三大部分组成。

GLONASS 星座由 24 颗卫星组成，这 24 颗卫星均匀分布在 3 个轨道平面上，这 3 个轨道平面的升交点赤经相距 120°，每个轨道平面上布设 8 颗 GLONASS 卫星。平均间隔为 45° 位移的纬度辐角，两个不同平面同一槽卫星间的纬度差为 15° 辐角。GLONASS 的地面轨道重访周期为 8 天。目前的轨道结构和总体系统设计（包括卫星标称 L 波段天线，波束宽度为 35°～40°）为用户提供了距离地球表面 2 000 km 的导航服务。图 1-18 所示为 GLONASS 卫星星座。

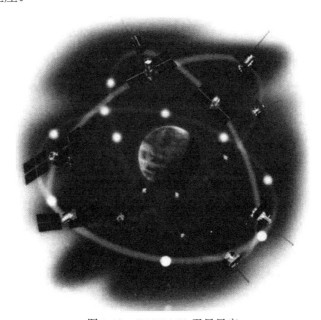

图 1-18　GLONASS 卫星星座

最初的 GLONASS 卫星工作寿命很短，1996 年初建成的 24 颗 GLONASS 卫星工作到 2.5 年后的 1998 年 6 月，仅有 12 颗还能够提供导航定位服务，而同期的 GPS 卫星工作寿命最高达到 13.5 年。目前的 GLONASS 星座主要由 GLONASS-M 和 GLONASS-K 卫星组成，前者设计使用寿命为 5～7 年，后者设计使用寿命达 10 年，较长的使用寿命将保证

GLONASS 星座工作卫星数目在一定时期的稳定性。GLONASS 系统需要 24 颗卫星就能覆盖全球。目前，GLONASS 导航卫星在轨卫星 26 颗，22 颗卫星为运行状态，3 颗卫星为维护状态，1 颗卫星为调试状态，具体星座状态见表 1-11。

表 1-11　截至 2022 年 9 月 16 日 GLONASS 的星座状态

卫星	类型	发射日期	轨道	状态
719	GLONASS-M	2007/10/26	MEO	运行中
720	GLONASS-M	2007/10/26	MEO	运行中
721	GLONASS-M	2007/12/25	MEO	运行中
723	GLONASS-M	2007/12/25	MEO	运行中
730	GLONASS-M	2009/12/24	MEO	运行中
733	GLONASS-M	2009/12/24	MEO	运行中
732	GLONASS-M	2010/3/1	MEO	运行中
735	GLONASS-M	2010/3/1	MEO	维护
736	GLONASS-M	2010/9/2	MEO	维护
743	GLONASS-M	2011/11/4	MEO	运行中
744	GLONASS-M	2011/11/4	MEO	运行中
745	GLONASS-M	2011/11/4	MEO	运行中
747	GLONASS-M	2011/11/4	MEO	运行中
754	GLONASS-M	2013/4/26	MEO	运行中
755	GLONASS-M+	2014/3/23	MEO	运行中
702	GLONASS-K1	2014/6/14	MEO	运行中
751	GLONASS-M+	2014/11/30	MEO	运行中
753	GLONASS-M	2016/5/29	MEO	维护
752	GLONASS-M	2017/9/22	MEO	运行中
756	GLONASS-M	2018/6/16	MEO	运行中
757	GLONASS-M	2018/11/3	MEO	运行中
758	GLONASS-M	2019/5/27	MEO	运行中
759	GLONASS-M	2019/12/11	MEO	运行中
760	GLONASS-M	2020/3/16	MEO	运行中
705	GLONASS-K1	2020/10/25	MEO	运行中
706	GLONASS-K1	2022/7/7	MEO	调试中

GLONASS 的地面测控网主要作用有：测量和计算卫星轨道和卫星钟差；向每颗卫星注入预测星历、钟差及历书信息；使各卫星与 GLONASS 系统时间同步；计算 GLONASS 时间与 UTC 时间的偏差；进行卫星跟踪、指挥与控制。

GLONASS 指挥控制子系统包括系统控制中心、中央同步器、测控站（含激光测距设施、监控设施），如图 1-19 所示。

图 1-19 GLONASS 指挥控制子系统

传统的 GLONASS 导航信号是采用频分多址（frequency division multiple access，FDMA）来区分不同卫星的导航信号，FDMA 信号增强了导航信号的抗干扰性能，但同时也增加了其接收机的复杂性，限制了 GLONASS 终端的应用和发展。俄罗斯计划将 GLONASS 的 FDMA 信号逐步过渡到 CDMA 信号。2011 年初发射的 GLONASS-K1 卫星在 L3 波段的 1 202.025 MHz 载波上增加了一个 CDMA 信号，GLONASS 还将在后续发射的 GLONASS-K2 卫星上增加 L1 和 L2 频段的 CDMA 导航信号。

GLONASS 提供授权（军事）导航和类似于 GPS 的民用导航服务。这两种服务都在 L1 和 L2 无线电频段上传输。新增加的民用服务无线电频段 L3 已经被添加到更新的 GLONASS-M 型和 GLONASS-K1 型卫星上。高精度（授权）服务由俄罗斯定义为 VT（vysokayatochnost），设计为 P 码。P 码只保留给俄罗斯军方使用，而不太精确（开放）的服务是民用的。高精度服务未加密；但是，它具有反欺诈功能。而开放服务（民用）由俄罗斯定义为 ST，并被指定为 C/A 码。C/A 码适用于军事、民用和商业用途。到 2016 年，开放服务用户定位精度估计约为 1.4 m（水平），到 2020 年提高到 0.6 m（水平）。俄罗斯已经开发了几种类型的 GLONASS 差分服务，利用海上无线电信标为 GLONASS 和 GPS 部署了沿海差分服务，类似于世界各地的其他服务。俄罗斯积极参与了海事无线电技术委员会（Radio Technology Committee of Marine，RTCM）特别委员会 SC-104，该委员会制定了一系列标准，允许无缝使用差分全球定位系统（differential global position system，DGPS）、差分 GLONASS 和差分 GPS/GLONASS 服务。

为了增强 GLONASS 的性能，俄罗斯从 2002 年起就开始研发和建设 GLONASS 的差分校正及监测系统（system for differential corrections and monitoring，SDCM）。该系统将借助地面监测站网和"波束号"地球同步通信卫星，利用 GPS L1 频率发射差分修正值和完好性数据。SDCM 由地面站、中央处理设施和地球同步卫星三部分构成。地面监测站将该站的 GLONASS 和 GPS 信号伪距和载波相位原始观测值传送至中央处理设施，由其计算精密星历和时钟信息，进行完好性监测，并产生星基增强信号，通过"波束号"地球同步通信卫星转发至接收机用户，提高用户的定位精度。目前，全俄物理技术与无线电测量研究所也在致力于结合重力场异常和磁力异常的相关导航综合研究。确定的主要任务是无须增加功能而使绝对精度达到米以内，并实现"无缝导航"，从而提高俄罗斯卫星导航系统精度。

GLONASS 已经进入一个新的阶段，新的 CDMA 导航信号和 SDCM 的部署不仅能提高导航服务的性能，还形成了区域精密导航系统的基础，可以使俄罗斯及其邻国的用户实现分米级的导航。

从 2012 年开始，GLONASS 一直朝着高效解决 PNT 任务的方向发展，这有利于俄罗斯国防、安全及国家近期和长远的社会和经济发展。为了满足日益增长的用户需求和系统的竞争力，GLONASS 空间段能力不断提高。图 1-20 展示了 GLONASS 卫星的发展进程，表 1-12 对比了各代 GLONASS 卫星的异同。

图 1-20　GLONASS 卫星发展进程示意图

表 1-12　各代 GLONASS 卫星

项目	GLONASS	GLONASS-M	GLONASS-K	GLONASS-K2
部署时间	1982～2005 年	2003～2016 年	2011～2018 年	2017 年至今
状态	退役	使用中	在轨测试	发展中
标称轨道参数	圆形 高度：19 100 km 倾角：64.8° 周期：11 h 15 min 44 s			
星座中的卫星数	24			
轨道平面数	3			
平面上的卫星数	8			
发射器	Soyuz-2.1b，Proton-M			
设计寿命/年	3.5	7	10	10
质量/kg	1 500	1 415	935	1 600
信号类型	FDMA	FDMA+CDMA	FDMA+CDMA	FDMA+CDMA
公开信号	L1OF（1 602 MHz）	L1OF（1 602 MHz） L2OF（1 246 MHz） L3OC（1 202 MHz）	L1OF（1 602 MHz） L2OF（1 246 MHz） L3OC（1 202 MHz） L2OC（1 248 MHz）	L1OF（1 602 MHz） L2OF（1 246 MHz） L1OC（1 600 MHz） L2OC（1 248 MHz） L3OC（1 202 MHz）
授权信号	L1SF（1 592 MHz） L2SF（1 237 MHz）	L1SF（1 592 MHz） L2SF（1 237 MHz）	L1SF（1 592 MHz） L2SF（1 237 MHz） L2SC（1 248 MHz）	L1SF（1 592 MHz） L2SF（1 237 MHz） L1SC（1 600 MHz） L2SC（1 248 MHz）

1.3.5 区域导航系统

1. 日本 QZSS

准天顶卫星系统（QZSS）是日本宇宙航空研究开发机构（Japan Aerospace Exploration Agency，JAXA）代表日本政府开发的一套区域性民用卫星导航系统。QZSS 星座用于补充、增强和兼容位于日本上空的美国 GPS（可能还有其他的 GNSS 星座）。高高度角的覆盖尤其重要，因为在日本，低高度角的 GPS 卫星信号会被城市峡谷和山区地形所阻断。第 1 颗 QZSS 卫星提供实验性的导航和信息服务。到 2018 年，QZSS 星座扩展到 4 颗卫星。到 2023 年，该星座计划由 7 颗卫星组成，这些卫星除了补充或扩充其他 GNSS 星座，还将提供独立的区域卫星导航能力。图 1-21 展示了 QZSS 卫星的部署计划。

图 1-21　QZSS 卫星部署计划

QZSS 由日本政府在 2002 年开始立项，一开始由新卫星商业公司（Advanced Space Business Corporation，ASBC）部门组织建设，2007 年 ASBC 部门解散后由 JAXA 和卫星定位研究与应用中心（Satellite Positioning Research and Application Center，SPAC）主导建设。目前 QZSS 的卫星状态见表 1-13。

表 1-13　截至 2022 年 9 月 16 日 QZSS 的卫星状态

卫星类型	发射日期	轨道	定位信号	状态
QZS02	2017/6/1	QZO	L1C/A，L1C，L2C，L5	运行中
			L1S	
			L5S	
			L6	
QZS03	2017/8/19	GEO	L1C/A，L1C，L2C，L5	运行中
			L1S	
			L5S	
			L1Sb	
			L6	
			Sr/Sf	
QZS04	2017/10/9	QZO	L1C/A，L1C，L2C，L5	运行中
			L1S	
			L5S	
			L6	

卫星类型	发射日期	轨道	定位信号	状态
QZS1R	2021/10/26	QZO	L1C/A、L1C、L2C、L5	运行中
			L1S	
			L5S	
			L6	
QZS01	2010/9/11	QZO	L1C/A、L1C、L2C、L5	停机
			L1S	
			L6	

注：QZO（Quasi-Zenith Satellite Orbit，准天顶卫星轨道）

QZSS 采用准天顶卫星设计，准天顶卫星其实是接近天顶卫星（GEO 卫星）的意思，其轨道星下点类似一个 8 字形（地面轨迹如图 1-22 所示）。QZO 基本在亚洲和大洋洲的上空，一天内在北半球的时间大约为 13 h，在南半球的时间为 11 h。在东京地区，一颗 QZO 卫星有 8 个小时仰角在 70° 以上、12 h 在 50° 以上、16 h 在 20° 以上。

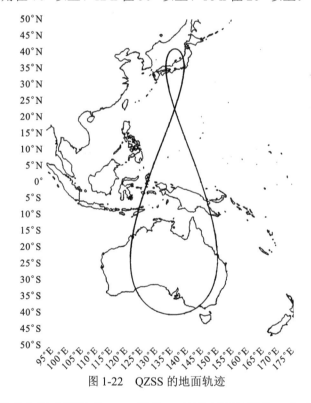

图 1-22　QZSS 的地面轨迹

QZSS 提供的服务主要有标准的 PNT 服务、高精度增强服务、灾难预警服务。

（1）PNT 服务。QZSS 卫星播发与 GPS 卫星相同的频点（L1C/A、L2C 和 L5）并且与 GPS 相同的时间系统，QZSS 卫星在日本领域仰角大于 20° 以上的时间为 16 h，因此可认为 QZSS 为 GPS 的补充系统，来确保日本上空可见卫星数量，同时在高山、城市等地区也增加了可见导航星的数量，确保定位的稳定性和连续性。

（2）高精度增强服务。QZSS 的 L1S 频点提供亚米级增强服务信息的播发，L6 频点提供厘米级增强服务信息,L6 频点提供厘米级增强服务(centimeter level augmentation service,CLAS),其水平定位精度在 10 cm 以内,高程精度在 6 cm 以内。厘米级增强服务目前只覆盖到日本,但是在未来的应用会扩展到其他亚洲地区及大洋洲和东欧地区。

(3)灾难预警服务。灾难预警服务属于城市信息服务,QZSS 在 L1S 频点提供了地震、海啸及恐怖袭击等信息的播发,由于灾难发生时,地面的通信服务往往是中断的,民众可以通过 QZSS 卫星来接收相关的通信信息。

2. 印度 IRNSS

印度区域导航卫星系统(Indian regional navigation satellite system,IRNSS)是一个由印度空间研究组织(Indian Space Research Organisation,ISRO)发展的自由区域型卫星导航系统,印度政府对这个系统有完全的掌控权。IRNSS 的目的是为印度及距离边界 1 500 km 地区的用户提供准确的位置信息服务,该地区是印度的主要服务区。扩展服务区位于主服务区和由矩形包围的区域之间,从 30°S 到 50°N、30°E 到 130°E。

2013 年 7 月 1 日,印度发射第 1 颗组网卫星,开始组建 IRNSS,于 2016 年 4 月完成了星座部署。不同于其他大多数的卫星导航系统,它只提供区域覆盖,并且同时播发 L5 波段和 S 波段的导航信号,而其他导航系统主要播发 L 波段信号。迄今为止,ISRO 已经建造了 9 颗 IRNSS 系列卫星;目前 8 颗在轨卫星,其中 3 颗在地球静止轨道上,其余的在与赤道平面保持 29°倾角的地球同步轨道上。2013 年 7 月 1 日、2014 年 4 月 4 日、2014 年 10 月 15 日、2015 年 3 月 28 日、2016 年 1 月 20 日、2016 年 3 月 10 日、2016 年 4 月 28 日、2018 年 4 月 11 日依次发射了 IRNSS-1A、IRNSS-1B、IRNSS-1C、IRNSS-1D、IRNSS-1E、IRNSS-1F、IRNSS-1G 和 IRNSS-1I 卫星。PSLV-39/IRNSS-1H 发射不成功,卫星无法进入轨道。由于卫星数量太少,并且主要卫星都在印度上空,IRNSS 只能提供印度及其边界 1 500 km 范围内的定位,表面上的规模位居世界第五。印度规划继续发射 10 颗卫星,实现全球组网。定位精度在印度洋区域优于 20 m,在印度本土及邻近国家定位优于 10 m。按照规划,印度将会把工作卫星的数量增加到 19 颗以上,以增强 IRNSS 对南亚次大陆甚至全球的覆盖效果。

目前 IRNSS 提供两种类型的服务:民用的标准定位服务及供特定授权使用者(军用)的限制型服务。两者均可在 L5 频段(1 176.45 MHz)和 S 频段(2 492.028 MHz)上使用。IRNSS 标准定位服务既支持广播电离层修正模型的 L5 波段单频定位,同时也支持 L5 波段和 S 波段一起的双频定位。

1.4　GNSS 在各个领域中的应用及我国卫星导航应用展望

全球卫星导航定位系统(GNSS)的基本作用是向各类用户和运动平台实时提供准确、连续的位置、速度和时间信息。卫星导航定位技术目前已基本取代了无线电导航、天文导航、传统大地测量技术,并推动了全新的导航定位技术的发展,成为人类活动中普遍采用的导航定位技术,而且在精度、实时性、全天候等方面对这一领域产生了革命性的影响。

1.4.1　民用领域

GNSS 广泛应用于海洋、陆地和空中交通运输的导航，推动世界交通运输业发生了革命性变化。例如，GNSS 接收机已成为海洋航行不可或缺的导航工具；国际民航组织在力求完善 GNSS 可靠性的基础上推动以单一 GNSS 取代已有的其他导航系统；陆上长、短途汽车正在以装备 GNSS 接收机为发展方向。

GNSS 在工业、精细农业、林业、渔业、土建工程、矿山、物理勘探、资源调查、陆地与海洋测绘、地理信息产业、海上石油作业、地震预测、气象预报、环保研究、电信、旅游、娱乐、管理、社会治安、医疗急救、搜索救援及时间传递、电离层测量等领域已得到大量应用，已显示出巨大的应用潜力。

GNSS 还用于飞船、空间站和低轨道卫星等航天飞行器的定位和导航，提高了飞行器定位精度，并简化了相应的测控设备，推动了航天技术的发展。

GNSS 已经渗透到国民经济的许多部门。随着 GNSS 接收机的集成微小型化，可以被嵌入其他的通信、计算机、安全和消费类电子产品中，扩展了其应用领域。GNSS 用户接收机生产和增值服务本身也是一个蓬勃发展的产业，是重要的经济增长点之一。

当今社会，GNSS 已成为经济发展的强大发动机，卫星导航系统已成为重要的基础设施。

1.4.2　军事领域

GNSS 可为各种军事运载体导航，如为弹道导弹、巡航导弹、空地导弹、制导炸弹等各种精确打击武器制导，可使武器的命中率大为提高，武器威力显著增强。武器毁伤力大约与武器命中精度（指命中误差的倒数）的 3/2 次方呈正比，与弹头 TNT 当量的 1/2 次方呈正比。因此，命中精度提高 2 倍，相当于弹头 TNT 当量提高 8 倍。提高远程打击武器的制导精度，可使攻击武器的数量大为减少。GNSS 已成为武装力量的支撑系统和武装力量的倍增器。

GNSS 可与通信、计算机和情报监视系统构成多兵种协同作战指挥系统。

GNSS 可完成各种需要精确定位与时间信息的战术操作，如布雷、扫雷、目标截获、全天候空投、近空支援、协调轰炸、搜索与救援、无人驾驶机的控制与回收、火炮观察员的定位、炮兵快速布阵及军用地图快速测绘等。

GNSS 可用于靶场高动态武器的跟踪、精确弹道测量及时间统一勤务系统的建立与保持。当今世界正面临一场新军事革命，电子战、信息战及远程作战成为新军事理论的主要内容。卫星导航系统作为一个功能强大的军事传感器，已经成为天战、远程作战、导弹战、电子战、信息战的重要武器，并且敌我双方对控制导航作战权的斗争将发展成导航战。谁拥有先进的卫星导航系统，谁就在很大程度上掌握未来战场的主动权。

1.4.3　我国卫星导航应用展望

众所周知，随着卫星导航应用与服务不断深入发展，卫星导航已经逐步成为现代信息社会的一种生活方式，渗透到国家安全、国民经济和社会民生的方方面面。

卫星导航还有什么要做的？简单地说，就是要用好、用足北斗，并且将其升级换代，实现新时空体系的跨越发展。从开始的 GPS 到现在的 GNSS，人们一直在惊叹卫星导航的两个"想不到"：第一个"想不到"是卫星导航的应用如此广泛，乃至无限，其服务只受到人们想象力的限制，只有想不到的，没有做不到的；第二个"想不到"是卫星导航的脆弱性漏洞如此明显，多种多样的日地空间的太阳黑子和耀斑与地磁等地球物理异常扰动变化，各式各样的物理阻隔、遮挡、屏蔽与多径和反射，以及层出不穷的自然的、人为的与有意的、无意的干扰威胁和扰乱欺骗攻击，都将会导致 GNSS 信号接收的异常中断和操纵失败，造成严重后果。因此，必须从国家层面采取积极有效的应对措施，确保其应用与服务的可靠、可信、精准、安全、智能（曹冲，2021）。

未来的主要目标应该是把以上两个"想不到"做到"极致"，这就是说，要将第一个"想不到"的应用服务效益做到极大化，要将第二个"想不到"的脆弱性漏洞影响做到极小化。这样的任务看似简单，实质上难度极大。但是，由于在这两个方面已经有了以前十几年甚至二十几年的产业发展基础，可以实现高起点、高质量、高速度的发展演变。也就是说，这不是重打锣鼓另开张，而是充分利用原有的技术与产业基础，在这上面盖高楼，做到百尺竿头更进一步。应该指出，由于我国近些年来的主要人力、物力、财力重点放在北斗系统的建设上，在应用服务产业效益极大化和实现脆弱性漏洞威胁影响极小化方面，还有许多事情要做，特别是在后者，也就是在实现脆弱性漏洞威胁影响极小化方面，仅仅处于起步阶段，与欧美相比，特别是与处在国际领先地位的美国相比，还有较大的差距。美国在卫星导航领域，自始至终一直站在世界的最前列，其根本原因是技术上的与时俱进和前沿领先。1995 年 GPS 宣布投入正式的全面服务，翌年就开始 GPS 的现代化。2004 年美国成立天基 PNT（定位、导航、授时）委员会，2008 年就提出《国家 PNT 发展规划总体架构（2025）》，并且在 2010 年推出相关的实施方案第一稿。十多年来，美国一直在针对 GPS 的脆弱性问题，进行多种多样的备份和替代技术及系统解决方案的研究，同时推进 PTA（保护、优化、增强）发展对策与策略，政府领军打造坚韧性 PNT，平缓地逐步实现从 GPS 向 PNT 的升级换代。从 2013 年开始，美国政府从政策文件、标准规范、检测测试多方面推进网络和关键基础设施安全保障行动，并且形成《通过负责任地使用 PNT 服务加强国家的坚韧性》执行令，把时空信息服务提高到确保国家安全、经济安全和社会公共安全的坚韧性层面，并且要求相关政府部门机构负起责任，以期促进民用企事业单位的科技创新和应用服务推广。"负责任地使用"的关键内涵是服务的坚韧性，包括完好性、可靠性、可信度和精准度。

完成卫星导航应用服务产业效益极大化和脆弱性漏洞威胁影响极小化任务，其重点内容可以归纳为四大方面。

（1）北斗/GNSS 多星座多频率系统再设计、再创新、再利用及再推广。北斗/GNSS 面临多星座多频率系统体系的消化吸收，再设计、再创新、再利用及再推广，在用好、用足北斗系统资源和优势功能的基础上，要充分用好、用足 GNSS 资源和功能，实现融合创新，尤其是将我国的 GNSS 兼容互操作的后发优势和超前竞争力发扬光大，往深化、实化、精化方向进发，让技术与产业向高端进发，引领全球发展。

（2）GNSS 向新时空（PNT）的技术与系统的升级换代。GNSS 最为核心的作用是高精度地提供无所不在的时空信息，必然会推进天基地基、室内室外导航通信等技术渗透和系统集成的多模融合，实现时空信息的泛在服务、精准服务、智能服务。这一任务的关键是多种技术和系统的跨界融合，尤其是导航与通信的融合，人造卫星数量与日俱增，不能仅仅是通信和遥感卫星，而更多的应该是卫星导航与它们的结合和融合。

（3）政府的工作重点应该是引领锤炼国家新时空技术与服务体系的坚韧性。从国家安全、经济安全和社会公共安全出发，网络安全和国家重大基础设施安全保障是关键，而负责任地使用新时空（PNT）服务是不可或缺的主要抓手，因此政府相关部门的重点应该是引领打造新时空服务的坚韧性（或者说是安全性），确保智能时空信息服务的完好性、可靠性、可信度与精准度。因此，必须认真建立防干扰、反欺骗的组织与行动体系，监测威胁攻击源，并且采取缓解消除威胁的行动措施，同时通过技术创新与系统集成，形成抗衡干扰和欺骗威胁的集成融合系统，或者是备份替代系统，确保国家的网络与关键基础设施安全，确保国民经济与人民的生命和财产安全。

（4）新时空服务体系产业重点是完善构建中国智能信息产业。时间、空间是人类最为重要的参照系，北斗/GNSS 一体化地提供了高精度的时空基准，因此它们才会有这么大的影响力。而新时空服务体系大平台，能够通过时空这一主线把许多技术与系统、产业与社群有机地联系在一起，时空的总体性、基础性、通用性、精准性成为不可或缺、不可替代的黏合剂，成为当代智能信息产业的整体架构师，把当前流行的所有热门科技领域，如大数据、物联网、云计算、区块链、人工智能等，通通集中用于推动信息服务的数字化、网络化和智能化，形成智能信息产业群体的集群发展态势（涉及整体布局、国民经济、社会民生，包括城乡一体与均衡发展、基础设施与网络安全、应急救援与公共管理、科技创新与动能转换、智能交通与物流联运、智能制造与无人系统、教科文卫与协调成长、时空服务与精准施策、医疗健康与数据支撑），推进无所不在的新时空（智能）服务，打造领先世界的中国服务国家品牌。

1.5 基于 GNSS 的 PNT 体系

卫星导航定位系统自诞生以来，其技术发展日新月异，应用广泛，深入国防、国民经济的各行各业，也因此形成了对卫星导航技术的强烈依赖性，而卫星导航本身存在一些固有的缺点，即信号弱、穿透能力差、易受干扰。全球导航卫星系统的 3 个组成部分，都会受到各种潜在的威胁和隐患。首先，对于空间段卫星，卫星本身和卫星的重要载荷可能出现故障；其次，GNSS 卫星信号非常微弱，极易受到干扰和欺骗，影响国防、电力、金融等核心用户群；另外，卫星的星历一般靠地面跟踪站和运控系统提供，地面运控系统一旦崩溃，GNSS 的服务将无法保障；最后，GNSS 的服务不能惠及地下、水下和室内，在高楼林立的大城市和森林密集的特殊地区，由于 GNSS 信息易受遮挡，也无法保证其服务的可用性、连续性和可靠性（杨元喜 等，2021）。

基于上述因素考虑，世界上许多国家提出了基于 GNSS 的定位、导航与授时体系构建，即由 GNSS 为基础构建定位（positioning）、导航（navigation）、授时（timing）体系（简称 PNT 体系），以弥补卫星导航定位系统的不足，提供更加泛在、连续、可靠的时间和空间信息保障。

1.5.1 体系框架

定位、导航和授时（PNT）体系基本框架由基准层、系统层、应用层和支撑层四部分组成，如图 1-23 所示。基准层是建立和维持同一时空基准的手段和技术；系统层是面向用户播发和传递时空信息的基础设施和手段；应用层是为用户提供位置、时间信息及服务的终端、传感器和服务系统；支撑层是支撑系统稳定运行和保障用户可靠使用的独立设施和手段。

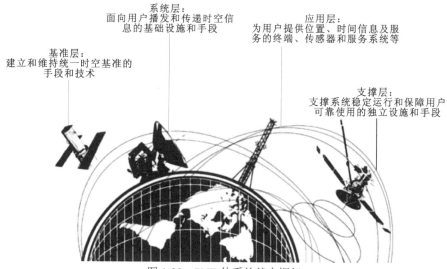

图 1-23　PNT 体系的基本框架

早在 2004 年，美国总统签署并颁布了《美国国家天基定位、导航与授时政策》（U.S. Space-Based Positioning，Navigation，and Timing Policy），取代了 1996 年颁布的《美国全球定位系统政策》（U.S. Global Positioning System Policy），采用 PNT 概念取代 GPS，标志着卫星导航系统进入以 PNT 为基本要素的新时代。2004 年，"国家天基定位、导航和授时执行委员会"（National Executive Committee for Space-Based Positioning，Navigation and Timing）成立，它作为军民联合体从国家层面对 GPS 项目进行关注和指导，并直接向白宫汇报。天基 PNT 包括 GPS、GPS 增强系统和其他全球导航卫星系统（GNSS）。虽然 GPS 作为美国主要的天基 PNT 服务提供设施已在美国甚至全球被广泛应用，但其固有的脆弱性正逐步影响着 PNT 服务的可用性和鲁棒性。

2010 年，美国总统新版《国家太空政策》指令指出，维护和增强天基 PNT 系统，美国必须在全球导航卫星系统（GNSS）的服务、提供和使用方面保持领先地位。同年，美国交通部和国防部就开始谋划美国国家综合 PNT 架构，拟在 2025 年前，构建国家 PNT 新体系。该 PNT 体系能够提供能力更强、效率更高的 PNT 服务。美国把 PNT 作为美国经济和国家安全依赖的基础设施。美国发动的海湾战争和南联盟战争，已经将 GPS PNT 的作用发挥得淋漓尽致。然而，美国的决策者也已经意识到国防行动过分依赖 GPS，于是他们又开始担心 GPS PNT 的脆弱性、安全性和稳健性，并策划构建新的 PNT 替代体系。美国国防部和交通部联合 40 多家科研院校和企业，开始研发基于不同物理技术、不同原理和新计算理论的 PNT 体系。

美国 PNT 体系结构的发展愿景是通过开发和部署能在全球使用的有效 PNT 能力，保持美国在全球 PNT 领域的主导地位，美国 PNT 服务将继续由太空、陆地和自主源提供，如图 1-24 所示。

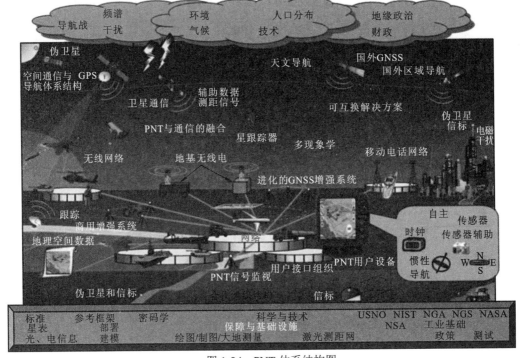

图 1-24　PNT 体系结构图

https://www.transportation.gov/pnt/what-positioning-navigation-and-timing-pnt

我国以北斗系统为核心的定位导航授时（PNT）体系已经上升为国家战略，预计在 2035 年前后构建国家综合 PNT 体系，为全球用户提供更为优质的服务。

我国未来 PNT 体系设计应以现有的系统和手段为基础，以北斗系统为核心，通过系统提升、引入新技术、融合多系统、完成多任务，遵循国家经济和技术的发展规律，以覆盖最大范围、服务大多数用户为目标，同时兼顾少数特殊用户的需求，以渐进式的方式来构建一个完善的 PNT 体系。PNT 体系的发展，根据国家战略方向及行业应用需要衍生种类，包括综合 PNT、水下 PNT、微 PNT、弹性 PNT 等。

1.5.2　综合 PNT

关于"综合 PNT"至今尚无统一的定义，杨元喜院士提出"综合 PNT"首先是多信息源的 PNT，其次是非中心化或云端化运控（云平台控制体系）的 PNT，再次是多传感器组件深度集成的 PNT，最后是多组件多源信息在不同用户终端深度融合的 PNT。因此综合

PNT 最终体现在用户 PNT 服务性能的提升。换言之，"综合 PNT"必须包含几个核心性能要素：即必须满足可用性（availability）、完好性（integrity）、连续性（continuity）和可靠性（reliability）。此外，还应加上稳健性（robustness）。在这样的认识基础上，给出了"综合 PNT"的定义，即"综合 PNT"是基于不同原理的多种 PNT 信息源，经过云平台控制、多传感器的高度集成和多源数据融合，生成时空基准统一的，且具有抗干扰、防欺骗、稳健、可用、连续、可靠的 PNT 服务信息（杨元喜，2016）。

构建国家综合 PNT 系统、提供综合 PNT 服务是一个体系性的建设任务，难度非常大，表现在：首先，PNT 的服务用户需求各不相同，如高安全用户需求抗干扰、防欺骗，并要求具有水下、地下 PNT 服务功能；普通用户要求具有室内外一体化 PNT 服务能力；交通运输用户要求具有高动态、连续且不受障碍遮挡影响的 PNT 服务；特殊群体还需要 PNT 服务可穿戴、小型化、低功耗、智能化等。即综合 PNT 体系构建涉及服务终端的高度集成化、小型化甚至微型化（如芯片集成），而且综合 PNT 体系还涉及智能化的信息融合，因此涉及综合 PNT 信息源与应用方面的关键技术。

1. 信息源

为了满足稳健可用性、稳健连续性和高可靠性，综合 PNT 必须具有基于不同原理的冗余信息源。之所以强调"不同原理"，是因为基于相同原理的信息一旦受干扰、遮蔽，再多的信息源也无济于事（杨元喜，2016）。

1）天基无线电

天基无线电 PNT 信息仍然是未来综合 PNT 的主要信息源。我国的综合 PNT 系统必须以北斗卫星导航系统（BDS）为核心，兼容美国 GPS、俄罗斯 GLONASS、欧盟 Galileo 和其他区域卫星导航系统，这种综合系统被称为 GPSS（global PNT system of system）。这些高轨 GNSS 信号必须满足兼容性与互操作性，否则综合 PNT 服务将会产生混乱。

为了提升 GNSS 的服务能力，尤其是提升飞机安全飞行与降落的安全性，多个发达国家分别建立了星基增强系统（SBAS），美国称之为广域增强系统（WAAS），欧盟称之为 EGNOS，俄罗斯称之为 SDCM，日本称之为多功能卫星增强系统（multi-functional satellite augmentation system，MSAS），印度称之为 GPS 辅助型静地轨道增强导航（GPS aided geo augmented navigation，GAGAN）等；为了精密测量和局部增强，多国建立了地基增强系统（ground based augmented system，GBAS）。

此外，为了增强天基 PNT，也有人提出利用低成本低轨卫星和通信卫星作为天基 GNSS 信号的补充和增强。首先低轨卫星和各类通信卫星轨道较低，信号功率相对较强，一般不易受到干扰（刻意干扰除外），而且低轨卫星和通信卫星参与 PNT 服务可极大增加用户可视卫星个数，增强用户卫星观测的几何结构，而且信号强度也得到提升，有利于提升天基 PNT 服务性能。高轨与低轨卫星集成 PNT 如图 1-25 所示。

但必须注意：即使天空布满各类 PNT 卫星，但当信号被遮挡（如地下、水下、室内）时，这类天基 PNT 服务必将中断。且天基 PNT 服务易受故意干扰或者欺骗，不能确保 PNT 服务的安全性。此外，这类天基 PNT 服务需要地面运控系统的支持，一旦地面运控系统受损，天基 PNT 服务则可能受到严重影响。

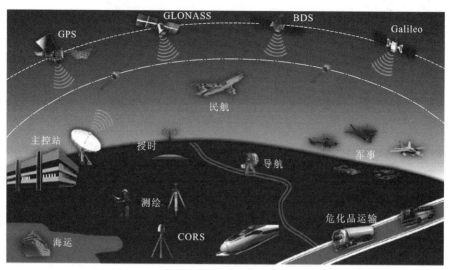

图 1-25 高轨与低轨卫星集成 PNT 示意图

2）地基无线电

地基 PNT 包括地基增强 GNSS、伪卫星系统，以及其他多种地基无线电 PNT 服务体系。实际上，在 GPS 之前各国就发展了多种地基无线电导航定位技术，如多普勒导航雷达（Doppler navigation radar）系统、罗兰（ROLAN）系统、塔康（TACAN）系统、奥米伽（Omega）甚低频无线电系统、伏尔（VOR）甚高频系统、阿尔法（Alpha）系统等。这些地基无线电导航系统作用范围小，不易实现全球无缝 PNT 服务，但可以作为区域 PNT 服务的补充。近年来快速发展的移动通信和无线网络系统可以作为新型地基 PNT 的重要信息源。此外，可以基于地基无线电网络体系构建 PNT 云（PNT cloud）服务系统，类似于云计算。所有志愿者都可以在定位、导航和时间服务平台上提供各端点信息，通过云平台计算使端点用户获得网络 PNT 信息服务。

3）惯性导航

惯性导航系统（inertial navigation system，INS）是机电光学和力学导航系统。INS 具有自主性强的优点，无须与外界进行光电交换即可依赖自主设备完成航位推算。INS 的微机电系统（micro electro mechanical systems，MEMS）具有成本低、易集成的特点。INS 可以提供载体的位置、速度和加速度信息，适用于水下、地下、深空等无线电信号不易到达区域的导航定位。

但是，INS 一般不能提供高精度时间信息，误差积累较为明显，而高精度 INS 价格昂贵。因此 INS 一般需要与其他 PNT 信息源进行集成和融合，首先需要集成高精度时间信息源，其次需要高精度外部位置信息进行累积误差纠正。

4）匹配导航

匹配导航信息源一般先将具有统一地理坐标特征的信息进行存储，然后通过各类传感器获取相应特征信息，再与预先测量并储存的信息进行匹配，进而获得位置信息。这类匹配 PNT 信息源主要有影像匹配、重力场匹配、地磁场匹配。这类匹配导航信息适用于水下、井下和室内导航定位。导航定位精度取决于预先测量信息的空间分辨率和绝对位置精度，也取决于载体传感器的实时感知精度，其中地磁场信息过于敏感，任何物理环境的扰动都会引起地磁场信息的较大变化。此外，匹配导航一般不提供时间服务，需要与时间信息源集成，并与其他 PNT 信息源进行融合。

5）其他

光电天文观测信息、银河系外的脉冲星信号、激光导航信息、水下声呐信标等都可以作为综合 PNT 信息源。

2. 多源信息融合技术

如上所述，综合 PNT 不是单一 PNT 信息的集成或者综合，而是多类信息的融合。多类信息由于空间基准不同，必须进行空间基准的归一化，我国综合 PNT 体系应该采用 2000 国家大地坐标系；多信息融合必须基于统一的时间基准，尤其是对于高速运动的载体的 PNT 服务，统一时间基准尤为重要。中国的 PNT 必须以北斗卫星导航系统（BDS）为核心，必然采用中国北斗时间（BDT）作为时标，对其他信息源进行时间归算、时间同步和时间修正等，使用户的综合 PNT 对应同一时标。

多源 PNT 信息融合必须统一观测信息的函数模型，实际上基于不同背景、不同原理构建的 PNT 服务系统或 PNT 服务组件，其函数模型是不同的。各类观测信息中可能还含有各自对应的重要物理参数、几何参数和时变参数等信息。为了实现综合 PNT 服务，各类 PNT 观测信息的函数模型必须表示成相同的位置、速度和时间参数（即用户关注的 PNT 参数）。

函数模型的统一表达是深度 PNT 信息融合的基础。共同的函数模型还应包括各类 PNT 传感器或各类 PNT 信息源的系统偏差参数（或互操作参数），如多个 GNSS 信息融合的频间偏差，惯导与 GNSS 组合的惯导累积误差等。

多源 PNT 信息融合必须有合理优化的随机模型。不同类型的 PNT 观测信息具有不同的不确定度及不同的误差分布。在多类 PNT 信息融合时，应实时或近实时地确定各类观测信息的方差或权重，可以采用方差分量估计或基于实际偏差量确定的随机模型。

综合 PNT 信息处理必须采用合理高效的计算方法。多源信息并行计算是实现高效 PNT 信息融合的重要手段（如联邦滤波）。为了避免重复使用动力学模型信息，可采用动静滤波技术。为了控制各观测异常对 PNT 参数的影响，可以采用抗差信息融合。为了控制动力学模型异常对综合 PNT 参数估计影响，可以采用自适应卡尔曼（Kalman）滤波进行 PNT 信息融合。多源 PNT 信息融合如图 1-26 所示。

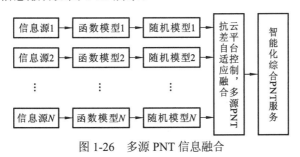

图 1-26　多源 PNT 信息融合

多源 PNT 信息融合必须建立在信息兼容与互操作基础上，如此才能确保 PNT 结果的可互换（interchangeable）。融合后的 PNT，不仅可用性和连续性得到提升，实际上稳健性和可靠性也会得到显著增强。

综合 PNT 是未来定位导航和授时的发展方向。综合 PNT 首先是 PNT 信息的"多源化"，传感器的高度"集成化"和"小型化"，综合 PNT 时空基准"归一化"，运控手段的"云端化"，多源信息融合的"自适应"，PNT 融合数据的"稳健化"，最终实现 PNT 服务模式的"智能化"。由于综合 PNT 强调 PNT 原理的多样性与信息的冗余性，其容错能力、系统误差的补偿能力、异常误差影响的控制能力、抗差性（或稳健性）都会得到显著增强，进而可用性、完好性和可靠性都会得到提升，所以一般意义上的单系统用户完好性要求将显著削弱。

3. 综合 PNT 服务终端技术

PNT 信息源的增加，必然给用户 PNT 服务终端研发带来挑战。未来的综合 PNT 服务终端应实现芯片化集成，才能实现小型化和低功耗；应包含无线电导航、惯性导航组件和微型原子钟组件等微型装置，且无系统间偏差，满足互操作等特性。

目前，最易实现的是将芯片级原子钟（chip-scale atomic clock，CSAC）、微机电系统的惯性测量单元（inertial measurement unit，IMU）与 GNSS 集成，或将 IMU 和芯片级原子钟嵌入 GNSS 接收机，这方面研究很充分，并且有相应的产品，而且 INS 与 GNSS 的互补性强，是比较理想且相对简单的综合 PNT 集成系统。

但是由于惯性导航的误差积累显著，在缺失 GNSS 信号的情况下，这类综合 PNT 的长期稳健服务仍然存在问题。

另一种 PNT 终端集成是各类匹配导航传感器、芯片级原子钟与计算单元及 MEMS IMU 集成。尽管影像、重力、磁力值所对应的位置信息本身精度不高，但它们没有明显的系统误差累积，而且这几类 PNT 信息一般不受外界无线电干扰，可以用于长距离航行的惯性导航误差校正。此外，超稳微型原子钟单元可以为各类匹配导航、惯性导航提供同步时间信息。

综合 PNT 未来终端还可能包括脉冲星信息感知传感器、光学雷达传感器等。多源信息感知的敏感性、抗干扰性、稳定性是集成 PNT 传感器的关键。应该强调，未来综合 PNT 体系发展，首先必须解决小型或微型超稳时钟研制难题，为机动载体提供稳定可靠的时间服务；其次是发展超稳定且累积误差小的惯性导航组件（如量子惯性导航器件）等，为长航时载体提供无需外部信息支持的 PNT 服务；必须发展芯片化传感器的深度集成技术，而不是各类传感器的简单捆绑，如此才能满足小型化、便携式、低功耗、长航时 PNT 服务的需要。

1.5.3 水下 PNT

海洋是国防的屏障、资源的宝藏及贸易的通道。海洋安全与海洋权益维护、人类生存和可持续发展、油气与金属矿产等战略性资源保障全局性、重大性和长久性问题休戚相关。随着人们海洋活动空间维度增加，水下航行器及水下作战平台运行、水下武器发射、深海工作站建设与维护、海底测绘、深海探测、资源勘探等活动将对水下 PNT 服务能力提出越来越迫切的要求。然而海洋环境和水介质的固有特性使水下 PNT 相对于水面环境面临更大的挑战。

卫星导航系统固有的弱点与脆弱性，制约着水下 PNT 的可用性和稳健性（许江宁，2017；杨元喜，2016；Jo et al.，2015），因此，需以卫星导航系统和海洋环境信息为基础、以惯性技术为核心构建具有特色的水下 PNT 体系，为所有水下载体提供全时全海域、实用有效、安全可靠的 PNT 信息服务，满足不断增长的涉及国家安全、经济的民用、科研和商业的需要（Lo，2012；Willemenot et al.，2009），形成符合信息化建设需求的水下 PNT 信息服务基础体系。

通俗地说，水下 PNT 就是在精确时间轴上，解决水下载体在哪、去哪和怎么去的问题。首先对水下 PNT 的概念内涵做如下界定（Van Dyke，2012）。P（定位技术）：通过多种技术手段在水面、近水面或水下状态获得载体满足安全航行的实时三维位置信息。N（导航技术）：通过多种技术手段在水面、近水面或水下状态下获取实时姿态、速度、加速度、角速度等载体运动信息，并获取必需的海洋环境信息，完成载体满足安全航行所需的航路规划等任务。T（授时技术）：通过多种技术手段在水面、近水面或水下状态接收准确的时间信息，保持并传递到各用户。

用户对水下 PNT 技术需求主要体现在三个层面。①满足水下载体安全航行的需求。对于水下载体，其运动剖面的核心内容主要包括水下三维航路规划及基于任务结合的辅助决策。为保证水下载体航行安全，要求惯性导航系统、组合导航系统等设备具备长航时、高精度、高可靠的导航定位、定向能力。②保障水下作业平台各类任务的实现，以及为水下载体特定任务的达成提供 PNT 信息保障。水下载体为完成特定任务，需要作为基准信息主要来源的水下载体惯性导航系统、组合导航系统必须能够实时、高精度输出水下载体运动状态测量信息。③水下协同的 PNT 基础信息支持。基于时空统一的水下 PNT 应向水下载体编队聚焦，将海区内各载体平台连接为一个集成网络，利用分布于海区内的各平台传感器形成精确、实时、统一的海区态势图，利用各平台 PNT 基础信息支持实现时空统一和信息实时融合。

水下 PNT 的主要特点是工作环境为水下，主要问题在于不能直接利用卫星信号进行导航、定位与授时。因此，水下 PNT 的关键技术有别于一般 PNT 体系的特点。总体可分为自主型和非自主型两大类，具体包括惯性、重力/地磁匹配、水声导航、水下 PNT 能力评估等技术内容，下面简要阐述技术内容及需要探索研究的内容。

1. 惯性技术

在惯性技术领域需针对激光陀螺技术、光子晶体光纤陀螺技术、谐振式光纤陀螺技术等新型光学陀螺进行研究，在此基础上开展新型光学陀螺惯性导航系统技术研究；新型自补偿惯性系统技术研究；面向超高精度长航时惯性导航的需要，研究新概念的原子陀螺仪及其系统技术，明确原子自旋陀螺仪和原子干涉陀螺仪的技术方案及其技术难点，探索原子陀螺仪惯性导航系统中总体方案及其难点；采用惯性导航系统/天文多传感器信息进行智能融合，在一定最优估计准则下，进行最优估计，考虑通过引入系统重构和自适应信息分配策略提高惯性系统的精度和可靠性。惯性器件技术发展趋势如图 1-27 所示。

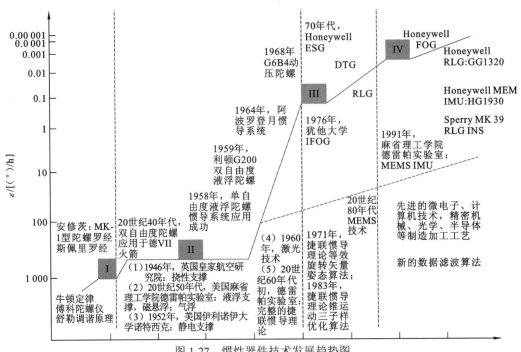

图 1-27　惯性器件技术发展趋势图

2. 惯性/重力/计程仪融合的组合导航定位技术

在对导航数据库的建立、匹配准则、匹配方法的研究基础上，基于组合导航数据融合技术，将重力匹配定位提供的匹配位置、计程仪测量的载体速度作为外部更新信息，通过建立组合导航卡尔曼滤波器，将载体的位置、速度及惯性传感器的误差作为待估的参量，对 INS 系统的误差进行估计，在 INS/重力/计程仪水下组合定位导航系统中得到稳定的导航解，该技术发展路线如图 1-28 所示。

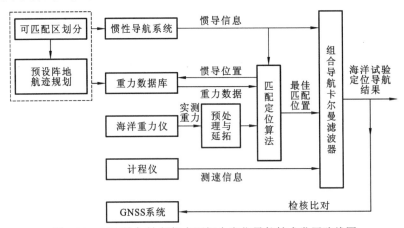

图 1-28　INS/重力/计程仪水下组合定位导航技术发展路线图

3. 绝对/相对重力仪、重力梯度仪及动态测量技术

动态重力场测量技术和仪器是建立导航背景场数据库、实测重力场、重力匹配定位的

必备基础技术之一。目前海洋重力测量使用的都是相对测量型的海洋重力仪，存在较大的零漂，传统的相对重力测量用码头附近的绝对重力标准点来约束和改正重力仪零漂，无法满足水下实时测量等特定环境下的测量要求，因此应该开展对无零漂的海洋绝对重力测量的研究。此外，重力梯度测量从原理上来说不受等效原理的限制，也不受载体运动加速度的影响，更加适合于动基座测量，是未来重力测量发展的重要方向之一，资料显示，目前世界上正在研制的重力测量仪器70%以上是重力梯度测量仪器。此外，重力梯度测量可以得到多个分量的结果，信息的丰富和冗余也更适合于匹配定位，因此应该开展对重力梯度测量技术的研究。

4. 基于干涉合成孔径声呐的水下声学定位导航技术

实用性地形匹配导航处理技术，主要是研究基于干涉合成孔径声呐获取的二维和三维声呐图和已知的数字海底地形数据库的快速精确匹配处理算法，实现水下航行体的快速定位导航，其工作流程如图1-29所示。该研究是水下地形匹配定位导航技术的另一核心技术，是完成从高分辨二维和三维声呐图向水下航行体定位导航信息快速转化的重要途径。另外，研究地形跟踪与障碍物避碰技术是避免水下航行体因水下地形急剧变化或存在悬浮物、障碍物而导致的定位导航失效的关键，及时发现、及时处理，就可以保证复杂地形下的定位导航能力。

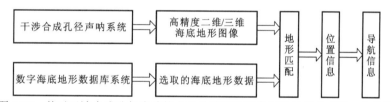

图1-29 基于干涉合成孔径声呐的水下地形匹配定位导航系统组成及工作流程

5. 水下长波信号接收技术

长波信号具有一定的入水深度，可以使水下授时用户在不浮出水面的情况下，进行授时信号接收，但由于水下与水上信号接收具有较大差异，需要对长波信号的水下接收技术进行研究，主要包括长波磁天线技术、色散效应补偿技术、低信噪比条件下信号捕获和跟踪、授时信号提取技术等。水下高精度授时系统如图1-30所示。

6. 水下定位导航授时能力评估技术

水下定位导航授时能力评估技术是一种综合性技术，主要包括水上通信链路构建技术、水下通信链路构建技术、水下定位技术等基础性技术，并开展系统仿真验证技术和原理验证系统研究等；开展水下卫星定位导航授时技术仿真验证系统的研究，研究可扩展、可调整的水上通信链路、海洋环境、水下通信链路的综合仿真技术，验证水下卫星定位导航授时技术路线的可行性与技术效能；开展海上区域范围原理验证系统研究，选择海上试验地点，确定定位长基线网布放形式，研究定位基元的硬件集成方案、差分基准站与地面监控中心的实现方案，研究分析海上试验结果与仿真结果的误差及所提技术指标的准确性，其评估方案如图1-31所示。

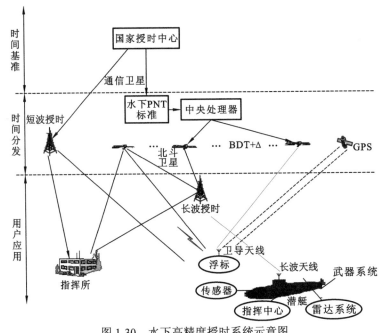

图 1-30　水下高精度授时系统示意图

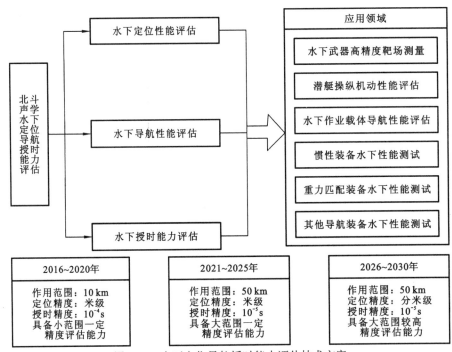

图 1-31　水下定位导航授时能力评估技术方案

水下 PNT 体系建设的迫切性不仅是由于美俄等世界强国在水下作战需求的牵引，更是天基 PNT 能力向水下等领域应用的扩展和 PNT 体系技术能力和信息品质的持续提升提出的要求。未来，水下 PNT 技术的关注点和发展要点应着眼于水下应用关键技术和装备的突破及水下 PNT 体系技术的研究。为此，将发达国家的水下 PNT 体系建设现状及规划进行梳理，在此基础上总结归纳国外水下 PNT 单项核心技术的发展现状，并分析未来水下 PNT

技术的发展趋势：未来水下 PNT 技术一定是在弹性化的水下 PNT 体系架构下，以高精度小型化惯性基导航技术和高精度远距离声学 PNT 基础设施建设为主，多元 PNT 信息作为重要补充，同时依赖原子频标技术及远程时频信息校正进行守时和授时提供统一时间基准，共同为水下载体提供可靠、连续的时空基准信息（许江宁 等，2021）。

1.5.4 微 PNT

综合 PNT 理论上的优越性不得不面临实践上的复杂性，尤其是随着信息源的增加，用户终端传感器的结构会越来越复杂，体积会越来越大，功耗也会随之增大，显然这不符合大多数用户的要求。大多数移动用户希望 PNT 服务终端具有便携、可嵌入、低能耗、待机时间长等特点。因此，追求小型化的 PNT 集成终端成为综合 PNT 的核心问题之一（杨元喜 等，2017）。

微惯性测量单元（micro inertial measurement unit，MIMU）、GNSS 导航接收机及芯片级原子钟 3 个主要模块进行深度融合形成微 PNT（micro-PNT）系统。微惯性测量单元和 GNSS 导航接收机都存在固有缺陷，芯片级原子钟的外秒同步也需要参考接收机的时间基准，将三者进行融合可以发挥各自系统的最大优势（Ma et al.，2016）。

对于传统的卫星导航系统，卫星发射的信号经过远距离传输到达用户接收端时已经变得非常微弱，此时若信号受到电磁干扰或者其他外界影响，系统将不能进行正常的定位解算，但是卫星导航定位的误差不会随时间累积。惯性测量单元具有良好的自主性，不需要依靠外界信息就可实现自主定位功能，而且不容易受外界干扰和影响，但是惯性导航系统在工作时采用积分运算的形式，会导致输出导航定位结果的误差随着时间的累积越来越大。芯片级原子钟与传统的石英晶振相比，在频率准确度和稳定度上都具有较大的优势，将接收机中的石英晶振用芯片级原子钟进行替换，会给系统的稳定性带来很大的提升，同时将大大提高系统对外的授时精度（顾得友，2020）。图 1-32 所示为微 PNT 系统原理。

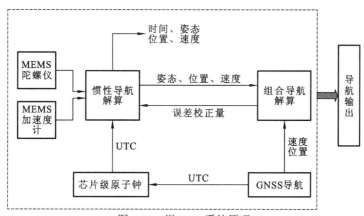

图 1-32 微 PNT 系统原理

微惯性测量单元和芯片级原子钟等技术的发展和研究可以有效弥补因卫星导航系统的不足而带来的缺陷。该系统在军用和民用方面均可以起到举足轻重的作用，有很大的潜力和优势。在卫星拒止的情况下仍然可以提供短时的精确定位服务，可在微小型飞行器等作战武器上得到广泛的应用。2010 年，美国国防高级研究计划局（Defense Advanced Research Project Agency，DARPA）启动了微 PNT 计划，即综合利用定位、导航和授时的微机械设备开发微 PNT 组件（Dalalm，2012）。其实：微 PNT 不仅应包括微机械技术，还应包括微电子技术；不仅体积"微"，功耗也应"微"；而且必须具备稳健性等性能指标。

1. 关键技术

在微 PNT 体系发展方面，美国先后启动了 9 个大型集智攻关研究计划：在时钟方面，启动了芯片级原子钟和集成微型主原子钟技术（integrated micro primary atomic clock technology，IMPACT）；在定位方面，启动了导航级集成微陀螺（navigation grade integrated micro gyroscope，NGIMG）、微型惯性导航技术（micro inertial navigation technology，MINT）、信息链微自动旋式平台（information tethered micro automated rotary stages，IT-MARS）、微尺度速率集成陀螺（micro scale rate integrating gyroscopes，MRIG）、芯片级微时钟和微惯导组件（chip-scale timing and inertial measurement unit，TIMU）、主动和自动标校技术（primary and secondary calibration on active layer，PASCAL）、惯导和守时数据采集、记录与分析平台（platform for acquisition，logging，and analysis of devices for inertial navigation & timing，PALADIN & T）等。这些研究计划将形成美军微 PNT 体系技术框架。2011 年 *GPS World* 刊载文章认为"微技术时代已经到来"（Shkel，2011）。

1）微时钟技术

在 20 世纪前期，科学家发现原子、分子的内部运动状态几乎不受外界的干扰，表现出一种稳态，因此人们试图将时间和频率的计量标准定义到微观量子态信号上，由此在

后续的研究中发现了相干布居囚禁（coherent population trapping，CPT）原子钟（曹楷源 等，2011）。美国国防部高级研究计划局是美国最早开始研究芯片级原子钟的部门，该部门联合美国其他实验室研发出了世界上第一台芯片级原子钟 SA.45 s，图 1-33 为该芯片级原子钟实物图。该商用芯片级原子钟的精度比普通的温补晶振频率高 4 个数量级，比恒温晶振高 2 个数量级。

图 1-33   SA.45 s 原子钟实物图

CPT 原子钟是目前唯一能够实现的被动式芯片级原子钟，具有小体积（小于 16 cm³）、高稳定度（千秒稳定度进入 10～12 量级）、低功耗（小于 120 mW）等优点。

芯片级原子钟是一种利用光学原理实现的原子钟，设计时采用微机电系统（MEMS）技术，大大减小系统的体积（李松松 等，2018）。传统的石英晶振尺寸小、价格低，得到了广泛的应用，但是其在长期稳定性上存在很大的不足。芯片级原子钟的稳定度比普通的石英晶振提高了几个数量级，可以弥补石英晶振在稳定度上的缺点。芯片级原子钟的微小型化及自身的高精度等特点使其在更多的授时服务领域中得到应用。

早在 2002 年美国国防部高级研究计划局就安排十多个科研团队对芯片级原子钟（CSAC）进行攻关，起初的目标是，新研制的微原子钟体积应该减小到当时原子钟的 1/200以下，功耗降至原先的 1/300，即体积从当时的 230 cm³ 减小到 1 cm³，功耗从 10 W 减小到

30 mW，精度制表位 10^{-11}，稳定度指标为 1 μs/天。直到 2012 年美国才在太空站测试了芯片级原子钟技术，当时的 CSAC 的体积为 15 cm³。尽管有多家公司研发的 CSAC 原型样机已达到体积为 1 cm³ 的目标，并具有交付测试的能力，但离实际应用还存在相当大的差距。因此为研发出高稳定度和低漂移率的芯片级原子钟，美国启动了集成化主原子钟技术（integrated miniature primary atomic clock technology，IMPACT）项目。

美国微 PNT 项目的开展是在前期微型器件与技术研究的基础上提出的，利用芯片级惯性导航与精确制导技术实现。项目具体研究工作包括芯片级时钟、惯性传感器、微尺度集成和试验与鉴定等（Lutwak，2014）。其中时钟研究包括 CSAC 项目和 IMPACT 项目；惯性传感器研究包括微尺度速率集成陀螺（MRIG）项目和导航级集成微陀螺（NGIMG）项目；微尺度集成研究包括微型惯性导航技术（MINT）、主动和自动标校技术（PASCAL）、芯片级微时钟和微惯导组件（TIMU）、芯片级组合原子导航（chip-scale combinatorial atomic navigation，CGSCAN）和信息链微自主旋式平台（information tethered micro automated rotary stages，ITMARS）。微 PNT 项目的最终目标是通过微加工和集成工艺研发出如图 1-34 所示的微型导航定位守时系统装置。

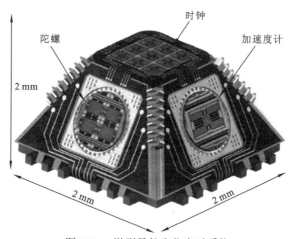

图 1-34　微型导航定位守时系统

在微型原子钟技术方面，必须攻克固态电子和原子振荡等关键技术（Shkel，2013）。微时钟系统的质量取决于各组件的时间同步、时钟与其他测量装置的时间同步，以及内部时间传递精度。一般对于中低动态载体导航，内部时间精度应达到 10^{-12}，对于以时间为参考的测量，则要求达到 10^{-13} 的精度，并要求低功率的时钟和振荡器的长期稳定度要好于 10^{-11}/月，功耗 1 W（Shkel，2013）。为了达到最终的授时精度要求，IMPACT 项目开展了新型芯片级原子钟设计方案的探索，研究了基于微型原子冷却技术、离子囚禁技术和光频梳技术等鉴频精度更高的微型芯片级物理部分实现技术。

在集成型主原子钟技术（IMPACT）方面，已实现了功率低于 250 mW，时间误差小于 160 ns/天的性能指标。主原子钟一般用于提供绝对时标，其精度和可靠性有望比芯片级原子钟高两个数量级。未来，可望研发出体积 5 cm³、功耗 50 mW、频率精度 1×10^{-13}/h（Allen 方差）、稳定度优于 5 ns/天的芯片级原子钟。

超小型低功耗的绝对时标主要用于微纳卫星和微小卫星系统，也可应用于无人水下潜器等。如果超小型低功耗的绝对时标装置嵌入 GNSS 接收机，则可提高 GNSS 接收机的抗干扰、防欺骗能力，因为干扰和欺骗信号主要在时钟方面施加随机误差，导致无线电测距误差增大，引起导航定位的系统偏差。此外，微小时钟在高速信号捕获、通信、监视、导航、导弹引导、敌我识别及电子战中都有重要作用。

国外微 PNT 系统的研究主要针对 3 个不同的方向展开，即基础部件研发、测试与评估平台搭建及微尺度集成（尤政 等，2015）。基础部件研发方面，芯片级原子钟的研发成熟度最高，已经实现商业化；测试与评估平台搭建方面，已经形成了开放式的体系结构，具备完好的测试能力；微尺度集成方面，基于单片硅等技术手段的发展也研制出了导航级别的单片硅授时和惯性测量单元（江城 等，2015）。

国内在微 PNT 方面的研究与美国等西方国家相比起步较晚，但是近几年中国航天科技集团有限公司、中国兵器工业集团有限公司、中国电子科技集团有限公司等也逐渐展开研究并在高精度芯片级原子钟等方面取得了一定的进展。

2）微陀螺技术

微陀螺技术是微 PNT 的主攻方向之一。早在 1970 年就有关于原子陀螺的演示，只是那时的原子陀螺非常笨重且昂贵。由于 MEMS 技术的成熟和批量生产，原子陀螺的小型化成为主攻方向。但是，至今为止，基于 MEMS 的原子陀螺产品还不成熟，而且进展缓慢。大多数光学陀螺都是基于萨尼亚克（Sagnac）效应研制的，如光纤陀螺和环状激光陀螺。最初有人设计了硅微电子机械系统，该系统具有体积小、成本低等优点（Gundeti，2015）。但是这类装置不能测定小的旋转速率，而惯性梯度测量需要测定 0.001°/h 的微小速率。幸运的是，原子陀螺具有小型化的潜力。原子陀螺可概括分为原子干涉陀螺（atomic interference gyroscope，AIG）和原子自旋陀螺（atomic spin gyroscope，ASG）（Fang et al.，2012）。

2011 年就有了利用微原子核磁共振进行陀螺仪的研究报道（Larsen et al.，2015）。其实，自从 1938 年 Isidor Rai 发现核磁共振（nuclear magnetic resonance，NMR）后，不少科学家即开始尝试利用核磁共振技术研制陀螺仪。从美国格鲁曼公司已经封装的微核磁共振陀螺仪的测试结果来看，该微型陀螺体积小、稳定性好，性能几乎好于市场上所有微机械陀螺。半导体光源的利用促进了核磁共振陀螺仪（nuclear magnetic resonance gyroscope，NMRG）的小型化。核磁共振陀螺仪不需要机械运动部件，因此对振动或振荡不敏感，但具有高分辨率和高稳定性等特点。可以利用多个具有不同特性的核磁共振组件进行集成，只是在目前的技术状态下，很难实现小型化。2013 年美国格鲁曼公司演示了一款新型的微原子核磁共振陀螺仪的原理样机，利用原子核自旋功能探测和测量载体旋转。尽管该装置体积很小，但是几乎具有现有光纤陀螺仪的定向性能，而且该陀螺仪被封装在 10 cm³ 的盒子里（Meger et al.，2014）。该陀螺仪的另一个特点是配备有活动部件，对载体的振动和加速度不敏感。

3）微惯性导航定位技术

在惯性导航定位技术研究方面，美国国防部高级研究计划局开启了 7 个研究计划。2005 年启动了导航级集成微陀螺（NGIMG）研究，目标是尺寸仅为 1 cm³、功耗小于 5 mW、定向随机游走小于 0.001°/h、偏差漂移小于 0.01°/h、尺度因子稳定度优于 50×10⁻⁶、测程大于 500°/s、300 Hz 带宽（Shkel，2011）。导航级集成微陀螺主要用于小型作战平台。2008 年美国启动微惯导技术（MINT）研究，旨在开发微型、低功耗导航传感器，具备数小时到数天的自主导航能力。MINT 的目标是体积达到 1 cm³（能用于步行导航，如嵌入鞋体），功耗不高于 5 mW，要求步行 36 h 后精度仍能保持 1 m，每步速度偏差为 10 μm/s。微惯导组件采用直接测量中间惯性变量（速度和距离），如此可以减小加速度计和陀螺仪集成后计算速度和位置带来的累积误差（Shkel，2013）。

2009 年美国启动信息链微自动旋式平台（IT-GMARS），该计划的目的是实施和验证多 MEM 组合的旋转平台性能，为 MEM 组合传感器提供一个旋转自由度（微结构、微传感器本身无旋转）。目标是研制出体积 1 cm³、功耗 10 mW、角度绝对精度好于 0.001°，满足最大摆动 10 μrad，旋转速率 360°/s 测程范围的 IT-GMARS。

2010 年同时启动微尺度速率集成陀螺（MRIG），芯片级微时钟和微惯导组件（TIMU），主动和自动标校技术（PASCAL）和惯导守时数据采集、记录与分析平台（PALADIN&T）（Shkel，2011）。MRIG 的主要目标是提升惯性传感器的动态测程，以便适应动态载体的大范围机动，动态测程扩大到 15 000°/s，角度相关的可重复性为 0.1°/h，与偏差相关的漂移可重复度达 0.01°/h，工作温度拓展至-55~85 ℃，定向随机游走 0.001°/h。TIMU 主要目标是研发超小型定位和授时综合装置，设计要求该装置体积 10 mm³、功耗 200 mW、圆概率误差（circular error probable，CEP）达 1 nmi/h，并且有自主导航能力。PASCAL 的主要目标是减小时钟和惯性传感器的长期漂移，以便在无 GNSS 支持的情况下，实现长时间自主导航。因此该装置的自检校功能是研究重点。因为只有当微 PNT 传感器具有自检校功能时，才能弱化惯导和时钟的长期项偏差和系统漂移等累积误差。PASCAL 的偏差稳定度要求提升至 $1×10^{-6}$，比现有微惯导（$200×10^{-6}$）高两个数量级。PALADIN&T 将发展具有普适性的柔性测试平台。先发展原理型平台，然后发展飞行便携的简化的统一评估方法，并提供早期的野外技术验证。

2012 年，美国国防部高级研究计划局启动芯片级组合原子导航（CGSCAN）计划，即寻求将不同物理特性的惯性传感器集成到单一的微尺度惯性测量单元（IMU），这也是美国开展的微 PNT 计划的重要组成部分，其目的是构建自主的、不依赖 GPS 的芯片级微 PNT 系统，能适用于不同军用平台、不同作战环境的载体精密引导，并能适用于中远程导弹的引导（Shkel，2013）。CGSCAN 计划的核心是将具有不同物理特性的 PNT 组件集成到单一的微系统（microsystem），不同组件具有互补性，主要目标可以概为：将不同高性能固态惯性传感器进行综合，发展综合集成技术，将不同物理原理的各组件集成为一个整体，并实现小型化；发展相应的数据融合处理方法。CGSCAN 的首要任务是集成一个多陀螺仪和多加速度计的单一的微尺度惯性测量单元（IMU）。精度指标达到 $10^{-4}°$/h，偏差稳定性达到 10^{-6} g，角度随机游走达到 $5×10^{-4}°$/h，速度随机游走达到 $5×10^{-4}$ m/(s·h)，尺度偏差达到 $1×10^{-6}$，动态测程达到 1 000 g。CGSCAN 组件具有 3 个旋转轴和 3 个加速度传感器，在恶劣环境下可为军用载体提供定位导航服务。

国内在 MEMS 惯性器件研究方面起步较晚，但是清华大学、南京理工大学和中国电子科技集团等单位对惯性器件开展研究并取得了一定的进展，已经研发出精度较高的 MEMS 陀螺仪和加速度计。

2. 运行原理

在微 PNT 系统中，卫星导航系统与惯性导航系统采用深组合导航方式，深组合中 SINS

导航信息可用来辅助 GNSS 接收机，提高信号的捕获与重定位能力同时使环路失锁的概率大大减小，环路更加稳定；芯片级原子钟对 GNSS 接收机定位进行改善，提高定位精度；GNSS 接收机输出的秒脉冲可对原子钟进行驯服，实现外秒同步功能。该系统解决了传统定位导航系统对卫星导航的过度依赖问题，在导航环境不利或者卫星信号完全丢失的情况下仍然能够提供短时的高精度定位指标（王国栋 等，2019）。

深组合与其他组合模式相比最大的特点就是深入接收机内部环路，利用惯性传感器提供的速度、加速度等信息辅助接收机环路提高接收机捕获和跟踪的性能。深组合在结构上可大致分为两种，一种是基于 I、Q 信息融合处理的集中式深组合结构，另一种是基于惯性信息辅助接收机环路的分布式深组合结构。集中式深组合导航系统中接收机端提供给组合滤波器的信息是原始的 I、Q 数据信息，其结构如图 1-35 所示。

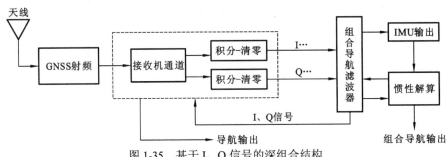

图 1-35　基于 I、Q 信号的深组合结构

集中式深组合导航系统基于矢量跟踪结构，大大提高了接收机在弱信号条件下跟踪信号的稳定性。组合导航滤波器的观测量为 GNSS 接收机基带环路的 I 和 Q 路的通道原始测量信息，不同时刻的测量值不相关，且量测精度最佳，但计算比较复杂且需要耗费大量时间（Petovello et al.，2006）。

分布式深组合导航系统主要利用惯性系统输出的载体位置、速度和加速度等信息结合卫星星历推算多普勒频移值，将多普勒信息输入接收机环路部分进而实现对 GNSS 接收机辅助的功能。鉴别器和滤波器分成相互独立的两个部分，组合导航滤波器对接收机输出的伪距、伪距率和惯性传感器提供的信息进行处理（单童，2014），其结构如图 1-36 所示。

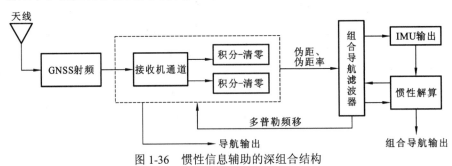

图 1-36　惯性信息辅助的深组合结构

采用微惯性测量单元、GNSS 导航模块、芯片级原子钟组成的微 PNT 系统充分利用各模块间的优点进行互补，组成一个能够提供完整定位导航授时服务的微小型系统。该系统基于信息处理单元，将微惯性测量单元提供的载体位置速度等信息、芯片级原子钟提供的精确时间信息及卫星导航定位解算信息进行融合与解算。

1.5.5　弹性 PNT

弹性 PNT 的"弹性"是指准备和适应不断变化的条件，能够抵御中断，并迅速从中断中恢复，同时还具备抵御蓄意攻击、事故或自然发生的威胁、事件，并从中恢复的能力。

弹性具备 3 个核心功能：预防、响应和恢复。预防是指防止由威胁或是故障引起的 PNT 源的非典型误差和降级。响应是指检测包括报告、缓解和控制等非典型误差或异常。恢复是指从非典型误差恢复到正常工作状态，并达到定义的性能（王小宁 等，2021）。

弹性 PNT 具备 4 个等级，如图 1-37 所示，每一级的含义：1 级为 PNT 源通过设置适当的工作状态，实现为用户提供启动恢复服务；2 级为 PNT 源、内部可观测信息验证及单个组件的重置能力；3 级为在威胁环境中出现性能有限降级时的高效缓解能力；4 级为最高级别的复原力，在威胁环境中依赖多个独立的 PNT 源实现以不降低性能的状态运行（王小宁 等，2021）。

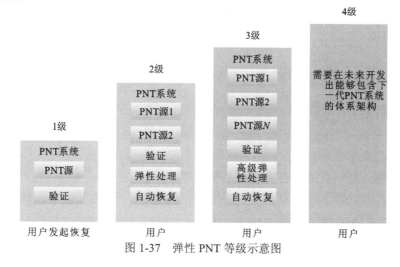

图 1-37　弹性 PNT 等级示意图

1. 概念

网络安全通过预防、检测和响应攻击来保护信息和系统，适用于 PNT 用户设备系统。采用网络安全和网络弹性保护方法应用 PNT 领域，可以指导针对 PNT 用户设备系统的风险管理概念的发展。美国国家标准技术研究院（National Institute of Standards and Technology，NIST）将上述风险管理活动组织成 5 个高级别职能：识别、保护、检测、响应和恢复。从 5 个职能出发，设定 7 个弹性 PNT 概念，如图 1-38 所示。

（1）假定攻击和阻断外部输入：外部输入的所有类型的 PNT 服务都可能受到攻击和中断，某些攻击的影响将影响系统，并且随时间推移变得更加复杂。因此必须做好结合多种技术来共同抵抗威胁并实现恢复的准备。

（2）纵深防御：构建从 PNT 服务边缘到核心的防御体系并使其协同工作，以防止、响应系统中可能出现的各种不同问题并进行修复。防御要素包括外部接口、可信内核，以及两者之间的元素和信息。采用多种弹性技术进行协同防护将有效发挥每个技术的优势，以弥补攻击或破坏系统防御的可能。

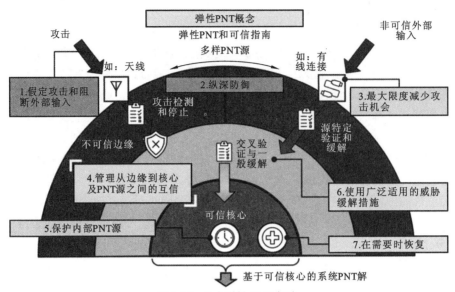

图1-38　7个弹性PNT概念

（3）最大限度减少攻击机会：作为第一道防线，需要确定可能受到攻击的要素并尽量将其最小化或模糊化，以限制威胁影响。另外，还需要减少其暴露于外部的方法。

（4）管理从边缘到核心及PNT源之间的互信：从零信任网络安全架构出发，利用几种不同类型的弹性技术来限制外部输入的使用，将PNT系统组件彼此隔离以防止影响传递，并在允许外部输入影响系统PNT解前进行有效验证。

（5）保护内部PNT源：此概念与托管信任的理念相关，但主要指可以从物理测量生成PNT信息的内部PNT源，如提供相对时间的本地时钟（例如铷钟或铯钟）和提供相对定位信息的不同类型的惯性传感器。由于没有受外部影响，这些组件本质上更可信。应保护内部PNT源的隔离，以保护它们免受攻击并保持可信性。

（6）使用广泛适用的威胁缓解措施：采用广泛适用的威胁缓解措施限制各种威胁对系统产生的影响。威胁受被攻击PNT源的影响，可应用特定技术缓解。但由于在系统层面处理PNT信息，更广泛的缓解措施可以解决在更深层次防御的负面影响。

（7）在需要时恢复：防御可能失败，或产生新的威胁、问题或故障。攻击期间设备继续工作可能导致性能下降、无法按预期执行或不适合特定威胁。作为最后一道防线的可靠恢复能力都是必要的，以使系统恢复到适当的工作状态和典型的性能质量（National Security Space Office，2008）。

2. 技术类别

根据如何实现弹性PNT概念，使用类别对弹性PNT技术进行分组。7个弹性PNT技术类别：混淆、限制、验证、隔离、缓解、差异、恢复，与弹性概念的对应关系如图1-39所示。

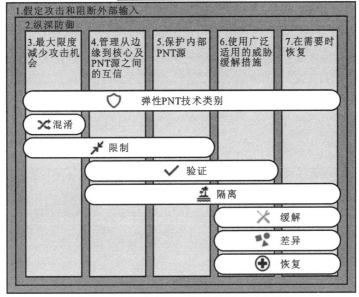

图 1-39　7 个弹性 PNT 技术类别及对应关系

（1）混淆特征以迷惑攻击者：包含隐藏或伪装攻击的不同方法，可最大限度地减少攻击机会。主要方法：一是将外部输入引入系统接口进行综合处理；二是隐藏目标位置降低攻击有效性；三是利用完全或部分加密的 PNT 信号来隐藏内容并启用认证方法。

（2）限制外部输入降低攻击机会：通过限制外部输入，将攻击机会降至最低并限制在 PNT 用户系统内的信息使用。主要方法：一是使用滤波器来限制频率接收；二是使用波束形成方法限制输入信号的方向；三是减少 PNT 用户系统暴露机会。

（3）验证可信外部输入：可以使用不同的验证方法来评估完好性并确定应用于系统 PNT 解的外部输入。验证方法包括监控操纵或干扰效果，其可能由故意攻击或无意事件引起，并经使用和验证确认，以减轻相关风险。

（4）隔离组件以保护其受外部影响：通过隔离组件实现阻断不可信信息的传播。这种广泛适用的威胁缓解限制了通过 PNT 用户设备系统传播的损害，无论其是由于系统故障还是其他源的威胁。

（5）缓解威胁影响：即减少或消除威胁影响。具体方法：一是尝试通过搜索预期信号的特定特征而恢复丢失的真实信号；二是使用相关验证技术来检测威胁对目标 PNT 源的影响；三是设计将 PNT 源彼此隔离的体系结构，以遏制威胁造成的影响。

（6）差异技术减少共模故障：不同类型的 PNT 源易受不同类型的威胁和漏洞影响。不同类型的 PNT 源和来自不同类别的互补弹性技术将使弹性 PNT 用户设备系统能够承受各种威胁并避免共模故障。具体方法：一是将分集纳入整个系统设计作为广泛适用的威胁缓解；二是采用多 PNT 服务或多 PNT 源类型的信号分集技术。

（7）当安全时恢复性能：确保系统能够在威胁后恢复至正常工作状态。由于有不同类型的攻击和破坏，有些可能渗透到不同的防御层，恢复可以采取多种形式，包括根据需要重置、重载、回滚、重启等不同技术。

3. 用户设备组成

一个典型的标准弹性 PNT 用户设备由三部分组成: PNT 源控制器、弹性管理器和 PNT 解合成代理。PNT 源控制器,组织多 PNT 源的输入和输出,包括控制外部输入接口和处理来自 PNT 源的 PNT 状态信息。弹性管理器,实现包括 PNT 源恢复等弹性功能。使用不同的备份弹性技术,确定允许哪些 PNT 源向系统 PNT 解贡献状态信息,以及实施缓解或自动恢复的时机。PNT 解合成代理,向用户生成最终的系统 PNT 解。其标准弹性 PNT 用户设备如图 1-40 所示。

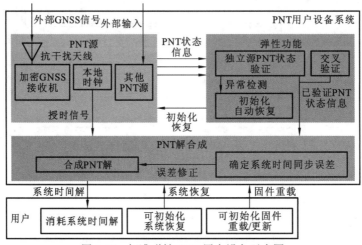

图 1-40　标准弹性 PNT 用户设备示意图

这些通用的 PNT 用户系统可在不同的物理架构中实现。图 1-41 展示了 3 个子系统的高级功能,以及通过这种方式划分弹性 PNT 用户设备实现的系统组件的固有隔离。

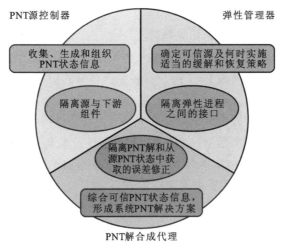

图 1-41　标准弹性 PNT 用户设备要素关系

PNT 体系需要通过各种方式组合独立的 PNT 系统,使平台在不受威胁环境影响的情况下获得足够的信息以满足特定任务要求,而其固有的多源性和网络性使信号接收机面临重大的网络安全问题,因此需要考虑纳入弹性机制以增强 PNT 体系服务的可靠性和可信性。

零信任架构是网络安全领域的基本架构，在可靠性方面，实现轻量级的、随时随地可用的安全能力；在安全性方面，建立设备和用户基于数据驱动的信任，阻止攻击行为的蔓延。零信任架构的理念和应用正好与构建弹性 PNT 体系相符合，可作为体系实现和用户设备设计的核心理念践行。

卫星导航信号固有的脆弱性将使依赖卫星导航的各类装备平台和系统难以获得有效的 PNT 信息支撑，再加上军事对抗的有意干扰和欺骗，使其安全性能面临多种手段多种途径的侵袭，因此基于特定威胁与特定场景进行分级分层防护，可有效阻断干扰和欺骗的威胁，确保可信 PNT 服务的持续输出。

弹性 PNT 体系是建立更加安全、可靠的导航服务基础设施的关键性手段，其中网络安全是实现可靠 PNT 服务的关键，建立以零信任架构为基础的弹性 PNT 参考架构，将为下一代 PNT 系统创建一个基于整体方法的具体实现愿景，对设计当前和未来的具备抵御威胁的高度弹性的 PNT 用户设备具有借鉴意义。

思 考 题

1. 名词解释

　　（1）GNSS

　　（2）弹性 PNT

2. 简答题

　　（1）定位与导航的主要方法有哪些？

　　（2）GPS、GLONASS 和北斗卫星导航系统的星座构成有什么不同？

　　（3）GNSS 定位的主要误差有哪些？

　　（4）PNT 对国家安全的意义与作用有哪些？

参 考 文 献

边少锋, 纪兵, 李厚朴, 2016. 卫星导航系统概论. 2 版. 北京: 测绘出版社.

曹冲, 2021. 北斗新时空指引智能信息产业未来之路//卫星导航定位技术文集. 北京: 测绘出版社.

曹楷源, 张宁, 孙建设, 2011. 芯片原子钟原理与应用. 第二届中国卫星导航会议年会: 1-3.

车晓玲, 2012. 不断超越极限: 美国 PNT 体系结构的目标. 太空探索(10): 34-35.

陈俊勇, 党亚明, 程鹏飞, 2007. 全球导航卫星系统的进展. 大地测量与地球动力学, 27(5): 1-4.

顾得友, 2020. 微 PNT 系统信息处理单元技术研究. 南京: 南京理工大学.

纪龙蛰, 单庆晓, 2012. GNSS 全球卫星导航系统发展概况及最新进展. 全球定位系统, 37(5): 56-61, 75.

江城, 张嵘, 2015. 美国 Micro-PNT 发展综述//第六届中国卫星导航学术年会论文集: 156-165.

李东兵, 杨文钰, 沈玉芃, 2020. 美国不依赖 GPS 的 PNT 技术发展现状研究. 飞航导弹(12): 93-98.

李松松, 张奕, 田原, 等, 2018. 芯片原子钟的工作原理及其研究进展. 导航与控制, 17(6): 10-15, 41.

宁津生, 姚宜斌, 张小红, 2013. 全球导航卫星系统发展综述. 导航定位学报, 1(1): 3-8.

单童, 2014. 深组合系统中惯性辅助 GPS 基带技术研究. 南京: 南京理工大学.

谭述森, 2008. 北斗卫星导航系统的发展与思考. 宇航学报(2): 391-396.

王国栋, 邢朝洋, 杨亮, 等, 2019. 微型定位导航授时系统集成设计. 导航定位与授时, 6(3): 62-67.

王小宁, 张锐, 角淑媛, 2021. 浅析 PNT 体系的弹性//第十二届中国卫星导航年会论文集: S09 用户终端技术: 123-127.

吴海玲, 高丽峰, 汪陶胜, 等, 2015. 北斗卫星导航系统发展与应用. 导航定位学报, 3(2): 1-6.

许江宁, 2017. 浅析水下 PNT 体系及其关键技术. 导航定位与授时, 4(1): 1-6.

许江宁, 林恩凡, 何泓洋, 等, 2021. 水下 PNT 技术进展及展望. 飞航导弹(6): 139-147.

薛连莉, 沈玉芃, 宋丽君, 等, 2020. 2019 年国外导航技术发展综述. 导航与控制, 19(2): 1-9.

杨元喜, 2016. 综合 PNT 体系及其关键技术. 测绘学报, 45(5): 505-510.

杨元喜, 李晓燕, 2017. 微 PNT 与综合 PNT. 测绘学报, 46(10): 1249-1254.

杨元喜, 郭海荣, 何海波, 2021. 卫星导航定位原理. 北京: 国防工业出版社.

尤政, 马林, 2015. 构建微型定位导航授时体系, 改变 PNT 格局. 科技导报, 33(12): 116-119.

赵静, 曹冲, 2008. GNSS 系统及其技术的发展研究. 全球定位系统, 33(5): 27-31.

DALALM, 2012. Low noise, low power interface circuits and systems for high frequency resonant micro-gyroscopes. Atlanta: Georgia Institute of Technology.

FANG J C, QIN J, 2012. Advances in atomic gyroscopes: A view frominertial navigation applications. Sensors, 12(5): 6331-6346.

GUNDETI V M, 2015. Folded MEMS approach to NMRG. Berkeley: University of California.

JO S, KANG J, 2015. Alternative positioning, navigation and timing using multilateration in a terminal control area. Journal of the Korean Society for Aviation and Aeronautics, 23(3): 35-41.

LARSEN M, BULATOWIC Z M, CLARK P, et al., 2015. Nuclear magnetic resonance gyroscope// APS Division of Atomic and Molecular Physics Meeting.

LO S C, ENGE P, 2012. Capacity study of multilateration(MLAT) based navigation for alternative position navigation and timing(APNT) services for aviation. Navigation, 59(4): 263-279.

LUTWAK R, 2014. Micro-technology for positioning, navigation, and timing towards PNT everywhere and always. International Symposium on Inertial Sensors & Systems, Laguna Beach, California, USA.

MA L, YOU Z, LIU T Y, et al., 2016. Coupled integration of CSAC, MIMU, and GNSS for improved PNT performance. Sensors(5): 682.

MEGER D, LARSEN M, 2014. Nuclear magnetic resonance gyro for inertial navigation. Gyroscopy and Navigation, 5(2): 75-82.

NATIONAL EXECUTIVE COMMITTEE, 2014. Spaced-based positioning, navigation, and timing policy. 2014-12-15. http: // www. darpa. mil/NewsEvents/Releases/2014/07/24. aspx.

NATIONAL SECURITY SPACE OFFICE, 2008. National positioning, navigation, and timing architecture study final report. USA.

PETOVELLO M G, LACHAPELLE G, 2006. Comparison of vector-based software receiver implementations with application to ultra-tight GPS/INS integration// Proceedings of ION GNSS. Fairfax VA: U.S. Institute of Navigation, Inc., .

SHERMAN C L, ENGE P, 2012. Capacity study of multilateration(MLAT) based navigation for alternative position navigation and timing(APNT) services for aviation. Navigation, 59(4): 263-279.

SHKEL A M, 2011. Micro technology comes of age. GPS World, 22(9): 43-50.

SHKEL A M, 2013. The chip-scale combinatorial atomic navigator. GPS World, 24(8): 8-10.

VAN DYKE K, 2012. National PNT architecture implementation// FAA APNT Industry Day.

WILLEMENOT E, MORVAN P Y, PELLETIER H, et al., 2009. Subsea positioning by merging inertial and acoustic technologies// Oceans 2009-Europe IEEE: 1-8.

YANG Y X, 2019. Resilient PNT concept frame. Journal of Geodesy and Geoinformation Science, 2(3): 1-7.

第 2 章　GNSS 精密定位基本数学原理

本章主要介绍 GNSS 精密定位中涉及的基本观测方程、数学模型、精密定位整数估计方法、基于格基规约的整数估计方法等。通过本章的学习，学生可以掌握 GNSS 精密定位的基本原理，并能够灵活地应用于不同测量作业场景中，解决实际问题，以实现高精度的定位应用需求。

2.1　引　　言

当利用 GNSS 进行精密定位导航时，需要借助 GNSS 精密定位的基本原理，GNSS 接收机在 GNSS 接收机观测量与观测方程的基础上，通过精确测定多颗卫星的导航信号从卫星到接收机的传播时间来测定两者间距离。由于多种因素的干扰，接收机所测距离包含了多种误差，并不是卫星到接收机的真实几何距离。利用误差的先验模型或差分技术可以消除或减弱不同误差的影响，本章将简要介绍 GNSS 精密定位的基本观测方程，以及实现定位解算的基本方法。

2.2　GNSS 基本观测方程

GNSS 用户接收 GNSS 卫星发射的导航信号，通过测量信号从卫星到达接收机的传播时间，计算卫星至接收机的距离。由于卫星钟和接收机钟精度不同，也不能实现完全同步，且传播路径中存在大气延时等影响，GNSS 观测量并不能准确反映卫星和接收机之间的几何距离，而是包含了各种误差变量的伪距观测量。GNSS 导航信号先被调制到中频的测距码，再被调制到高频的载波，经两次调制后被卫星发送出去。这也为接收机观测导航信号提供了两种基本的观测量：测距码观测量和载波相位观测量，本节将基于测距码观测量、载波相位观测量等分析精密定位的数学处理方法，对精密定位整数估计方法中涉及的常用估计方法、估计成功率及基于格基规约的整数估计方法进行阐述分析。

2.2.1　测距码观测量

基于 GNSS 测距码的观测量是对接收机和卫星距离的一种比较粗糙的观测量。测距码观测量分为 C/A 码（粗码）和 P 码（精码）两种，对测距码的测量精度一般可达到码元长度的 1/100。以 GPS 为例，C/A 码和 P 码的观测精度分别约为 2.93 m 和 0.29 m。基于 GNSS

测距码的观测方程为

$$P_{r,j}^S = \rho_r^S + C(\delta t_r - \delta t^S) + T_r^S + I_{r,j}^S + \varepsilon_{r,j}^S \tag{2.1}$$

式中：$P_{r,j}^S$ 为第 j 个载波上从卫星 S 到接收机 r 的测距码观测量；ρ_r^S 为卫星 S 到接收机 r 的真实几何距离；C 为光速；δt_r 为接收机 r 时钟偏差；δt^S 为卫星 S 时钟偏差；T_r^S 为卫星 S 到接收机 r 的对流层时延；$I_{r,j}^S$ 为第 j 个载波上卫星 S 到接收机 r 的电离层时延；$\varepsilon_{r,j}^S$ 为第 j 个载波上卫星 S 到接收机 r 的测距码其他误差，包含固体潮汐、相对论效应、多径效应等。

2.2.2 载波相位观测量

载波相位观测量是一个精密的观测量。它是接收机跟踪记录 GNSS 信号载频的相位得到的一种观测量。一般而言，载波相位观测的精度可以达到毫米级。同时载波相位观测量又是一种模糊的观测量，虽然接收机对相位的小数部分能够精确观测，但是其无法记录载波的正确整周数，这个整周数被称为载波相位整周模糊度。GNSS 载波相位观测方程为

$$\lambda_j \varphi_{r,j}^S = \rho_r^S - \lambda_j N_{r,j}^S + C(\delta t_r - \delta t^S) + T_r^S - I_{r,j}^S + \varsigma_{r,j}^S \tag{2.2}$$

式中：λ_j 为第 j 个载波的波长；$\varphi_{r,j}^S$ 为第 j 个载波上从卫星 S 到接收机 r 的载波相位观测量；$N_{r,j}^S$ 为第 j 个载波上从卫星 S 到接收机 r 的整周模糊度；$\varsigma_{r,j}^S$ 为第 j 个载波上卫星 S 到接收机 r 的载波相位其他误差，包含固体潮汐、相对论效应、多径效应等。

2.3 GNSS 定位基本数学模型

GNSS 定位采用空间距离后方交会原理。接收机测出自身到导航卫星的距离，结合导航电文中计算出的卫星位置，当观测到多颗卫星时，便可以联立解出自身位置。GNSS 定位对接收机钟差的处理，要么把它作为一个单独的未知参数，要么对它做双差消除，因此观测卫星的数量必须大于或等于 4 颗。

2.3.1 单点定位模型

在 GNSS 定位中，对接收机位置的求解一般体现为对其三维坐标的求解，假设 $\rho^S = (x^S, y^S, z^S)^T$ 是在接收机收到信号时刻的卫星坐标，其值可通过卫星星历计算；$\rho_r = (x_r, y_r, z_r)^T$ 是同一坐标系下收到信号时刻接收机的坐标，是要求解的未知参数，则测距码观测方程为

$$P_{r,j}^S = \left\| \rho^S - \rho_r \right\| + C\delta t_r - C\delta t^S + T_r^S + I_{r,j}^S + \varepsilon_{r,j}^S \tag{2.3}$$

式（2.3）是一个非线性方程，可对其进行线性化，方便计算机求解。假设 ρ_{r0} 是接收机的近似坐标，在 $\rho_{r0} = (x_{r0}, y_{r0}, z_{r0})^T$ 点对式（2.3）进行一阶泰勒（Taylor）级数展开得

$$P_{r,j}^S = \left\| \rho^S - \rho_{r0} \right\| - l_r^S \delta x_r - m_r^S \delta y_r - n_r^S \delta z_r + C\delta t_r - C\delta t^S + T_r^S + I_{r,j}^S + \varepsilon_{r,j}^S \tag{2.4}$$

式中：(l_r^S, m_r^S, n_r^S) 为方向余弦，其值为

$$l_r^S = \frac{x^S - x_{r0}}{\|\rho^S - \rho_{r0}\|}, \quad m_r^S = \frac{y^S - y_{r0}}{\|\rho^S - \rho_{r0}\|}, \quad n_r^S = \frac{z^S - z_{r0}}{\|\rho^S - \rho_{r0}\|} \tag{2.5}$$

记 $\tilde{P}_{r,j}^S = P_{r,j}^S - \|\rho^S - \rho_{r0}\|$，则线性化后的码伪距观测方程为

$$\tilde{P}_{r,j}^S = -(l_r^S, m_r^S, n_r^S, -1)(\delta x_r, \delta y_r, \delta z_r, C\delta t_r)^T - C\delta t^S + T_r^S + I_{r,j}^S + \varepsilon_{r,j}^S \tag{2.6}$$

观测方程中的几个主要误差源如卫星钟差、电离层误差、对流层误差可以通过技术手段等进行修正，修正后测距码观测方程可简化为

$$\tilde{P}_{r,j}^S = -(l_r^S, m_r^S, n_r^S, -1)(\delta x_r, \delta y_r, \delta z_r, C\delta t_r)^T + \varepsilon_{r,j}^S \tag{2.7}$$

当接收机观测 n 颗卫星、$n \geq 4$ 时（图 2-1），可以联立这 n 个方程为

$$\begin{bmatrix} \tilde{P}_{r,j}^1 \\ \tilde{P}_{r,j}^2 \\ \vdots \\ \tilde{P}_{r,j}^n \end{bmatrix} = -\begin{bmatrix} l_r^1 & m_r^1 & n_r^1 & -1 \\ l_r^2 & m_r^2 & n_r^2 & -1 \\ \vdots & \vdots & \vdots & \vdots \\ l_r^n & m_r^n & n_r^n & -1 \end{bmatrix} \begin{bmatrix} \delta x_r \\ \delta y_r \\ \delta z_r \\ C\delta t_r \end{bmatrix} + \begin{bmatrix} \varepsilon_{r,j}^1 \\ \varepsilon_{r,j}^2 \\ \vdots \\ \varepsilon_{r,j}^n \end{bmatrix} \tag{2.8}$$

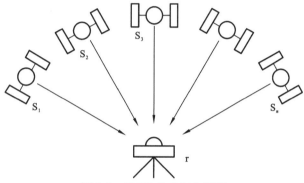

图 2-1　GNSS 单点定位模型

一般可认为接收机对不同卫星测距码的观测精度是相同的，均为 σ_p^2，则 GNSS 单点定位为等权模型。也有文献对 GNSS 定位采用高度角加权模型（周扬眉，2003）及信噪比加权模型（顾勇为 等，2010）。本书采用等权模型，其数学模型为

$$y = HX + e, \quad Q_{yy} = \sigma_p^2 I \tag{2.9}$$

式中：y 为观测向量；H 为设计矩阵；X 为未知参数向量；e 为误差向量；Q_{yy} 为方差-协方差矩阵；I 为单位矩阵。

用加权最小二乘解可求得未知参数为

$$X = (H^T Q_{yy}^{-1} H)^{-1} H^T Q_{yy}^{-1} y \tag{2.10}$$

其中未知参数 X 的协方差矩阵为 $Q_X = (H^T Q_{yy}^{-1} H)^{-1}$，设计矩阵 H 是描述卫星几何分布的矩阵，因此未知参数的解算精度不仅与观测精度有关，而且与卫星的几何分布有关。根据不同的使用目的，可以定义几类不同的几何精度因子（黄丁发 等，2006）。其中比较常用的是几何精度因子 GDOP 和空间位置几何精度因子 PDOP，它们的表达式分别为

$$\begin{cases} \mathrm{GDOP} = \sqrt{\mathrm{tr}(Q_X)} \\ \mathrm{PDOP} = \sqrt{\mathrm{tr}(Q_X(1:3,1:3))} \end{cases} \tag{2.11}$$

式中：$\mathrm{tr}(\cdot)$ 为矩阵的迹。

同理，GNSS 载波相位观测方程中的卫星钟差、电离层误差、对流层误差修正后，记 $\lambda_j\tilde{\varphi}_{r,j}^S = \lambda_j\varphi_{r,j}^S - \parallel \rho^S - \rho_{r0} \parallel$，GNSS 载波相位观测方程可线性化为

$$\lambda_j\tilde{\varphi}_{r,j}^S = -(l_r^S, m_r^S, n_r^S, -1)(\delta x_r, \delta y_r, \delta z_r, C\delta t_r)^T - \lambda_j N_{r,j}^S + \varsigma_{r,j}^S \tag{2.12}$$

当接收机观测 n 颗卫星时，可以得到 n 个观测方程，但与此同时有 $n+4$ 个未知参量，方程亏秩。因此要使方程满秩必须再联立测距码观测方程或者观测至少两个历元。

2.3.2　双差精密定位模型

GNSS 单点定位中，虽然观测方程中的卫星钟差、电离层误差、对流层误差可以用先验模型进行修正，但无法完全消除，定位精度依然受到这些误差的一定影响。利用 GNSS 相对定位可以有效消除这些误差的影响，实现快速的精密定位。常用的 GNSS 相对定位模型有单差模型、双差模型和三差模型等，应用最普遍的是双差模型，本节将对 GNSS 双差模型做重点介绍。

两台接收机同时观测同一颗卫星，如图 2-2 所示，对它们的观测方程求差得到单差观测方程。GNSS 测距码和载波相位单差观测方程分别为

$$\begin{cases} \Delta\tilde{P}_j^S = \Delta\rho^S + C\Delta\delta t + \Delta T^S + \Delta I_j^S + \Delta\varepsilon_j^S \\ \Delta\lambda_j\tilde{\varphi}_j^S = \Delta\rho^S + C\Delta\delta t - \lambda_j\Delta N_j^S + \Delta T^S - \Delta I_j^S + \Delta\varsigma_j^S \end{cases} \tag{2.13}$$

式中：Δ 为算子，$\Delta(\cdot) = (\cdot)_2 - (\cdot)_1$。单差观测方程的重要优点是能够消除共同的卫星钟差影响。在基线较短的情况下，电离层和对流层误差对两台接收机的影响几乎相同，作差后这两项误差也可忽略，观测方程进一步简化为

$$\begin{cases} \Delta\tilde{P}_j^S = \Delta\rho^S + C\Delta\delta t + \Delta\varepsilon_j^S \\ \Delta\lambda_j\tilde{\varphi}_j^S = \Delta\rho^S + C\Delta\delta t - \lambda_j\Delta N_j^S + \Delta\varsigma_j^S \end{cases} \tag{2.14}$$

在接收机 2 附近坐标对上式进行一阶 Taylor 级数展开，可把上式分别线性化为

$$\begin{cases} \Delta\tilde{P}_j^S = -(l_2^S, m_2^S, n_2^S, -1)(\delta x_r, \delta y_r, \delta z_r, C\Delta\delta t)^T + \Delta\varepsilon_j^S \\ \Delta\lambda_j\tilde{\varphi}_j^S = -(l_2^S, m_2^S, n_2^S, -1)(\delta x_r, \delta y_r, \delta z_r, C\Delta\delta t)^T - \lambda_j\Delta N_j^S + \Delta\varsigma_j^S \end{cases} \tag{2.15}$$

在单差观测量的基础上，进一步在卫星间求差可得到双差观测量，如图 2-3 所示。经线性化后，GNSS 测距码和载波相位双差观测方程分别为

$$\begin{cases} \nabla\Delta\tilde{P}_j^{lk} = -(\nabla l_2^{lk}, \nabla m_2^{lk}, \nabla n_2^{lk})(\delta x_r, \delta y_r, \delta z_r)^T + \nabla\Delta\varepsilon_j^{lk} \\ \nabla\Delta\lambda_j\tilde{\varphi}_j^{lk} = -(\nabla l_2^{lk}, \nabla m_2^{lk}, \nabla n_2^{lk})(\delta x_r, \delta y_r, \delta z_r)^T - \lambda_j\nabla\Delta N_j^{lk} + \nabla\Delta\varsigma_j^{lk} \end{cases} \tag{2.16}$$

式中：∇ 为算子，$\nabla(\cdot)^{lk} = (\cdot)^l - (\cdot)^k$。双差模型的重要优点是可以把接收机钟差项消除。

假设共观测 n 颗卫星，以第一颗卫星作为双差的基准卫星，可以分别得到 $n-1$ 个载波相位双差观测方程和 $n-1$ 个测距码双差观测方程，未知参数数量为 $n+2$。联立这 $2n-2$ 个观测方程可以对所有未知参数进行求解，这就是 GNSS 单历元双差精密定位模型，也是本书实测实验中运用的模型。该定位模型一般写为

$$\boldsymbol{y} = \boldsymbol{A}\boldsymbol{a} + \boldsymbol{B}\boldsymbol{b} + \boldsymbol{e}, \quad \boldsymbol{Q}_{yy} \tag{2.17}$$

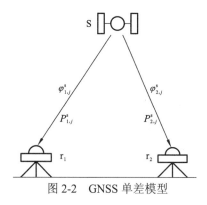
图 2-2 GNSS 单差模型

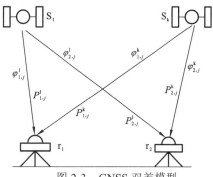
图 2-3 GNSS 双差模型

式中

$$A = -\lambda_j \begin{bmatrix} 0 & & \\ & \ddots & \\ & & 0 \\ 1 & & \\ & \ddots & \\ & & 1 \end{bmatrix} \qquad B = -\begin{bmatrix} \nabla l_2^{12} & \nabla m_2^{12} & \nabla n_2^{12} \\ \vdots & \vdots & \vdots \\ \nabla l_2^{1n} & \nabla m_2^{1n} & \nabla n_2^{1n} \\ \nabla l_2^{12} & \nabla m_2^{12} & \nabla n_2^{12} \\ \vdots & \vdots & \vdots \\ \nabla l_2^{1n} & \nabla m_2^{1n} & \nabla n_2^{1n} \end{bmatrix}$$

$$\boldsymbol{y} = [\nabla\Delta\tilde{P}_j^{12} \quad \cdots \quad \nabla\Delta\tilde{P}_j^{1n} \quad \nabla\Delta\lambda_j\tilde{\varphi}_j^{12} \quad \cdots \quad \nabla\Delta\lambda_j\tilde{\varphi}_j^{1n}]^T$$

$$\boldsymbol{a} = [0 \quad \cdots \quad 0, \nabla\Delta N_j^{12} \quad \cdots \quad \nabla\Delta N_j^{1n}]^T$$

$$\boldsymbol{b} = [\delta x_r \quad \delta y_r \quad \delta z_r]^T$$

$$\boldsymbol{e} = [\nabla\Delta\varepsilon_j^{12} \quad \cdots \quad \nabla\Delta\varepsilon_j^{1n} \quad \nabla\Delta\varsigma_j^{12} \quad \cdots \quad \nabla\Delta\varsigma_j^{1n}]^T$$

由于双差观测量要选择一颗基准卫星，基准卫星的观测误差会传递到所有双差观测量中，基准卫星一般选择高度角最高的卫星或者信噪比最大的卫星。也正因为如此，双差观测方程中的观测误差存在相关性，其协方差矩阵为

$$\boldsymbol{Q}_{yy} = \begin{bmatrix} 2\sigma_p^2 \boldsymbol{D}\boldsymbol{D}^T & \\ & 2\sigma_c^2 \boldsymbol{D}\boldsymbol{D}^T \end{bmatrix}, \quad \boldsymbol{D} = \begin{bmatrix} -1 & 1 & & \\ \vdots & & \ddots & \\ -1 & & & 1 \end{bmatrix} \qquad (2.18)$$

式中：σ_p^2 和 σ_c^2 分别为 GNSS 测距码和载波相位的观测误差；$\boldsymbol{D}$ 为由单差到双差的变换矩阵（张传定 等，2004）。

对式（2.17）做最小二乘估计可以得到基线向量 $\boldsymbol{b}$ 和模糊度向量 $\boldsymbol{a}$ 的解。但是一般情况下最小二乘估计得到的解都是实数，然而模糊度 $\boldsymbol{a}$ 却天然是一个整数向量，也就是说模糊度向量没有被正确估计，这种情况下得到的基线解并不是精密定位解。如何对模糊度向量进行正确估计是第 3 章着重介绍的内容。

2.4 GNSS 精密定位整数估计方法

GNSS 精密定位模型是一个包含实数参量和整数参量的混合整数模型，采用加权最小二乘估计方法可以得到模糊度向量的实数解。而模糊度向量的真实值是一个整数向量，要求得精密定位解的关键步骤是求得模糊度向量的真实值。必须依托一定的映射算法把模糊度实数向量映射成为模糊度整数向量，这个过程称为模糊度整数估计，而整数估计性能的好坏直接决定基线解算的效果。

上一节的内容阐述了 GNSS 精密定位观测模型可以经线性化得到如下的混合整数模型：

$$E(y) = Aa + Bb, \quad D(y) = Q_{yy} \tag{2.19}$$

式中：$E(\cdot)$ 和 $D(\cdot)$ 分别为期望和方差；y 为载波相位与伪码观测向量；a 为未知的整周模糊度向量；b 为未知的实参数向量，包括基线向量和未完全模型化的电离层、对流层或多径误差等；A 和 B 为联系未知参数和观测量之间的设计矩阵；Q_{yy} 为观测向量 y 的协方差矩阵。

2.4.1　混合整数模型估计步骤

求解 GNSS 精密定位模型可以归结为三个步骤（Li et al.，2010；Xu，1998）。

第一步，忽略模糊度向量的整数特性，对式（2.19）进行标准的加权最小二乘估计，得到未知参数 a 和 b 的实数解及其协方差矩阵：

$$\begin{bmatrix} \hat{a} \\ \hat{b} \end{bmatrix}, \quad \begin{bmatrix} Q_{\hat{a}\hat{a}} & Q_{\hat{a}\hat{b}} \\ Q_{\hat{b}\hat{a}} & Q_{\hat{b}\hat{b}} \end{bmatrix} \tag{2.20}$$

式中：$\hat{a}$ 和 $\hat{b}$ 均为浮点解。

第二步，通过某种整数估计规则把模糊度浮点解 $\hat{a}$ 映射为整数向量：

$$\breve{a} = F(\hat{a}) \tag{2.21}$$

式中：$\breve{a}$ 为 n 维整数向量，称为模糊度整数解或固定解；$F : \mathbb{R}^n \to \mathbb{Z}^n$，是一种 n 维实数空间到 n 维整数空间的映射，采用不同的映射得到的模糊度整数解 $\breve{a}$ 不同。

第三步，利用模糊度的整数解 $\breve{a}$ 对 $\hat{b}$ 做出修正，得到基线的精密解 $\breve{b}$：

$$\breve{b} = \hat{b} - Q_{\hat{b}\hat{a}} Q_{\hat{a}\hat{a}}^{-1} (\hat{a} - \breve{a}) \tag{2.22}$$

模糊度估计的关键步骤为第二步，即从实数解到整数解的映射。映射的方法不唯一，但是要满足一定的条件。下面阐述满足什么样条件的映射是可容许的。

2.4.2　整数估计定义

Teunissen（1999）详细探讨了可容许估计需要满足的条件。$\mathbb{Z}^n$ 是一个离散空间，因此映射 F 必须是一个多对一的映射，即不同的模糊度实数解向量可能被映射到同一个整数解向量中，所以 $\mathbb{Z}^n$ 空间中每一个向量都对应一个 $\mathbb{R}^n$ 空间中的一个集合，这个集合表示为

$$S_z = \{ x \in \mathbb{R}^n \mid z = F(x) \}, \quad z \in \mathbb{Z}^n \tag{2.23}$$

集合 S_z 通常被称为注入域（pull-in region）（Teunissen，1998；Jonkman，1996），它表示当且仅当其实数解 $x \in S_z$，则映射的整数解为向量 z，根据注入域可以进一步定义整数估计的表达式：

$$\breve{a} = \sum_{z \in \mathbb{Z}^n} z s_z(\hat{a}) \tag{2.24}$$

式中：$s_z(\hat{a})$ 为一个示性函数，定义为

$$s_z(\hat{a}) = \begin{cases} 1, & \hat{a} \in S_z \\ 0, & \hat{a} \notin S_z \end{cases} \tag{2.25}$$

因为整数估计的定义域需要覆盖整个 $\mathbb{R}^n$ 空间，所以所有注入域的并集应该为 $\mathbb{R}^n$。若不满足此条件，则存在实数解 $\hat{a} \in \mathbb{R}^n$，在 $\mathbb{Z}^n$ 空间中没有与之对应的整数解，这不符合整数估计的定义，故

$$\bigcup_{z \in \mathbb{Z}^n} S_z = \mathbb{R}^n \tag{2.26}$$

另外，除了注入域的边界，不同注入域之间应该没有重叠部分，否则将存在实数解 $\hat{a} \in \mathbb{R}^n$，被映射成两个不同的整数解，故

$$\mathrm{Int}(S_{z_1}) \bigcap \mathrm{Int}(S_{z_2}) = \varnothing, \quad \forall z_1, z_2 \in \mathbb{Z}^n; z_1 \neq z_2 \tag{2.27}$$

式中：$\mathrm{Int}(\cdot)$ 表示除了边界的内部区域。第三个需要满足的性质是映射 F 的平移不变性，即

$$F(x+z) = F(x) + z, \quad \forall x \in \mathbb{R}^n, \forall z \in \mathbb{Z}^n \tag{2.28}$$

这条性质很好理解：如果模糊度实数解平移了一个整数向量 z，那么映射后的整数解应当有同样的平移量。容易证明，如果映射 F 具有平移不变性，那么其相应的注入域同样是平移不变的。证明如下：

$$\begin{aligned} S_{z_1+z_2} &= \{x \in \mathbb{R}^n \mid z_1 + z_2 = F(x)\} \\ &= \{x \in \mathbb{R}^n \mid z_1 = F(x) - z_2 = F(x - z_2)\} \quad \forall z_1, z_2 \in \mathbb{Z}^n \\ &= \{y \in \mathbb{R}^n \mid z_1 = F(y)\}, \quad y = x - z_2 \\ &= S_{z_1} + z_2 \end{aligned} \tag{2.29}$$

模糊度实数解也许是一个很大的数，但是利用平移不变性，可以在模糊度整数估计中先把模糊度实数解中的整数部分拿掉，单独分析其小数部分，得出整数解后再把整数部分加回到整数解中。用注入域的形式表达平移不变性为

$$S_z = S_0 + z, \quad \forall z \in \mathbb{Z}^n \tag{2.30}$$

式中：S_0 为 0 向量对应的注入域。满足以上三个性质的一类整数估计被称为可容许的整数估计类，可容许整数估计的性质（即以上三个条件）被总结在定义 2.4.1。

定义 2.4.1 一个整数估计被定义为可容许的，当且仅当其注入域

$$S_z = \{x \in \mathbb{R}^n \mid z = F(x)\}, \quad z \in \mathbb{Z}^n$$

满足以下三个条件：

(i) $\bigcup_{z \in \mathbb{Z}^n} S_z = \mathbb{R}^n$

(ii) $\mathrm{Int}(S_{z_1}) \bigcap \mathrm{Int}(S_{z_2}) = \varnothing, \quad \forall z_1, z_2 \in \mathbb{Z}^n; z_1 \neq z_2 \tag{2.31}$

(iii) $S_z = S_0 + z, \quad \forall z \in \mathbb{Z}^n$

注意，定义 2.4.1 并没有对注入域的边界做严格的定义，因为模糊度实数解的分布密度函数在 $\mathbb{R}^n$ 中是连续的，所以实数解恰巧落在注入域的边界上是几乎不可能发生的。即使这个事件发生了，在实际使用中这样的实数解也会在模糊度检验的步骤中被舍弃，因此规定所有相邻注入域的边界都是共用的。

2.5 三种常用整数估计

本节介绍常用的三种整数估计方法，阐述它们的原理与注入域，为下节对不同的整数估计方法的质量评估提供基础。

2.5.1 取整估计

最简单的整数估计方法是对模糊度实数解向量进行直接取整（Taha，1975）：

$$\breve{a}_R = (\llbracket \hat{a}_1 \rrbracket, \cdots, \llbracket \hat{a}_n \rrbracket)^{\mathrm{T}} \qquad (2.32)$$

式中：$\llbracket \cdot \rrbracket$ 表示取最接近的整数。显然取整估计（rounding）是一种符合定义 2.4.1 的可容许估计，因为映射方法是取一个实数最接近的整数，所以注入域的中心到边界的距离不会大于 0.5。容易得出取整估计的注入域为

$$S_{R,z} = \bigcap_{i=1}^{n} \left\{ x \in \mathbb{R}^n \,\middle|\, |x_i - z_i| \leqslant \frac{1}{2} \right\}, \quad \forall z \in \mathbb{Z}^n \qquad (2.33)$$

显然取整估计的注入域 $S_{R,z}$ 为一个中心位于 z、边长为 1 的 n 维超立方。图 2-4 是二维模糊度取整估计的注入域示意图，图中每个实线方格中的所有实数解都被映射为其中心点的整数解。

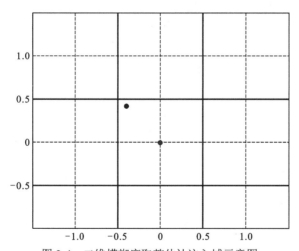

图 2-4 二维模糊度取整估计注入域示意图

2.5.2 Bootstrapping 估计

Bootstrapping 估计常被翻译成引导取整估计，是一种序贯条件最小二乘方法。这种方法最初由 Blewitt（1989）、Dong 等（1989）提出。Bootstrapping 估计可以认为是 Rouding 的扩展，它在取整的过程中部分考虑了模糊度元素间的条件相关性。Bootstrapping 估计的过程可以描述为：从模糊度向量第一个元素开始，对其直接取整；得到了第一个元素的整数解后，利用剩余元素实数解与第一个元素的相关性，对剩余元素的实数解进行修正；然

后把修正后的第二个元素取整，再对剩余元素依据相关性做出修正；依次重复取整和修正的步骤，直到最后一个元素取整为止。因此 Bootstrapping 估计的整数解 $\breve{\boldsymbol{a}}_{\mathrm{B}}$ 为

$$
\begin{aligned}
\breve{a}_{\mathrm{B},1} &= [\![\hat{a}_1]\!] \\
\breve{a}_{\mathrm{B},2} &= [\![\hat{a}_{2|1}]\!] = [\![\hat{a}_2 - \sigma_{\hat{a}_2\hat{a}_1}\sigma_{\hat{a}_1}^{-1}(\hat{a}_1 - \breve{a}_{\mathrm{B},1})]\!] \\
&\vdots \\
\breve{a}_{\mathrm{B},n} &= [\![\hat{a}_{n|N}]\!] = [\![\hat{a}_n - \sum_{i=1}^{n-1}\sigma_{\hat{a}_n\hat{a}_{i|I}}\sigma_{\hat{a}_{i|I}}^{-1}(\hat{a}_{i|I} - \breve{a}_{\mathrm{B},i})]\!]
\end{aligned} \quad (2.34)
$$

式中：$\hat{a}_{i|I}$ 为根据前 $i-1$ 个模糊度元素相关性修正后的模糊度实数解；$\sigma_{\hat{a}_i\hat{a}_{j|J}}$ 为 $\hat{a}_i$ 与 $\hat{a}_{j|J}$ 的协方差，$\sigma_{\hat{a}_{j|J}}$ 为 $\hat{a}_{j|J}$ 的方差，$\sigma_{\hat{a}_i\hat{a}_{j|J}}$ 和 $\sigma_{\hat{a}_{j|J}}$ 可以通过对模糊度协方差矩阵的 Cholesky 分解 $\boldsymbol{Q}_{\hat{a}\hat{a}} = \boldsymbol{LDL}^{\mathrm{T}}$ 得到，其中 $\boldsymbol{L}$ 为单位下三角矩阵，$\boldsymbol{D}$ 为对角矩阵，有

$$
l_{ij} = \begin{cases} 0, & i < j \\ 1, & i = j, \quad d_{jj} = \sigma_{\hat{a}_{j|J}}^2 \\ \sigma_{\hat{a}_i\hat{a}_{j|J}}\sigma_{\hat{a}_{j|J}}^{-2}, & j < i \end{cases} \quad (2.35)
$$

式中：l_{ij} 和 d_{jj} 分别为矩阵 $\boldsymbol{L}$ 和 $\boldsymbol{D}$ 中的元素。

通过式（2.34）很容易验证 Bootstrapping 估计满足定义 2.4.1，是可容许的整数估计，其注入域（Teunissen，1999）为

$$
S_{\mathrm{B},z} = \{x \in \mathbb{R}^n \mid L^{-1}(x-z) \leq \frac{1}{2} \cdot \mathrm{ones}(n,1)\}, \quad \forall z \in \mathbb{Z}^n \quad (2.36)
$$

式中：$\mathrm{ones}(n,1)$ 表示元素全为 1 的 n 维向量。图 2-5 是二维模糊度 Bootstrapping 估计的注入域示意图，图中每个实线平行四边形中的所有实数解都被映射为其中心点的整数解。

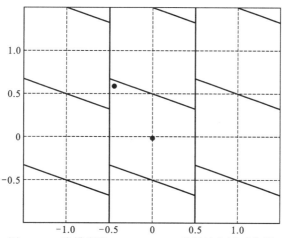

图 2-5 二维模糊度 Bootstrapping 估计注入域示意图

2.5.3 整数最小二乘估计

整数最小二乘（integer least-squares）估计最早由 Teunissen（1993）提出，它的估计准则是由 Gauss-Markov 加权最小二乘估计经过空间正交分解得到。下面首先阐述这个著名的

空间正交分解。对于式（2.19）所示的 GNSS 精密定位数学模型，假设实参数 $\boldsymbol{b}$ 的维数为 m，其加权最小二乘目标函数为

$$\min_{\boldsymbol{a},\boldsymbol{b}}:\left\|\boldsymbol{y}-\boldsymbol{A}\boldsymbol{a}-\boldsymbol{B}\boldsymbol{b}\right\|_{\boldsymbol{Q}_{yy}}^{2}, \quad \boldsymbol{a}\in\mathbb{Z}^{n},\boldsymbol{b}\in\mathbb{R}^{m} \tag{2.37}$$

式中：$\|\cdot\|_{\boldsymbol{Q}}^{2}$ 表示 $(\cdot)^{\mathrm{T}}\boldsymbol{Q}^{-1}(\cdot)$。首先对 GNSS 精密定位数学模型进行参数变换，把 $\boldsymbol{A}\boldsymbol{a}$ 项对 B 平面进行正交投影分解，形成平行于 B 平面和垂直于 B 平面的部分，并把垂直于 B 平面部分并入参数 $\boldsymbol{b}$：

$$\left[\frac{\boldsymbol{a}}{\boldsymbol{b}}\right]=\left[\begin{array}{cc}\boldsymbol{I}_{n}&0\\\boldsymbol{P}_{B}\boldsymbol{A}&\boldsymbol{I}_{m}\end{array}\right]\left[\begin{array}{c}\boldsymbol{a}\\\boldsymbol{b}\end{array}\right] \tag{2.38}$$

式中：$\boldsymbol{P}_{B}$ 为 B 平面的投影算子，有

$$\boldsymbol{P}_{B}=(\boldsymbol{B}^{\mathrm{T}}\boldsymbol{Q}_{yy}^{-1}\boldsymbol{B})^{-1}\boldsymbol{B}^{\mathrm{T}}\boldsymbol{Q}_{yy}^{-1} \tag{2.39}$$

经过参数变换后，式（2.37）可以重新表达为

$$\min_{\boldsymbol{a},\boldsymbol{b}}:\left\|\boldsymbol{y}-\overline{\boldsymbol{A}}\boldsymbol{a}-\boldsymbol{B}\overline{\boldsymbol{b}}\right\|_{\boldsymbol{Q}_{yy}}^{2}, \quad \boldsymbol{a}\in\mathbb{Z}^{n},\overline{\boldsymbol{b}}\in\mathbb{R}^{m} \tag{2.40}$$

式中：$\overline{\boldsymbol{A}}=(I-\boldsymbol{P}_{B})\boldsymbol{A}=\boldsymbol{P}_{B}^{\perp}\boldsymbol{A}$。令 $AB=[\boldsymbol{A}\quad\boldsymbol{B}]$，把目标函数对 AB 平面进行正交分解：

$$\left\|\boldsymbol{y}-\overline{\boldsymbol{A}}\boldsymbol{a}-\boldsymbol{B}\overline{\boldsymbol{b}}\right\|_{\boldsymbol{Q}_{yy}}^{2}=\left\|\boldsymbol{P}_{AB}(\boldsymbol{y}-\overline{\boldsymbol{A}}\boldsymbol{a}-\boldsymbol{B}\overline{\boldsymbol{b}})\right\|_{\boldsymbol{Q}_{yy}}^{2}+\left\|\boldsymbol{P}_{AB}^{\perp}\boldsymbol{y}\right\|_{\boldsymbol{Q}_{yy}}^{2} \tag{2.41}$$

考虑 $\boldsymbol{P}_{AB}$ 可以继续分解成 $\boldsymbol{P}_{A}$ 与 $\boldsymbol{P}_{B}$ 的和，目标函数最终可以正交分解为

$$\min_{\boldsymbol{a},\boldsymbol{b}}:\left\|\boldsymbol{y}-\boldsymbol{A}\boldsymbol{a}-\boldsymbol{B}\boldsymbol{b}\right\|_{\boldsymbol{Q}_{yy}}^{2}=\left\|\boldsymbol{P}_{AB}^{\perp}\boldsymbol{y}\right\|_{\boldsymbol{Q}_{yy}}^{2}+\min_{\boldsymbol{a}\in\mathbb{Z}^{n}}:\left\|\boldsymbol{P}_{A}\boldsymbol{y}-\overline{\boldsymbol{A}}\boldsymbol{a}\right\|_{\boldsymbol{Q}_{yy}}^{2}+\min_{\overline{\boldsymbol{b}}\in\mathbb{R}^{m}}\left\|\boldsymbol{P}_{B}\boldsymbol{y}-\boldsymbol{B}\overline{\boldsymbol{b}}\right\|_{\boldsymbol{Q}_{yy}}^{2} \tag{2.42}$$

式（2.42）可以用最小二乘解重新表示为

$$\min_{\boldsymbol{a},\boldsymbol{b}}:\left\|\boldsymbol{y}-\boldsymbol{A}\boldsymbol{a}-\boldsymbol{B}\boldsymbol{b}\right\|_{\boldsymbol{Q}_{yy}}^{2}=\left\|\hat{\boldsymbol{e}}\right\|_{\boldsymbol{Q}_{yy}}^{2}+\min_{\boldsymbol{a}\in\mathbb{Z}^{n}}:\left\|\hat{\boldsymbol{a}}-\boldsymbol{a}\right\|_{\boldsymbol{Q}_{\hat{a}\hat{a}}}^{2}+\min_{\boldsymbol{b}\in\mathbb{R}^{m}}\left\|\hat{\boldsymbol{b}}(\boldsymbol{a})-\boldsymbol{b}\right\|_{\boldsymbol{Q}_{\hat{b}(a)\hat{b}(a)}}^{2} \tag{2.43}$$

式中：$\hat{\boldsymbol{e}}$ 为最小二乘残差，是个定值；$\boldsymbol{Q}_{\hat{a}\hat{a}}=(\overline{\boldsymbol{A}}^{\mathrm{T}}\boldsymbol{Q}_{yy}^{-1}\overline{\boldsymbol{A}})^{-1}$ 为模糊度实数解协方差矩阵；$\hat{\boldsymbol{b}}(\boldsymbol{a})=\hat{\boldsymbol{b}}-\boldsymbol{Q}_{\hat{b}\hat{a}}\boldsymbol{Q}_{\hat{a}\hat{a}}^{-1}(\hat{\boldsymbol{a}}-\boldsymbol{a})$，其协方差矩阵为 $\boldsymbol{Q}_{\hat{b}(a)\hat{b}(a)}=(\boldsymbol{B}^{\mathrm{T}}\boldsymbol{Q}_{yy}^{-1}\boldsymbol{B})^{-1}$。求式（2.43）的最小值是一个线性规划问题：因为 $\boldsymbol{b}$ 可以在 $\mathbb{R}^{m}$ 中任意取值，所以只需要取 $\boldsymbol{b}=\hat{\boldsymbol{b}}(\boldsymbol{a})$，则右侧第三项取得其最小值 0；$\hat{\boldsymbol{e}}$ 的值是确定的，所以右侧第一项是个定值。式（2.43）取得最小值等同于其第二项取得最小值，因此整数最小二乘估计的目标函数为

$$\breve{\boldsymbol{a}}_{\mathrm{ILS}}=\min_{\boldsymbol{a}\in\mathbb{Z}^{n}}:\left\|\hat{\boldsymbol{a}}-\boldsymbol{a}\right\|_{\boldsymbol{Q}_{\hat{a}\hat{a}}}^{2} \tag{2.44}$$

显然式（2.44）满足定义 2.4.1 中的三个性质，整数最小二乘估计是可容许估计。下面分析其注入域的表达式，因为可容许估计满足平移不变性，为了表达式简洁，分析中心在 0 向量的注入域。由整数最小二乘估计的目标函数，其注入域中的每一个实数向量 $\boldsymbol{x}$ 都必须满足：

$$\left\|\boldsymbol{x}\right\|_{\boldsymbol{Q}_{\hat{a}\hat{a}}}^{2}\leqslant\left\|\boldsymbol{x}-\boldsymbol{z}\right\|_{\boldsymbol{Q}_{\hat{a}\hat{a}}}^{2} \tag{2.45}$$

将式（2.45）化简后得到其注入域为

$$S_{\mathrm{ILS},0}=\left\{\boldsymbol{x}\in\mathbb{R}^{n}\mid\boldsymbol{x}^{\mathrm{T}}\boldsymbol{Q}_{\hat{a}\hat{a}}^{-1}\boldsymbol{z}\leqslant\frac{1}{2}\cdot\left\|\boldsymbol{z}\right\|_{\boldsymbol{Q}_{\hat{a}\hat{a}}}^{2}\right\}, \quad \boldsymbol{z}\in\mathbb{Z}^{n} \tag{2.46}$$

图 2-6 是二维模糊度整数最小二乘估计的注入域示意图，该注入域是一个不规则的蜂窝形，图中每个实线蜂窝中的所有实数解都被映射为其中心点的整数解。

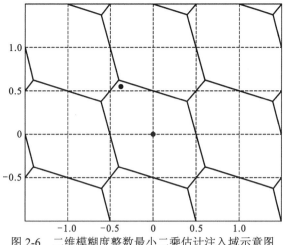

图 2-6　二维模糊度整数最小二乘估计注入域示意图

可以直观地认为以上三种整数估计的区别是它们处理模糊度实数解元素间相关性的方式：取整估计直接忽略了元素间相关性，Bootstrapping 估计采用序贯修正的方法，部分考虑了元素间的相关性；整数最小二乘估计基于最小二乘准则，而最小二乘估计是全面考虑了元素间的相关性的方法。但是整数最小二乘估计不能像取整估计和 Bootstrapping 估计一样直接求得模糊度整数解，而需要在模糊度空间对所求整数解进行搜索。需要注意的是，如果模糊度协方差矩阵 $\boldsymbol{Q}_{\hat{a}\hat{a}}$ 恰好为对角阵，则以上三种整数估计相互等同，因为 $\boldsymbol{Q}_{\hat{a}\hat{a}}$ 为对角阵代表不同模糊度元素间没有相关性。

2.6　整数估计成功率

对不同的整数估计很自然地会有三个疑问：究竟哪种整数估计更好；有没有最好的整数估计存在；又如何定义一个估计比另一个好呢？本节将对这三个问题做出回答。

模糊度向量 $\hat{\boldsymbol{a}}$ 是服从 $\hat{\boldsymbol{a}} \sim N(\boldsymbol{a}, \boldsymbol{Q}_{\hat{a}\hat{a}})$ 的高斯分布的统计量，那么 $\hat{\boldsymbol{a}}$ 落入哪种整数估计正确注入域的概率越大则这种估计的成功率越高，因此整数估计的质量应该用其正确估计模糊度实数解的概率来评判。由模糊度整数解和整数估计的注入域的一一对应关系，有

$$\breve{\boldsymbol{a}} = z \quad \leftrightarrow \quad \hat{\boldsymbol{a}} \in S_z \tag{2.47}$$

那么正确估计的概率为

$$P(\breve{\boldsymbol{a}} = z) = \int_{S_z} p_a(x)\mathrm{d}x \tag{2.48}$$

式中：$p_a(x)$ 为 $\hat{\boldsymbol{a}}$ 的概率分布密度函数：

$$p_a(x) = (2\pi)^{-\frac{n}{2}} |\boldsymbol{Q}_{\hat{a}\hat{a}}|^{-\frac{1}{2}} \exp\left\{-\frac{1}{2}\|x - a\|_{\boldsymbol{Q}_{\hat{a}\hat{a}}}^2\right\} \tag{2.49}$$

2.6.1　取整估计成功率

取整估计注入域的估计成功率可表示为

$$P(\breve{\boldsymbol{a}}_R = z) = P\left(\bigcap_{i=1}^{n} \left|\hat{a}_i - z_i\right| \leqslant \frac{1}{2}\right) \tag{2.50}$$

式中：z_i 为模糊度第 i 个元素的真值。一般情况下，模糊度实数解中的不同元素间存在一定的相关性，因此式（2.50）的确切值一般是无法直接计算的，但是显然有如下不等式成立：

$$P\left(\bigcap_{i=1}^{n} \left|\hat{a}_i - z_i\right| \leqslant \frac{1}{2}\right) \geqslant P\left(\prod_{i=1}^{n} \left|\hat{a}_i - z_i\right| \leqslant \frac{1}{2}\right) = \prod_{i=1}^{n}\left[2\varPhi\left(\frac{1}{2q_{ii}}\right) - 1\right] \tag{2.51}$$

式中：$\varPhi(\cdot)$ 为标准正态分布函数值；q_{ii} 为 $\boldsymbol{Q}_{\hat{a}\hat{a}}$ 对角线的第 i 个元素，也是模糊度元素 $\hat{a}_i$ 的方差值。式（2.51）给出了直接取整估计的一个下界，当且仅当 $\boldsymbol{Q}_{\hat{a}\hat{a}}$ 为对角阵时等号成立。

2.6.2　Bootstrapping 估计成功率

Bootstrapping 估计的注入域的估计成功率可表示为

$$P(\breve{\boldsymbol{a}}_B = z) = P\left(\bigcap_{i=1}^{n} \left|\hat{a}_{i|I} - z_i\right| \leqslant \frac{1}{2}\right) \tag{2.52}$$

由对 Bootstrapping 估计的分析可知，条件模糊度元素 $\hat{a}_{i|I}\,(i=1,2,\cdots,n)$ 之间不存在相关性，因此式（2.52）可以直接求得确切值为

$$P(\breve{\boldsymbol{a}}_B = z) = \prod_{i=1}^{n}\left[2\varPhi\left(\frac{1}{2d_{ii}}\right) - 1\right] \tag{2.53}$$

式中：d_{ii} 为对角矩阵 $\boldsymbol{D}$ 的第 i 个对角线元素，$\boldsymbol{D}$ 由协方差矩阵的 Cholesky 分解求得。虽然 Bootstrapping 估计也是一种序贯取整的估计方法，但是与取整估计相比 Bootstrapping 估计考虑了模糊度实数解元素间的相关性，因此 Bootstrapping 估计的成功率比取整估计高，有

$$P(\breve{\boldsymbol{a}}_R = z) \leqslant P(\breve{\boldsymbol{a}}_B = z) \tag{2.54}$$

式（2.54）给出了直接取整估计的一个上界，同时也是 Bootstrapping 估计的一个下界，当且仅当 $\boldsymbol{Q}_{\hat{a}\hat{a}}$ 为对角阵时等号成立。Teunissen（1998）运用变分原理对不等式（2.54）做出了严格的证明，证明过程稍显复杂，本小节不再列出。

2.6.3　整数最小二乘估计成功率

Hassibi 等（1998）证明了整数最小二乘估计的估计成功率在所有可容许估计中是最高的。为了表达式简洁，分析当 $\hat{\boldsymbol{a}} \sim N(0, \boldsymbol{Q}_{\hat{a}\hat{a}})$ 的情况。整数最小二乘估计的注入域与高斯最小二乘目标函数的最小值等价，那么当 $\hat{\boldsymbol{a}} \sim N(0, \boldsymbol{Q}_{\hat{a}\hat{a}})$ 时，整数最小二乘估计的注入域满足 $S_{\text{ILS},0} = \{x \in \mathbb{R}^n \mid p_0(x) \geqslant p_z(x), \quad \forall z \in \mathbb{Z}^n\}$（Teunissen，1999）。因此下式成立：

$$p_0(x) \geqslant \sum_{z \in \mathbb{Z}^n} p_z(x) s_z(x), \quad \forall x \in S_{\text{ILS},0} \tag{2.55}$$

式中：$s_z(x)$ 为示性函数。

$$s_z(x) = \begin{cases} 1, & x \in S_z \\ 0, & x \notin S_z \end{cases} \qquad (2.56)$$

式中：S_z 为任意种可容许估计的注入域。对式（2.55）左右两端在注入域 $S_{\text{ILS},0}$ 内求积分得

$$\int_{S_{\text{ILS},0}} p_0(x)\mathrm{d}x \geqslant \sum_{z \in \mathbb{Z}^n} \int_{S_{\text{ILS},0} \cap S_z} p_z(x)\mathrm{d}x \qquad (2.57)$$

利用可容许估计的平移不变性，对式（2.57）右侧做平移变换 $y = x - z$，则

$$p_z(x) \rightarrow p_z(y+z) = p_0(y), \quad S_{\text{ILS},0} \rightarrow S_{\text{ILS},-z}, \quad S_z \rightarrow S_0$$

因此有

$$\int_{S_{\text{ILS},0}} p_0(x)\mathrm{d}x \geqslant \sum_{z \in \mathbb{Z}^n} \int_{S_{\text{ILS},-z} \cap S_0} p_0(y)\mathrm{d}y = \int_{S_0} p_0(y)\mathrm{d}y \qquad (2.58)$$

式中最右侧等式成立，是因为由注入域的第一个性质有 $\sum_{z \in \mathbb{Z}^n} S_{\text{ILS},-z} = \mathbb{R}^n$。式（2.58）说明整数最小二乘估计在所有可容许估计中的成功率是最大的，即整数最小二乘估计是最优整数估计。由于整数最小二乘估计的注入域形状不规则，在一般情况下，式（2.58）的积分的确切值无法计算，但可以对整数最小二乘估计成功率的上下界做出比较精确的估计。Verhagen 等（2013）指出，经过"降相关变换"（即 2.7 节将讨论的"格基规约"）后的 Bootstrapping 估计的成功率是整数最小二乘估计的比较紧致的下界。

整数最小二乘估计成功率的上界可以由整数最小二乘估计注入域的扩展来计算，由 $S_{\text{ILS},0}$ 的定义有

$$S_{\text{ILS},0} \subseteq U_0 = \min_{z \in \mathbb{Z}^n} : \left\{ x \in \mathbb{R}^n \mid x^{\mathrm{T}} Q_{\hat{a}\hat{a}}^{-1} z / \|z\|_{Q_{\hat{a}\hat{a}}}^2 \leqslant \frac{1}{2} \right\} \qquad (2.59)$$

由 $x \sim N(0, Q_{\hat{a}\hat{a}})$，$x^{\mathrm{T}} Q_{\hat{a}\hat{a}}^{-1} z / \|z\|_{Q_{\hat{a}\hat{a}}}^2 \sim N(0, 1/\|z\|_{Q_{\hat{a}\hat{a}}}^2)$，因此有

$$P(x \in U_0) = \min_{z \in \mathbb{Z}^n} : \left[2\Phi\left(\frac{1}{2}\|z\|_{Q_{\hat{a}\hat{a}}}^2\right) - 1 \right] \qquad (2.60)$$

根据以上分析和推导，取整估计、Bootstrapping 估计和整数最小二乘估计三种估计的成功率大小关系为：$P(\breve{a}_{\text{R}} = z) \leqslant P(\breve{a}_{\text{B}} = z) \leqslant P(\breve{a}_{\text{ILS}} = z)$，当且仅当模糊度协方差矩阵为对角矩阵时取等号，三种估计的成功率值及其上下界总结如表 2-1 所示。

表 2-1 三种整数估计的成功率及其上下界

整数估计方法	下界	确切值	上界
取整估计	$\prod_{i=1}^{n}\left[2\Phi\left(\dfrac{1}{2q_{ii}}\right)-1\right]$		$\prod_{i=1}^{n}\left[2\Phi\left(\dfrac{1}{2d_{ii}}\right)-1\right]$
Bootstrapping 估计		$\prod_{i=1}^{n}\left[2\Phi\left(\dfrac{1}{2d_{ii}}\right)-1\right]$	
整数最小二乘估计	$\prod_{i=1}^{n}\left[2\Phi\left(\dfrac{1}{2d_{ii}}\right)-1\right]$		$\min_{z \in \mathbb{Z}^n}\left[2\Phi\left(\dfrac{1}{2}\|z\|_{Q_{\hat{a}\hat{a}}}^2\right)-1\right]$

2.7　基于格基规约的 GNSS 整数估计

大量的 GNSS 精密定位实践表明,选择合适的幺模矩阵对模糊度协方差矩阵进行变换,可以大大提高取整估计和 Bootstrapping 估计的成功率及整数最小二乘估计的效率(Wu et al.,2022;Xu,2006;Chang et al.,2005;Teunissen,1993)。寻找合适幺模矩阵的过程被称为格基规约。格基规约是一个跨学科领域的研究课题。从几何数论(Gruber et al.,1987;Scharlau et al.,1985)、多输入多输出(multiple input multiple output,MIMO)通信系统(Regev,2009;Agrell et al.,2002)、密码学(Joux et al.,1998)、晶体学(Brunetti et al.,2003)到 GNSS 精密定位都有对格基规约方法的研究。

2.7.1　格基理论及 GNSS 整数估计

本小节简要介绍关于格基的一些背景知识,以及格基理论在模糊度求解中的应用,为基于格基规约的模糊度估计算法奠定基础。

1. 格基的基本定义

定义 2.7.1(格) 给定 n 个线性无关的列向量 $g_1,g_2,\cdots,g_n\in\mathbb{R}^m$,则由它们生成的格(latice)定义为

$$L(g_1,g_2,\cdots,g_n)=\{\sum x_ig_i\mid x_i\in\mathbb{Z}\} \tag{2.61}$$

式中:$g_1,g_2,\cdots,g_n$ 被称为格的基,如果矩阵 G 是由上述列向量构成的矩阵,则此格也可以写为

$$L(G)=\{\sum Gx\mid x\in\mathbb{Z}^n\} \tag{2.62}$$

称这个格的维数为 m、秩为 n。若 $n=m$,则称这样的格为满秩。比如将模糊度协方差矩阵进行满秩分解 $Q_{\hat{a}\hat{a}}=G^\mathrm{T}G$,则由此满秩矩阵 G 生成的格就是满秩格。本节只讨论满秩格。

定义 2.7.2(格的跨度) 格的跨度(span)定位为由格的所有基向量张成的线性空间

$$\mathrm{span}(G)=\{\sum Gy\mid y\in\mathbb{R}^n\} \tag{2.63}$$

定义 2.7.3(基本胞元) 格基 G 的基本胞元(fundamental paralielepiped)定义为

$$P(G)=\{\sum Gx\mid x\in\mathbb{R}^n,\forall i:0\leqslant x_i<1\} \tag{2.64}$$

图 2-7 为二维格张成的线性空间示意图,每个点代表格中的向量,深色区域为格的基本胞元 P(G)。

定义 2.7.4(格的行列式) 一个格 L(G)的行列式(determinant)定义为其基本胞元 P(G)的体积,记为

$$\det(L(G)):=\sqrt{\det(G^\mathrm{T}G)} \tag{2.65}$$

定义 2.7.5(幺模矩阵) 假设一个矩阵 $U\in\mathbb{Z}^{n\times n}$ 是幺模(unimodular)的,当且仅当 $|\det(U)|=1$。

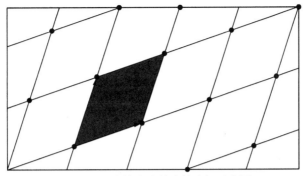

图 2-7　二维格张成的线性空间示意图

推论 2.7.1　如果 U 是幺模矩阵，那么 U^{-1} 也是幺模矩阵。

证明：$\left|\det(U^{-1})\right| = 1/\left|\det(U)\right| = 1$。

推论得证。

推论 2.7.2　假设两个格基 $G_1, G_2 \in \mathbb{R}^{m \times n}$ 是等价的，当且仅当存在幺模矩阵 U 时，$G_2 = G_1 U$。

证明：已知 $\mathrm{L}(G_2) = \mathrm{L}(G_1)$，那么对 G_2 中任意一个向量 g_i 有 $g_i \in \mathrm{L}(G_1)$。根据格的定义，存在整数矩阵 $U \in \mathbb{Z}^{m \times n}$ 使 $G_2 = G_1 U$ 成立。相似地，也存在整数矩阵 $V \in \mathbb{Z}^{m \times n}$ 使 $G_1 = G_2 V$ 成立，因此 $G_2 = G_2 V U$ 成立。那么有

$$\det(G_2^{\mathrm{T}} G_2) = (\det(V))^2 (\det(U))^2 \det(G_2^{\mathrm{T}} G_2) \tag{2.66}$$

考虑 U、V 均为整数矩阵，因此 $\left|\det(U)\right| = 1$。

已知存在幺模矩阵 U 使 $G_2 = G_1 U$，那么 G_2 中所有向量均包含在格 $\mathrm{L}(G_1)$ 中，则 $\mathrm{L}(G_2) \subseteq \mathrm{L}(G_1)$。另外 $G_1 = G_2 U^{-1}$，根据推论 2.7.1，U^{-1} 也是幺模矩阵。同理有 $\mathrm{L}(G_1) \subseteq \mathrm{L}(G_2)$，因此 $\mathrm{L}(G_2) = \mathrm{L}(G_1)$。

推论得证。

定义 2.7.6（Gram-Schmidt 正交化）　对于由 n 个线性无关的列向量 $g_1, g_2, \cdots, g_n$ 组成的序列，它们的 Gram-Schmidt 正交化序列 $\tilde{g}_1, \tilde{g}_2, \cdots, \tilde{g}_n$ 定义为

$$\tilde{g}_i = g_i - \sum_{j=1}^{i-1} u_{ij} \tilde{g}_j, \quad u_{ij} = \frac{\langle g_i, \tilde{g}_j \rangle}{\langle \tilde{g}_j, \tilde{g}_j \rangle} \tag{2.67}$$

式中：$\langle a, b \rangle$ 表示求 a 与 b 的内积。Gram-Schmidt 正交化是线性代数的一种基本方法，它通过把每个向量投影到先前向量空间的正交空间中完成全部正交化过程。需要注意的是：①经过正交化的向量 $\tilde{g}_1, \tilde{g}_2, \cdots, \tilde{g}_n$ 并不包含在格 $\mathrm{L}(G)$ 中；②正交化的结果与向量 $g_1, g_2, \cdots, g_n$ 的排列顺序有关，因此称 $g_1, g_2, \cdots, g_n$ 是一组序列而不是一个集合。通过 Gram-Schmidt 正交化可以对格基 G 进行 QR 分解：

$$G = QR, \quad Q = \begin{bmatrix} \tilde{g}_1/\|\tilde{g}_1\| & \cdots & \tilde{g}_n/\|\tilde{g}_n\| \end{bmatrix}, \quad R = \begin{bmatrix} \|\tilde{g}_1\| & u_{21}\|\tilde{g}_1\| & \cdots & u_{n1}\|\tilde{g}_1\| \\ 0 & \|\tilde{g}_2\| & \cdots & u_{n2}\|\tilde{g}_2\| \\ \vdots & \vdots & & \vdots \\ 0 & \cdots & 0 & \|\tilde{g}_n\| \end{bmatrix} \tag{2.68}$$

格的一个基本参数是格中所包含最短非 0 向量的长度，这个参数通常被记为 λ_1，对任意一个格 L(G) 有如下关于 λ_1 的定理成立。

定理 2.7.1 设 G 为一个秩为 n 的格基，$\tilde{G}$ 是 G 经 Gram-Schmidt 正交化后形成的矩阵，有

$$\lambda_1(\mathrm{L}(G)) \geqslant \min_{i=1,\cdots,n} \left\| \tilde{g}_i \right\| > 0 \tag{2.69}$$

证明：设 $x \in \mathbb{Z}^n$ 是任意一个非 0 整数向量，假设 x_j 是 x 中最后一个不为 0 的元素，即 $\forall k : n \geqslant k > j, \ x_k = 0$，则

$$\left| \langle Gx, \tilde{g}_j \rangle \right| = \left| \langle \sum_{i=1}^{j} x_i g_i, \tilde{g}_j \rangle \right| = \left| x_j \right| \left\| \tilde{g}_j \right\|^2 \tag{2.70}$$

另外，$|\langle Gx, \tilde{g}_j \rangle| \leqslant \|Gx\| \cdot \|\tilde{g}_j\|$，结合式（2.69）与式（2.70）有

$$\|Gx\| \geqslant \left| x_j \right| \left\| \tilde{g}_j \right\| \geqslant \left\| \tilde{g}_j \right\| \geqslant \min \left\| \tilde{g}_i \right\| \tag{2.71}$$

定理得证。

2. GNSS 整数估计：最近向量问题

格上有两个基本问题，同时也是两个著名的计算难题：其一为最短向量问题（shortest vector problem，SVP）；其二为最近向量问题（closest vector problem，CVP）。目的是寻找一个给定格中的向量，使它到一个给定向量的欧氏距离最短。用数学语言描述如下。

Search CVP：给定一个格基 $G \in \mathbb{R}^{m \times n}$ 和一个向量 $t \in \mathbb{R}^m$，寻找一个格中向量 $v \in \mathrm{L}(G)$，对格中任意一个向量 $\forall w \in \mathrm{L}(G)$，有 $\|v - t\| \leqslant \|w - t\|$。

对于 GNSS 模糊度估计，其整数最小二乘估计的目标函数如式（2.44）所示，若把其中权矩阵进行满秩分解 $Q_{\hat{a}\hat{a}}^{-1} = K^{\mathrm{T}}K$，则式（2.44）可表示为

$$\min_{a \in \mathbb{Z}^n} : \left\| K\hat{a} - Ka \right\|^2 \tag{2.72}$$

式中：$K\hat{a} \in \mathbb{R}^n$，$K$ 是一个满秩格基，由其构成格 L(K)，$Ka \in \mathrm{L}(K)$。显而易见，GNSS 模糊度估计对应的是格理论中的第二个难题，即最近向量问题。

2.7.2 LLL 规约

从格的等价性推论（推论 2.7.2）可以看出，对于一个格 L，它的基并不是唯一的。但是有些基具有更加优良的性质，这些基被称为"规约的"（reduced）。而对"规约"一词的定义也不是唯一的，简而言之，对格基进行规约就是要使新生成的格基：①向量长度尽可能地短；②向量间尽可能正交。图 2-8 所示为二维格规约前后格基向量长度和正交性情况。格基规约的方法就是通过对格基右乘有限个幺模矩阵，使新形成的格基满足规约条件。用数学语言表达为

$$G_1 U_1 U_2 \cdots U_x = G_2 \tag{2.73}$$

若 $U = U_1 U_2 \cdots U_x$，则显然 U 也是幺模矩阵。且根据 2.7.1 小节的内容可知，L(G_2) = L(G_1)。Lagrange（1773）最先提出了针对二维格的规约算法，但通常被误认为是 Gauss 提出的，

被称为 Gauss 规约。Hermite（1850）把二维的 Gauss 规约推广到了任意维数的格基，被称为 Hermite 规约。Korkine 等（1873）进一步强化了 Hermite 规约的条件，新的规约称为 HKZ 规约。Minkowski（1896）定义了 Minkowski 规约，要求格中最短向量长度等于 $\lambda_1(L)$。以上规约偏重理论研究，没有提出具体算法来进行实际应用。重大突破来自 Lenstra，Lenstra 等（1982）提出了新的规约，被命名为 LLL 规约，并给出了具体的实现算法。Kannan（1983）提出了实现 Hermite 规约的算法。Bettina（1985）提出了实现 Minkowski 规约的算法。虽然 LLL 规约条件比 Hermite 规约和 Minkowski 规约都弱，但是 LLL 规约是一个能够在多项式时间内实现的规约算法，而 Hermite 规约和 Minkowski 规约算法则需要指数时间。因此 LLL 算法得到了最广泛的应用，也被认为是 20 世纪著名算法之一。

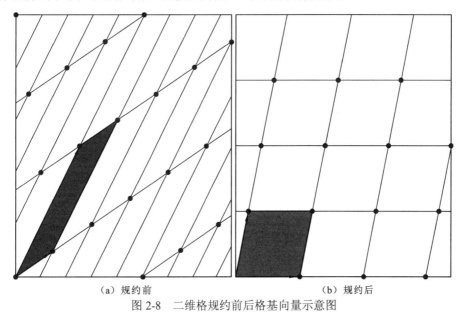

（a）规约前   （b）规约后

图 2-8　二维格规约前后格基向量示意图

1. 定义

定义 2.7.7（LLL 规约）　对于一个格基 $G = \{g_1, \cdots, g_n\} \in \mathbb{R}^n$ 及它的 Gram-Schmidt 正交化[如式（2.61）所示]，若以下条件满足：

$$
\begin{align}
&\text{(i)}\quad \forall 1 \leqslant i \leqslant n, j < i,\quad |u_{ij}| \leqslant \frac{1}{2} \\
&\text{(ii)}\quad \forall 1 \leqslant i < n,\quad \delta \|\tilde{g}_i\|^2 \leqslant u_{i+1,i}^2 \|\tilde{g}_i\|^2 + \|\tilde{g}_{i+1}\|^2
\end{align}
\tag{2.74}
$$

则认为格基 G 是 δ-LLL 规约的。其中 δ 是规约参数，对于 $1/4 < \delta < 1$，LLL 规约均可实现，一般取 $\delta = 3/4$。

LLL 规约中，第一个条件保证了 G 向量之间的近似正交性；第二个条件则保证了经过正交化后，$\tilde{g}_{i+1}$ 长度并不比 $\tilde{g}_i$ 长太多。LLL 规约的一个重要性质是格基的第一个向量长度不长于格中最短向量的 $(2/\sqrt{4\delta - 1})^{n-1}$ 倍。

推论 2.7.3　令 $g_1, \cdots, g_n \in \mathbb{R}^n$ 是一组 δ-LLL 规约的格基，则有

$$
\|g_i\| \leqslant (2/\sqrt{4\delta - 1})^{n-1} \lambda_1(L)
\tag{2.75}
$$

证明：根据 δ-LLL 规约的定义，有

$$\left\|\tilde{\boldsymbol{g}}_n\right\|^2 \geqslant \left(\delta - \frac{1}{4}\right)\left\|\tilde{\boldsymbol{g}}_{n-1}\right\|^2 \geqslant \cdots \geqslant \left(\delta - \frac{1}{4}\right)^{n-1}\left\|\tilde{\boldsymbol{g}}_1\right\|^2 = \left(\delta - \frac{1}{4}\right)^{n-1}\left\|\boldsymbol{g}_1\right\|^2 \tag{2.76}$$

那么对 $\forall i$ 有

$$\left\|\boldsymbol{g}_1\right\| \leqslant \left(\delta - \frac{1}{4}\right)^{-(i-1)/2}\left\|\tilde{\boldsymbol{g}}_i\right\| \leqslant \left(\delta - \frac{1}{4}\right)^{-(n-1)/2}\left\|\tilde{\boldsymbol{g}}_i\right\| \tag{2.77}$$

又由定理 2.7.1 可知 $\lambda_1(\mathrm{L}) \geqslant \min\left\|\tilde{\boldsymbol{g}}_i\right\|$，则

$$\left\|\boldsymbol{g}_1\right\| \leqslant \left(\delta - \frac{1}{4}\right)^{-(n-1)/2}\min\left\|\tilde{\boldsymbol{g}}_i\right\| \leqslant \left(\delta - \frac{1}{4}\right)^{-(n-1)/2}\lambda_1(\mathrm{L}) \tag{2.78}$$

推论得证。

2. 算法

对一个给定格实现 LLL 规约，有三个基本要素：Gram-Schmidt 正交化、长度规约、向量交换。下面分别给出 Gram-Schmidt 正交化及长度规约的算法，并结合向量交换给出完整的 LLL 规约算法。

1）Gram-Schmidt 正交化

Gram-Schmidt 正交化的定义如定义 2.7.6 所述，这里直接给出其计算算法。

Gram-Schmidt 正交化算法

Input：Sequence $\boldsymbol{g}_1, \boldsymbol{g}_2, \cdots, \boldsymbol{g}_n$

Output：Sequence $\tilde{\boldsymbol{g}}_1, \tilde{\boldsymbol{g}}_2, \cdots, \tilde{\boldsymbol{g}}_n$

1:　$\tilde{\boldsymbol{g}}_1 = \boldsymbol{g}_1$

2: **for** $i = 2 : n$

3:　　　**for** $j = 1 : i-1$

4:　　　　　$u_{ij} = \langle \boldsymbol{g}_i, \tilde{\boldsymbol{g}}_j \rangle / \left\|\tilde{\boldsymbol{g}}_j\right\|^2$

5:　　　**end for**

6:　　　$\tilde{\boldsymbol{g}}_i = \boldsymbol{g}_i - \sum_{j=1}^{i-1} u_{ij}\tilde{\boldsymbol{g}}_j$

7: **end for**

2）长度规约

长度规约（size reduction）最早由 Lagrange（1773）提出，它保证了 LLL 规约的第一个条件，即 $\forall j < i$，$\left|u_{ij}\right| \leqslant \frac{1}{2}$，使格中向量尽量正交。以下算法可以对一个格基进行长度规约。

长度规约算法

Input: Lattice basis $\boldsymbol{G} = \{\boldsymbol{g}_1, \cdots, \boldsymbol{g}_n\} \in \mathbb{R}^n$, Sequence $\tilde{\boldsymbol{g}}_1, \tilde{\boldsymbol{g}}_2, \cdots, \tilde{\boldsymbol{g}}_n$

Output: Size reduced basis $\boldsymbol{G}$

1: **for** $i = 2 : n$

2:　　　**for** $j = i-1 : n$

3:　　　　　**if** $|u_{ij}| > \frac{1}{2}$

4:	$g_i = g_i - [\![u_{ij}]\!]g_j$, $u_{ij} = u_{ij} - [\![u_{ij}]\!]$
5:	**for** $l = 1 : j - 1$
6:	$u_{il} = u_{il} - [\![u_{ij}]\!]u_{il}$
7:	**end for**
8:	**end if**
9:	**end for**
10:	**end for**

3）向量交换

从长度规约算法可以看出，格中向量 g_i 可以被它之前的 $i-1$ 个向量规约，使它的长度变短。很显然，g_n 能被所有其余向量规约，g_2 只能被 g_1 规约，而 g_1 本身长度不能被规约。为了使规约后的向量长度进一步缩短，向量交换是必要的。LLL 规约采取了一种相邻向量的局部交换方法，当规约的第二个条件 $\delta\|\tilde{g}_i\|^2 \leqslant u_{i+1,i}^2\|\tilde{g}_i\|^2 + \|\tilde{g}_{i+1}\|^2$ 不满足时，对于 QR 分解中上三角矩阵 R 中的二维矩阵块的两个列向量进行交换，并把交换后的矩阵转换为新的上三角阵，这种交换可以通过 Givens 变换、Household 变换（Schnorr，2006）或整数高斯变换（Chang et al.，2005）得到。

$$\begin{bmatrix} \|\tilde{g}_i\| & u_{i+1,i}\|\tilde{g}_i\| \\ 0 & \|\tilde{g}_{i+1}\| \end{bmatrix} \rightarrow \begin{bmatrix} \|\tilde{g}_i'\| & u_{i+1,i}'\|\tilde{g}_i'\| \\ 0 & \|\tilde{g}_{i+1}'\| \end{bmatrix} \tag{2.79}$$

式中

$$\begin{cases} \|\tilde{g}_i'\|^2 = u_{i+1,i}^2\|\tilde{g}_i\|^2 + \|\tilde{g}_{i+1}\|^2 \\ \|\tilde{g}_i\|^2 = u_{i+1,i}'^2\|\tilde{g}_i'\|^2 + \|\tilde{g}_{i+1}'\|^2 \end{cases} \tag{2.80}$$

在 Gram-Schmidt 正交化、长度规约和向量交换三个基本要素之上，给出 LLL 规约的算法过程。

LLL 规约算法	
Input: Lattice basis $G = \{g_1, \cdots, g_n\} \in \mathbb{R}^n$, parameter δ	
Output: LLL reduced basis G	
1：	apply **Algorithm** Gram-Schmidt Orth
2：	$i = 2$
3:	**while** $i \leqslant n$
4：	apply **Algorithm** Size Reduction to reduce g_i
5：	**if** $\delta\|\tilde{g}_i\|^2 > u_{i+1,i}^2\|\tilde{g}_i\|^2 + \|\tilde{g}_{i+1}\|^2$
6：	swap g_i and g_{i+1}
7：	$i = \max(i-1, 2)$
9:	**else**
10：	$i = i + 1$
11：	**end if**
12:	**end while**

2.8 LAMBDA 规约及搜索算法

提及 GNSS 整数估计理论，就不能不提著名的 LAMBDA 算法。LAMBDA 算法作为 GNSS 领域里程碑似的模糊度估计方法，自从 1993 年 Teunissen 提出以来就得到了广泛应用，并在迄今为止的 20 多年里不断地完善和进化，现在版本已经迭代到 LAMBDA3.0（Verhagen et al.，2013）。虽然最早版本的 LAMBDA 算法中整数空间的搜索算法效率不高，但是通过吸收 Chang 等（2005）的改进方法，形成了搜索算法。虽然 LAMBDA 算法是大地测量领域著名学者 Teunissen 独立提出的、针对 GNSS 模糊的解算的方法，但它在数学底层逻辑层面与著名的 LLL 算法有很多相通之处。Hassibi 等（1998）、刘经南等（2012）指出 LAMBDA 所采用规约算法与 LLL 算法等价。本节用格的观点对 LAMBDA 算法中的规约和搜索算法进行介绍。

2.8.1 LAMBDA 规约方法

在 LAMBDA 算法中，一个很重要的步骤是对模糊度的协方差矩阵 $\boldsymbol{Q}_{\hat{a}\hat{a}}$ 进行"降相关变换"，而这种"降相关变换"是通过整数高斯（integer Gauss）变换来实现的。从下文内容将知道，整数高斯变换实质就是一种格基规约，接下来简要介绍 LAMBDA 算法中规约方法的思路。

首先对模糊度协方差矩阵进行 Cholesky 分解：$\boldsymbol{Q}_{\hat{a}\hat{a}} = \boldsymbol{L}\boldsymbol{D}\boldsymbol{L}^{\mathrm{T}}$，并对其进行整数高斯变换得到变换后的协方差矩阵：

$$\boldsymbol{Q}_{\hat{z}\hat{z}} = \boldsymbol{Z}\boldsymbol{L}\boldsymbol{D}\boldsymbol{L}^{\mathrm{T}}\boldsymbol{Z}^{\mathrm{T}} = \overline{\boldsymbol{L}}\,\overline{\boldsymbol{D}}\,\overline{\boldsymbol{L}}^{\mathrm{T}} \tag{2.81}$$

式中：$\boldsymbol{Z}$ 为幺模矩阵。LAMBDA 算法希望变换后的矩阵能够满足两个条件：

$$\begin{align} &\text{(i)} \quad \overline{l}_{ij} \leqslant \frac{1}{2}, \quad \forall j < i \\ &\text{(ii)} \quad \overline{d}_1 \leqslant \overline{d}_2 \leqslant \cdots \leqslant \overline{d}_n \end{align} \tag{2.82}$$

式中：$\overline{l}_{ij}$ 和 $\overline{d}_i$ 分别为下三角矩阵 $\overline{\boldsymbol{L}}$ 中元素和对角矩阵 $\overline{\boldsymbol{D}}$ 中对角元素。

为了实现第一个条件，对于 $\forall l_{ij} > \frac{1}{2}$，构造整数矩阵：

$$\boldsymbol{Z}_{i+j(-\llbracket l_{ij} \rrbracket)} = \begin{bmatrix} 1 & & & & \\ & 1_{jj} & & & \\ & & \ddots & & \\ & -\llbracket l_{ij} \rrbracket & & 1_{ii} & \\ & & & & 1 \end{bmatrix} \tag{2.83}$$

用 $\boldsymbol{Z}_{i+j(-\llbracket l_{ij} \rrbracket)}$ 代替式（2.81）中的 $\boldsymbol{Z}$ 进行变换，则新的下三角矩阵中 $\overline{l}_{ij} = l_{ij} - \llbracket l_{ij} \rrbracket$，显然 $\overline{l}_{ij} \leqslant \frac{1}{2}$。不断重复这一过程，可使新矩阵满足式（2.82）中的第一个条件。为了实现式（2.82）中第二个条件，实施对对角阵 $\boldsymbol{D}$ 中元素的置换（permutation）。考虑构造如下矩阵：

$$\boldsymbol{Z}_{i,i+1} = \begin{bmatrix} 1 & & & & & \\ & \ddots & & & & \\ & & 0 & 1_{i,i+1} & & \\ & & 1_{i+1,i} & 0 & & \\ & & & & \ddots & \\ & & & & & 1 \end{bmatrix} \tag{2.84}$$

用 $\boldsymbol{Z}_{i,i+1}$ 代替式（2.81）中的 $\boldsymbol{Z}$ 进行变换，则可得到

$$\begin{cases} \bar{d}_i = l_{i+1,i}^2 d_i + d_{i+1} \\ \bar{d}_{i+1} = \dfrac{d_{i+1}}{\bar{d}_i} d_i \end{cases} \tag{2.85}$$

若交换后有

$$\bar{d}_i \leqslant d_i \tag{2.86}$$

则实施如式（2.84）所示的置换步骤。置换步骤没有实现式（2.82）中的条件(ii)，因为由式（2.85）置换步骤不能保证 $\bar{d}_i \leqslant \bar{d}_{i+1}$，而只是实现了一个更弱的条件：

$$\bar{d}_i \leqslant \bar{l}_{i+1,i}^2 \bar{d}_i + \bar{d}_{i+1} \tag{2.87}$$

需要注意的是，上述置换过程不仅会对矩阵 $\boldsymbol{D}$ 中元素产生置换效果，也会使矩阵 $\boldsymbol{L}$ 中局部非对角元素发生改变，使它不满足式（2.82）中的条件(i)，因此在实际应用过程中将相关步骤和置换步骤交替进行，直到最终的矩阵满足式（2.82）的条件(i)和式（2.87）为止。LAMBDA 算法的规约和 LLL 规约基本思路是一致的，执行算法也基本相同，本书不再写出 LAMBDA 规约方法的执行算法，感兴趣的读者可以查阅 de Jonge 等(1996)对 LAMBDA 算法的详细描述。

2.8.2 LAMBDA 规约与 1-LLL 规约等效

由 2.8.1 小节可知，LAMBDA 方法采用的规约方法最终使新的模糊度协方差矩阵满足了以下两个条件：

$$\text{(i)} \quad \bar{l}_{ij} \leqslant \frac{1}{2}, \quad \forall j < i$$

$$\text{(ii)} \quad \bar{d}_i \leqslant \bar{l}_{i+1,i}^2 \bar{d}_i + \bar{d}_{i+1}$$

把式（2.81）稍作变换：

$$\boldsymbol{Q}_{\hat{z}\hat{z}} = \bar{\boldsymbol{L}}\bar{\boldsymbol{D}}\bar{\boldsymbol{L}}^{\mathrm{T}} = \bar{\boldsymbol{L}}\sqrt{\bar{\boldsymbol{D}}}\sqrt{\bar{\boldsymbol{D}}}^{\mathrm{T}}\bar{\boldsymbol{L}}^{\mathrm{T}} = \boldsymbol{G}^{\mathrm{T}}\boldsymbol{G} \tag{2.88}$$

式中：$\sqrt{\bar{\boldsymbol{D}}}$ 为把 $\bar{\boldsymbol{D}}$ 中元素取平方根构成的矩阵；$\boldsymbol{G}$ 则为规约后模糊度协方差矩阵的对应的格基，$\boldsymbol{G}$ 的表达式为

$$\boldsymbol{G} = \begin{bmatrix} \sqrt{\bar{d}_1} & \bar{l}_{21}\sqrt{\bar{d}_1} & \cdots & \bar{l}_{n1}\sqrt{\bar{d}_1} \\ 0 & \sqrt{\bar{d}_2} & \cdots & \bar{l}_{n2}\sqrt{\bar{d}_2} \\ \vdots & \vdots & & \vdots \\ 0 & \cdots & 0 & \sqrt{\bar{d}_2} \end{bmatrix} \tag{2.89}$$

对比式（2.89）与式（2.68）可知，$\boldsymbol{G}$ 已经是 $\boldsymbol{QR}$ 分解的，并且 $\boldsymbol{G}$ 中元素与其 Gram-Schmidt 正交化有如下对应关系：

$$\begin{cases} \sqrt{\overline{d}_i} = \|\tilde{g}_i\| \\ l_{ij} = u_{ij} \end{cases} \tag{2.90}$$

把式（2.90）代入式（2.88），可得 LAMBDA 方法满足的规约条件：

$$\text{(i)} \quad u_{ij} \leqslant \frac{1}{2}, \quad \forall j < i$$
$$\text{(ii)} \quad \|\tilde{g}_i\|^2 \leqslant u_{i+1,i}^2 \|\tilde{g}_i\|^2 + \|\tilde{g}_{i+1}\|^2 \tag{2.91}$$

显然式（2.91）表达的是 1-LLL 规约。1-LLL 规约比通常采用的 3/4-LLL 规约条件稍强，Jazaeri 等（2014）、Svendsen（2006）也得出结论，LAMBDA 算法规约效果比 3/4-LLL 规约好。

2.8.3 LAMBDA 搜索算法

格基规约并非 GNSS 整数估计的最终目标，求解 GNSS 整数估计的最优解——整数最小二乘（ILS）问题还依赖在 n 维整数空间的搜索，其搜索空间是一个 n 维的超椭球（hyper-ellipsoid）。由于原始模糊度协方差矩阵形成的格是未规约的，基于原始模糊度协方差矩阵目标函数的搜索超椭球是被严重拉长的（elongated），在原始超椭球中进行搜索效率很低。而基于规约后的模糊度协方差矩阵目标函数的搜索超椭球的扁率显著降低，大大提高了搜索效率。因此搜索都是基于规约后的协方差矩阵。图 2-9 为二维格规约前后搜索区域的变化示意图。为了与原始模糊度协方差矩阵及原始模糊度向量相区别，记规约后的模糊度协方差矩阵及模糊度向量相浮点解分别为 $\boldsymbol{Q}_{\hat{z}\hat{z}}$ 和 $\hat{z}$，则搜索空间可表示为

$$\min: \quad F(z) = (\hat{z} - z)^{\mathrm{T}} \boldsymbol{Q}_{\hat{z}\hat{z}}^{-1} (\hat{z} - z) \leqslant \chi^2 \tag{2.92}$$

式中：χ^2 为用户定义的搜索范围。

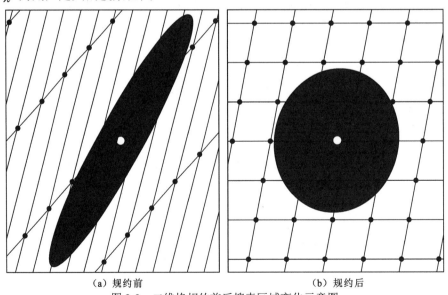

（a）规约前 　　　　　　　　　　　（b）规约后

图 2-9　二维格规约前后搜索区域变化示意图

对如式（2.92）所示超椭球采取分层搜索策略，对模糊度向量每一个元素 z_i 依次进行搜索。在 GNSS 领域中，早期的搜索算法在搜索过程中超椭球的大小保持不变，如 Hofmann-Wellenhof 等（1992）、Landau 等（1992）及 LAMBDA 1.0 软件包所用的搜索算法。在超椭球体积保持不变的搜索算法中，设定合适的搜索范围[即式（2.92）中初始的 χ^2 值]是很关键的一步。如果 χ^2 的值设定过大则搜索计算量太大，若 χ^2 的值设定过小则最优解可能不被包含在搜索区域中。de Jonge 等（1996）详细描述了两种设定 χ^2 值的方法，然而，这两种搜索算法效率并不高。Fincke 等（1985）最早在求格中的最短向量时提出了一种在搜索过程中动态缩小搜索椭球体积的方法，大大提高了搜索效率，这种搜索方法也被 Viterbo 等（1999）诸多文献所采纳。采用搜索过程中动态缩小搜索椭球体积的策略时，χ^2 值不再需要小心设定，只需要保证最初的搜索区域包含最优解，例如 Chang 等（2005）直接把 χ^2 设定成 $+\infty$。本书不再讨论初始 χ^2 值设定问题，而是讨论如何缩小 χ^2 值。

另外，在 Fincke 等（1985）所提出的算法中，对每一个元素 z_i 搜索窗口中做直线式的搜索，从一端到另一端。Schnorr 等（1994）提出一种新的搜索方法，从搜索窗口的中心向两端做折线式 "Z" 字形搜索。Agrell 等（2002）和 Chang 等（2005）把 Fincke 等（1985）、Schnorr 等（1994）的算法进行结合，形成了迄今为止最好的搜索策略，这也是 LAMBDA3.0 算法所采用的搜索策略（Verhagen et al., 2013）。

对协方差矩阵做 Cholesky 分解，$\boldsymbol{Q}_{\hat{z}\hat{z}} = \boldsymbol{L}\boldsymbol{D}\boldsymbol{L}^{\mathrm{T}}$，则搜索区域变为

$$(\hat{z}-z)^{\mathrm{T}}\boldsymbol{L}^{-\mathrm{T}}\boldsymbol{D}^{-1}\boldsymbol{L}^{-1}(\hat{z}-z) \leqslant \chi^2 \tag{2.93}$$

令 $\tilde{z} = z + \boldsymbol{L}^{-1}(\hat{z}-z)$，则有

$$\boldsymbol{L}(\tilde{z}-z) = \hat{z}-z \tag{2.94}$$

式中

$$\tilde{z}_i = \hat{z}_i - \sum_{j=1}^{i-1} l_{ij}(\tilde{z}_j - z_j) \tag{2.95}$$

把式（2.95）代入式（2.94）中，搜索椭球变为

$$(\tilde{z}-z)^{\mathrm{T}}\boldsymbol{D}^{-1}(\tilde{z}-z) \leqslant \chi^2 \tag{2.96}$$

或进一步写为

$$\frac{(\tilde{z}_1-z_1)^2}{d_1} + \frac{(\tilde{z}_2-z_2)^2}{d_2} + \cdots + \frac{(\tilde{z}_n-z_n)^2}{d_n} \leqslant \chi^2 \tag{2.97}$$

从第一个元素 z_1 开始搜索，由式（2.98）可知 z_1 的搜索窗口为

$$\tilde{z}_1 - \chi\sqrt{d_1} \leqslant z_1 \leqslant \tilde{z}_1 + \chi\sqrt{d_1} \tag{2.98}$$

得到 z_1 的候选值后，再搜索下一个元素 z_2，由式（2.97）可知，z_2 的搜索窗口必须满足：

$$\frac{(\tilde{z}_1-z_1)^2}{d_1} + \frac{(\tilde{z}_2-z_2)^2}{d_2} \leqslant \chi^2 \tag{2.99}$$

由式（2.99）利用 z_1 的搜索结果缩小 z_2 的搜索窗口，z_2 的搜索窗口为

$$\tilde{z}_2 - \sqrt{d_2[\chi^2-(\tilde{z}_1-z_1)^2/d_1]} \leqslant z_2 \leqslant \tilde{z}_2 + \sqrt{d_2[\chi^2-(\tilde{z}_1-z_1)^2/d_1]} \tag{2.100}$$

由此层继续向下搜索，同时利用以前的搜索结果一步步缩小搜索窗口。一般地，z_i 的搜索窗口为

$$\tilde{z}_i - \sqrt{d_i}[\chi^2 - \sum_{j=1}^{i-1}(\tilde{z}_j - z_j)^2/d_j] \leqslant z_i \leqslant \tilde{z}_i + \sqrt{d_i}[\chi^2 - \sum_{j=1}^{i-1}(\tilde{z}_j - z_j)^2/d_j] \qquad (2.101)$$

对每一层的搜索窗口，依据整数点与 $\tilde{z}_i$ 的欧氏距离，由近到远依次搜索。显然这种搜索方式是折线式的，第一个搜索点是 $[\![\tilde{z}_i]\!]$。$[\![\tilde{z}_i]\!]$ 是 z_i 的次优解，在通信领域称为 Babai 点（Babai，1986），同时也是 z_i 的 Bootstrapping 解（Teunissen，1998）。若 $[\![\tilde{z}_i]\!] < \tilde{z}_i$，则搜索顺序为

$$[\![\tilde{z}_i]\!], \quad [\![\tilde{z}_i]\!]-1, \quad [\![\tilde{z}_i]\!]+1, \quad [\![\tilde{z}_i]\!]-2, \cdots$$

反之，搜索顺序为

$$[\![\tilde{z}_i]\!], \quad [\![\tilde{z}_i]\!]+1, \quad [\![\tilde{z}_i]\!]-1, \quad [\![\tilde{z}_i]\!]+2, \cdots$$

接下来讨论动态缩小搜索椭球体积的策略。按上文阐述的搜索策略，第一个搜索得到的候选解是 $z^{(1)} = [[\![\tilde{z}_1]\!], [\![\tilde{z}_2]\!], \cdots, [\![\tilde{z}_n]\!]]^{\mathrm{T}}$。假设需要把使式（2.92）取值最小的前 p 个向量搜索出来，那么考虑对于 $z^{(1)}$，保持前 $n-1$ 个元素不变，依次改变最后元素的值为第 2、第 3…第 p 接近 $\tilde{z}_n$ 的整数。令这样得到的 p 个向量为 $z^{(1)}, z^{(2)}, \cdots, z^{(p)}$。显然有 $F(z^{(1)}) \leqslant F(z^{(2)}) \leqslant \cdots \leqslant F(z^{(p)})$，那么设 $\chi^2 = F(z^{(p)})$。接下来返回第 $n-1$ 层搜索，直到搜索得到新的向量 $z^{(x)}$，如果有 $F(z^{(x)}) < \chi^2$，那么设定新的搜索椭球体积 $\chi^2 = F(z^{(x)})$，并用 $z^{(x)}$ 取代 $z^{(p)}$，并对新的 p 个向量候选值按 $F(\cdot)$ 值从小到大进行排序。搜索过程直到在搜索椭球中不再有新的向量 $z^{(x)}$ 满足 $F(z^{(x)}) < \chi^2$ 时终止。搜索算法描述如下。

搜索算法

Input: Decomposed VC matrix $\boldsymbol{LDL}^{\mathrm{T}}$, float solution $\hat{z}$, number of candidates p

Output: Integer candidates $z^{(1)}, z^{(2)}, \cdots, z^{(p)}$

1:　$k = 1$, 　count $= 0$

2:　**while** 1

3:　　　$\mathrm{dist} = \sum_{j=1}^{k-1}(\tilde{z}_j - z_j)^2/d_j$

4:　　　**if** $\mathrm{dist} < \chi^2$

5:　　　　**if** $k \neq n$ 　 % Case 1: move down

6:　　　　　$k = k+1$

7:　　　　　update dist, $\tilde{z}_k = \hat{z}_k - \sum_{j=1}^{k-1} l_{ij}(\tilde{z}_j - z_j)$, $z_k = [\![\tilde{z}_k]\!]$

8:　　　　　$\mathrm{step}(k) = \mathrm{sign}(\tilde{z}_k - z_k)$

9:　　　　**else** 　 % Case 2: store the found candidate and try next integer

10:　　　　　**if** count $< p-1$

11:　　　　　　store the candidate

12:　　　　　　count $++$

13:　　　　　**else**

14:　　　　　　$z^{(p)} = z^{(x)}$

15:　　　　　　reorder $z^{(1)}, z^{(2)}, \cdots, z^{(p)}$

16:　　　　　　$\chi^2 = F(z^{(p)})$

17:	**end if**
18:	$z_1 = z_1 + \text{step}(1)$
19:	$\text{step}(1) = -\text{step}(1) - \text{sign}(\text{step}(1))$
20:	**end if**
21:	**else** % Case 3: exit or move up
22:	**if** $k = 1$
23:	break;
24:	**else**
25:	$k = k - 1$
26:	$z_k = z_k + \text{step}(k)$
27:	$\text{step}(k) = -\text{step}(k) - \text{sign}(\text{step}(k))$
28:	**end if**
29:	**end if**
30:	**end while**

2.9 LLL 深度规约

对格基中的向量进行合理排序是格基规约中的重要内容，也可以认为是格基规约中的核心和难点内容。LLL 规约中对向量 $g_1, g_2, \cdots, g_n$ 采取的是相邻向量局部交换的方法，局部交换排序所能达到的性能与最优排序还有相当差距。如 Choi 等（2000）提到最大似然（maximum likelihood，ML）排序是全局最优排序，但是其具有指数时间的运算复杂度，在实际中很难运用。Wu 等（2017）提出了一种 LLL 规约的改进规约算法，在提升规约性能的基础上保持了较低的运算复杂度。本节将详细介绍这种算法的设计及性能。

2.9.1 定义

LLL-deep 规约，又称 LLL 深度规约，是针对 LLL 规约中只采用相邻向量局部交换的改进，该规约允许向量 $g_1, g_2, \cdots, g_n$ 采取全局交换以提升规约性能（Schnorr et al.，1994）。为介绍 LLL 深度规约，先定义正交补空间的投影。对 $Q = G^{\mathrm{T}}G$ 形成的格 L(G)、格基向量 $g_1, g_2, \cdots, g_n \in \mathbb{R}^m$ 及其 Gram-Schmidt 正交化，有如下定义。

定义 2.9.1 对于任意向量 h，其在由格基 G 的前 $i-1$ 个向量形成的子格 L($g_1, g_2, \cdots, g_{i-1}$) 的正交补空间的投影记为

$$\pi_i(h) = h - \sum_{j=1}^{i-1} \frac{\langle h, \tilde{g}_j \rangle}{\langle \tilde{g}_j, \tilde{g}_j \rangle} \tilde{g}_j \tag{2.102}$$

特别地，当 $h = g_i$ 时

$$\pi_i(g_i) = g_i - \sum_{j=1}^{i-1} u_{ij} \tilde{g}_j = \tilde{g}_i \tag{2.103}$$

定义 2.9.2（LLL-deep 规约）　对于一个格基 $G = \{g_1, \cdots, g_n\} \in \mathbb{R}^n$ 及它的 Gram-Schmidt 正交化如式（2.68）所示，若以下条件满足：

$$
\begin{cases}
\text{(i)} & |u_{ij}| \leqslant \dfrac{1}{2}, \quad j < i \\[2mm]
\text{(ii)} & \|\pi_i(g_i)\| = \min\{\|\pi_i(g_i)\|, \|\pi_i(g_{i+1})\|, \cdots, \|\pi_i(g_n)\|\}
\end{cases}
\tag{2.104}
$$

则格基 G 是 LLL-深度规约。LLL 深度规约条件比 1-LLL 规约（LAMBDA 算法）条件更加严格。显然，要达到 LLL 深度规约强度，必须采用新的循环排序算法。

2.9.2　两种全局排序方法

在 MIMO 通信系统领域，对格的排序算法有较详细的研究。在通信领域很流行的是两种全局次优排序，一种是 Wübben 等（2000）提出的排序 QR 分解（sorted QR decomposition，SQRD）算法；另一种则是 Golden 等（1999）提出的垂直贝尔实验室分层空时（vertical Bell labs layered space-time，V-BLAST）算法。这两种算法的共同特点是基于设计矩阵进行排序，不同点是 V-BLAST 算法需要在排序的过程中不断地求伪逆，因此计算效率比 SQRD 算法低得多，但是 V-BLAST 算法的排序性能则优于 SQRD。在 GNSS 整数估计领域，Xu 等（1994）最早提出了深度排序的"将相关"算法，并提出了基于并行 Cholesky 的规约（parallel Cholesky based reduction）算法（Xu，2012）。基于 SQRD 算法，在 Wu 等（2017）的工作中，论证了 V-BLAST 排序可以通过类似 SQRD 排序的简单机制实现，并把 SQRD 和 V-BLAST 算法引入格理论的框架中，然后基于简单机制实现 V-BLAST 排序，提出了新的规约算法。

Xu 等（2012）提出，SQRD 算法是基于模糊度权矩阵的排序 Cholesky 分解算法，每一层分解都选择剩余矩阵对角线元素中最小的元素进行分解。要实现 SQRD 算法，需要应用以下两种变换。

（1）旋转变换。记 $W = Q_{\hat{a}\hat{a}}^{-1}$，假设 W 对角线元素中最小元素在第 k 行第 k 列，记为 w_{kk}，则构造旋转变换矩阵：

$$
T_{1k} = \begin{bmatrix}
0 & & & & 1_{1k} & & \\
& 1 & & & & & \\
& & \ddots & & & & \\
& & & 1 & & & \\
1_{k1} & & & & 0 & & \\
& & & & & 1 & \\
& & & & & & 1
\end{bmatrix}
\tag{2.105}
$$

令 $W' = T_{1k} W T_{1k}^{\mathrm{T}}$，则有

$$
\begin{cases}
W'(1,:) = W(k,:), & W'(k,:) = W(1,:) \\
W'(:,1) = W(:,k), & W'(:,k) = W(:,1)
\end{cases}
\tag{2.106}
$$

式中：$W(k,:)$ 和 $W(:,k)$ 分别为 W 中第 k 行和第 k 列的元素，即 W' 是 W 中第 k 行和第 k 列

分别于第 1 行和第 1 列交换得到的矩阵。交换之后，w_{kk} 被移动到了第一个对角线元素，即 w'_{11}。

（2）局部 Cholesky 分解。对旋转变换得到的矩阵 $\boldsymbol{W}'$ 进行如下分解：

$$\boldsymbol{W}' = \begin{bmatrix} w'_{11} & \boldsymbol{w}' \\ \boldsymbol{w}'^{\mathrm{T}} & \tilde{\boldsymbol{W}}' \end{bmatrix} = \begin{bmatrix} 1 & \\ \boldsymbol{l} & \tilde{\boldsymbol{L}} \end{bmatrix} \begin{bmatrix} d_1 & \\ & \tilde{\boldsymbol{D}} \end{bmatrix} \begin{bmatrix} 1 & \boldsymbol{l}^{\mathrm{T}} \\ & \tilde{\boldsymbol{L}}^{\mathrm{T}} \end{bmatrix} \tag{2.107}$$

式中

$$d_1 = w'_{11}, \quad \boldsymbol{l} = \frac{\boldsymbol{w}'}{d_1}, \quad \tilde{\boldsymbol{W}}' - \boldsymbol{l} d_1 \boldsymbol{l}^{\mathrm{T}} = \tilde{\boldsymbol{L}} \tilde{\boldsymbol{D}} \tilde{\boldsymbol{L}}^{\mathrm{T}} \tag{2.108}$$

然后对剩余的权矩阵 $\tilde{\boldsymbol{W}}' - \boldsymbol{l} d_1 \boldsymbol{l}^{\mathrm{T}}$ 继续进行步骤（1）和（2），直到完成整个 Cholesky 分解。于是经 Xu 等（2012）修改后的 SQRD 算法描述如下。

修改后的 SQRD 算法

Input: Weight matrix $\boldsymbol{W}$

Output: Sorted Cholesky decomposition $\boldsymbol{LDL}^{\mathrm{T}}$

1: $\boldsymbol{L} = \boldsymbol{I}_n$

2: **for** $i = 1 : n-1$

3:   $k = \arg\min_{i \leqslant j \leqslant m} : w_{jj}$

4:   **if** $i \neq k$

5:    swap $\boldsymbol{L}(i,:)$ and $\boldsymbol{L}(k,:)$

6:    swap $\boldsymbol{W}(i,:)$ and $\boldsymbol{W}(k,:)$

7:    swap $\boldsymbol{W}(:,i)$ and $\boldsymbol{W}(:,k)$

8:   **end if**

9:   $\boldsymbol{L}(i+1:n,i) = \boldsymbol{W}(i+1:n,i)/w_{kk}$

10:   $d_i = w_{kk}$

11:   $\boldsymbol{W}(i+1:n,i+1:n) = \boldsymbol{W}(i+1:n,i+1:n) - \boldsymbol{L}(i+1:n,i)d_i\boldsymbol{L}^{\mathrm{T}}(i+1:n,i)$

12: **end for**

13: $d_n = w_{nn}$

Golden 等（1999）的研究中 V-BLAST 算法适用于等权模型，Xu 等（2012）将 V-BLAST 算法扩展到非等权模型。V-BLAST 排序通过找到使如下目标函数最小的序号 k_i 来实现：

$$\min_{j \notin \{k_1, k_2, \cdots, k_{i-1}\}} : \boldsymbol{Q}_{k_i}(j,j) \tag{2.109}$$

式中：$\boldsymbol{Q}_{k_i}$ 为协方差矩阵，满足

$$\boldsymbol{Q}_{k_i} = (\overline{\boldsymbol{A}}_{k_i}^{\mathrm{T}} \overline{\boldsymbol{A}}_{k_i})^+ \tag{2.110}$$

式中：上标" + "代表求 Moore-Penrose 伪逆；$\overline{\boldsymbol{A}}_{k_i}$ 表示把设计矩阵 $\overline{\boldsymbol{A}}$ 中序号为 $\{k_1, k_2, \cdots, k_{i-1}\}$ 的列全部置 0 得到的矩阵。V-BLAST 排序每一步都通过寻找使式（2.109）最小的序号，然后在设计矩阵中把该序号对应的列置 0，得到新的设计矩阵和协方差矩阵，接着在新协方差矩阵中寻找使式（2.109）最小的序号，直到把所有序号全部排列完毕为止。修改后的 V-BLAST 排序算法描述如下。

Input: Design matrix $\bar{A}$

Output: Sorted index set $S = \{k_1, k_2, \cdots, k_n\}$

1: $S = \{0\}$

2: **for** $i = 1 : n$

3:     $\boldsymbol{Q}_{k_i} = (\bar{A}_{k_i}^{\mathrm{T}} \bar{A}_{k_i})^{+}$

4:     $\boldsymbol{Q}_{k_i}(k_i, k_i) = \min_{j \notin \{k_1, k_2, \cdots, k_{i-1}\}} : \ \boldsymbol{Q}_{k_i}(j, j)$

5:     update the set $S = \{k_1, k_2, \cdots, k_i\}$

6:     form $\bar{A}_{k_i}$ by deleting the columns in S

7: **end for**

由于 LLL 规约采用局部排序算法，而 SQRD 和 V-BLAST 算法是全局排序算法，Chang 等（2005）、刘经南等（2012）均提到可以在应用 LLL 算法之前，先对格基进行一次全局排序，可以使 LLL 规约取得更好的效果。

2.9.3 快速 V-BLAST 排序

Wübben 等（2000）指出 V-BLAST 算法排序的性能优于 SQRD 算法，但是由于要多次求解矩阵的 Moore-Penrose 伪逆，计算效率大大低于 SQRD 排序。Wu 等（2017）提出把 SQRD 排序机制应用于模糊度协方差矩阵 $\boldsymbol{Q}_{\hat{a}\hat{a}}$，而不是权矩阵 $\boldsymbol{W}$，并论证了这种排序机制等效于 V-BLAST 排序。从而在格基规约的排序算法中，可以用基于模糊度协方差矩阵 $\boldsymbol{Q}_{\hat{a}\hat{a}}$ 的 SQRD 排序替代 V-BLAST 排序，仅以 SQRD 排序复杂度为代价，达到 V-BLAST 排序算法的性能。

分析推导如下，首先用 $\tilde{A}_{k_i}$ 表示把设计矩阵 $\bar{A}$ 中序号为 $S = \{k_1, k_2, \cdots, k_{i-1}\}$ 的列全部删除得到的 m 行 $n-i+1$ 列矩阵。同时记

$$\tilde{\boldsymbol{Q}}_{k_i} = (\tilde{A}_{k_i}^{\mathrm{T}} \tilde{A}_{k_i})^{-1} \tag{2.111}$$

则对于任意 $i, j \notin \{k_1, k_2, \cdots, k_{i-1}\}$，存在 $r, s \in \{1, 2, \cdots, n-i+1\}$ 使得

$$\tilde{\boldsymbol{Q}}_{k_i}(r, s) = \boldsymbol{Q}_{k_i}(i, j) \tag{2.112}$$

因此可以把 V-BLAST 排序的目标函数改写为

$$\min : \ \tilde{\boldsymbol{Q}}_{k_i}(j, j) \tag{2.113}$$

下面分析如何不通过求逆来寻找式（2.113）所示目标函数最小的序号 k_i。实质上 $\tilde{\boldsymbol{Q}}_{k_i}$ 为模糊度向量 $\boldsymbol{a}$ 中序号为 $S = \{k_1, k_2, \cdots, k_{i-1}\}$ 已知条件下剩余元素的条件协方差矩阵，可以把 $\tilde{\boldsymbol{Q}}_{k_i}$ 改写为

$$\tilde{\boldsymbol{Q}}_{k_i} = \tilde{\boldsymbol{Q}}_{(a_{k_i}, a_{k_{i+1}}, \cdots, a_{k_n} | a_{k_1}, a_{k_2}, \cdots, a_{k_{i-1}})} \tag{2.114}$$

考虑第一个最小序号 k_1 及协方差矩阵 $\tilde{\boldsymbol{Q}}_{k_1}$，则由 2.9.2 小节可知存在如式（2.105）所示的旋转变换 $\boldsymbol{T}_{1k_1}$，使得

$$\tilde{\boldsymbol{Q}}_1' = \boldsymbol{T}_{1k_1} \tilde{\boldsymbol{Q}}_{k_1} \boldsymbol{T}_{1k_1}^{\mathrm{T}}, \quad \tilde{\boldsymbol{Q}}_1'(1,1) = \min : \ \tilde{\boldsymbol{Q}}_1'(j, j) \tag{2.115}$$

新协方差矩阵的最小元素被旋转至主对角线第一个元素。那么对 $\tilde{\boldsymbol{Q}}_{k_2}$ 也做类似变换：

$$\tilde{\boldsymbol{Q}}_2' = \boldsymbol{T}_{1k_1}\tilde{\boldsymbol{Q}}_{k_2}\boldsymbol{T}_{1k_1}^{\mathrm{T}} = \boldsymbol{T}_{1k_1}\tilde{\boldsymbol{Q}}_{(a_{k_2},a_{k_3},\cdots,a_{k_n}|a_{k_1})}\boldsymbol{T}_{1k_1}^{\mathrm{T}} = \tilde{\boldsymbol{Q}}_{(a_2,a_3,\cdots,a_n|a_1)}' \tag{2.116}$$

进而根据条件协方差公式:

$$\boldsymbol{Q}_{(a_2,a_3,\cdots,a_n|a_1)} = \boldsymbol{Q}_{(a_2,a_3,\cdots,a_n)} - \frac{1}{\boldsymbol{Q}_{a_1}}\begin{bmatrix} \boldsymbol{Q}_{(a_1,a_2)} \\ \boldsymbol{Q}_{(a_1,a_3)} \\ \vdots \\ \boldsymbol{Q}_{(a_1,a_n)} \end{bmatrix}\begin{bmatrix} \boldsymbol{Q}_{(a_1,a_2)} & \boldsymbol{Q}_{(a_1,a_3)} & \cdots & \boldsymbol{Q}_{(a_1,a_n)} \end{bmatrix} \tag{2.117}$$

有

$$\tilde{\boldsymbol{Q}}_2' = \tilde{\boldsymbol{Q}}_1'(2:n,2:n) - \frac{1}{\tilde{\boldsymbol{Q}}_1'(1,1)}\begin{bmatrix} \tilde{\boldsymbol{Q}}_1'(1,2) \\ \tilde{\boldsymbol{Q}}_1'(1,3) \\ \vdots \\ \tilde{\boldsymbol{Q}}_1'(1,n) \end{bmatrix}\begin{bmatrix} \tilde{\boldsymbol{Q}}_1'(2,1) & \tilde{\boldsymbol{Q}}_1'(3,1) & \cdots & \tilde{\boldsymbol{Q}}_1'(n,1) \end{bmatrix} \tag{2.118}$$

再结合式（2.107）和式（2.108）的局部 Cholesky 分解，可得

$$\tilde{\boldsymbol{Q}}_1' = \begin{bmatrix} q_{11}' & q' \\ q'^{\mathrm{T}} & \tilde{\boldsymbol{Q}}_1'(2:n,2:n) \end{bmatrix} = \begin{bmatrix} 1 & \\ \boldsymbol{l} & \tilde{\boldsymbol{L}} \end{bmatrix}\begin{bmatrix} d_1 & \\ & \tilde{\boldsymbol{D}} \end{bmatrix}\begin{bmatrix} 1 & \boldsymbol{l}^{\mathrm{T}} \\ & \tilde{\boldsymbol{L}}^{\mathrm{T}} \end{bmatrix} \tag{2.119}$$

式中

$$d_1 = q_{11}', \quad \boldsymbol{l} = \frac{q'}{d_1}, \quad \tilde{\boldsymbol{Q}}_1'(2:n,2:n) - \boldsymbol{l}d_1\boldsymbol{l}^{\mathrm{T}} = \tilde{\boldsymbol{L}}\tilde{\boldsymbol{D}}\tilde{\boldsymbol{L}}^{\mathrm{T}} = \tilde{\boldsymbol{Q}}_2' \tag{2.120}$$

然后对 $\tilde{\boldsymbol{Q}}_2'$ 继续进行旋转变换和局部 Cholesky 分解，可以把 $\tilde{\boldsymbol{Q}}_2'$ 最小的对角线元素分离出来，重复这样的过程，直到矩阵完全被分解，则完成 V-BLAST 排序。

可以看出该 V-BLAST 排序机制与 2.8.3 小节中的 SQRD 排序非常类似，区别在于 SQRD 排序基于模糊度权阵 $\boldsymbol{Q}_{\hat{a}\hat{a}}^{-1}$，而快速 V-BLAST 排序则是基于模糊度协方差矩阵 $\boldsymbol{Q}_{\hat{a}\hat{a}}$。

2.9.4　循环快速 V-BLAST 排序规约

Wu 等（2017）用快速 V-BLAST 排序替代 SQRD 排序，结合长度规约算法，提出了循环快速 V-BLAST 排序规约，描述如下。

循环快速 V-BLAST 排序规约算法

Input: Variance-covariance matrix $\boldsymbol{Q}$

Output: Reduced Cholesky decomposition $\boldsymbol{L}\boldsymbol{D}\boldsymbol{L}^{\mathrm{T}}$

1: **while** 1

2: 　　　$\boldsymbol{L} = \boldsymbol{I}_n$

3: 　　　**for** $i = 1:n-1$

4: 　　　　　$k = \arg\min_{i \leqslant j \leqslant m}: \ q_{jj}$

5: 　　　　　**if** $i \neq k$

6: 　　　　　　　swap $\boldsymbol{L}(i,:)$ and $\boldsymbol{L}(k,:)$

7: 　　　　　　　swap $\boldsymbol{Q}(i,:)$ and $\boldsymbol{Q}(k,:)$

8: 　　　　　　　swap $\boldsymbol{Q}(:,i)$ and $\boldsymbol{Q}(:,k)$

```
9:          end if
10:              $L(i+1:n,i) = Q(i+1:n,i)/q_{kk}$
11:              $d_i = q_{kk}$
12:              $Q(i+1:n,i+1:n) = Q(i+1:n,i+1:n) - L(i+1:n,i)d_i L^{\mathrm{T}}(i+1:n,i)$
13:          end for
14:          if $|l_{ij}| \leqslant \dfrac{1}{2}$ for all $1 \leqslant j < i \leqslant m$
15:              break
16:          end if
17:          apply Algorithm Size Reduction
18:          $Q = LDL^{\mathrm{T}}$
19: end while
```

对循环快速 V-BLAST 规约条件用正交补空间投影 $\pi_i(h)$ 表达，V-BLAST 排序每一步选择剩余协方差矩阵中最小的对角线元素，结合式（2.105）所示的旋转变换有

$$\tilde{Q}_i'(1,1) = \min_{l \leqslant n-i} : \quad \tilde{Q}_i'(l,l) \tag{2.121}$$

由 Cholesky 分解与 QR 分解的关系，有

$$\tilde{Q}_i'(j,j) = \left\| g_j - \sum_{k=1}^{i-1} \frac{\langle g_j, \tilde{g}_k \rangle}{\langle \tilde{g}_k, \tilde{g}_k \rangle} \tilde{g}_k \right\|^2 = \left\| \pi_i(g_j) \right\|^2, \quad i \leqslant j \leqslant n \tag{2.122}$$

可以得出循环快速 V-BLAST 规约算法的规约条件为

    (i) $|u_{ij}| \leqslant \dfrac{1}{2}, \quad j < i$

    (ii) $\left\| \pi_i(g_i) \right\| = \min \{ \left\| \pi_i(g_i) \right\|, \left\| \pi_i(g_{i+1}) \right\|, \cdots, \left\| \pi_i(g_n) \right\| \}$

由此可知，循环快速 V-BLAST 规约算法为一种 LLL 深度规约。

2.10　GNSS 整数估计检验

如果错误的模糊度整数解没有被及时发现，则将给基线解带来严重的偏差，因此对模糊度整数解的检验步骤是必要的。多年来，模糊度检验都被认为是一项极富挑战性且未完成的工作（Xu，2006）。许多学者提出了许多模糊度检验方法，如 Frei 等（1990）提出 F 比值检验（F-ratio test）、Euler 等（1991）提出 R 比值检验（R-ratio test）、Wang 等（1998）提出 W 比值检验（W-ratio test）、Tiberius 等（1995）提出作差检验（difference test）、Han（1997）提出投影检验（projector test）、Teunissen（2003）提出椭球整数孔径（ellipsoidal integer aperture）估计的检验方法。这些检验方法对模糊度检验有很大的益处，但是也存在许多问题。比如检验中检验值（crucial value）的设置大多没有严格的理论依据，一般情况下，检验值仅凭经验设定。更有甚者，在 F 比值检验和 W 比值检验中，由于忽略了模糊度整数解的随机性，这两个检验是建立在错误的统计假设基础上的（Verhagen，2004）。Wu 等（2015）在严格的整数空间假设检验的基础上，深入研究了 GNSS 模糊度检验问题，提出了后验概

率检验方法，并证明了后验概率检验是最优检验。本节将在严格的整数空间估计理论基础上阐述 GNSS 整数解检验的问题。

2.10.1　常用 GNSS 整数解检验方法

GNSS 领域有很多模糊度检验方法，其中最常用的有 Euler 等（1991）提出的 R 比值检验、Tiberius 等（1995）提出的作差检验（difference test），先对这些检验方法做一个简单的阐述。模糊度的整数解（又称固定解）是使如下目标函数达到最小的解：

$$\breve{a} = \min_{a \in \mathbb{Z}^n}: \quad F(a) = \left\| \hat{a} - a \right\|_{Q_{\hat{a}\hat{a}}}^2 \tag{2.123}$$

式中：$\|\cdot\|_{Q_{\hat{a}\hat{a}}}^2$ 为 $(\cdot)^T Q_{\hat{a}\hat{a}}^{-1} (\cdot)$；$\breve{a}$ 为该目标函数下的最优解。那么最优解比次优解好多少？或者说最优解与次优解的区分度有多大？Euler 等（1991）、Tiberius 等（1995）分别提出了不同的方法衡量最优解与次优解的区分度。分别是 R 比值检验和作差检验。假设有模糊度整数解的次优解：

$$\breve{a}' = \min_{a \in \mathbb{Z}^n, a \neq \breve{a}}: \quad F(a) = \left\| \hat{a} - a \right\|_{Q_{\hat{a}\hat{a}}}^2 \tag{2.124}$$

R 比值检验考察如下基于 $\breve{a}$ 和 $\breve{a}'$ 的目标函数残差的比值：

$$\frac{\left\| \hat{a} - \breve{a}' \right\|_{Q_{\hat{a}\hat{a}}}^2}{\left\| \hat{a} - \breve{a} \right\|_{Q_{\hat{a}\hat{a}}}^2} \geq c_r \tag{2.125}$$

式中：c_r 为 R 比值检验的检验值。c_r 值的设定没有严格的理论依据，而主要靠经验决定。典型的 c_r 值常取为 1.5 或 2 或 3。作差检验考察如下基于 $\breve{a}$ 和 $\breve{a}'$ 的目标函数残差的差值：

$$\left\| \hat{a} - \breve{a}' \right\|_{Q_{\hat{a}\hat{a}}}^2 - \left\| \hat{a} - \breve{a} \right\|_{Q_{\hat{a}\hat{a}}}^2 \geq c_d \tag{2.126}$$

式中：c_d 为作差检验的检验值。与 c_r 类似，c_d 值的设定没有严格的理论依据，而主要靠经验决定。Han（1997）指出典型的 c_d 值常取为 10～15。

2.10.2　GNSS 整数解后验概率检验

模糊度检验属于整数空间假设检验范畴，虽然实数空间假设检验理论已经很成熟，但是整数空间假设检验的研究还比较薄弱（Xu，2006）。2.10.1 小节所述 R 比值检验、作差检验都没有从整数空间假设检验的框架中探讨模糊度检验的问题。Xu（2006）基于严格的假设检验理论对模糊度检验问题进行了分析，但是并没有提出具体的检测方法。本小节从整数空间假设检验理论出发，结合 Bayes 统计理论阐述后验概率检验方法。

1. 模糊度检验

在 GNSS 精密定位实践中，模糊度检验用来保证高可信度的模糊度正确估计。统计理论上，模糊度检验是如下假设检验：

$$H_0 : a_0 = \breve{a} \quad \text{v.s} \quad H_1 : a_0 \neq \breve{a} \tag{2.127}$$

式中：H_0 和 H_1 分别为零假设和备择假设；a_0 为模糊度向量的真值。任何假设检验均会导致 4 种检验结果，见表 2-2，二维模糊度检验 4 种结果的注入域如图 2-10 所示。假设检验可能导致两类错误，第一类错误是拒绝正确解，第二类错误是接受错误解，这两类错误分别被称为漏警和虚警。考虑接受错误解会给精密定位带来严重偏差，避免第二类错误往往更加重要。为了方便统计决策，一个好的假设检验在两个方面应该是明确的：①单次实验的漏警率，即给定模糊度实数解 $\hat{a}$ 及它的协方差矩阵 $\boldsymbol{Q}_{\hat{a}\hat{a}}$ 条件下的漏警率；②无数次独立重复实验的漏警率，即在给定模糊度协方差矩阵 $\boldsymbol{Q}_{\hat{a}\hat{a}}$ 条件下，对所有可能的模糊度实数解的漏警率。在 GNSS 领域，漏警率又称失败率，见 Teunissen（2005a，2005b，2003）和 Verhagen（2005）。不幸的是，常用的模糊度检验方法中，如 R 比值检验、作差检验、EIA 检验等，几乎没有哪个方法在第①方面是明确的；而仅仅有很少的检验方法，如 EIA 检验，能回答第②方面的问题。因此本小节提出一种新的检验方法，试图明确以上两个方面的问题。

表 2-2　模糊度检验的 4 种结果

决策	正确解	错误解
接受	成功固定	漏警
拒绝	虚警	成功检出

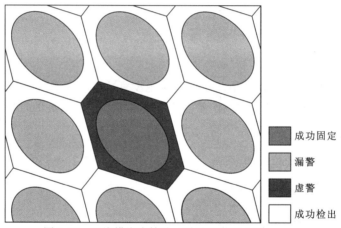

图 2-10　二维模糊度检验 4 种结果的注入域

2. 后验概率检验

接受零假设（H_0）或者备择假设（H_1）的统计决策以它们各自的概率为基准。这种概率被称为后验概率，因为它们依赖观测结果。如果零假设的后验概率大于一个设定的可信度，零假设将被接受。用数学语言描述为

$$P(\boldsymbol{a}_0 = \breve{\boldsymbol{a}} \,|\, (\hat{\boldsymbol{a}}, \boldsymbol{Q}_{\hat{a}\hat{a}})) \geqslant c_p \tag{2.128}$$

式中：$P(\gamma \,|\, \eta)$ 为 γ 在给定条件 η 下的条件概率；c_p 为使用者设定的显著性水平。后验概率描述了模糊度固定解 $\breve{\boldsymbol{a}}$ 的可信度和接受/拒绝零假设的风险，如果零假设被接受，检验成功的概率就是后验概率而漏警概率则是 1 减去后验概率。因此后验概率给了模糊度检验一个清晰且直观的统计学指标。现在最大的问题是如何计算式（2.128）所示的后验概率。本小节引入 Bayes 统计理论来推导模糊度后验概率的数学表达式。在 GNSS 模糊度估计领域，

Bayes 理论描述如下。对观测量 y，n 维未知模糊度向量 a 和 m 维未知向量 b，记 y 的抽样分布为 $p((y,Q_{yy})|a,b)$，a 和 b 均被视为随机量，且它们的联合概率分布为 $p(a,b)$，因此 a 和 b 的后验概率为

$$p(a,b|(y,Q_{yy})) = \frac{p((y,Q_{yy})|a,b)p(a,b)}{\sum\limits_{a\in\mathbb{Z}^n}\int_{b\in\mathbb{R}^m}p((y,Q_{yy})|a,b)p(a,b)\mathrm{d}(b)} \tag{2.129}$$

式中：$\sum\limits_{a\in\mathbb{Z}^n}$ 表示对模糊度空间的所有向量求和；$\int_{b\in\mathbb{R}^m}$ 表示在 m 维空间中对 b 积分。参数 a 和 b 被认为是互相独立的，因此它们的联合分布等于它们独立分布的乘积：

$$p(a,b) = p(a)p(b) \tag{2.130}$$

虽然 a 必须是一个整数，但是没有任何先验信息表明哪一个整数向量更可能是 a 的真值。这说明 a 在整个模糊度空间中是等概率分布的。相似地，对实数向量 b 也没有任何先验信息。因此 a 和 b 都被认为是无先验信息的：

$$p(a=N) \propto 1 \quad N\in\mathbb{Z}^n$$
$$p(b) \propto 1 \tag{2.131}$$

另外，Koch（1990）指出 GNSS 观测值模型的抽样概率为

$$p((y,Q_{yy})|a,b) = (2\pi)^{-\frac{n}{2}}\left|Q_{yy}\right|^{-\frac{1}{2}}\exp\left\{\frac{-1}{2}\|y-Aa-Bb\|^2_{Q_{yy}}\right\}, \quad a\in\mathbb{Z}^n, b\in\mathbb{R}^m \tag{2.132}$$

式中：$|\cdot|$ 表示方阵行列式的值。Teunissen（1993）提出了对式（2.131）指数部分的一个著名的空间正交分解：

$$\|y-Aa-Bb\|^2_{Q_{yy}} = \|\hat{e}\|^2_{Q_{yy}} + \|\hat{a}-a\|^2_{Q_{\hat{a}\hat{a}}} + \|\hat{b}(a)-b\|^2_{Q_{\hat{b}(a)\hat{b}(a)}} \tag{2.133}$$

式中：$\hat{e}$ 为加权最小二乘残差向量，$\hat{e}$ 垂直于 a 和 b 所在的空间。$\hat{b}(a)$ 和 $Q_{\hat{b}(a)\hat{b}(a)}$ 的表达式分别为

$$\hat{b}(a) = \hat{b} - Q_{\hat{b}\hat{a}}Q_{\hat{a}\hat{a}}^{-1}(\hat{a}-a)$$
$$Q_{\hat{b}(a)} = Q_{\hat{b}\hat{b}} - Q_{\hat{b}\hat{a}}Q_{\hat{a}\hat{a}}^{-1}Q_{\hat{a}\hat{b}} \tag{2.134}$$

把式（2.130）、式（2.131）和式（2.133）代入式（2.129），并做相应简化得

$$p(a,b|(y,Q_{yy})) = \frac{\exp\left\{\frac{-1}{2}\|\hat{a}-a\|^2_{Q_{\hat{a}\hat{a}}}\right\}\cdot\exp\left\{\frac{-1}{2}\|\hat{b}(a)-b\|^2_{Q_{\hat{b}(a)\hat{b}(a)}}\right\}p(b)}{\sum\limits_{a\in\mathbb{Z}^n}\exp\left\{\frac{-1}{2}\|\hat{a}-a\|^2_{Q_{\hat{a}\hat{a}}}\right\}\cdot\int_{b\in\mathbb{R}^m}\exp\left\{\frac{-1}{2}\|\hat{b}(a)-b\|^2_{Q_{\hat{b}(a)\hat{b}(a)}}\right\}p(b)\mathrm{d}(b)} \tag{2.135}$$
$$= p(a,b|(\hat{a},Q_{\hat{a}\hat{a}}),(\hat{b}(a),Q_{\hat{b}(a)\hat{b}(a)}))$$

式中：第二个等式表示给定条件 (y,Q_{yy}) 等价于同时给定条件 $(\hat{a},Q_{\hat{a}\hat{a}})$ 和 $(\hat{b}(a),Q_{\hat{b}(a)\hat{b}(a)})$。对式（2.135）中的 b 作全空间的积分，可以得到模糊度向量 a 的边缘后验分布：

$$p(a|(\hat{a},Q_{\hat{a}\hat{a}})) = \int_{b\in\mathbb{R}^m}p(a,b|(\hat{a},Q_{\hat{a}\hat{a}}),(\hat{b}(a),Q_{\hat{b}(a)\hat{b}(a)}))\mathrm{d}(b)$$
$$= \frac{\exp\left\{\frac{-1}{2}\|\hat{a}-a\|^2_{Q_{\hat{a}\hat{a}}}\right\}}{\sum\limits_{a\in\mathbb{Z}^n}\exp\left\{\frac{-1}{2}\|\hat{a}-a\|^2_{Q_{\hat{a}\hat{a}}}\right\}} \tag{2.136}$$

因此模糊度最优整数解的后验概率为

$$P(\boldsymbol{a}_0 = \breve{\boldsymbol{a}} \mid (\hat{\boldsymbol{a}}, \boldsymbol{Q}_{\hat{a}\hat{a}})) = \frac{\exp\left\{\dfrac{-1}{2}\|\hat{\boldsymbol{a}} - \breve{\boldsymbol{a}}\|_{\boldsymbol{Q}_{\hat{a}\hat{a}}}^2\right\}}{\displaystyle\sum_{\boldsymbol{a} \in \mathbb{Z}^n} \exp\left\{\dfrac{-1}{2}\|\hat{\boldsymbol{a}} - \boldsymbol{a}\|_{\boldsymbol{Q}_{\hat{a}\hat{a}}}^2\right\}} \tag{2.137}$$

式（2.137）说明模糊度整数解的后验概率是它的似然值与所有模糊度整数空间中所有整数向量似然值和的比值。这个后验概率看起来是不可计算的，因为式（2.137）分母中的求和有无限项。但幸运的是，模糊度向量的似然值是负指数形式的。这意味着随着模糊度整数向量与实数解 $\hat{\boldsymbol{a}}$ "距离"（此处"距离"是指在 $\|\cdot\|_{\boldsymbol{Q}_{\hat{a}\hat{a}}}^2$ 范数下的距离，下同）的增大，其似然值会迅速地衰减。而大部分的似然值集中在模糊度空间中的一个小区域中。因此式（2.137）分母中的求和项可以限制在与 $\hat{\boldsymbol{a}}$ 毗邻的一个小区域中，而得到全模糊度空间求和的一个近似值（Teunissen，2020；Wu et al.，2015）。图 2-11 展示了一个 7 维和一个 14 维的北斗实测数据模糊度协方差矩阵中的模糊度整数向量自然值衰减情况。图 2-11 显示大部分的似然值都集中在前一个或者两个整数候选向量中。Wu（2022）提出了一种可控制计算误差的后验概率计算方法，在一般的 GNSS 整数解检验应用中，使用 Wu 等（2015）或 Teunissen（2020）的计算方法足矣。本书使用 Wu 等（2015）所提方法，把模糊度空间中的整数向量按 $\|\hat{\boldsymbol{a}} - \boldsymbol{a}\|_{\boldsymbol{Q}_{\hat{a}\hat{a}}}^2$ 的值从小到大排列，记第 i 个向量为 $\boldsymbol{a}_{(i)}$，则求和空间的几何设置为

$$S(\boldsymbol{a}) = \left\{\boldsymbol{a}_{(i)} \mid \exp\left\{\dfrac{-1}{2}\|\hat{\boldsymbol{a}} - \boldsymbol{a}_{(i)}\|_{\boldsymbol{Q}_{\hat{a}}}^2\right\}\right\} \geq 10^{-8} \cdot \sum_{j=1}^{i-1} \exp\left\{\dfrac{-1}{2}\|\hat{\boldsymbol{a}} - \boldsymbol{a}_{(j)}\|_{\boldsymbol{Q}_{\hat{a}}}^2\right\} \tag{2.138}$$

因此模糊度后验概率检验能够近似写为

$$\frac{\exp\left\{\dfrac{-1}{2}\|\hat{\boldsymbol{a}} - \breve{\boldsymbol{a}}\|_{\boldsymbol{Q}_{\hat{a}}}^2\right\}}{\displaystyle\sum_{\boldsymbol{a} \in S(\boldsymbol{a})} \exp\left\{\dfrac{-1}{2}\|\hat{\boldsymbol{a}} - \boldsymbol{a}\|_{\boldsymbol{Q}_{\hat{a}}}^2\right\}} \geq c_p \tag{2.139}$$

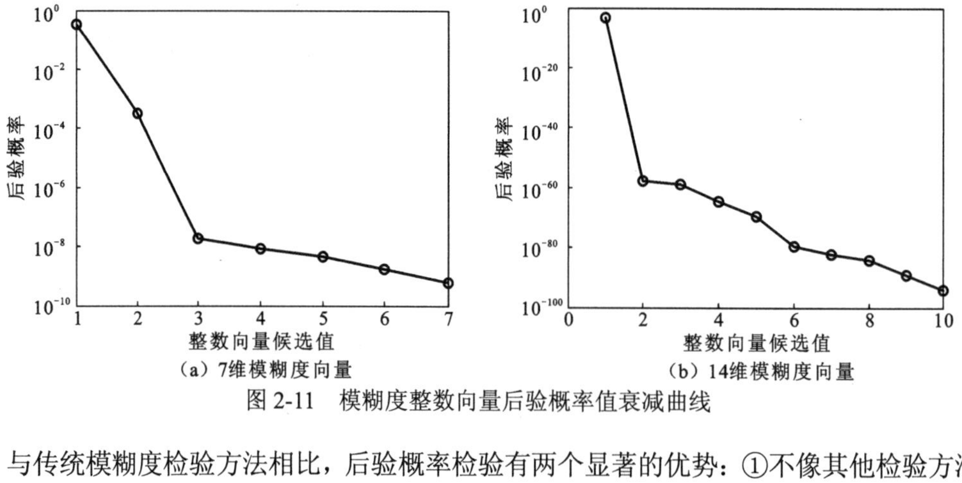

（a）7维模糊度向量　　　　　　（b）14维模糊度向量

图 2-11　模糊度整数向量后验概率值衰减曲线

与传统模糊度检验方法相比，后验概率检验有两个显著的优势：①不像其他检验方法各自定义的无数理基础的"区分度"概念，后验概率检验建立在严格的统计学基础上；②后验

概率检验能够保证在每一次独立重复实验中，通过检验的模糊度实数解都有大于 c_p 的置信水平。而后验概率检验的缺点在于，求和空间中的向量数量很可能大于两个，因此后验概率检验需要搜索的模糊度整数向量数目可能大于常用的检验方法，导致耗时增加。不过随着模糊度空间搜索算法的蓬勃发展，搜寻使 $\|\hat{a}-a\|_{Q_{\hat{a}\hat{a}}}^2$ 达到最小的候选向量的耗时已经大大减少。

2.10.3　后验概率检验

本小节从 Neyman-Pearson 引理出发，用严格的数理逻辑阐述后验概率检验是最优检验。

1. Neyman-Pearson 引理

下面先简要补充介绍高等数理统计范畴中假设检验的一些基本概念，为 Neyman-Pearson 引理做铺垫。设 (X, P, J) 是一个统计结构（X 为样本空间，P 为事件域），在参数分布族 $J = \{P_\theta; \theta \in \Theta\}$ 中，原假设和备择假设分别记为

$$\mathrm{H}_0: \theta \in \Theta_0 \quad \mathrm{v.s} \quad \mathrm{H}_1: \theta \in \Theta_1 \tag{2.140}$$

式中：Θ_0 和 Θ_1 为两个互不相交的非空子集。如果一个假设只含有一个元素则称该假设为简单假设，否则为复合假设。对给定 H_0 和 H_1 的检验问题记为检验问题 $(\mathrm{H}_0, \mathrm{H}_1)$ 或检验问题 (Θ_0, Θ_1)。在检验问题 $(\mathrm{H}_0, \mathrm{H}_1)$ 中，所谓检验就是把样本空间划分为互不相交的两个可测集：

$$X = W + \bar{W} \tag{2.141}$$

并且有①当观测值 $x \in W$ 时，拒绝原假设 H_0，接受备择假设 H_1；②当观测值 $x \notin W$ 时，接受原假设 H_0，拒绝备择假设 H_1。

式（2.141）中 W 称为检验的拒绝域。若原假设 H_0 成立，而样本观测值却落入拒绝域 W 中，从而 H_0 被拒绝，这种错误被称为第一类错误；若原假设 H_0 不成立，而样本观测值却落入拒绝域 W 之外，从而 H_0 被接受，这种错误被称为第二类错误。

定义 2.10.1（势函数）　样本观测值落在拒绝域的概率称为检验的势函数，记为

$$h(\theta) = P_\theta(x \in W), \quad \theta \in \Theta \tag{2.142}$$

在样本容量固定时，两类错误是一组矛盾。减少犯第一类错误的概率必然增加犯第二类错误的概率，反之亦然。Neyman-Pearson 假设检验的基本思想是，把犯第一类错误的概率控制在一定范围内，并寻找使犯第二类错误概率尽可能小的检验。即选取一个较小的数 α，在满足

$$h(\theta) = P_\theta(x \in W) \leqslant \alpha, \quad \theta \in \Theta_0 \tag{2.143}$$

的检验中，寻找一个检验，使得当 $\theta \in \Theta_1$ 时，$h(\theta)$ 尽可能大。当 $\theta \in \Theta_0$ 时，$h(\theta) \leqslant \alpha$ 的检验称为水平为 α 的检验。易知当 $\theta \in \Theta_0$ 时，$h(\theta)$ 为犯第一类错误的概率；当 $\theta \in \Theta_1$ 时，$1 - h(\theta)$ 为犯第二类错误的概率。

定义 2.10.2（检验函数）　定义函数

$$\phi(x) = \begin{cases} 1, & x \in W \\ 0, & x \notin W \end{cases} \tag{2.144}$$

$\phi(x)$ 称为检验函数，简称检验。$\phi(x)$ 是拒绝域的示性函数，$W = \{x : \phi(x) = 1\}$ 表示拒绝域。则势函数也可表示为

$$h(\theta) = P_\theta(x \in W) = E_\theta[\phi(x)] \tag{2.145}$$

定理 2.10.1（Neyman-Pearson 引理） 对于单参数假设检验，若原假设与备择假设的参数和概率密度函数分别为

$$\begin{cases} H_0 : \theta = \theta_0 \sim p(x \mid \theta_0) \\ H_1 : \theta = \theta_1 \sim p(x \mid \theta_1) \end{cases} \tag{2.146}$$

对于检验函数 $\phi(x)$：

$$\phi(x) = \begin{cases} 1, & p(x \mid \theta_1) \geqslant k \cdot p(x \mid \theta_0) \\ 0, & p(x \mid \theta_1) < k \cdot p(x \mid \theta_0) \end{cases} \tag{2.147}$$

若有

$$E_{\theta_0}[\phi(x)] = \alpha \tag{2.148}$$

则对任意一个为水平为 α 的检验函数 $\phi'(x)$ 有

$$E_{\theta_1}[\phi(x)] \geqslant E_{\theta_1}[\phi'(x)] \tag{2.149}$$

证明：见茆诗松等（2006）。

Neyman-Pearson 引理说明对简单假设而言，在同一个检验水平下，式（2.147）所示检验犯第二类错误的概率最小。

2. Neyman-Pearson 引理应用

Neyman-Pearson 引理解答了简单原假设对简单备择假设的问题。然而模糊度检验的数学模型[式（2.127）]，是简单原假设对复合备择假设的假设检验。Neyman-Pearson 引理不直接适用于模糊度检验模型，因此本小节介绍 Wu 等（2015）对 Neyman-Pearson 引理做出的推广，使之可以应用于 GNSS 整数解的检验。

推论 2.10.1（Neyman-Pearson 引理推广） 对于单参数假设检验，若原假设与备择假设的参数和概率密度函数分别为

$$\begin{cases} H_0 : \theta = \theta_0 \sim p(x \mid \theta_0) \\ H_1 : \theta = \theta_i \sim p(x \mid \theta_i), \quad i = 1, 2, \cdots \end{cases} \tag{2.150}$$

对于检验函数 $\phi(x)$：

$$\phi(x) = \begin{cases} 1, & \sum_{i=1}^{+\infty} p(x \mid \theta_i) \geqslant k \cdot p(x \mid \theta_0) \\ 0, & \sum_{i=1}^{+\infty} p(x \mid \theta_i) < k \cdot p(x \mid \theta_0) \end{cases} \tag{2.151}$$

若有

$$E_{\theta_0}[\phi(x)] = \alpha \tag{2.152}$$

则对任意一个水平为 α 的检验函数 $\phi'(x)$ 有

$$\sum_{i=1}^{+\infty} E_{\theta_i}[1 - \phi(x)] \leqslant \sum_{i=1}^{+\infty} E_{\theta_i}[1 - \phi'(x)] \tag{2.153}$$

证明：设 $\phi'(x)$ 是任意水平为 α 的检验函数，因此

$$E_{\theta_0}[\phi'(x)] = \int \phi'(x) p(x|\theta_0)\mathrm{d}x \leqslant \alpha \qquad (2.154)$$

因为 $\phi(x)$ 满足式（2.151），所以有

$$[k \cdot p(x|\theta_0) - \sum_{i=1}^{+\infty} p(x|\theta_i)][\phi'(x) - \phi(x)] \geqslant 0 \qquad (2.155)$$

于是

$$\int \sum_{i=1}^{+\infty} p(x|\theta_i)[\phi'(x) - \phi(x)]\mathrm{d}x \leqslant k \cdot \int p(x|\theta_0)[\phi'(x) - \phi(x)]\mathrm{d}x \qquad (2.156)$$

因此

$$\sum_{i=1}^{+\infty}\int p(x|\theta_i)[1-\phi(x)]\mathrm{d}x - \sum_{i=1}^{+\infty}\int p(x|\theta_i)[1-\phi'(x)]\mathrm{d}x \leqslant k \cdot \int p(x|\theta_0)\phi'(x)\mathrm{d}x - k \cdot \alpha \leqslant 0 \quad (2.157)$$

即

$$\sum_{i=1}^{+\infty} E_{\theta_i}[1-\phi(x)] - \sum_{i=1}^{+\infty} E_{\theta_i}[1-\phi'(x)] \leqslant 0 \qquad (2.158)$$

推论得证。

$\sum_{i=1}^{+\infty} E_{\theta_i}[1-\phi(x)]$ 即是检验 $\phi(x)$ 犯第二类错误的概率。推广后的 Neyman-Pearson 引理说明对式（2.150）所示的复合假设检验，在同一检验水平下，式（2.151）所示的检验函数犯第二类错误的概率最小。对于模糊度检验，已知模糊度实数解具有分布：$\hat{\boldsymbol{a}} \sim N(\boldsymbol{a}_0, \boldsymbol{Q}_{\hat{a}\hat{a}})$，其中 $\boldsymbol{a}_0$ 是未知参数，因此 $\hat{\boldsymbol{a}}$ 的概率密度函数为

$$p(\hat{\boldsymbol{a}}|\boldsymbol{a}_0) = (2\pi)^{-\frac{n}{2}} |\boldsymbol{Q}_{\hat{a}\hat{a}}|^{-\frac{1}{2}} \exp\left\{-\frac{1}{2}\|\hat{\boldsymbol{a}} - \boldsymbol{a}_0\|_{\boldsymbol{Q}_{\hat{a}\hat{a}}}^2\right\} \qquad (2.159)$$

由推论 2.10.1，模糊度检验的最优检验函数为

$$\phi(\hat{\boldsymbol{a}}) = \begin{cases} 1, & \sum_{i=1}^{+\infty} \exp\left\{-\frac{1}{2}\|\hat{\boldsymbol{a}} - \boldsymbol{a}_i\|_{\boldsymbol{Q}_{\hat{a}\hat{a}}}^2\right\} \geqslant k \cdot \exp\left\{-\frac{1}{2}\|\hat{\boldsymbol{a}} - \boldsymbol{a}_0\|_{\boldsymbol{Q}_{\hat{a}\hat{a}}}^2\right\} \\ 0, & \sum_{i=1}^{+\infty} \exp\left\{-\frac{1}{2}\|\hat{\boldsymbol{a}} - \boldsymbol{a}_i\|_{\boldsymbol{Q}_{\hat{a}\hat{a}}}^2\right\} < k \cdot \exp\left\{-\frac{1}{2}\|\hat{\boldsymbol{a}} - \boldsymbol{a}_0\|_{\boldsymbol{Q}_{\hat{a}\hat{a}}}^2\right\} \end{cases} \qquad (2.160)$$

对式（2.160）稍作变形可得

$$\phi(\hat{\boldsymbol{a}}) = \begin{cases} 1, & \dfrac{\exp\left\{-\frac{1}{2}\|\hat{\boldsymbol{a}} - \boldsymbol{a}_0\|_{\boldsymbol{Q}_{\hat{a}\hat{a}}}^2\right\}}{\sum_{i=0}^{+\infty} \exp\left\{-\frac{1}{2}\|\hat{\boldsymbol{a}} - \boldsymbol{a}_i\|_{\boldsymbol{Q}_{\hat{a}\hat{a}}}^2\right\}} \leqslant \dfrac{1}{k+1} \\[4ex] 0, & \dfrac{\exp\left\{-\frac{1}{2}\|\hat{\boldsymbol{a}} - \boldsymbol{a}_0\|_{\boldsymbol{Q}_{\hat{a}\hat{a}}}^2\right\}}{\sum_{i=0}^{+\infty} \exp\left\{-\frac{1}{2}\|\hat{\boldsymbol{a}} - \boldsymbol{a}_i\|_{\boldsymbol{Q}_{\hat{a}\hat{a}}}^2\right\}} > \dfrac{1}{k+1} \end{cases} \qquad (2.161)$$

显然式（2.161）即为模糊度后验概率检验。由推论 2.10.1 可知，在所有相同水平的检验中，后验概率检验犯第二类错误的概率最小。因此后验概率检验是最优检验。

思 考 题

1. 名词解释

（1）LAMBDA 规约方法

（2）LLL 深度规约

2. 简答题

（1）载波相位观测量有哪些？

（2）如何评价整数估计的成功率？

（3）阐述基于格基规约的 GNSS 整数估计过程。

参 考 文 献

顾勇为, 归庆明, 韩松辉, 2010. 基于信噪比的正则化方法及其在 GPS 快速定位中的应用. 中国科学(物理学 力学 天文学), 40(5): 663-668.

黄丁发, 熊永良, 袁林果, 2006. 全球定位系统(GPS)理论与实践. 成都: 西南交通大学出版社.

刘经南, 于兴旺, 张小红, 2012. 基于格论的 GNSS 模糊度解算. 测绘学报, 41(5): 636-645.

茆诗松, 王静龙, 濮晓龙, 2006. 高等数理统计. 2 版. 北京: 高等教育出版社.

吴泽民, 2015. GNSS 模糊度快速估计与检验理论研究. 武汉: 海军工程大学.

张传定, 吴晓平, 郝金明, 等, 2004. GPS 多差相位观测量数学相关性的分析表示. 测绘学报, 33(3): 221-227.

周扬眉, 2003. GPS 精密定位的数学模型、数值算法及可靠性理论. 武汉: 武汉大学.

AGRELL E, ERIKSSON T, VARDY A, et al., 2002. Closest point search inlattices. IEEE Transactions on Information Theory, 48(8): 2201-2214.

BABAI L, 1986. On Lovász' lattice reduction and the nearest lattice point problem. Combinatorica, 6: 1-13.

BETTINA H, 1985. Algorithms to construct Minkowski reduced and Hermit reduced lattice bases. Theoretical Computer Science, 41(2-3): 125-139.

BLEWITT G, 1989. Carrier-phase ambiguity resolution for the global positioning system applied to geodetic baselines up to 2 000 km. Journal of Geophysical Research, 94(B8): 10187-10302.

BRUNETTI S, DAURAT A, 2003. An algorithm reconstructing convex lattice sets. Theoretical Computer Science, 304(1-3): 35-57.

CHANG X, YANG X, ZHOU T, 2005. MLAMBDA: A modified LAMBDA method for integer least-squares estimation. Journal of Geodesy, 79(9): 552-565.

CHOI W J, NEGI R, CIOFFI J M, 2000. Combined ML and DFE decoding for the V-BLAST system// IEEE International Conference on Communications, New Orleans: 1243-1248.

DE JONGE P, TIBERIUSC, 1996. LAMBDA method for integer ambiguity estimation: Implementation aspects. Delft: Delft Geodetic Computing Center LGR-Series.

DONG D, BOCK Y, 1989. Global positioning system network analysis with phase ambiguity resolution applied to crustal deformation studies in California. Journal of Geophysical Research, 94: 3949-3966.

EULER H J, SCHAFFRIN B, 1991. On a measure for the discernibility between different ambiguity solutions in the static-kinematic GPS-mode//Kinematic Systems in Geodesy&Surveying and Remote Sensing. Berlin: Springer.

FINCKE U, POHST M, 1985. Improved methods for calculating vectors of short length in a lattice: Including a complexity analysis. Mathematics of Computation, 44: 463-471.

FREI E, BEULTER G, 1990. Rapid static positioning based on the fast ambiguity resolution approach 'FARA': Theory and first results. Manuscripta Geodaetica,15(6): 326-356.

GOLDEN G D, FOSCHINI C J, VALENZUELA R A, et al., 1999. Detection algorithm and initial laboratory results using V-BLAST space-time communication architecture. Electronics Letters, 35: 14-16.

GRUBER P M, LEKKERKERKER C G, 1987. Geometry of numbers. Amsterdam: North-Holland.

HAN S, 1997. Quality control issues relating to instantaneous ambiguity resolution for real-time GPS kinematic positioning. Journal of Geodesy, 71(6): 351-361.

HASSIBI A, BOYED S, 1998. Integer parameter estimation in linear models with applications to GPS. IEEE Transactions on Signal Processing, 46(11): 2938-2952.

HERMITE C, 1850. Jacobi sur differents objects de la th'eoriedes nombres. Journal Fur Die Reine Und Angewandte Mathematik, 40 : 279-290.

HOFMANN-WELLENHOF B, LICHTENEGGER H, COLLINS J, 1992. GPS theory and practice. Berlin: Springer.

JAZAERI S, AMIRI-SIMKOOEI A, SHARIFI M A, 2014. On lattice reduction algorithms for solving weighted integer least squares problems: Comparative study. GPS Solutions, 18(1): 105-114.

JONKMAN N F, 1996. Integer GPS ambiguity estimation without the receiver-satellite geometry. Delft: Delft University of Technology.

JOUX A, STERN J, 1998. Lattice reduction: A toolbox for the cryptanalyst. Journal of Cryptology, 11(3): 161-185.

KANNAN R, 1983. Improved algorithms for integer programming and related problems// 15th ACM Symposium on Theory of Computing: 193-206.

KOCH K R, 1990. Bayesian inference with geodetic applications. Berlin: Springer.

KORKINE A, ZOLOTAREV G, 1873. Sur les formes quadratiques. Mathematische Annalen, 6(3): 366-389.

LAGRANGE L, 1773. Recherches d'arithmètique, Nouv. Mèm. Berlin: Acad.

LANDAU H, EULER H J, 1992. On-the-fly ambiguity resolution for precise differential positioning// Proceedings of International Technical Meeting of the Satellite Division of the Institute of Navigation: 607-613.

LENSTRA A K, LENSTRA H W JR, LOV'ASZ L, 1982. Factoring polynomials with rational coefficients. Mathematische Annalen, 261: 515-534.

LI B, SHEN Y, FENG Y, 2010. Fast GNSS ambiguity resolution as an ill-posed problem. Journal of Geodesy, 84(11): 683-698.

MINKOWSKI H, 1896. Geometrie der zahlen. Stuttgart: Teubner-Verlag.

NAN S, RIZOS C, 1997. Integrated methods for instantaneous ambiguity resolution using new-generation GPS receivers//Proceedings of Position, Location and Navigation Symposium, Atlanta, GA, USA.

REGEV O, 2009. On lattices, learning with errors, random linear codes, and cryptography. Proceedings of 37th ACM Symposium on Theory of Computing, 56(34): 1-40.

SCHARLAU W, OPOLKA H, 1985. From fermat to minkowski. Berlin: Springer.

SCHNORR C P, 2006. Fast LLL-type lattice reduction. Information and Computation, 204(1): 1-25.

SCHNORR C P, EUCHNER M, 1994. Lattice basis reduction: Improved practical algorithms and solving subset sum problems. Mathematical Programming: Series A and B, 66: 181-199.

SVENDSEN J G G, 2006. Some properties of decorrelation techniques in the ambiguity space. GPS Solutions, 10: 40-44.

TAHA H, 1975. Integer programming: Theory, applications, and computations. New York: Academic Press.

TEUNISSEN P J G, 1993. Least squares estimation of integer GPS ambiguities// Invited lecture, Sect.IV theory and methodology, IAG General Meeting, Beijing.

TEUNISSEN P J G, 1998, Success probability of integer GPS ambiguity rounding and bootstrapping. Journal of Geodesy, 72: 606-612.

TEUNISSEN P J G, 1999. An optimality property of the integer least-squares estimator. Journal of Geodesy, 73(11): 587-593.

TEUNISSEN P J G, 2003. Integer aperture GNSS ambiguity resolution. Artificial Satellites: A Journal of Planetary Geodesy, 38(3): 79-88.

TEUNISSEN P J G, 2005a. A carrier phase ambiguity estimator with easy-to-evaluate fail-rate. Artificial Satellites: A Journal of Planetary Geodesy, 38(3): 89-96.

TEUNISSEN P J G, 2005b. GNSS ambiguity resolution with optimally controlled failure-rate. Artificial Satellites: A Journal of Planetary Geodesy, 40(4): 219-227.

TEUNISSEN P J G, 2020. Best integer equivariant estimation for elliptically contoured distributions. Journal of Geodesy, 94: 82.

TIBERIUS C, JONGE P, 1995. Fast positioning using the LAMBDA method// Proceedings DSNS-95: 30-38.

VERHAGEN S, 2004. Integer ambiguity validation: An open problem? GPS Solutions, 8(1): 36-43.

VERHAGEN S, 2005. The GNSS integer ambiguities: Estimation and validation. Delft: Netherlands Geodetic Commission.

VERHAGEN S, LI B, TEUNISSEN P J G, 2013. Ps-LAMBDA: Ambiguity success rate evaluation software for interferometric applications. Computers & Geosciences, 54: 361-376.

VITERBO E, BOUTROS J, 1999. A universal lattice code decoder for fading channels. IEEE Transactions on Information Theory, 45(5): 1639-1642.

WANG J, STEWART M, TSAKIRI M, 1998. A discrimination test procedure for ambiguity resolution on-the-fly. Journal of Geodesy, 72(11): 644-653.

WU Z, 2022. GNSS integer ambiguity posterior probability calculation with controllable accuracy. Journal of Geodesy, doi: 10.1007/s00190-022-01633-w.

WU Z, BIAN S, 2015. GNSS integer ambiguity validation based on posterior probability. Journal of Geodesy, 89(10): 961-977.

WU Z, BIAN S, 2022. Regularized integer least-squares estimation: Tikhonov's regularization in a weak GNSS model. Journal of Geodesy, doi: 10.1007/s00190-021-01585-7.

WU Z, LI H, BIAN S, 2017. Cycled efficient V-Blast GNSS ambiguity decorrelation and search complexity estimation. GPS Solutions, 21: 1829-1840.

WÜBBEN D, BÖHNKE R, RINAS J, et al., 2000. Efficient algorithm for decoding layered space-time codes. Electronics Letters, 37: 1348-1350.

XU P, 1998. Mixed integer geodetic observation models and integer programming with applications to GPS ambiguity resolution. Journal of the Geodetic Society of Japan, 44(3): 169-187.

XU P, 2006. Voronoi cells, probabilistic bounds and hypothesis testing in mixed integer linear models. IEEE Transactions on Information Theory, 52(7): 3122-3138.

XU P, 2012. Parallel Cholesky-based reduction for the weighted integer least squares problem. Journal of Geodesy, 86: 35.

XU P, RUMMEL R, 1994. A simulation study of smoothness methods in recovery of regional gravity fields. Geophysical Journal of the Royal Astronomical Society, 117(2): 472-486.

XU P, CHI C, LIU J, 2012. Integer estimation methods for GPS ambiguity resolution: An applications oriented review and improvement. Survey Review, 59(324): 59-71.

第3章 网络 RTK 技术

【教学及学习目标】

本章主要介绍网络 RTK 技术相关理论知识及发展现状。通过本章的学习，学生可以了解网络 RTK 技术的概念及几种常见的技术，理解网络 RTK 系统的组成与技术特点，为实际使用网络 RTK 技术提供理论基础。

3.1 引 言

为了克服单基站 RTK 技术作业距离有限的缺陷，20 世纪 90 年代中期出现了网络 RTK 技术。因其定位精度高、速度快等优点，网络 RTK 技术在测绘地理信息行业和国民经济建设中得到广泛应用，已成为地形图测绘、自然资源调查和工程测量等领域的主要技术手段。

网络 RTK 技术的基本原理是在一个较大的区域内稀疏地、较均匀地布设多个基准站，构成一个基准站网，借鉴广域差分 GNSS 和具有多个基准站的局域差分 GNSS 中的基本原理和方法来设法消除或削弱各种系统误差的影响，获得高精度的定位结果（李国武，2012；程鹏飞 等，2007）。在网络 RTK 技术中，线性衰减的单点 GNSS 误差模型被区域型的 GNSS 网络误差模型所取代，用多个基准站组成的 GNSS 网络来估计一个地区的 GNSS 误差模型，并为网络覆盖地区的用户提供校正数据（王雷 等，2014）。

网络 RTK 技术是 RTK 技术发展的一个里程碑。该技术由若干个基站组成一个网络，同时建有一个中心站。各基站通过电信网络将观测数据传给中心站，中心站将参考站数据及模型通过内差法解算得出改正信息并依据国际海运事业无线电技术委员会（Radio Technical Commission for Martine Services，RTCM）标准协议将其编码后播发给用户，用户根据这些实时差分改正信息进行修正从而得到比较高的定位精度（陈振 等，2015）。传统 RTK 系统中如果某个基站发生问题，则用户无法在该基站覆盖区内实施作业，在网络 RTK 技术中则不存在这个问题，因为中心站会自动根据用户所处位置及各基站运行情况选择合适的基站进行运算。

本章主要介绍网络 RTK 技术的概念、类别及发展现状。

3.2　网络RTK概述

3.2.1　基本概念及原理

1. 基本概念

网络RTK又称多基准站RTK，是在常规RTK和差分GNSS的基础上建立起来的一种导航技术。具体来讲，通常把在一个区域内建立多个（一般为3个或3个以上）GNSS参考站，对该区域构成网状覆盖，并以这些基准站中的一个或多个为基准计算和发播GNSS改正信息，从而对该地区内的GNSS用户进行实时改正的定位方式称为GNSS网络RTK（唐文杰 等，2015）。

网络RTK技术就是利用连续运行参考站系统（continuously operating reference system，CORS）各个参考站的观测信息，以CORS网络体系结构为基础，建立精确的差分信息解算模型，解算出高精度的差分数据，然后通过无线通信数据链路将各种差分改正数发送给用户。网络RTK技术集Internet技术、无线通信技术、计算机网络管理技术和GNSS定位技术于一体，是CORS网络服务系统的核心支持技术和解决方案，主要特点有以下几点。

（1）扩大服务范围。网络RTK扩大了RTK定位的服务范围，从早期单站RTK覆盖范围发展到CORS网络的整网范围。

（2）实现资源共享。参考站之间通过通信系统实现数据共享，并通过互联网实现参考站数据与基准站的共享。

（3）统一标准。网络RTK采用统一的标准和差分格式，确保系统具有良好的兼容性。

（4）完善差分解算模型。以CORS网络为框架，以参考站数据和基准坐标为基础，完善RTK的解算数学模型。

2. 基本原理

常规RTK工作模式中只有1个基准站，流动站与基准站的距离不能超过20 km，并且没有多余的基准站。网络RTK中有多个基准站，用户不需要建立自己的基准站，用户与基准站的距离可以扩展到上百千米，网络RTK减少了误差源，尤其是与距离相关的误差。

常规RTK技术是一种对动态用户进行实时相对定位的技术，该技术也可用于快速静态定位。进行常规RTK工作时，基准站需将自己所获得的载波相位观测值（最好加上测码伪距观测值）及站坐标，通过数据通信链实时播发给在其周围工作的动态用户。于是这些动态用户就能依据自己获得的相同历元的载波相位观测值（最好加上测码伪距观测值）和广播星历进行实时相对定位，进而根据基准站的站坐标求得自己的瞬时位置。为消除卫星钟和接收机钟的钟差，削弱卫星星历误差、电离层延迟误差和对流层延迟误差的影响，在RTK中通常都采用双差观测值。其观测方程可写为

$$\nabla\Delta\varphi \cdot \lambda = \nabla\Delta\rho - \nabla\Delta N \cdot \lambda + \nabla\Delta d_{\text{orb}} - \nabla\Delta d_{\text{ion}} + \nabla\Delta d_{\text{trop}} + \nabla\Delta d_{\text{multi}} + \nabla\Delta\delta_{\varphi} \qquad (3.1)$$

式中：$\nabla\Delta$为双差算子（在卫星和接收机间求双差）；φ为载波相位观测值；ρ为卫星与接

收机间的距离；d_{orb} 为卫星轨道误差；λ 为载波的波长；N 为载波相位测量中的整周模糊度；d_{ion} 为电离层延迟；d_{trop} 为对流层延迟；d_{multi} 为载波相位测量中的多路径误差；$\nabla\Delta\delta_{\varphi}$ 为双差载波相位观测值的测量噪声。

常规 RTK 是建立在流动站与基准站误差强相关这一假设的基础上的。当流动站离基准站较近（例如不超过 20 km）时，上述假设一般均能较好地成立，此时利用一个或数个历元的观测资料即可获得厘米级精度的定位结果。为了能得到固定可靠的解，它要求流动站至少观测 4 颗以上的卫星。随着流动站与基准站间距离的增加，这种误差相关性将变得越来越差。式（3.1）中的轨道误差项、电离层延迟的残余误差项和对流层延迟的残余误差项都将迅速增加，导致难以正确确定整周模糊度，无法获得固定解。定位精度迅速下降，当流动站与基准站的距离大于 50 km 时，常规 RTK 单历元解一般只能达到分米级的精度（索效荣 等，2011）。在这种情况下为了获得高精度的定位结果就必须采取一些特殊的方法和措施，于是网络 RTK 技术便应运而生了。网络 RTK 大体采用线性组合法、内插法及虚拟站法等方法进行。

一般来说，网络 RTK 功能上主要包括 3 个基础部分：基准站数据采集；数据处理中心进行数据处理得到误差改正信息；播发改正信息（胡兵 等，2011；Cruddace et al.，2002）。首先，多个基准站同时采集观测数据并将数据传送到数据处理中心，数据处理中心有 1 台主控计算机能够通过网络控制所有的基准站。所有从基准站传来的数据先经过粗差剔除，然后主控计算机对这些数据进行联网解算，最后播发改正信息给用户。为了提高可靠性，数据处理中心会安装备用计算机以防主机发生故障影响系统运行。

网络 RTK 至少要有 3 个基准站才能计算出改正信息。改正信息的可靠性和精度会随基准站数目的增加而得到改善。当存在足够多的基准站时，如果某个基准站出现故障，系统仍然可以正常运行并且提供可靠的改正信息（El-Mowafy，2005）。

网络 RTK 主要结合了广域差分和常规 RTK 的局域差分定位原理，通过 GNSS 观测信息建立更为精确的误差模型，再采用更加完善的数据处理技术获取差分改正数，且采用伪距和载波相位观测值联合解算不仅提高整周模糊度解算的能力和可靠可用性，还最大限度地扩大了观测基线长度和作用区域范围。网络 RTK 技术的优势在于用户不用建立基准站，且用户与基准站距离可以延长至上百千米，同时减少了误差源，使改正信息的可靠性和精度大幅改善。

CORS 系统是基于全球卫星导航定位技术，在一个城市或国家，根据需求按照一定的距离建立的常年连续运行的一个或若干个固定的 GNSS 参考站，利用计算机、数据通信和互联网技术将各个参考站与数据中心组成网络，实时将参考站数据传输到数据中心，利用数据处理软件进行处理，向用户自动发布不同类型的 GNSS 原始数据和各种类型的 RTK 改正数据等。用户只需一台接收机，即可进行准实时、实时快速定位，以及事后定位或导航定位。

3.2.2　系统组成

网络 RTK 系统如图 3-1 所示，由基准站子系统、系统管理控制中心子系统、数据通信子系统、用户数据中心子系统、用户应用子系统组成，各子系统的定义与功能如表 3-1（吴黎荣，2020）所示。

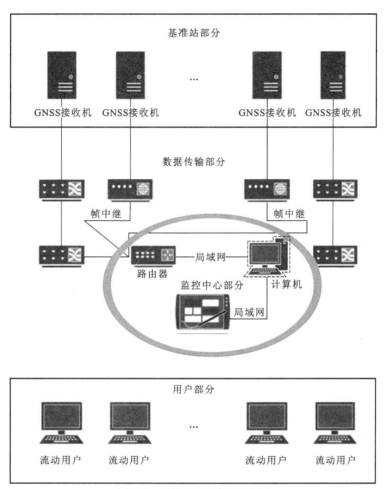

图 3-1　网络 RTK 系统示意图

表 3-1　子系统的定义与功能

子系统	主要工作内容	设备构成	技术实现
基准站子系统	对卫星信号进行捕获、跟踪、采集和传输；保持设备完好性监测	多个基准站	3 个或以上基准站
系统管理中心子系统	对数据分流处理和系统管理与维护	计算机、网络设备和数据通信设备	1 个控制中心
数据通信子系统	把基准站观测数据传输到用户数据中心	有线网络等	SDH 等
用户数据中心子系统	向用户提供数据服务	Internet、GSM 等	Internet、GSM 等
用户应用子系统	按照用户需求进行不同类型定位	GNSS 接收设备、数据通信终端和软件系统	适用 DGNSS、RTK 等系统

注：GSM（global system for mobile communications，全球移动通信系统）；SDH（synchronous digital hierarchy，同步数字体系）

1. 基准站子系统

基准站子系统（reference station sub-system，RSS）是网络RTK系统的数据源，该子系统的稳定性和可靠性将直接影响系统的性能。基准站应按规定的采样率进行连续观测，站坐标应精确已知，其坐标可采用长时间GNSS静态相对定位等方法来确定。此外，这些基准站还应配备数据通信设备及气象仪器等。基准站子系统的功能及特性：①基准站为无人值守型，设备少，连接可靠，分布均匀、稳定；②基准站具有数据保存能力，GNSS接收机内存可保留最近7天的原始观测数据；③断电情况下，基准站可依靠自身的不间断电源（uninterruptible power supply，UPS）支持运行72 h以上，并向管理中心报警；④按照设定的时间间隔自动将GNSS观测数据等信息通过网络传输给管理中心；⑤具备设备完好性检测功能，定时自动对设备进行轮检，出现问题时向管理中心报告；⑥有雷电及电涌自动防护的功能；⑦管理中心通过远程方式设定、控制、检测基准站的运行。

2. 系统管理中心子系统

系统管理中心（system management center，SMC）子系统是整个网络RTK系统的核心，网络RTK体系是以系统管理中心为中心节点的星型网络，其中各基准站是网络RTK系统网络的子节点，系统管理中心是系统的中心节点，主要由内部网络、数据处理软件、服务器等组成，通过网络通信方式实现与基准站的连接。系统管理中心具有基准站管理、数据处理、系统运行监控、信息服务、网络管理、用户管理等功能。具体来讲，系统管理中心的主要功能：①数据处理，对各基准站采集并传输过来的数据进行质量分析和评价，进行多站数据综合、分流，形成系统统一的满足RTK定位服务的差分修正数据；②系统监控，对整个GNSS基准网子系统进行自动、实时、动态的监控管理；③信息服务，生成用户需要的服务数据，如RTK差分数据、完备性信息等；④网络管理，整个系统管理中心具有多种网络接入方式，通过网络设备实现整个系统的网络管理；⑤用户管理，通过数据库和系统管理软件实现对各类用户的管理，包括用户测量数据管理、用户登记、注册、撤销、查询、权限管理；⑥其他功能，如自动控制、系统的完备性监测等功能。

3. 数据通信子系统

数据通信子系统（data communication sub-system，DCS）由多个基准站与管理控制中心的网络连接和管理中心与用户的网络连接共同组成。网络RTK系统运行需要大量的数据交换，因此需要一个高速、稳定的网络平台即数据通信子系统。数据通信子系统建设包括两方面：一是选择合理的网络通信方式，实现管理中心对基准站的有效管理和快速可靠的数据传输；二是对基准站资源的集中管理，为用户提供一个覆盖本地区所有基准站资源的管理方案，实现各基准站、管理中心不同网络节点之间的系统互访和资源共享。这也是数据通信子系统的功能所在。

4. 用户数据中心子系统

用户数据中心（user data center，UDC）子系统一般设置于管理中心，其功能包括实时网络数据服务和事后数据服务。用户数据中心所处理的数据可分为实时数据和事后数据两类。实时数据包括 RTK 定位需要的改正数据、系统的完备性信息和用户授权信息。事后数据包括各基准站采集的数据结果，供用户事后精密差分使用；其他应用类数据包括坐标系转换、海拔高程计算、控制点坐标。用户数据中心子系统主要功能：①实时数据发送，采用 CDMA、GPRS 等通信方式与中心连接，采用包括用户名密码验证、手机号码验证、IP 地址验证、GPUID 验证等不同认证手段及其组合，安全地、多途径发播 RTK 改正数；②信息下载，用户用 FTP 的方式登录网络服务器，根据时段选择下载基准站数据。

5. 用户应用子系统

用户应用子系统（user application sub-system，UAS）设备主要配置有 GNSS 接收机及其天线、GNSS 接收机手簿或掌上电脑、GPRS/CDMA 通信设备。其应用领域十分广泛，如测绘、国土资源调查、导航等。此外，网络 RTK 技术还可以用于地籍和房产的测量。

3.2.3 技术特点及影响因素

常规 RTK 作业范围小，在野外作业时需要及时更换、设置参考站，增加了工作量。相对于常规 RTK 技术，网络 RTK 克服了传统 RTK 的许多不足，具备差分作用范围更广、精度和可靠性更高的优点，如表 3-2（邱杨媛，2008）所示，可供应用的范围更广，前景广阔。

表 3-2　常规 RTK 与网络 RTK 作业模式的比较

项目	常规 RTK	网络 RTK
静态 GNSS 控制测量	需要	不需要
静态 GNSS 数据处理	需要	不需要
基准站架设	需要	不需要
RTK 作业人员	至少 2 人	1 人
初始化时间	包括架设基准站至少 30 min	平均 1 min 之内
作业距离	10～15 km	网内无限制
精度	随距离增加而降低	精度均匀
可靠性	一般	高

1. 网络 RTK 技术特点

（1）操作灵活简单。常规的光学仪器施测时要进行对中整平，还要求测量点之间相互通视，且受地形、气候等影响显著。网络 RTK 技术对观测环境要求较低，只要能够接收到卫星信号和网络通信信号，就可获得精度较高的测量成果。

（2）定位精度高且分布均匀。水准仪、全站仪测量易受误差传递积累的影响，距离起算基准越远，精度越差。网络 RTK 测量不受测量误差传播和误差积累的影响，在有效作业范围内，每个测量点相互独立、互不干扰，因此定位精度高且分布均匀。

（3）工作效率高、成本低。在精度要求不高（厘米级）的情况下，网络 RTK 技术可以替代全站仪和水准仪进行点位放样、水准测量和地形图测绘等。卫星信号、通信信号正常时，初始化时间通常为 5～20 s，每个点所需的测量时间为 5～15 s，工作效率大幅提高，作业强度明显下降，经济效益显著增长。

2. 网络 RTK 技术影响因素

基于 CORS 系统的网络 RTK 技术，通常受基准站、通信系统、数据中心、用户设备及测量环境的影响。

（1）基准站的影响。网络 RTK 测量受基准站影响不明显，是因为网络 RTK 测量采用的是虚拟参考站（virtual reference station，VRS）技术，该技术的原理是在测站附近形成一个"虚拟"的参考站，因此即使出现个别基准站信号不好的情况，对定位精度和初始化时间的影响也不大。但必须考虑测区是否在基准站有效覆盖范围内，通常在离基准站 100 km 范围内作业，其精度和初始化不会受太大影响，但超过这个范围就可能导致无法获得固定解。

（2）通信系统的影响。基准站与数据中心采用专用通信线路连接，出现通信故障的情况较少，即使出现故障，对网络 RTK 服务影响也不大。数据中心与用户之间采用的是通信网络传输，如果测区通信网络覆盖不合理，出现手机信号不稳定或无法联网，就会影响初始化时间，甚至无法得到固定解。

（3）数据中心的影响。数据中心出现故障导致无法开展网络 RTK 测量的原因大致有 2 种：一是 GNSS-Net 软件出现死机，无法提供网络 RTK 服务；二是数据中心终止了该用户的网络 RTK 服务。出现上述情况可向数据中心电话咨询，或向数据中心寻求帮助。

（4）用户设备的影响。通常，不同版本和不同型号的 GNSS 接收机、记录手簿与通信设备匹配时有一定要求，如 Trimble R7-GNSS 接收机与 Trimble TSC2 记录手簿支持基于 CDMA 模块的移动通信设备，而基于 GPRS 模块的移动通信设备则须安装塞班（Symbian）操作系统，如果安装安卓（Android）操作系统则无法识别。另外，当出现无法获取源列表时，须检查用户名和密码是否正确，同时检查设置的源列表类型与授权源列表类型是否一致。

（5）测量环境的影响。如果测站周边有高大建筑物、密林、大面积水域、强电磁干扰源，测量精度将受到严重影响，甚至无法获得固定解。此时，如果精度要求不高，可以采取记录浮点解或者调整测量精度限差，降低获得固定解的标准；如果精度要求较高，则需要结合其他光学测量设备进行联合测量。

3.2.4　关键技术

网络 RTK 关键技术主要包括基准站网模糊度的确定、区域误差模型建立和流动站误差的计算、流动站双差模糊度的确定、大规模基准站组网技术、网络 RTK 系统完备性监测技术 5 个方面（韩志云 等，2013）。

1. 基准站网模糊度的确定

网络 RTK 技术是目前实现高精度定位的重要手段之一，其关键问题是基准站间整周模糊度的准确解算，只有准确地确定了基准站间的整周模糊度，才能建立高精度的误差模型，进而实现流动站整周模糊度的固定和得到高精度的定位结果。通过多个参考站的已知坐标和观测数据，快速确定整周模糊度值，然后进一步确定误差模型的精细结构。

网络 RTK 基准站间的距离可达几十到上百千米,电离层延迟和对流层延迟等相关性较低,双差后残余误差很大,模糊度与误差难以分离,因此采用简单的差分算法很难准确固定基准站间的整周模糊度。网络 RTK 基准站间模糊度的确定属于一种长距离静态基线模糊度求解问题。长距离静态基线模糊度解算虽然已经比较成熟,但要在十几分钟、几分钟甚至一个历元内完成网络 RTK 基准站网模糊度的解算,就存在一定的难度。国内外很多学者对此进行了一定的研究,并得出了很多方法,如长距离 GPS 静态基线模糊度求解法、单历元整周模糊度搜索法、快速确定长距离基准站网模糊度的三步法等。以网络 RTK 基准站的单历元整周模糊度搜索法为例,其主要思想是不解方程组,而直接利用观测站坐标已知、模糊度为整数和双频整周模糊度之间的线性关系三个条件进行搜索。该方法主要分为三步:一是误差消除与计算,主要消除多路径等误差和计算对流层延迟;二是模糊度备选值的选取,在假设最大双差电离层延迟的前提下,找出该范围内的所有整周模糊度备选值;三是模糊度的确定。单历元整周模糊度搜索法与传统方法相比的主要优点是快速、简单、实用,并且因为是单历元模糊度搜索,所以不受周跳和电离层突变的影响。

2. 区域误差模型建立和流动站误差的计算

网络 RTK 中,通过基准站网建立区域误差模型,发给流动站,通过差分消除了绝大部分误差,达到厘米级定位精度需要使用载波相位观测值,必须解算模糊度。当基准站网的双差模糊度确定以后,基准站之间的误差就可以计算到厘米级精度,准确有效地计算出流动站误差同样是网络 RTK 定位技术和算法中的重要内容。影响 GNSS 定位的误差中,与距离相关的电离层误差、对流层误差和轨道误差是网络 RTK 误差处理的主要内容。其中:轨道误差可以使国际 GNSS 服务(International GNSS Service,IGS)的快速预报星历得到较好的解决;对流层误差一般是先通过模型改正,然后用参数进行估计;电离层误差是最为复杂的,因此,国内外很多学者主要对电离层误差的模型化和内插方法做了较多的研究。

在网络 RTK 定位中,流动站误差的准确程度非常关键,它既影响流动站模糊度确定的可靠性和成功率,又影响流动站定位的精度。目前已广泛应用的方法有两种:一种是把各种误差分开建立模型,然后根据流动站的位置计算出相应的误差;另一种是把各种误差放在一起,直接根据流动站相对于基准站的坐标内插其误差(韩志云 等,2013)。

3. 流动站双差模糊度的确定

网络 RTK 和常规 RTK 中流动站数据处理的主要区别在于常规 RTK 中双差后的剩余残差很小,对定位的影响可以忽略,而网络 RTK 中双差后的残差仍然较大,需要通过基准站网数据进行改正,消除其对定位的影响。因此,网络 RTK 中流动站模糊度的动态确定与常规 RTK 中模糊度的动态确定是一样的,目前已有很多实用的方法。比如:双频 P 码伪距法通过宽窄巷双频组合的方式扩大组合观测量的波长,来解算组合观测值的模糊度;附加模糊度参数的卡尔曼滤波法在动态条件下可以有效提高浮点解的精度;双频数据相关法具有较强的伪值剔除能力;单历元流动站整周模糊度搜索法不受周跳影响,可以在坐标初值精度不高的情况下正常解算(李征航,2016)。

4. 大规模基准站组网技术

网络 RTK 技术需要首先进行基线解算，并以此为基础计算误差改正数。基线互联成网络，形成的基本图形就是三角形。全面构建所有三角形将面临计算量大和三角形内三边精度不一致的问题，因此需要构建最佳三角形的标准和方法。构建三角形网络的方法很多，常用的是 Voronoi 图和 Delaunay 三角形网法，其中 Delaunay 三角形网为互相邻接且互不重叠的三角形的集合，被网络 RTK 算法大量采用。网络 RTK 系统基准站在地理空间上可认为是多个分布不规则的点，组网的原则和算法将直接影响网络 RTK 系统的作业效率，比如对单个用户进行数据服务时，没必要选择全部基准站，一般选择与流动站位置最近的三个基准站进行差分改正数计算。

随着基准站网规模的不断扩大和观测数据的不断积累，无论在卫星导航定位数据处理理论还是应用方面，基准站网的发展面临着不少机遇与挑战。当前基准站网面临的局面是：基准站数量越来越多，规模越来越大，观测时间越来越长，而实时化定位服务越来越好；存在四大卫星导航系统并存的局面，导航卫星星座均提供多频率服务；行业发展上出现跨地区、跨行业、跨网络的基准站组网趋势。这种局面下，必然会推进基准站组网理论与方法的发展。

5. 网络 RTK 系统完备性监测技术

完备性是指导航系统发生任何故障或者误差超限，无法用于导航和定位时，系统向用户及时发出报警的能力。网络 RTK 系统完备性是保证用户安全性的一个重要组成部分，当系统无法提供用户所需的服务时，系统应在预定的时间范围内及时有效地向用户发出警告信息，并且这些信息的可靠性指标也应该得到保证。此外，完备性还包括对系统提供的信息进行保护水平计算，以检查是否超过报警限值，从而保证用户使用的安全性和可靠性。对网络 RTK 系统进行完备性监测，有从数据利用率、多路径效应、周跳和数据延迟等方面进行分析，也有从空间相关性和时间相关性误差源出发，将电离层残差完备性监测、对流层完备性监测及数据龄期等作为网络 RTK 系统完备性监测的内容，还有从网络 RTK 系统服务的可靠性考虑采用多指标综合评价的方法，如模糊综合评判法、人工神经网络法、层次加权分析法、主成分分析法等。国内外很多研究人员对网络 RTK 完备性的研究做出了很大贡献，但研究通常侧重于网络 RTK 完备性监测中的某些方面，因此建立一套完整的完备性监测理论和方法，解决用户使用中存在的各种问题，具有重要的理论意义和工程应用价值。

3.3 网络 RTK 技术服务种类

网络 RTK 技术日趋完善，应用范围不断扩大。目前网络 RTK 根据技术类型和软件主要分为：虚拟参考站（VRS）技术、主辅站（master-auxiliar，MAX）技术、区域改正参数（德文 flachen-korrectur-parameter，FKP）技术、综合偏差内插（combined bias interpolation，CBI）法及联合单参考站 RTK 技术。

3.3.1 虚拟参考站技术

虚拟参考站技术最先由 Landau 等（2002）提出，是目前全球普及范围最广的网络 RTK 差分解算技术。VRS 技术通过在流动站（用户站）附近产生一个虚拟的参考站，并根据周边网络中参考站的实际观测值生成该虚拟参考站的虚拟观测值，与流动站观测值差分后计算得到较为精确的流动站位置（刘彦芳 等，2009）。系统运行中需要将高精度的差分信号发给流动站，这个差分信号的效果相当于在流动站旁边，生成一个虚拟的参考基站，从而解决 RTK 作业距离上的限制问题，并保证用户的精度。

具体来讲，虚拟参考站技术实现过程可分为三步：①参考站连续运行观测，不直接向移动用户发送任何改正信息，而是将所有的原始数据通过数据通信链路实时传给系统数据处理和控制中心，该中心据此计算，对电离层延迟、对流层延迟等空间距离有关误差进行建模，完成所有基准站的信息融合；②流动站在作业时，先发送单点定位或 DGNSS 确定的用户概略坐标给系统数据处理和控制中心，中心根据概略坐标生成虚拟参考站观测值，并回传给流动站；③流动站利用虚拟参考站数据和本身的观测数据进行实时载波相位差分，得到高准确度定位结果。

VRS 技术中有两个关键技术：一是流动站误差的计算；二是虚拟观测值的生成（李征航 等，2016）。它通过与流动站距离最近的几个（典型的是 3 个）参考站之间的基线计算各项误差，采用一定的算法来消除或大幅削弱这些误差所造成的影响。移动用户在工作前，先将概略坐标（NMEA0183 格式）通过无线移动数据链路（如 GSM/GPRS、CDMA）传送给数据中心，数据中心在流动站附近位置创建一个虚拟参考站，然后内插得到虚拟参考站各项误差源影响的改正值，并以 RTCM 格式通过 NTRIP 协议发送给流动站用户。流动站用户接收数据中心发送来的虚拟参考站差分改正信息或虚拟观测值，进行差分解算得到用户厘米级的定位结果。VRS 工作原理如图 3-2（Landau et al.，2002）所示。

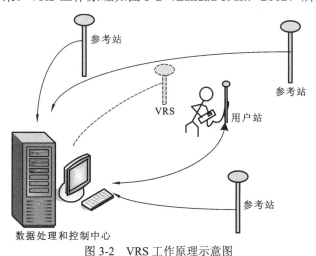

图 3-2 VRS 工作原理示意图

网络 RTK 系统中，b 为主参考站，r 为流动站，i、j 分别为参考卫星和观测卫星的编号。流动站处的某颗卫星的双差误差改正数为 $\nabla\Delta\delta_{rb}^{ij}$。流动站与主参考站的双差值为

$$\nabla\Delta\delta_{rb}^{ij} = (\varphi_r^j - \varphi_b^j) - (\varphi_r^i - \varphi_b^i) \tag{3.2}$$

式中：φ_r^i、φ_r^j、φ_b^i、φ_b^j 分别为站 r、b 和卫星 i、j 的原始载波相位观测值。加上改正数以后的双差观测值为

$$\nabla\Delta\hat{\varphi}_{br}^{ij} = \nabla\Delta\varphi_{br}^{ij} + \nabla\Delta\delta_{rb}^{ij} \tag{3.3}$$

将式（3.2）代入式（3.3）中，并重新组合各项，有

$$\nabla\Delta\hat{\varphi}_{br}^{ij} = [\varphi_r^j - (\varphi_b^j - \nabla\Delta\delta_{rb}^{ij})] - [\varphi_r^i - (\varphi_b^i - 0)] \tag{3.4}$$

设主参考站卫星 i、j 改正以后的非差观测值为

$$\begin{cases} \hat{\varphi}_b^i = \varphi_b^i - 0 \\ \hat{\varphi}_b^j = \varphi_b^j - \nabla\Delta\delta_{rb}^{ij} \end{cases} \tag{3.5}$$

则使用新的非差观测值组成的双差观测值为

$$\nabla\Delta\hat{\varphi}_{br}^{ij} = (\varphi_r^j - \hat{\varphi}_b^j) - (\varphi_r^i - \hat{\varphi}_b^i) \tag{3.6}$$

式（3.5）表示改正以后的非差观测值，但是为了使传输的数据看起来像自一个不同的位置，必须进行几何上的移动。卫星到接收机的几何距离定义为

$$R(t) = \sqrt{(\boldsymbol{x}^s - \boldsymbol{x}_b)^{\mathrm{T}} \cdot (\boldsymbol{x}^s - \boldsymbol{x}_b)} \tag{3.7}$$

式中：$\boldsymbol{x}^s$ 为信号发播时刻卫星在地固系的位置；$\boldsymbol{x}_b$ 为接收机的位置。如果接收机的位置发生变化，信号的传播时间也会相应地发生改变，相应的地球自转量也不一样。若 $\boldsymbol{x}_v$ 为虚拟参考站的位置，则虚拟参考站处的几何距离近似值为

$$\hat{R}_v(t) = \sqrt{(\boldsymbol{x}^s - \boldsymbol{x}_v)^{\mathrm{T}} \cdot (\boldsymbol{x}^s - \boldsymbol{x}_v)} \tag{3.8}$$

没有改正过的卫星位置，其精度是米级的，而伪距精度也是米级的，可以用这个距离近似新位置的伪距：

$$\hat{\rho}_v = \rho_b + (\hat{R}_v - R_v) \tag{3.9}$$

式中：$\hat{\rho}_v$ 为新的伪距近似值；ρ_b 为站 b 的伪距；R_v 为精确的虚拟参考站几何距离，用标准的卫星轨道精细化地球自转算法和伪距近似值足够确定卫星的位置，则新的虚拟位置的几何距离的变化值为

$$\Delta R = R_v - R_b \tag{3.10}$$

设参考站的载波相位方程为

$$(\hat{\varphi}_b + N_b) \cdot \lambda = R_b + \delta_b \tag{3.11}$$

式中：$\hat{\varphi}_b$ 为加了改正数的非差载波相位观测值；R_b 为几何距离；δ_b 为电离层、对流层等误差的综合影响。在式（3.11）的两边同时加上几何平移值 ΔR 有

$$(\hat{\varphi}_b + N_b) \cdot \lambda + \Delta R = R_b + \delta_b + \Delta R \tag{3.12}$$

将式（3.10）代入式（3.12），经过变换可得

$$(\hat{\varphi}_b + \Delta R / \lambda) \cdot \lambda + N_b \cdot \lambda = R_v + \delta_b \tag{3.13}$$

故虚拟观测值 φ_v 为

$$\varphi_v = \hat{\varphi}_b + \Delta R / \lambda \tag{3.14}$$

VRS 技术的优势是：系统在 DGNSS、准实时定位及事后差分处理的服务半径上与单参考站没有任何差别，但是在 RTK 作业半径方面得到较大距离的延伸；它的成果可靠性、信号可利用性和精度水平在系统的有效覆盖范围内大致均匀，与距离最近参考站的距离没

有明显的相关性。其缺陷是电离层、对流层的影响只能借助改正模型来修正，修正效果受外界影响较大；不能消除或者只能借助其他方法来消除轨道误差的影响。采用 VRS 解算方法的代表软件有 Trimble 公司的 GPSNet。

由于虚拟参考站离流动站很近，一般仅相距数米至数十米，动态用户只需要采用常规 RTK 技术就能与虚拟基准站进行实时相对定位，获得较准确的定位结果。如果网络 RTK 的数据处理中心能按常规 RTK 中所用的数据格式来播发虚拟基准站的观测值及站坐标，那么网络 RTK 中的动态用户就可用原有的常规 RTK 软件来进行数据处理。在虚拟基准站法中，动态用户也需要根据伪距观测值和广播星历进行单点定位，求得流动站的粗略位置并实时将它们传送给数据处理中心。数据处理中心通常就将虚拟基准站设在该点上。此时虚拟站离真正的流动站位置可能相距 20~40 m。虚拟参考站技术的关键在于如何构建出虚拟的观测值。一旦构建出虚拟的观测值，在数据处理时就可把它看作一般的基准站来处理。

VRS 不仅是 GNSS 的产品，也是集互联网技术、无线通信技术、计算机技术和 GNSS 定位技术于一身的系统。VRS 扩展了 GNSS 的应用领域，代表了 GNSS 的发展方向。VRS 的出现，降低了用户的定位成本，用户不需要自己架设基准站，只需要一个简单的 GNSS 接收机就可以达到厘米级的定位水平。

3.3.2 主辅站技术

主辅站技术是由瑞士徕卡（Leica）公司基于主辅站概念（master-auxiliary concept，MAC）推出的参考站网软件 SPIDER 的技术基础（李征航 等，2016；Brown et al.，2006）。主辅站技术基于多基站、多系统、多频和多信号非差分处理方法，从参考站网以高度压缩的形式将所有相关的、代表整周模糊度水平的观测数据作为网络的改正数据播发给流动站（王刚 等，2012）。它本质上是区域改正数（FKP）的一种优化。选择距离流动站最近的一个有效的参考站作为主参考站，一定半径范围内至少有 2 个其他有效的参考站作为辅参考站。1 个参考站网中只有 1 个主参考站，而且这个主参考站是不固定的，剩下的都是辅参考站。主参考站和辅参考站自动组成 1 个单元进行网解，发送主参考站的位置、改正信息和辅参考站相对于主参考站的改正信息给流动站，对流动站进行加权改正，最后得到精确坐标，它是 RTCM3.0 版网络 RTK 信息的基础（龚真春 等，2010）。主辅站的工作原理如图 3-3（吴星华 等，2005）所示。

主辅站技术可以使用单向数据通信和双向数据通信两种方式。单向数据通信方式下的主辅站技术称为 MAX 技术，双向数据通信方式下的主辅站技术称为 i-MAX 技术。MAX 技术中，同一网络单元播发同一组数据，用户接收机目前只有徕卡公司生产的新型接收机才能使用（姜卫平，2017）。i-MAX 技术与 VRS 技术一样，流动站必须播发自己的概略位置给数据处理中心，数据处理中心根据其位置计算出流动站的改正数，再以标准差分协议格式发播给流动站（李征航 等，2016），流动站可以是各种支持标准差分协议格式的接收机。

主辅站技术实现了真正的网络 RTK。其优势在于支持单向和双向通信，克服以前方法的缺点（如误差模型不完善，仅仅使用 3 个最近的参考站的信息生成网络改正数据、需要双向通信、数据量大且不标准等问题），将成为网络 RTK 的发展目标；为流动站用户提供了极大的灵活性，能够对网络改正数进行简单的、有效的内插，对流动用户的数量也不限

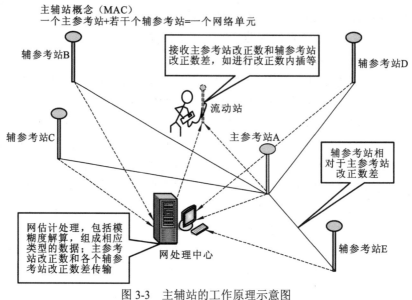

图 3-3　主辅站的工作原理示意图

制；提供网络数据是相对于真实的参考站，不是虚拟的；流动站可以获取参考站网所有有关电离层和几何形态误差的信息，并以最优化的方式利用这些信息，增强了系统和用户的可靠性、安全性。采用主辅站技术进行网络 RTK 差分解算的代表软件主要有徕卡公司的SpiderNet，此外 Topcon 公司的 TopNet 也能采用主辅站技术进行网络 RTK 解算（祁芳 等，2020；龚真春 等，2010）。

3.3.3　区域改正参数技术

区域改正参数技术采用一种动态全网解算模型，最早是由德国的 Geo++GmbH 提出的。该技术基于状态空间模型，它要求所有参考站将每一个瞬时采集的未经差分处理的同步观测值实时传回数据处理中心，通过数据处理中心实时处理，产生一个称为 FKP 的空间误差改正参数，然后将这些参数通过扩展的 RTCM 信息发送给服务区内的所有流动站进行空间位置解算。

系统传输的 FKP 能够比较理想地支持流动站的应用软件，但是流动站必须知道相关的数学模型，才能利用 FKP 参数生成相应的改正数。为获取瞬时解算结果，每个流动站需要借助一个被称为"Adv 盒"的外部装置，内置解译软件来配合流动站接收机实现作业。该技术存在与 VRS 技术相同的缺陷：电离层、对流层只能通过模型来改正，并且易受外界的影响；不能消除轨道误差，只能借助其他的方法。VRS 技术要用所有的基准站来计算改正信息，而 FKP 技术只需要选取距离流动站最近的 3 个基准站（胡兵 等，2011）。

由于采用 FKP 算法的用户需要附加解译设备，FKP 解算的保密性非常好。但是，FKP解算使用比较复杂，对用户流动站要求高，因此普及率较低。

3.3.4 综合误差内插法

综合误差内插法是由武汉大学卫星导航定位技术研究中心提出的。在 GNSS 的观测过程中，受电离层延迟、对流层延迟及卫星轨道误差等影响，所得到的观测值不可避免地含有多种误差。在网络 RTK 差分算法研究过程中，许多误差的影响很难进行区分，并进行单个精确计算或改正，但是它们的综合影响却可以用简单精确的方法统一计算或消除。基于上述原因，学者便提出了综合误差的概念。这里的综合误差，准确地说，是指 GNSS 观测值中除观测噪声之外的所有系统误差的综合影响。观测噪声一般情况下都很小，且具有随机性，因此有时也可以说综合误差是观测值中所有误差的综合影响。

综合误差内插法是基于多种系统误差在一定区域内具有较强的相关性，用一定的算法通过多个基准站的已知误差直接内插该区域内任何一处流动站的综合误差。使用综合误差内插法只需要一个历元的数据便可很好地消除流动站的双差综合误差。

综合误差内插法利用双差组合的优点，在基准站计算改正信息时，没必要将电离层延迟、对流层延迟等误差都进行区分，并单独计算出来，也没必要将由各基准站所得到的改正信息都发给用户，而是由各监控中心统一集中所有的基准站观测数据，选择、计算和播发给用户综合误差信息。由于多种误差在主辅站之间存在较强的线性相关性，用综合误差表示双差观测方程中的所有系统误差的综合影响。综合误差内插法利用卫星定位误差的相关性计算基准站上的综合误差，并内插出用户站的综合误差。研究表明，综合误差内插法的精度最弱点是位于基准站基线的中间，对于随位置不同而呈线性变化的误差，如电离层延迟和卫星轨道误差，可以基本完全消除其影响，同时消除绝大部分不符合线性变化的误差，如对流层延迟等系统误差。

综合误差内插法优点是在消除电离层、对流层的误差时，不使用模型，而是由已知误差直接改正，改正效果受外界影响小；根据流动站的位置合理选择基准站；能直接消除或削弱卫星轨道误差与其他误差的影响；在电离层变化较大的时间段和区域内，该技术较有优势，但是该技术需要用户端有解算设备。综合误差内插法的代表软件为武汉大学卫星导航定位技术研究中心的 PowerNET。

3.3.5 联合单参考站 RTK 技术

此模式原理上与普通 GNSS 作业时的参考站没有太大的区别，每一个参考站服务于一定作用半径内所有的 GNSS 用户。对于长时间静态跟踪数据后处理的用户，借助于接收调频副载波、宽带快速网络通信，以及其他数据通信手段提供的 DGNSS 伪距差分改正数信息，对从事准实时定位或实时精密导航的用户来说，服务半径可以达到几十千米、几百千米，甚至更大一些。对于需要实时给出厘米级定位精度的用户，单参考站的服务半径目前可以达到 30 km。

联合单参考站差分解算技术是有限的网络 RTK 技术，通过区域内的多个参考站构成的非有机网，在多个参考站联合覆盖范围内为用户提供差分服务，其基本差分算法与常规RTK 算法相同，联合单参考站是最早的 CORS。联合单参考站作业时，用户将概略坐标发送到数据处理中心，数据处理中心通过概略坐标选用最近的参考站，并将最近参考站的差分数据发送给用户，即以最近的参考站为基准站进行载波相位差分测量。联合单参考站技术解算原理如图 3-4 所示。

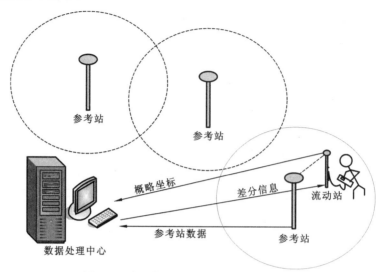

图 3-4 联合单参考站技术解算原理示意图

该技术的优势在于：首期投入较少，管理成本较低，施工周期短；可以随时升级和扩展；系统灵活、安全、可靠、稳定；不需要任何额外的装置，不需要报告流动站点位的双向数据通信设备。由于只采用一个参考站进行差分解算，单参考站的解算精度和系统可靠性不及多参考站联合解算的网络 RTK。随着 CORS 技术越来越成熟，联合单参考站进行解算的方式越来越少，一般只在县一级或某个小区域范围内使用。我国南方测绘公司推出的 CORS 单基站系统采用了该技术。

3.4 网络 RTK 建设现状及发展趋势

当前，利用多基站网络 RTK 技术建立的连续运行（卫星定位服务）参考站已成为卫星导航系统应用的发展热点之一。下面主要介绍我国 CORS 的发展情况。

3.4.1 建设现状

我国的 CORS 发展也很快速且很多省份都已建有连续运行站，其中 2003 年深圳建立了第一个实用化的实时动态 CORS——深圳连续运行参考站系统（SZCORS），该系统采用 VRS 技术，并采用两种数据服务方式：一种为实时数据播发服务；另一种为事后处理的数据服务，并发布系统的工作状况等最新消息。随着北斗系统和 5G 的发展，国内卫星导航和通信的融合也在加紧实施中，由于网络 RTK 技术研究的落后且目前国内 CORS 建设多与国外合作，相关的核心技术和软硬件设施还在依赖国外 GPS 厂商进口，不仅价格昂贵、建设成本高，且发展缓慢。因此研究网络 RTK 关键技术和建设以自主知识产权为基础的

CORS 具有重要意义。

1. 我国 CORS 网建设进程

国内第一个 GPS 永久性跟踪站于 1992 年建立于武汉，即现在的国际卫星系统服务（IGS）武汉站（WUHN），用于全球陆地参考框架定义及 GPS 卫星轨道确定，而后分别在北京房山（1995 年）、拉萨（1995 年）、乌鲁木齐（1995 年）、咸阳（1997 年）、西宁（1998 年）、哈尔滨（1999 年）和海口（1998 年）等地建立了 7 个国家级 GPS 连续运行参考站（武汉站、拉萨站、北京房山站、乌鲁木齐站为 IGS 站），主要目的是建立国家大地基准控制网，为我国坐标参考框架建设提供参考数据，并服务于国际 GNSS 地球动力学研究。此外：经过数 10 年的观测，武汉、拉萨、乌鲁木齐和上海等站作为国际核心站参与了国际地球参考框架（international terrestrial reference frame，ITRF）的建设；上海、乌鲁木齐、长春等站还配备了甚长基线干涉测量（very long baseline interferometry，VLBI）、卫星激光测距（satellite laser range，SLR）等多种空间大地测量手段，用于地球科学研究，已成为国际上具有多种观测手段的科学台站。

中国地壳运动观测网络（crustal movement observation network of China，CMONOC）工程项目是 1998 年国家计划委员会批准立项并开工建设，2000 年底通过验收投入使用，由中国地震局、中国人民解放军总参谋部测绘导航局、中国科学院、国家测绘局四方联合组建。该网络工程项目主要包括基准网、基本网、区域网和数据传输与分析处理系统四大部分，由 27 个 GPS 连续观测站、56 个定期复测 GPS 站、1000 个不定期复测 GPS 站和数据中心及 3 个共享子系统组成整个网络工程（甘卫军，2021）。

中国大陆构造环境监测网络（简称"陆态网络"）于 2007 年 12 月开工建设，2012 年 3 月通过验收投入使用，由中国地震局、中国人民解放军总参谋部测绘导航局、中国科学院、国家测绘地理信息局、中国气象局和教育部共同承担建设，法人单位为地壳运动监测工程研究中心。该网络由 260 个连续观测站和 2 000 个不定期观测站点构成，主要用于监测中国大陆地壳运动、重力场形态及变化、大气圈对流层水汽含量变化及电离层离子浓度的变化，为研究地壳运动的时空变化规律、构造变形的三维精细特征、地震短临阶段的地壳形变时空变化特征、现代大地测量基准系统的建立和维持、汛期暴雨的大尺度水汽输送模型、电离层动态变化图像及空间天气等科学问题提供基础资料和产品。

国家现代测绘基准体系基础设施建设一期工程（简称"测绘基准一期工程"）于 2012 年 6 月正式开工建设，2017 年 5 月通过验收。测绘基准一期工程建成初具规模的全球卫星导航定位连续运行基准站网和卫星大地控制网，获得高精度、动态三维、稳定、连续的观测数据，提供实时定位和导航的信息，以满足国家对坐标系统和定位的需求。全国范围建成了 360 个 GNSS 连续运行基准站，其中新建 150 个，改造利用 60 个，直接利用 150 个。

第一张覆盖全国的 CORS 网络于 2015 年由中国兵器工业集团，以及国土资源部、交通部、国家测绘局、国家地震局、中国气象局、中国科学院共同开始建设，由千寻位置网络有限公司负责实施运营，该网络全称为国家北斗地基增强系统全国一张网。2018 年被测绘行业内俗称为"千寻 CORS"，全国的千寻知寸（FindCM）服务覆盖全国 33 个省级行政单位。千寻 CORS 允许跨区域访问和控制，基本实现了全国信号覆盖，之后南方测绘、中海达、华测等公司也开始生产 CORS，提供不同等级精度的卫星导航定位服务和时间服务，为重点行业和应用领域提供个性化服务。

2. 各省市 CORS

2000 年以后，为了满足城市经济建设的需要，我国先后在深圳、北京、上海、香港、武汉等城市建成具有网络 RTK 功能的 CORS 网。目前，随着技术的日趋成熟、成本的不断降低、用户需求的增加，很多中小城市也纷纷建成了城市级 CORS。深圳 CORS（SZCORS）是我国第一个实用化的实时动态 CORS。该系统由基准站（5 个）、系统控制中心、数据中心、用户应用中心、数据通信等子系统组成。SZCORS 通过 GSM 通信方式，采用虚拟参考站技术提供网络 RTK 实时定位差分数据服务，还可通过 Internet 的 HTTP、FTP 等访问方式提供事后精密定位服务，其实时定位精度在水平、垂直方向上分别达到 0.03 m、0.05 m。2005 年以来，随着 CORS 技术逐渐成熟和经济建设对地理空间信息的需求不断扩大，广东、江苏率先开展了省级 CORS 建设。全国 30 个省（自治区、直辖市）已经建成或正在建设覆盖全省（自治区、直辖市）的连续运行卫星定位综合服务系统，部分省市基准站网已经开始对社会提供服务。据统计，目前我国建设完成的基准站已超过 6 000 座（陈明 等，2018）。

3.4.2 发展趋势

目前正值网络 RTK 技术蓬勃发展之际，国内很多省市已经建立了完整的基于网络 RTK 技术的 CORS。网络 RTK 技术日趋完善，应用范围不断扩大，但还存在很多问题。国际上针对网络 RTK 技术没有制定通用的标准，各地所建系统的数据处理方式和数据格式都不相同，所建基准站存在信息不共享、建设规格不统一、安全措施不到位等诸多问题，这些问题影响了基准站网的信息数据融合，造成系统的兼容性差，制约了网络 RTK 服务能力的进一步提升；误差模型的生成还存在许多问题，在电离层和对流层强烈活动条件下出现的误差仍然是一个影响实际应用的问题；在网络 RTK 中，网络稳定性是影响定位精度的主要因素，因此应尽量保证网络的稳定。未来的网络 RTK 技术将会向着长距离、高精度、多频多模、高稳定性的方向发展，传统网络 RTK 与大规模网络 RTK 对比如表 3-3（申丽丽，2020）所示。

表 3-3　网络 RTK 的发展趋势

项目	传统网络 RTK	大规模网络 RTK
系统	GPS	北斗/GPS/GLONASS 多系统
参考站数量	几个至几十个	数千个
服务覆盖范围	省市级	全国及海外区域
应用领域	测绘、电力、水利、规划等专业领域	自动驾驶、机器人、无人机、虚拟现实、智能交通等大众消费领域
并发用户数量	几十至几千不等	亿级
关键技术指标	精度、服务覆盖范围	精度、可靠性、实时性、服务覆盖范围等

网络 RTK 的各种解算技术是通过网络 RTK 软件实现的。目前，市场上最为流行的网络 RTK 软件包括 Trimble GPSNet、Leica SpiderNet、Topcon TopNet 和我国南方测绘公司的 Venus 等。这些软件都是以网络 RTK 解算为核心，通过各种组合算法来实现 CORS 的各项服务功能。

随着全球卫星定位技术、计算机技术、网络和通信技术的迅速发展，建立区域卫星定位导航服务网络取代传统的静态定位控制网是今后实时导航定位的发展趋势。网络 RTK 差分定位技术是 CORS 产生的原因和最主要的应用之一。但由于目前网络 RTK 中所采用技术都不是十分成熟，也没有统一的标准，非标准化带来一系列兼容性问题；误差模型的生成还存在许多问题，在电离层和对流层活动条件下出现的误差仍是一个影响实际使用的问题；系统的稳定性、可靠性和保密性等方面还有待于进一步完善。在此前提下，针对不同网络 RTK 技术的优缺点，用户必须从应用角度出发，综合考虑网络参考站的设计和投入，合理选取技术方案，以实现最大化的使用效益。

思 考 题

1. 名词解释
    （1）网络 RTK
    （2）VRS
2. 简答题
    （1）网络 RTK 的技术特点有哪些？
    （2）阐述 VRS 技术的原理。
    （3）阐述 MAX 技术的原理。

参 考 文 献

陈明, 武军郦, 王孝青, 2018. 卫星导航定位基准站备案管理系统设计与实现. 地理信息世界, 25(3): 71-75.

陈振, 秘金钟, 王权, 等, 2015. BDS/GPS 实时动态网络伪距差分定位. 测绘科学, 40(12): 81-85.

程鹏飞, 杨元喜, 李建成, 等, 2007. 我国大地测量及卫星导航定位技术的新进展. 测绘通报(2): 1-4.

甘卫军, 2021. 中国大陆地壳运动 GPS 观测技术进展与展望. 城市与减灾(4): 39-44.

龚真春, 朱建华, 安治国, 等, 2010. CORS 中几种主流网络 RTK 技术的分析与比较//第二届测绘科学前沿技术论坛. 北京: 测绘出版社.

韩志云, 钱进, 钱曙光, 等, 2013. GNSS 精密数据处理的关键策略与方法. 地理空间信息, 11(3): 3, 79-82.

胡兵, 王成, 李超, 等, 2011. 网络 RTK 几种常用技术的比较. 地理空间信息, 9(3): 102-104, 190.

姜卫平, 2017. GNSS 基准站网数据处理方法与应用. 武汉: 武汉大学出版社.

李国武, 2012. 网络 RTK 在海岛(礁)测绘中的应用. 测绘通报, 9: 35-37.

李征航, 黄劲松, 2016. GPS 测量与数据处理. 3 版. 武汉: 武汉大学出版社.

刘彦芳, 何建国, 张现礼, 等, 2009. 几种网络 RTK 技术的比较分析. 地理空间信息, 7(2): 89-92.

祁芳, 程晓晖, 2020. 城市 CORS 网络北斗化升级改造关键技术研究. 测绘与空间地理信息, 43(3): 90-92, 96.

邱杨媛, 2008. 上海 VRS 网中坐标转换的研究与应用. 上海: 同济大学.

申丽丽, 2020. 支持海量用户的北斗/GPS 多频网络 RTK 关键技术研究. 武汉: 武汉大学.

索效荣, 马学武, 裴亮, 2011. GPS-RTK 在线路测量中的应用研究. 辽宁工程技术大学学报(自然科学版), 30(6): 845-848.

唐文杰, 吕志伟, 王兵浩, 等, 2015. 基于北斗 CORS 的网络 RTK 定位精度分析// 第六届中国卫星导航学术年会, 西安: 中国卫星导航系统管理办公室学术交流中心: 106-110.

王刚, 童凌飞, 关颖, 2012. CORS 系统的主要技术及其应用. 地理空间信息, 10(5): 8, 96-98.

王雷, 倪少杰, 王飞雪, 2014. 地基增强系统发展及应用. 全球定位系统, 39(4): 26-30.

吴黎荣, 2020. GNSS 网络 RTK 定位原理及算法研究. 桂林: 桂林电子科技大学.

吴星华, 吕振业, JOEL VANCRANENBROECK, 等, 2005. 徕卡最新主辅站技术在昆明市 GPS 参考站网中的应用. 现代测绘(S1): 256-263.

BROWN N, GEISLER I, TROYER L, 2006. RTK rover performance using the master-auxiliary concept. Journal of Global Positioning Systems, 5(1-2): 135-144.

CRUDDACE P, WILSON I, GREAVES M, et al., 2002. The long road to establishing a national network RTK solution// FIG XXII International Congress, Washington D.C., USA: 19-26.

EL-MOWAFY A, 2005. Analysis of the design parameters of multi-reference station RTK GPS networks. Surveying and Land Information Science, 65(1): 17-26.

LANDAU H, VOLLATH U, CHEN X, 2002. Virtual reference station systems. Journal of Global Positioning Systems, 1(2): 137-143.

第4章 精密单点定位技术

【教学及学习目标】

本章介绍精密单点定位技术发展历程，精密单点定位基本原理、误差源及其处理方法，以及利用实测数据对精密单点定位性能进行分析。通过本章的学习，学生可以了解精密单点定位的基本原理、发展现状和当前研究热点。

4.1 引　言

单点定位是卫星导航定位系统中最简单、最直接的定位方式。标准单点定位（standard point positioning，SPP）采用测量伪距观测值（C/A 码或 P 码）进行定位，由于伪距观测值的噪声大，定位精度一般只能达到十几米或几十米，对于测绘类领域，需要精确获得点位的空间坐标，传统的单点定位显然不能满足高精度定位要求，限制了其在测量领域的广泛应用。

载波相位观测值的噪声小，相对于伪距观测值有先天性的优势，精密单点定位（precise point positioning，PPP）技术应运而生，其利用精密卫星轨道和精密卫星钟差改正，以及单台卫星接收机的非差分载波相位观测数据进行单点定位，可以获得分米级甚至厘米级的精度，因而在卫星导航业界得到了广泛关注和重视。PPP 的主要优势体现在两个方面：一是使用户端系统更加简化；二是在定位精度上保持全球一致性。就目前来看，PPP 技术已经相对成熟，但是仍然具有快速模糊度固定算法、实时动态 PPP 等方面的挑战。

4.2 精密单点定位技术发展现状

精密单点定位是指利用国际 GNSS 服务（IGS）组织提供的或自己解算得到的精密卫星轨道与精密卫星钟差，综合考虑各项误差模型的精确改正或进行参数估计，利用单台接收机的伪距与载波相位观测值实现精密绝对定位的方法。它集成了标准单点定位和相对定位的技术优点，克服了各自的缺点，仅需单机作业，无须架设地面基准站，具有机动灵活、不受作业距离的限制、使用成本低、数据处理简单等特点，可直接获得与国际地球参考框架（ITRF）一致的高精度测站坐标。PPP 技术的出现改变了以往只能通过双差定位模式才能达到高精度定位的状况，是 GNSS 定位技术中继实时动态定位技术后出现的又一次技术革命。

自 20 世纪 90 年代末美国喷气推进实验室学者 Zumberge 等（1997）提出 PPP 技术以来，精密单点定位技术先后历经了从静态到动态、从后处理到实时、从双频到单频再到多频、从 GPS 单系统/双系统到 GNSS 多系统融合、从无电离层组合到非差非组合、从浮点解到整数解/固定解、从 PPP 到 PPP-RTK 等发展过程，如图 4-1 所示。PPP 为建立全球统一无缝的 GNSS 高精度定位服务模式提供了可能，已成为卫星导航定位领域的前沿热点方向。

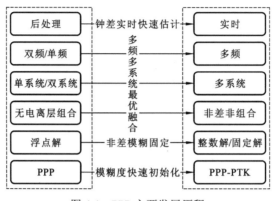

图 4-1　PPP 主要发展历程

4.2.1　PPP 实数解

Zumberge 等（1997）提出了利用事先确定的精密卫星轨道和钟差，根据单站双频 GPS 非差观测数据解算测站绝对三维坐标的精密单点定位技术，不仅在理论上证明了其可行性，并成功应用于 GIPSY 软件中，取得了单天静态定位精度达 1～2 cm、事后单历元定位精度达 2.3～3.5 dm 的试验结果。随后，Kouba 等（2001）也开展了对非差精密单点定位技术的研究，通过处理长时间的静态观测数据，其定位精度达到厘米级。叶世榕（2002）对非差相位精密单点定位技术进行了较为深入的研究，采用自行研制的定位软件得到的试算结果表明：单天解的精度在经度方向优于 2 cm，纬度方向优于 1 cm，高程方向优于 3 cm；动态定位的初始时间约为 15 min，之后单历元解的精度在水平与垂直方向上均优于 20 cm。为了保留电离层延迟信息，Le 等（2006）提出了一种非组合的精密单点定位方法，并取得了一些初步的结果。张宝成等（2011）讨论了基于 GPS 原始双频伪距和相位观测数据的 PPP 方法，并将其应用于确定斜向电离层总电子含量和站星差分码偏差（differential code bias，DCB），取得了较好的效果。Leandro（2009）采用精密单点定位模型推导了电离层延迟、差分码偏差、精密卫星钟差及伪距噪声的估计方法，进一步拓展了 PPP 技术的应用空间。许长辉（2011）系统性研究了基于卡尔曼滤波的高精度 GNSS 精密单点定位模型质量控制及预警，基于最小二乘的相关理论，建立卡尔曼滤波模型的广义可靠性理论，提出统计量的自适应抗差卡尔曼滤波方法，能够处理各种卡尔曼滤波模型异常。郭斐（2013）深入分析接收机钟跳对 PPP 数据预处理及定位结果的影响，给出了四类接收机钟跳的定义及其分类标准；提出了一种基于观测值域的实时钟跳探测与修复方法，避免了许多不必要的模糊度参数重新初始化过程，显著地提高了 PPP 的定位精度和可靠性。

为加快 GPS PPP 解算的收敛速度，Colombo 等（2001）对 GPS 浮标垂向分量的坐标进行了建模，并以此对 PPP 解进行约束，可以减弱模糊度和坐标参数的相关性，加快收敛速度。Abdel-salam（2005）对不同运动状态下的载体定位解进行了研究，分析了影响精密单点定位解算收敛速度的模糊度和对流层模型两个因素，并将 PPP 技术应用于大气监测方面。Elsobeiey 等（2011）研究了 PPP 中电离层延迟二阶项的模型改正方法，并将 PPP 收敛速度减小了约 15%。

PPP 技术最初主要针对双频 GPS 观测数据，此后许多学者又陆续从使用不同频率、不同系统等方面开展了相应的拓展研究。基于单频的精密单点定位技术以其作业成本低而备受用户青睐，但需要认真考虑电离层延迟的模型改正，或是加参数进行估计。Chen 等（2005）利用实时 GPS 精密产品，使用实时电离层产品改正、模型估计等不同的电离层处理方法，验证了实时单频 GPS PPP 可以取得亚米级精度。Le 等（2007）利用单频接收机采集的 GPS 数据取得了水平 0.5 m、高程 1 m 精度的单频 PPP 试验结果；Choy 等（2008）比较了在单频 PPP 中使用全球电离层图（global ionospheric maps，GIM）等 3 种不同的电离层模型的改正效果，实现了 12～24 h 的 1 dm 精度的单频 PPP 解。

多频数据处理方面，早期由于缺少实际观测数据，主要使用模拟数据，且有关研究主要集中于相对定位中的模糊度固定。近年来随着三频 GPS 卫星的逐渐增多，不少学者对三频线性组合特性、三频 PPP 数据处理模型，以及定位性能展开了初步的研究。Monge 等（2014）提出了基于两步最小二乘处理多频多系统 GNSS 静态原始观测值的 MAP3 算法，第一步首先估计平滑后的伪距、初始模糊度及斜路径对流层延迟，第二步则估计绝对测站坐标及钟差参数。Tegedor 等（2014）研究了基于 L1/L2、L1/L5 两组无电离层组合的 GPS 三频 PPP 数据处理模型，并指出引入 L5 观测数据后三频 PPP 模型需要额外考虑卫星和接收机频间偏差。Elsobeiey（2014）根据不同策略选取了 9 组 GPS 三频数据线性组合方案，利用 10 个多模 GNSS 实验（multi-GNSS experiment，MGEX）测站数据的实验结果表明：三频线性组合 PPP 可将传统双频 PPP 的收敛时间和定位精度改善大约 10%。总体而言，由于目前公开提供多频信号的卫星依然较少，且 IGS 的数据处理策略都是基于双频无电离层组合，所发布的产品大部分也都是针对双频数据处理，当前有关多频 PPP 的研究与应用还处于初步阶段。

在多系统组合方面，随着 GLONASS 的重建，Tolman 等（2010）研究了 GPS/GLONASS 组合 PPP 相对 GPS PPP 的改善，表明仅当 GPS 卫星数少于 5 颗时，加入 GLONASS 观测值才有助于提高定位精度和加速收敛。受到 GLONASS 精密轨道和钟差的精度较低的影响，加入 GLONASS 观测值有时会降低定位解的质量。张小红等（2010b）对分别基于 GPS、GLONASS 及两者的组合系统进行 PPP 解算，结果表明：采用 GPS/GLONASS 组合系统能够显著提高定位结果的可靠性，加快 PPP 的收敛速度。此外，利用 GLONASS 单系统进行 PPP 解算也取得了平面厘米级、高程优于 1 dm 的定位精度。孟祥广等（2010）对 GPS/GLONASS 组合精密单点定位的数据融合处理的关键技术进行了研究。结果表明：GPS/GLONASS 组合较之单一系统精密单点定位提高了收敛速度与收敛后的定位精度。但受限于当时 GLONASS 星座平均可见卫星数不足，单天内约有 22% 的时刻不能单独使用 GLONASS 完成精密单点定位。Cai 等（2013b）详细推导了 GPS/GLONASS 组合 PPP 的函数模型及随机模型，5 个 IGS 测站的静态算例表明：组合 PPP 能显著加快收敛速度，但对定位精度改变不明显；动态算例则表明组合 PPP 能将东（east，E）、北（north，N）、高程（up，U）方向定位精度提高 50% 以上。Shi 等（2013）估计了来自 5 大厂商 133 组

GPS/GLONASS 接收机的 GLONASS 非差伪距频间偏差，分析了该偏差与天线类型、接收机类型及硬件版本号的相关性，分析了考虑 GLONASS 伪距频间偏差改正对 SPP 和 PPP 解算的影响。结果表明：考虑该误差项可将 GLONASS PPP 东、北、高程方向分量上的均方根改善 57%、48% 和 53%，将 GPS/GLONASS 组合伪距标准单点定位（standard point positioning，SPP）三分量均方根改善 27%、17% 和 23%，并能显著改善组合 PPP 的收敛速度。

随着北斗系统的建设、完善和发展，也有学者开始尝试利用北斗事后精密星历和钟差开展基于北斗双频 PPP 或 GPS/BDS 组合双频 PPP 的研究。施闯等（2012）采用"北斗卫星观测实验网"的实测数据，利用 PANDA 软件实现了北斗系统的高精度定轨/定位，验证了北斗单系统静态 PPP 的定位精度达到厘米级。马瑞等（2013）利用北京和武汉站一周的观测数据进行了北斗导航系统的静态和动态 PPP 试验，结果表明北斗导航系统静态单天解精度可达 1～2 cm、动态单天解精度可达 4～6 cm。Montenbruck 等（2013）证明了北斗导航系统载波相位频间偏差具有极高的稳定性，同时利用自估的北斗导航系统精密产品评估了单北斗静态 PPP 解的精度，表明单 BDS PPP 和单 GPS PPP 结果互差达到 12 cm。利用 6 个北斗测站的数据，Steigenberger 等（2013）估计了北斗卫星轨道和钟差改正数，得到 1～2 dm 精度的 IGSO 卫星轨道和几分米的 GEO 卫星轨道。基于该精密产品的单北斗 PPP 能够取得与单 GPS PPP 相差几厘米的定位精度。此外，Li 等（2013a）也利用 2 个测站 3 天的观测数据，初步评估了 GPS、BDS、GPS/BDS 双频非组合 PPP 浮点解的定位性能，GPS+BDS 组合也能在一定程度上改善 PPP 浮点解的收敛时间。由于目前北斗跟踪站网的测站数少，北斗轨道和钟差产品精度还不如 GPS 的精密轨道和钟差的精度高，从已有的研究结果来看，北斗双频 PPP 浮点解的收敛速度明显要快于 GPS 双频 PPP。Xu 等（2014）分析了北斗导航系统单系统静态、动态和模拟实时 PPP 解的定位性能，其结果表明北斗导航系统 PPP 的定位精度及收敛速度略差于 GPS 解，北斗导航系统能够提供接近于 GPS 和 GLONASS 的精密定位服务，但仅能覆盖中国及周边地区。朱永兴等（2015）基于国内区域网的数据解算得到了北斗精密卫星轨道和钟差产品，分析了北斗导航系统静态和动态 PPP 定位精度，并与 GPS 解结果进行比较，实验结果表明北斗导航系统 PPP 可以达到目前 GPS 精密单点定位的水平，实现静态厘米级、动态分米级的定位精度。

在地球任一位置单天内多数时间可观测 Galileo 卫星不足 4 颗，尚不具备完全定位服务能力，因此当前有关 Galileo PPP 的研究相对较少，且主要都是分析多系统环境下组合 PPP 的定位性能及相对单系统 PPP 解对定位精度和收敛时间的改善效果。

此外，国内外众多科研机构和商业公司也开发了相应的软件系统实现了 PPP 功能。除了 GIPSY 软件能够支持 PPP 解算，瑞士伯尔尼大学天文研究所（Astronomy Institute of Bernese University）也开发了著名的 GPS 综合数据处理软件 Bernese，并在其 4.2 版本中加入了用非差伪距和相位观测值进行 PPP 处理的功能，5.0 版本对此功能进行了进一步的改进。EPOS 软件是德国 GFZ 研制的非差定位定轨软件，也包含 PPP 功能。加拿大卡尔加里大学开发了 P3 软件。加拿大 WayPoint 公司开发的 GrafNav 软件 7.8 版本在原来差分定位的基础上增加了 PPP 数据处理模块；加拿大 APPLANiX 公司推出了 POSPac AIR 软件，也支持 PPP 处理的功能。瑞士 Leica 公司也推出了自己的 PPP 数据处理软件 IPAS PPP。挪威 TerraTec 公司推出了基于 PPP 模式的动态定位软件 TerraPOS。武汉大学张小红经过多年对 GPS 精密单点定位理论及方法的深入研究，开发出了高精度的商用精密单点定位数据处理软件 TriP。PANDA 是武汉大学卫星导航定位技术研究中心研制的卫星导航数据综合处理软件，基于该软件平台，武汉大学在精密卫星钟差估计、实时精密单点定位原型系统设计、地震波信号提取和地表永久形变信息获取等方面开展了大量研究工作，并取得了丰富的研究成果。日本的 TomojiTakasu 开发能够处理 GPS/GNSS 观测值数据和其他各种参数的 GPS 软件包 GpsTools 和 RTKLIB，并利用 PPP 进行精密钟差和轨道估计、电离层、对流层有关研究。除以上离线软件外，有的机构还研制了在线 PPP 软件并提供免费服务。目前，常见的在线精密单点定位软件有 GAPS、OPUS、APPS、CSRS-PPP、MAGIC-PPP 等。

精密单点定位技术最早被用于高精度坐标参考框架的维持，它克服了 GPS 网解计算量大的问题，提高了 GPS 数据处理效率，此后被扩展应用至大地测量与地球动力学的诸多领域。在低轨卫星定轨方面，Bisnath（2004）和 Bisnath 等（2001）利用精密单点定位技术对 CHAMP、GRACE 卫星进行定轨，取得了事后分米级的定轨精度。在 GPS 水汽遥感方面，Gendt 等（2004）采用精密单点定位技术对德国境内 170 个站点为期两年的观测数据进行分析，获得了 1～2 mm 的近实时综合水汽含量。Rocken 等（2005）将精密单点定位技术应用于海洋水汽监测，利用其得到的天顶对流层湿延迟反演大气可降水量（precipitable water vapor，PWV），其数值与无线电探空仪和船载水汽辐射计的测量结果吻合较好，差异仅为 2～3 mm。在环境监测方面，Chen 等（2004）利用精密单点定位技术进行海平面监测，通过对 GPS 浮标进行定位，实现了分米级的监测精度。在灾害监测与灾害预警方面，Kouba（2005，2003）首次采用高频 GPS 精密单点定位技术对 2002 年德纳里（Denali）断裂带地震和 2004 年苏门答腊–安达曼（Sumatra-Andaman）特大地震进行了分析，得到了地震近场和远场的地表运动时序图。Blewitt 等（2006）利用震后 15 min 左右的 IGS 跟踪站网数据，采用 GIPSY-OASIS II 软件解算得到近场和远场测站的同震位移，同时结合地震波初至时刻，快速评估了地震的震级，并为海啸预警提供了决策依据。张小红等（2005）将精密单点定位技术成功应用于南极埃默里（Amery）冰架动态监测，获得了冰架前端观测点处的冰流速和方向，并推求出观测点处的周日变化参数，为后续的物质平衡计算提供了依据。此外，张小红等（2006）讨论了精密单点定位技术在无地面基准站的航空测量中的应用。计算结果表明，以多基准站的双差解结果为参照，动态数据精密单点定位的结果的偏差[均方根值（root mean square，RMS）]南北分量和东西分量均优于 5 cm，高程分量优于 10 cm。袁修孝等（2007）比较了 GPS 精密单点定位与差分 GPS 定位所获取摄站坐标的差异，以及用于 GPS 辅助光束法区域网平差的精度，其试验结果验证了将 GPS 精密单点定位技术应用于 GPS 辅助空中三角测量，能够取得满足航空摄影测量规范精度要求的结果。陈永奇等（2007）利用 13 个连续运行的 GPS 参考站网，基于网解和 PPP 技术实现了香港地区的可降水分的实时监测，重构了香港地区的三维水汽场，为天气预报提供了及时、准确的水汽含量及其变化信息。李建成等（2009）采用纯几何法对 GRACE 卫星定轨，取得了单天 3～5 cm 的轨道精度。张小红等（2010c）采用快速精密星历和快速精密钟差，近实时地反演了美国 SumitNet 网中 8 个测站的可降水量，获得了优于 1 mm 的大气可降水量值。

4.2.2　PPP 固定解

Gabor（1999）首次提出改正卫星端宽巷（wide lane，WL）和窄巷（narrow lane，NL）

小数周偏差（fractional cycle bias，FCB）、固定星间单差 PPP 模糊度的方法，但受当时精密产品精度较差等因素的限制，该方法未能实现窄巷小数周偏差估计和窄巷模糊度固定。Ge 等（2008）在对 PPP 网解算的研究中发现，双差模糊度固定成功率可达 97%，这意味着 PPP 星间单差模糊度应有相近的小数部分。基于此，Ge 等（2008）采用星间单差模型，通过估计卫星端星间单差的相位小数偏差恢复星间单差模糊度的整数特性，实现了固定星间单差模糊度的 PPP 定位，显著提高了东方向的定位精度。Geng 等（2009）在 Ge 等（2008）的方法的基础上使用最小二乘模糊度降相关平差（least-squares ambiguity decorrelation adjustment，LAMBDA）方法搜索单差窄巷模糊度，利用一小时的观测数据进行静态 PPP 固定解试验，三维坐标的精度可以提高 68.3%。张小红等（2010a）研究得出了非差模型 PPP 模糊度固定的结果，通过引入某个测站的小数周偏差为基准，可将单差小数周偏差还原为非差小数周偏差，实现了非差模型 PPP 模糊度固定解，并将 GPS PPP 模糊度固定解成功应用于低轨卫星几何法精密定轨，与 GFZ 提供的事后精密轨道相比，GRACE A/B 卫星单天轨道固定解 R、T、N 方向精度为 2～3 cm、2 cm、1～2 cm，较之浮点解的定轨结果 3 个方向分别改善程度为 19%～50%。与 K 波段测距结果相比，浮点解的测距残差 STD 均值为 22.6 mm，固定解为 16.4 mm，比浮点解提高了约 28%。可见 PPP 模糊度固定解明显改善了低轨卫星的定轨精度，能提供更可靠的轨道服务。考虑小数周偏差具有方向数据的特性，潘树国等（2012）、赵兴旺等（2014）研究了基于 Von Mises 分布的单差小数周偏差估计算法。与星间单差模糊度固定方法不同，Collins 等（2010）提出了钟差去耦模型（decoupled clock model），通过伪距和载波相位使用不同的卫星钟改正数恢复非差模糊度的整数特性，也成功固定了非差整数模糊度。类似地，Laurichesse 等（2009）提出了估计"整数卫星钟差"，恢复非差相位模糊度整数特性，进而实现了固定非差整数模糊度的 PPP 定位。Laurichesse 等（2009）提出利用卫星钟差改正数吸收窄巷小数周偏差的整数卫星钟方法，被法国国家太空研究中心采用并生成 GRGS 产品。刘帅等（2014）利用法国国家太空研究中心发布的整数相位钟实现了 PPP 模糊度固定，大量动态 PPP 解算试验表明：与浮点解 PPP 相比，固定解 PPP 具有更快的收敛速度且定位精度和稳定性更好。

Geng 等（2010）详细比较了 Ge 等（2008）、Collins 等（2010）、Laurichesse 等（2009）的方法，证明了三类方法理论上等价，通过对全球 IGS 站一年的数据分析表明，采用这几种方法得到的 PPP 模糊度固定解定位精度是基本相当的。Shi 等（2014）则从整数可恢复性、系统冗余度和改正数属性三方面再次系统地论证了上述三类 PPP 固定解方法的等价性。

也有学者对上述 GPS PPP 固定解模型进行了相应的改进和扩展。Bertiger 等（2010）提出了一种基于与参考站网实数模糊度形成双差实现 PPP 模糊度固定的方法，该方法并不事先估计小数周偏差，而是直接将基准站的非差宽巷和无电离层组合实数模糊度及其时间跨度信息发送给流动站用户，供流动站用户组成相对基准站和参考卫星的双差宽巷和无电离层组合模糊度，实现双差模糊度的固定，进而利用该双差模糊度固定解的整数约束信息，来达到 PPP 模糊度固定解的目的。不同于上述 PPP 固定都是基于常规无电离层组合观测模型，Li 等（2013b）提出了基于原始 GPS L1 和 L2 观测值，考虑电离层延迟参数时间和空间经验约束及外部电离层模型约束的非差非组合 PPP 固定解模型。其结果表明新模型相对传统 PPP 固定解模型可将动态 PPP 解的首次固定时间减少约 25%。此外，基于模拟的三频 GPS 信号，Geng 等（2013）提出了依次固定超宽巷（extra wide lane，EWL）、宽巷和窄巷模糊度的三频 GPS PPP 模糊度固定算法。利用模拟数据实验,窄宽正确固定率由双频 150 s 的 64%提高到三频 65 s 的 99%。潘宗鹏等(2015)提出了 PPP 宽巷模糊度固定的质量控制准则,并提出了依据窄巷模糊度方差大小排序的部分模糊度固定算法,采用部分模糊度固定策略能够有效控制未收敛的模糊度参数对固定解的影响,从而提高用户端 PPP 模糊度固定成功率。

除 GPS 之外,俄罗斯的 GLONASS 也是具有全球定位服务能力的卫星导航定位系统。由于 GLONASS 信号采用频分多址的结构,其伪距和相位观测值中存在与频率及接收机类型有关的频间偏差,给基于 GLONASS 观测值的模糊度固定带来了新的问题。Reussner 等(2011)分析了 GLONASS 频间偏差对 RTK 和 PPP 模糊度固定的影响,结果表明:GLONASS 载波频间偏差与频段号具有很强的线性相关性,采用线性函数模型可以很好地模型化不同类型接收机的载波频间偏差之差。然而 GLONASS 伪距频间偏差难以模型化处理,使得基于 Melbourne-Wubbena(MW)组合宽巷模糊度固定的 PPP 固定算法不能适用于 GLONASS 观测值。Banville 等(2013)进一步分析了 GLONASS 伪距频间偏差与天线类型、接收机类型、接收机硬件版本的相关性,指出同硬件配置测站的 GLONASS 伪距频间偏差与频段号呈准线性相关。基于相同硬件配置的测站组成的服务网和用户网,考虑 GLONASS 伪距频间偏差建模,实现 GLONASS PPP 固定解是可能的。但与 GPS 相比,GLONASS 小数周偏差估计和用户端模糊度固定无论是数据处理量还是算法难度都大大增加。与上述研究不同,Jokinen 等(2013)则从系统辅助的角度研究了加入 GLONASS 观测值对 GPS PPP 模糊度首次固定时间及定位精度的影响,其研究表明增加 GLONASS 观测值可以将 GPS PPP 模糊度首次固定时间减少约 5%。

北斗导航系统(BDS)是我国正在实施自主发展、独立运行的卫星导航定位系统。基于 IGS-MGEX 项目提供的观测数据及有关产品,不少学者的研究表明单 BDS 具有为亚太地区用户提供区域高精度绝对和相对定位服务的能力。有关 BDS PPP 固定解的研究工作也逐步展开,Wanninger 等(2015)分析发现 BDS 伪距存在与高度角/频率相关、与接收机类型/时间无关的系统性偏差,并指出该偏差可能来源于 BDS 卫星端的多路径误差。该偏差值超过 1 m,会对基于 MW 组合的 BDS 宽巷模糊度固定产生严重影响。Qu 等(2015)利用 1 天的 GNSS 观测数据给出了单 BDS、GPS+BDS 组合 PPP 模糊度固定初步结果。Gu 等(2015)研究了基于原始观测值的三频 BDS PPP 固定解。结果表明超宽巷和宽巷 AR 对 PPP 精度和收敛速度具有较显著的改善,固定 BDS L1 模糊度还具有较大难度。

4.2.3 实时 PPP

国际 GNSS 服务(IGS)组织 2001 年成立实时工作组,实时试验计划(real-time pilot project,RTPPP)于 2007 年启动。在 IGS 实时服务开通前,一些学者也用其他方式进行了相关的实时 PPP 研究,施闯等(2012)通过无线通信网络播发钟差给用户终端,结果表明用户实时定位平面精度和高程分别为 10 cm 和 20 cm。易重海等(2011)利用 IGU 超快预报轨道产品进行实时 GPS 卫星钟差估计,使用估计的实时钟差和 IGU 预报轨道进行定位,结果表明:采用该方法可达到厘米级实时精密单点定位的要求。2013 年 4 月正式推出实时服务，使实时 PPP 定位技术实现更加方便，越来越多的学者开始关注使用实时产品进行实时 PPP 的性能，Elsobeiey 等（2016）首次系统介绍了 IGS 实时产品的具体信息，并通过多个站点评估 IGS 实时产品的定位性能，结果表明，使用 IGS 实时产品的实时 PPP 优于使用 IGU 超快速预报产品的实时 PPP，定位性能整体提高了 50%。Li 等（2013c）利用 GFZ 实时产品进行实时精密单点定位，其中单 GPS 实时 PPP 收敛后东、北、高程方向定位精度分别为 10.56 cm、2.37 cm、9.99 cm，而四系统实时 PPP 收敛后的精度分别为 2.17 cm、1.02 cm、3.00 cm，明显较单系统有较大提升。另外也有学者对实时精密单点定位模糊度固定进行了研究，证明模糊度固定对定位精度有较大提升，东、北、高程方向精度从 13.7 cm、7.1 cm、11.4 cm 提高到 0.8 cm、0.9 cm、2.5 cm。Wang 等（2018）分析了 IGS、BKG、DLR、ESA、GFZ、GMV、CNES、CAS 等分析中心的实时产品及其精度，并用这些实时产品进行了动态和静态定位试验，结果表明，实时 PPP 使用 BKG、DLR、ESA、GFZ、GMV、CNES、CAS 等实时产品需要 20～30 min 才能达到 10～15 cm 的精度。此外，实时 PPP 技术可在多个领域使用，例如空中三角测量、天顶对流层实时估计、时间传递等。但是上述实时 PPP 均是在终端实现的，目前实时 PPP 技术由于受到网络、产品精度等影响，用户无法获得可靠性的实时位置，同时对获取的实时坐标难以进行有效的结果检核。

张小红等（2012）第一次提出 GNSS 精密单点定位中的实时质量控制概念，提出了一套涵盖数据/产品预处理与分析、误差改正与消除、模型精化与参数估计等多方面实时 PPP 质量控制体系，后续的质量控制研究多基于此模式开展深入研究，该体系只涵盖了双频的理论且相关的一些理论也是基于对事后数据的检验。郭斐（2013）首次系统地研究了 GPS 精密单点定位质量控制理论与分析方法，首次从输入阶段、函数模型优化及参数估计、定位结果检核等方面阐释了质量控制方法，尤其在结果检核方面提出了观测值残差分析、向前向后滤波检校、速度加速度检验等多种手段，但是上述理论与方法基于事后 PPP 模式，同时只是对 GPS 做了验证分析。黄丰胜（2017）研究了 BDS 实时精密单点定位与质量控制算法研究，其质量控制主要侧重于双频模式下实时周跳探测与修复及抗差估计两方面，并对 C 波段卫星播发系统实时精密单点定位进行了验证。潘宗鹏（2018）系统探讨了 PPP 质量控制理论，在没有外部检核条件下，提出了不同系统组合 PPP 交叉法检核定位结果的精度和可靠性，并且采用了一种改进的完好性保护水平计算方法用于动态 PPP 定位精度评估。

4.2.4 多频多系统 PPP

目前，四大全球系统（GPS、GLONASS、Galileo、BDS）、两大区域系统（QZSS、NAVIC）及星基增强系统（SBAS），已基本形成多星座、多频率并存局面，如图 4-2 所示，不久的将来，太空中将有 120 颗左右卫星服务于 PNT，各卫星系统一直在不断发展或升级。

得益于多系统 GNSS 卫星星座、MGEX 跟踪站网、多系统 GNSS 精密轨道和钟差产品的日益发展和成熟，多系统 GNSS PPP 相关算法和应用研究开展得如火如荼。在 2013 年之前，多系统 GNSS PPP 的研究多局限于 GPS+GLONASS 组合，且 GLONASS 观测值的加入一般是为了辅助增强单 GPS PPP。Cai 等（2013b）详细推导了 GPS+GLONASS PPP 的

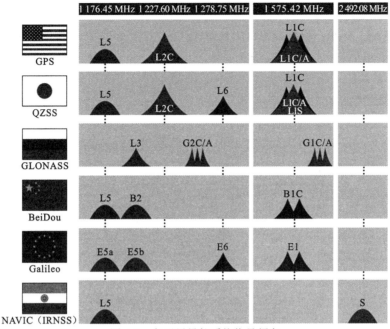

图 4-2　各卫星导航系统信号频率

函数模型和随机模型，静态算例结果表明 GLONASS 观测值的加入能够显著加快定位解的收敛速度，但对定位精度改善不明显；动态算例则表明加入 GLONASS 观测值能将东向、北向和垂向三个分量的定位精度提高 50%以上。随着 GLONASS 系统的逐步恢复及 BDS 和 Galileo 的快速发展，单 GLONASS 或 BDS PPP、四星座 GNSS 之间不同系统组合的 PPP 获得了充分的研究。Cai 等（2013a）基于 15 个高纬度的 IGS 测站的定位结果表明单 GLONASS PPP 的定位精度与单 GPS 的结果基本相当。由于目前 BDS 跟踪站网的测站数较少，BDS 的轨道和钟差产品精度明显比 GPS 的差，从已有的研究结果来看，BDS 双频 PPP 的收敛时间明显要大于 GPS，定位精度也略差于 GPS。为了验证多系统 GNSS 融合的定位性能，Lou 等（2016）和刘腾（2017）先后对 GPS+GLONASS+BDS+Galileo 四系统联合 PPP 模型进行了研究，并对不同系统联合的定位性能进行了分析，结果表明，多系统观测值的加入可以明显改善 PPP 定位性能和可靠性。而且相比单 GPS PPP，加入多系统 GNSS 观测值能够显著加快 PPP 的收敛速度。多系统 GNSS 观测值的加入，给 GNSS 数据处理同样带来了新的挑战，如 GLONASS 伪距频间偏差（inter-frequency bias，IFB）和多系统 GNSS 系统间偏差（inter-system bias，ISB）的处理策略。Chen 等（2013）研究了 GPS+GLONASS PPP 中频间偏差和系统间偏差的估计及其在定位中的应用，结果表明考虑 GLONASS 伪距频间偏差可加快 GPS+GLONASS PPP 的收敛速度。此外，刘志强等（2015）提出了一种基于"多参数"的 GLONASS 伪距频间偏差估计算法，实现了基于单个测站观测数据的 GLONASS 伪距频间偏差精确估计。新算法能实现对 GLONASS 伪距频间偏差的有效补偿，明显加快组合 GPS+GLONASS PPP 的收敛速度。但对定位精度的提升有限，与传统"单参数"法进行组合 PPP 的定位精度相当。同时，PPP 模糊度固定的研究也逐渐从单一的 GPS PPP 模糊度固定向多系统 GNSS PPP 模糊度固定方向扩展。Geng 等（2010）详细比较了国际上常用的三类 PPP 模糊度固定方法，证明了其理论上等价并实验验证其定位精度基本相当。实际研究中，更多的学者倾向于采用 Ge 等（2008）的方法。总体而言，GNSS PPP 模糊度固定依然是当前的研究热点，特别是 GLONASS、BDS、Galileo 等系统及多系统联合的 PPP 模糊度固定及应用研究还较为有限。

4.2.5 PPP-RTK

Wübbena 等（2005）首次提出了 PPP-RTK 的概念。但关于 PPP-RTK 的概念其实学术界还存在一些争议。PPP-RTK 应该具有 3 个基本特征：采用 PPP 定位模型，实时定位，能快速固定模糊度。如何实现 PPP 模糊度的快速（或瞬时）固定是 PPP-RTK 的核心。Li 等（2011）借鉴网络 RTK 误差处理的思想，提出充分利用已经建立起来的密集基准站网设施，逐站进行精密单点定位整数解，逐站提取精密大气延迟信息，并进行空域和时域建模，将这些增强的改正信息播发给用户使用，解决了非差模糊度的快速固定难题，实现了 PPP-RTK 定位原型系统。已有或正在发展的一些商业 PPP-RTK 系统大多采用该方案，如图 4-3 所示。

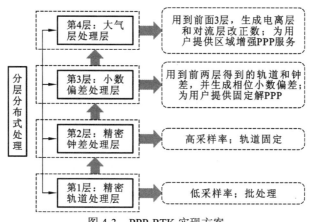

图 4-3 PPP-RTK 实现方案

Oliveira 等（2017）分别采用法国密集参考网和稀疏参考网数据构建对流层延迟模型，为 PPP 的对流层参数提供先验约束，试验结果表明，两种模型的实时 PPP 定位收敛后精度没有显著改善，但是收敛速度得到提高。张宝成等（2011）研究了现有 3 种非差非组合 PPP-RTK 网络模型，并利用中国陆态网实测数据给出了最适合实时播发卫星相位小数偏差的线性组合，同时评估了 PPP-RTK 定位性能。Li 等（2019）为了提高区域参考网实时改正数的计算效率，提出了基于多核并行计算技术的相位小数偏差、天顶对流层延迟等各项误差改正数的计算方法，香港 CORS 和美国西南部 CORS 网数据研究表明，双核、四核、八核、十六核平台并行实现相位小数偏差估计和对流层建模的处理速度比单核串行处理速度分别提高了 1.79 倍、3.15 倍、5.59 倍、9.69 倍。Li 等（2020）利用 CORS 网观测数据评估了 BDS-2+3/GPS 的 PPP-RTK 定位性能，结果表明，利用区域参数获得的高精度大气模型，可以在 1.5 和 1.6 个历元实现单 GPS 和单 BDS-2+3 PPP-RTK 定位，其定位精度可收敛至水平毫米级到厘米级、高程厘米级。

Nadarajah 等（2018）研究了多系统 PPP-RTK 定位性能，利用科廷大学的 PPP-RTK 数据处理平台及多系统 GNSS 观测数据，数据集包含了高质量的大地型接收机和低成本单频接收机，其基准站网包含大网（覆盖澳大利亚）和小网（站间距小于 30 km）两种，试验结果表明：利用大网多系统 GNSS 基准站数据可在 15 min 实现多系统 GNSS PPP-RTK 收敛，相比浮点解 PPP 收敛速度缩短了 30 min；基于小网将用户站与基站数据同时解算，可实现 2 min 内收敛。Olivares-Pulido 等（2019）提出了一种基于 B-splines 函数的四维电离层层析模型，并用于 PPP-RTK 用户的电离层延迟改正，可使其初始化时间缩短至 20 个历元（采样率为 30 s）以内。鉴于近年来 5G 技术的快速发展及其超低延迟和超大数据传输容量等特点，Asari 等（2020）设计了一种新的 5G 辅助 GNSS PPP-RTK 系统，该系统可以满足 PPP-RTK 精密定位中大量高精度大气误差改正数及其他改正数的快速传输需求，相比已有网络 RTK 系统，该系统可将卫星钟差、轨道、码偏差、相位偏差及对流层电离层改正数等播发间隔由 5~30 s 提高至 1 s，其定位精度也可由数厘米提高至 1 cm，收敛时间从 1 min 缩短至 2.8 s。

目前，全球 PPP-RTK 技术仍处于开发和早期应用阶段，在理论方法方面，学术界已提出多种不同新概念新方法，其理论和结果表现基本等价，但是在工程应用中其差异尚需更多比较分析。首先，PPP-RTK 性能与服务端提供的数据量和数据采样率密切相关，如何平衡数据传输量、采样率与带宽的关系是目前仍需要关注的问题。其次，已有全球/区域电离层模型对 PPP-RTK 性能提升的幅度较为有限，初步研究结果表明基于参考网的电离层斜延迟产品能显著提高 PPP-RTK 性能，但是其播发数据量较大。因此，如何构建高精度的大气模型并确定其播发方式是目前 PPP-RTK 应用实践需要解决的重要问题之一。最后，在 PPP-RTK 定位中，大气误差的初始方差确定是影响 PPP-RTK 快速收敛的关键，现有大气模型/产品提供的精度指标较多是计算过程内符合精度，而且存在虚高现象，如何准确确定该参数在观测方程中的方差值有待深入研究。

4.3　精密单点定位基本原理

精密单点定位关键技术主要包括函数模型与随机模型构建、参数估计、数据预处理及质量控制，本节主要介绍双频消电离层组合函数模型、双频非组合函数模型、典型随机模型，以及常用周跳探测方法。

4.3.1　精密单点定位函数模型构建

GNSS 伪距、载波相位原始观测方程分别为

$$P_{i,r}^{s,j} = \rho_r^{s,j} + \delta t_r^s - \delta t^{s,j} + d_{\text{orb}}^{s,j} + T_r^{s,j} + \gamma_i I_{1,r}^{s,j} + d_{i,r}^s - d_i^s + \varepsilon(P_{i,r}^{s,j}) \tag{4.1}$$

$$L_{i,r}^{s,j} = \rho_r^{s,j} + \delta t_r^s - \delta t^{s,j} + d_{\text{orb}}^{s,j} + T_r^{s,j} - \gamma_i I_{1,r}^{s,j} + b_{i,r}^s - b_i^s + \lambda_i^s N_{i,r}^{s,j} + \varepsilon(L_{i,r}^{s,j}) \tag{4.2}$$

式中：P、L 分别为伪距和载波相位观测值；ρ 为接收机 r 与卫星 j 的几何距离，$\rho_r^{s,j} = \sqrt{(x^j - x_r)^2 + (y^j - y_r)^2 + (z^j - z_r)^2}$；$\delta t_r^s$ 为接收机 r 相对于导航系统 s 的接收机钟差；$\delta t^{s,j}$ 为导航系统 s 下 j 卫星的卫星钟差；$d_{\text{orb}}^{s,j}$ 为导航系统 s 下 j 卫星的轨道误差；$T_r^{s,j}$ 为接收

机 r 到卫星 j 方向对流层延迟误差；$I_{1,r}^{s,j}$ 为接收机 r 到卫星 j 方向频率为 1 的电离层误差；γ_i 为频点 i 与频点 1 的电离层转换系数，转换关系为 $\gamma_i = f_1^2 / f_i^2$；$d_{i,r}^s$、$b_{i,r}^s$ 分别为接收机端码、相位硬件延迟；$d_i^{s,j}$、$b_i^{s,j}$ 分别为卫星端码、相位硬件延迟偏差；λ_i^s、$N_{i,r}^{s,j}$ 分别为导航系统 s 频点 i 的波长和模糊度；$\varepsilon(P_{i,r}^{s,j})$、$\varepsilon(L_{i,r}^{s,j})$ 分别为伪距和相位观测噪声及残余误差。

1. 双频消电离层组合函数模型

为削弱电离层的影响，利用 GNSS 信号在电离层中的延迟与频率平方呈反比的特性，伪距和相位组合观测值分别为

$$P_{\text{IF},r}^{s,j} = \frac{f_1^2 \cdot P_{1,r}^{s,j} - f_2^2 \cdot P_{2,r}^{s,j}}{f_1^2 - f_2^2} \tag{4.3}$$

$$L_{\text{IF},r}^{s,j} = \frac{f_1^2 \cdot L_{1,r}^{s,j} - f_2^2 \cdot L_{2,r}^{s,j}}{f_1^2 - f_2^2} \tag{4.4}$$

式中：下标 IF 表示消电离层组合。

消电离层观测方程为

$$P_{\text{IF},r}^{s,j} = \rho_r^{s,j} + (\delta t_r^s + d_{\text{IF},r}^s) - (\delta t^{s,j} + d_{\text{IF}}^{s,j}) + d_{\text{orb}}^{s,j} + T_r^{s,j} + \varepsilon(P_{i,r}^{s,j}) \tag{4.5}$$

$$\begin{aligned} L_{\text{IF},r}^{s,j} = {} & \rho_r^{s,j} + (\delta t_r^s + d_{\text{IF},r}^s) - (\delta t^{s,j} + d_{\text{IF}}^{s,j}) + d_{\text{orb}}^{s,j} + T_r^{s,j} \\ & + [b_{\text{IF},r}^s - d_{\text{IF},r}^s + d_{\text{IF}}^{s,j} - b_{\text{IF}}^{s,j} + \lambda_{\text{IF}}^s N_{\text{IF},r}^{s,j}] + \varepsilon(L_{i,r}^{s,j}) \end{aligned} \tag{4.6}$$

$$\delta \hat{t}_r^s = \delta t_r^s + d_{\text{IF},r}^s \tag{4.7}$$

$$\delta \hat{t}^{s,j} = \delta t^{s,j} + d_{\text{IF},r}^{s,j} \tag{4.8}$$

$$\lambda_{\text{IF}}^s B_{\text{IF},r}^{s,j} = b_{\text{IF},r}^s - d_{\text{IF},r}^s + d_{\text{IF},r}^{s,j} - b_{\text{IF}}^{s,j} + \lambda_{\text{IF}}^s N_{\text{IF},r}^{s,j} \tag{4.9}$$

式中：$\delta \hat{t}_r^s$、$\delta \hat{t}^{s,j}$ 分别为含有消电离层组合伪距硬件延迟的接收机钟差和卫星钟差；$B_{\text{IF},r}^{s,j}$ 为含有伪距和相位硬件延迟的消电离层组合观测值模糊度参数；λ_{IF}^s 为消电离层组合观测值波长。

因此，消电离层组合观测值观测模型可表示为

$$P_{\text{IF},r}^{s,j} = \rho_r^{s,j} + \delta \hat{t}_r^s - \delta \hat{t}^{s,j} + d_{\text{orb}}^{s,j} + T_r^{s,j} + \varepsilon(P_{i,r}^{s,j}) \tag{4.10}$$

$$L_{\text{IF},r}^{s,j} = \rho_r^{s,j} + \delta \hat{t}_r^s - \delta \hat{t}^{s,j} + d_{\text{orb}}^{s,j} + T_r^{s,j} + \lambda_{\text{IF}}^s B_{\text{IF},r}^{s,j} + \varepsilon(L_{i,r}^{s,j}) \tag{4.11}$$

式中，卫星轨道和钟差可由相关机构发布的精密星历和钟差改正，改正时须注意机构精密产品解算策略，IGS 精密产品一般由消电离层组合观测值计算而来，精密钟差中含有消电离层硬件延迟，与式（4.8）中卫星钟差一致，因此可以直接用于改正。其余误差（如对流层延迟误差、相对论效应、地球自转误差、相位缠绕、天线相位中心、潮汐改正、码偏差等）使用模型或者附加参数估计。

2. 双频非组合函数模型

消电离层组合放大了观测噪声，同时消去电离层一阶项，用户无法获取电离层延迟信息，为了得到电离层信息，同时减少观测值噪声，可采用非组合模型。对式（4.1）、式（4.2）进行改写得

$$P_{i,r}^{s,j} = \rho_r^{s,j} + (\delta t_r^s + d_{\mathrm{IF},r}^s) - (\delta t^{s,j} + d_{\mathrm{IF}}^s) + d_{\mathrm{orb}}^{s,j} + T_r^{s,j}$$
$$+ \gamma_i I_{1,r}^{s,j} + (d_{\mathrm{IF},r}^s - d_{i,r}^s) - (d_{\mathrm{IF}}^{s,j} - d_i^{s,j}) + \varepsilon(P_{i,r}^{s,j}) \tag{4.12}$$

$$L_{i,r}^{s,j} = \rho_r^{s,j} + (\delta t_r^s + d_{\mathrm{IF},r}^s) - (\delta t^{s,j} + d_{\mathrm{IF},r}^s) + d_{\mathrm{orb}}^{s,j} + T_r^{s,j}$$
$$+ \gamma_i I_{1,r}^{s,j} + (d_{\mathrm{IF}}^{s,j} - d_i^{s,j}) - (d_{\mathrm{IF},r}^s - d_{i,r}^s) - 2(d_{\mathrm{IF}}^{s,j} - d_{\mathrm{IF},r}^s)$$
$$+ (d_i^s - d_i^{s,j}) + (b_i^s - b_i^{s,j}) + \lambda_i^s N_{i,r}^{s,j} + \varepsilon(L_{i,r}^{s,j}) \tag{4.13}$$

电离层项中的硬件延迟可表示为

$$d_{\mathrm{IF}}^{s,j} - d_i^{s,j} = (d_{\mathrm{IF}}^{s,j} - d_1^{s,j}) + (d_1^{s,j} - d_i^{s,j}) = \frac{1}{1-\gamma_2} \mathrm{DCB}_{P_1 P_2}^{s,j} - \mathrm{DCB}_{P_1 P_i}^{s,j} \tag{4.14}$$

$$d_{\mathrm{IF},r}^{s,j} - d_{i,r}^{s,j} = (d_{\mathrm{IF},r}^s - d_{1,r}^s) + (d_{1,r}^s - d_{i,r}^s) = \frac{1}{1-\gamma_2} \mathrm{DCB}_{P_1 P_2}^{s,r} - \mathrm{DCB}_{P_1 P_i}^{s,r} \tag{4.15}$$

因此 L1 频点电离层项可表示为

$$\hat{I}_{1,r}^{s,j} = I_{1,r}^{s,j} - \frac{1}{1-\gamma_2} \mathrm{DCB}_{P_1 P_2}^{s,r} + \frac{1}{1-\gamma_2} \mathrm{DCB}_{P_1 P_2}^{s,j} \tag{4.16}$$

式中：DCB 为差分码偏差（differential code bias）。

非组合 PPP 观测方程为

$$P_{i,r}^{s,j} = \rho_r^{s,j} + \delta \hat{t}_r^s - \delta \hat{t}^{s,j} + d_{\mathrm{orb}}^{s,j} + T_r^{s,j} + \gamma_i \hat{I}_{1,r}^{s,j} + \varepsilon(P_{i,r}^{s,j}) \tag{4.17}$$

$$L_{i,r}^{s,j} = \rho_r^{s,j} + \delta \hat{t}_r^s - \delta \hat{t}^{s,j} + d_{\mathrm{orb}}^{s,j} + T_r^{s,j} - \gamma_i \hat{I}_{1,r}^{s,j} + \lambda_i^s B_{i,r}^{s,j} + \varepsilon(L_{i,r}^{s,j}) \tag{4.18}$$

对上述方程的各项误差进行改正，并对方程进行线性化，从而进行参数估计。

4.3.2 精密单点定位随机模型构建

随机模型描述观测量、未知参数之间的统计不确定性，随机模型的设计只观测权阵的设计。GNSS 信号由卫星产生并发射，经过大气传播，最后由用户接收，因此存在与卫星相关、与传播过程相关、与接收机相关的各类误差源，根据 GNSS 观测值特性，设计随机模型，较常用的两种模型为高度角模型和信噪比模型。

1. 高度角模型

由于卫星高度角不同，GNSS 信号传播路径有所差异，低高度角卫星信号传播距离明显大于高高度角卫星信号传播距离，因此，低高度角卫星更容易受到电离层、对流层、多路径、观测噪声等与传播过程相关误差的影响，且与卫星高度角呈三角函数形式相关，因此，设计正弦函数形式的高度角随机模型：

$$\sigma^2 = \frac{\sigma_0^2}{2\sin E} \tag{4.19}$$

式中：E 为卫星高度角；σ_0 为观测量噪声中误差。

在多 GNSS 系统精密单点定位中，通常采用高度角的随机模型，GNSS 原始伪距观测量和载波相位观测量的精度见表 4-1。

表 4-1　GNSS 系统原始伪距观测量和载波相位观测量精度　　　　（单位：m）

GNSS	原始伪距观测精度	原始载波相位观测量精度
GPS	0.3	0.003
GLONASS	0.6	0.003
Galileo	0.3	0.003
BDS（GEO）	1.0	0.010
BDS（IGSO/MEO）	0.6	0.006

2. 信噪比模型

信噪比为接收机载波相位信号强度与观测噪声的比值，通常与大气延迟误差、多路径效应观测噪声、接收机和天线性能相关，能够在一定程度上反映观测量的精度，因此可以设计基于信噪比的观测量随机模型。可表示为

$$\sigma_{\Phi_i}^2 = C_i 10^{-(C/N_0)/10} \tag{4.20}$$

式中：$\sigma_{\Phi_i}^2$ 为载波相位观测量中误差；C/N_0 为信噪比；C_i 为常数项，一般表现为信噪比越大，观测量精度越高。

4.3.3　参数估计

精密单点定位目前通常采用最小二乘或者卡尔曼滤波方法进行参数估计，因此，本小节介绍两种经典的参数估计方法。

1. 递归最小二乘

将精密单点定位待估参数分为时不变参数和时变参数两类，分别用 X 和 Y 表示，一般时变参数包括测站坐标、接收机钟差等，时不变参数包括模糊度、天顶对流层等参数。因此有如下观测方程：

$$V = AX + BY - L \qquad P \tag{4.21}$$

式中：A、B 为设计矩阵；V 为残差矢量；L 为观测值；P 为观测值权阵。

参数估计可采用先消去时不变参数，估计时变参数，最后固定时变参数估计时不变参数，因此，采用消去法将 X 从观测方程中消去，得法方程：

$$\begin{bmatrix} A^\mathrm{T}PA & A^\mathrm{T}PB \\ B^\mathrm{T}PA & B^\mathrm{T}PB \end{bmatrix} = \begin{bmatrix} N_{11} & N_{12} \\ N_{21} & N_{22} \end{bmatrix} = \begin{bmatrix} A^\mathrm{T}PL \\ B^\mathrm{T}PL \end{bmatrix} \tag{4.22}$$

令 $Z = N_{21}N_{11}^{-1}$，将上式进行变换得到

$$\begin{bmatrix} I & 0 \\ -Z & I \end{bmatrix}\begin{bmatrix} N_{11} & N_{12} \\ N_{21} & N_{22} \end{bmatrix} = \begin{bmatrix} N_{11} & N_{12} \\ 0 & \tilde{N}_{22} \end{bmatrix} = \begin{bmatrix} A^\mathrm{T}PL \\ \tilde{B}^\mathrm{T}PL \end{bmatrix} \tag{4.23}$$

式中：$\tilde{N}_{22} = B^\mathrm{T}PB - B^\mathrm{T}PAN_{11}^{-1}A^\mathrm{T}PB$，令 $J = AN_{11}^{-1}A^\mathrm{T}P$，则 $\tilde{N}_{22} = B^\mathrm{T}(I-J)^\mathrm{T}P(I-J)B$。又令 $\tilde{B} = (I-J)B$，则得到新的法方程：

$$\tilde{B}^\mathrm{T}P\tilde{B}Y = \tilde{B}^\mathrm{T}PL \tag{4.24}$$

利用最小二乘即可求得 $\boldsymbol{Y}$，再由式（4.25）估计 $\boldsymbol{X}$。

$$\tilde{\boldsymbol{X}} = N_{11}^{-1}(\boldsymbol{A}^{\mathrm{T}}\boldsymbol{P}\boldsymbol{L} - N_{12}\boldsymbol{Y}) \tag{4.25}$$

利用上述递归过程可有效提高参数估计效率。

2. 卡尔曼滤波

卡尔曼滤波理论是由美籍数学家鲁道夫卡尔曼于 1960 年首次提出，成功运用于阿波罗计划。它是一种通过线性系统估计的状态方程，首先根据系统前一时刻的输出对当前时刻进行估计，再提取出当前时刻的量测信息对当前时刻的估计进行修正，最后得到当前时刻的最优估计值。现如今，卡尔曼滤波算法已广泛应用于组合导航的位置估计，在包含噪声的观察序列中预测出物体的坐标位置及速度。

对于随机离散线性系统，系统状态方程和量测方程分别为

$$\boldsymbol{X}_k = \boldsymbol{\Phi}_{k,k-1}\boldsymbol{X}_{k-1} + \boldsymbol{\Gamma}_{k,k-1}\boldsymbol{W}_{k-1} \tag{4.26}$$

$$\boldsymbol{Z}_k = \boldsymbol{H}_k\boldsymbol{X}_k + \boldsymbol{V}_k \tag{4.27}$$

式中：$\boldsymbol{X}_k$ 为系统的状态估计；$\boldsymbol{Z}_k$ 为系统的 m 维观测序列；$\boldsymbol{W}_k$ 为系统的噪声；$\boldsymbol{V}_k$ 为测量噪声；$\boldsymbol{\Phi}_{k,k-1}$ 为 $k-1$ 时刻至 k 时刻的状态转移矩阵；$\boldsymbol{\Gamma}_{k,k-1}$ 为噪声驱动矩阵；$\boldsymbol{H}_k$ 为设计矩阵。

设已获得 $k-1$ 时刻的最优状态估计值 $\hat{\boldsymbol{X}}_{k-1}$，则 $\boldsymbol{X}_k$ 的估计值 $\hat{\boldsymbol{X}}_{k+1}$ 可按下列滤波方法导出（图 4-4）。

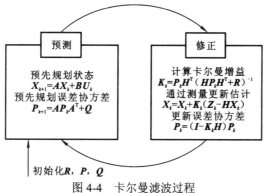

图 4-4　卡尔曼滤波过程

$\boldsymbol{U}_k$ 为关于状态变量 $\boldsymbol{X}$ 的可控外部输入

状态一步预测

$$\hat{\boldsymbol{X}}_{k,k-1} = \boldsymbol{\Phi}_{k,k-1}\hat{\boldsymbol{X}}_{k-1} \tag{4.28}$$

状态估计

$$\hat{\boldsymbol{X}}_k = \hat{\boldsymbol{X}}_{k,k-1} + \boldsymbol{K}_k(\boldsymbol{Z}_k - \boldsymbol{H}_k\hat{\boldsymbol{X}}_{k,k-1}) \tag{4.29}$$

滤波增益

$$\boldsymbol{K}_k = \boldsymbol{P}_{k,k-1}\boldsymbol{H}_k^{\mathrm{T}}(\boldsymbol{H}_k\boldsymbol{P}_{k,k-1}\boldsymbol{H}_k^{\mathrm{T}} + \boldsymbol{R}_k)^{-1} \tag{4.30}$$

式中：$\boldsymbol{R}_k$ 为测量噪声方差矩阵。

下一步预测误差方差

$$\boldsymbol{P}_{k,k-1} = \boldsymbol{\Phi}_{k,k-1}\boldsymbol{P}_{k-1}\boldsymbol{\Phi}_{k,k-1}^{\mathrm{T}} + \boldsymbol{\Gamma}_{k,k-1}\boldsymbol{Q}_{k-1}\boldsymbol{\Gamma}_{k,k-1}^{\mathrm{T}} \tag{4.31}$$

式中：$\boldsymbol{Q}_{k-1}$ 为系统噪声方差阵。

估计误差方差矩阵

$$\boldsymbol{P}_k = [\boldsymbol{I} - \boldsymbol{K}_k\boldsymbol{H}_k]\boldsymbol{P}_{k,k-1} \tag{4.32}$$

4.3.4 数据预处理及质量控制

观测数据的质量是影响 PPP 定位精度和可靠性的重要因素之一。在实际测量中，由于具体观测环境有多变性、接收机内部不稳定、多路径误差影响及电离层闪烁等，观测值常会出现粗差、卫星信号失锁及观测数据不连续等数据质量问题。如果不能准确定位存在质量问题的观测数据，并寻找有效的解决方案，就会使定位结果受到污染，产生严重的偏差，难以获得精确可靠的定位结果。因此观测数据的预处理和质量控制是保证高精度定位的重要前提。

数据预处理主要包括粗差探测与剔除、接收机钟跳探测与修复、相位周跳探测。该部分工作在参数估计之前执行。对于观测中的小周跳或粗差，有时仅通过数据预处理工作并不能准确探测和识别，这时可以在参数估计之后利用观测值的验后残差进行综合分析，以确定观测值中残留的粗差和周跳，然后加以处理。

1. 伪距观测值粗差探测

在 PPP 解算中，通常会赋予伪距观测值较低的权重，在滤波解收敛后伪距观测值对定位解的贡献远小于载波相位观测值，但种种原因导致实际观测到的伪距观测值仍可能存在较大的粗差，特别是在可观测卫星数较少的情况下，会严重降低 PPP 定位性能。此外，含有粗差的伪距观测值还会影响基于 Melbourne-Wübbena（MW）组合观测值的周跳探测。因此，GNSS 伪距观测值的粗差探测对高精度 GNSS PPP 数据处理不可或缺。常用的码观测值有 C_1、P_1 和 P_2，采用码观测值差分法，构造以下检验量：

$$dC_1P_1 = C_1 - P_1 = c\mathrm{DCB}_{C_1P_1}^{s,Q} + c\mathrm{DCB}_{r,C_1P_1}^{Q} + S_{C_1P_1} + \varepsilon_{C_1P_1} \tag{4.33}$$

$$dP_1P_2 = P_1 - P_2 = c\mathrm{DCB}_{P_1P_2}^{s,Q} + c\mathrm{DCB}_{r,P_1P_2}^{Q} + S_{P_1P_2} + d_{\mathrm{ion}} + \varepsilon_{P_1P_2} \tag{4.34}$$

式中：码偏差 $\mathrm{DCB}_{C_1P_1}^{s,Q}$、$\mathrm{DCB}_{r,C_1P_1}^{Q}$、$\mathrm{DCB}_{P_1P_2}^{s,Q}$ 和 $\mathrm{DCB}_{r,P_1P_2}^{Q}$ 在短时间内较为稳定，可视为常数；$S_{C_1P_1}$ 和 $S_{P_1P_2}$ 为不同码偏差之间的时变量；d_{ion} 为双频间电离层延迟残余误差项；$\varepsilon_{C_1P_1}$ 和 $\varepsilon_{P_1P_2}$ 对应组合伪距观测值的多路径效应、观测噪声等误差。

将 dC_1P_1 和 dP_1P_2 组合观测值作为检测伪距粗差的检验量，诊断的准则为

$$\begin{cases} H_0:\text{正常} & |dC_1P_1| \leqslant k_1 \text{且} |dP_1P_2| \leqslant k_2 \\ H_1:\text{异常} & |dC_1P_1| > k_1 \text{或} |dP_1P_2| > k_2 \end{cases} \tag{4.35}$$

式中：k_1、k_2 为阈值，顾及 d_{ion}，则 $k_2 > k_1$。

2. 载波相位观测值周跳探测

目前用于非差周跳探测最常用的方法是联合使用 Geometry-Free（GF）和 MW 组合观测值进行周跳探测，其充分利用了双频观测值线性组合的特点。GF 和 MW 组合观测值分别为

$$L_{\mathrm{GF}}(i) = \lambda_1\Phi_1(i) - \lambda_2\Phi_2(i) = (\gamma_2 - 1)I_1(i) + (\lambda_1 N_1 - \lambda_2 N_2) \tag{4.36}$$

$$\begin{cases} \lambda_\delta\Phi_\delta(i) = (f_1\lambda_1\Phi_1(i) - f_2\lambda_2\Phi_2(i))/(f_1 - f_2) = \rho(i) + f_1 f_2/(f_1^2 - f_2^2) \cdot I_1(i) + \lambda_\delta N_\delta \\ P_\delta(i) = (f_1 P_1(i) + f_2 P_2(i))/(f_1 + f_2) = \rho(i) + f_1 f_2/(f_1^2 + f_2^2) \cdot I_1(i) \\ N_\delta = N_1 - N_2 = \Phi_\delta(i) - P_\delta(i)/\lambda_\delta \\ \lambda_\delta = C/(f_1 - f_2) \end{cases} \tag{4.37}$$

式中：i 为观测历元号；λ_δ 和 N_δ 分别为宽巷波长和宽巷模糊度；λ 为波长；Φ 为载波相位观测值；$\gamma_2 = f_1^2 / f_2^2$；I_1 为第一个频点的电离层延迟；N 为模糊度；f 为载波频率；ρ 为星地距；C 为光速。

从式（4.37）可以看出，MW 组合的精度受伪距观测噪声和多路径效应的影响，可通过下述递推公式减弱其影响，第 i 个历元的 MW 组合观测量的平均值及方差分别为

$$\langle N_\delta \rangle_i = \langle N_\delta \rangle_{i-1} + \frac{1}{i}(N_{\delta i} - \langle N_\delta \rangle_{i-1}) \qquad (4.38)$$

$$\sigma_i^2 = \sigma_{i-1}^2 + \frac{1}{i}\left[(N_{\delta i} - \langle N_\delta \rangle_{i-1})^2 - \sigma_{i-1}^2\right] \qquad (4.39)$$

式中：$\langle \rangle$ 为多个历元的平滑值。

对于 GF 组合，利用当前历元组合观测值与前一历元组合观测值的差值的绝对值 $|L_{\mathrm{GF}}(i) - L_{\mathrm{GF}}(i-1)|$ 作为检验量进行周跳探测。对于 MW 组合，将当前历元 i 的 MW 观测量 $N_{\delta i}$ 与前 $i-1$ 历元宽巷模糊度平滑值 $\langle N_\delta \rangle_{i-1}$ 差值的绝对值进行比较，判断是否发生周跳。顾及观测数据的采样率和高度角，给出确定周跳探测经验阈值。

$$R_{\mathrm{GF}}(E,R) = \begin{cases} (-1.0/15.0 \cdot E + 2) \cdot b_{\mathrm{GF}}, & E \leqslant 15^\circ \\ b_{\mathrm{GF}}, & E > 15^\circ \end{cases}$$

$$b_{\mathrm{GF}}(R) = \begin{cases} 0.05, & 0 < R \leqslant 1\ \mathrm{s} \\ 0.1/20.0 \cdot R + 0.05, & 1 < R \leqslant 20\ \mathrm{s} \\ 0.15, & 20 < R \leqslant 60\ \mathrm{s} \\ 0.25, & 60 < R \leqslant 100\ \mathrm{s} \\ 0.35, & 其他 \end{cases} \qquad (4.40)$$

$$R_{\mathrm{MW}}(E,R) = \begin{cases} (-0.1 \cdot E + 3) \cdot b_{\mathrm{MW}}, & E \leqslant 20^\circ \\ b_{\mathrm{MW}}, & E > 20^\circ \end{cases}$$

$$b_{\mathrm{MW}}(R) = \begin{cases} 2.5, & 0 < R \leqslant 1\ \mathrm{s} \\ 2.5/20.0 \cdot R + 2.5, & 1 < R \leqslant 20\ \mathrm{s} \\ 5.0, & 20 < R \leqslant 60\ \mathrm{s} \\ 7.5, & 其他 \end{cases} \qquad (4.41)$$

式中：R_{GF}（单位：米）和 R_{MW}（单位：周）分别为 GF 组合和 MW 组合周跳检验量的阈值；E、R 分别为卫星高度角（单位：度）和观测值采样间隔（单位：秒）；b_{GF}、b_{MW} 分别为按照采样间隔设置的 GF 和 MW 检测量阈值。

3. 接收机钟跳探测与修复

大地测量型与导航型 GNSS 接收机内部时标一般采用价格较为低廉的石英钟，其稳定度不及卫星端高精度的原子钟。随着测量的进行，接收机钟差会逐渐产生漂移，导致接收机内部时钟与 GPS 时同步误差不断累积。为了尽可能地保持接收机内部时钟与 GPS 时同步，当接收机钟差漂移到某一阈值时，大多数接收机厂商通过对其插入时钟跳跃进行控制，保证其同步精度在一定范围之内。

一旦接收机发生钟跳，将破坏 GNSS 时标、伪距和载波相位观测值之间的一致性。根据钟跳对这三个基本量的影响方式，可将接收机钟跳分为 4 类（表 4-2）。

表 4-2　接收机钟跳分类

类型	接收机时标	伪距观测值	相位观测值
1	阶跃	连续	连续
2	阶跃	阶跃	连续
3	连续	阶跃	连续
4	连续	阶跃	阶跃

其中，第 1 类和第 3 类钟跳会影响 MW 组合探测周跳的准确性，使其对周跳的探测失效。因此，本书关于接收机钟跳探测与修复的对象均是第 2 类和第 3 类钟跳，采用观测值的历元间差分法进行实时钟跳探测与修复。令

$$\begin{cases} \Delta P^s(i) = P^s(i) - P^s(i-1) \\ \Delta L^s(i) = L^s(i) - L^s(i-1) \end{cases} \quad (4.42)$$

式中：P 和 L 分别为原始的伪距和载波相位观测值；ΔP 和 ΔL 分别为伪距观测值和载波相位观测值的历元间差分值。

构造检验量 T 及其条件式：

$$\begin{cases} T^s(i) = \Delta P^s(i) - \Delta L^s(i) \\ |T^s(i)| > k_1 \approx 0.001 \cdot C \end{cases} \quad (4.43)$$

式中：k_1 为阈值。对于某一历元，当且仅当所有卫星满足式（4.43）时，才可以认为该历元时刻可能存在钟跳或所有卫星发生大周跳，此时利用式（4.44）计算钟跳候选值 ς，并根据式（4.45）确定实际钟跳值 J（ms）：

$$\varsigma = \alpha \cdot \left(\sum_{s=1}^{m} T^s \right) \bigg/ (m \cdot C) \quad (4.44)$$

$$J = \begin{cases} \text{int}(\varsigma), & |\varsigma - \text{int}(\varsigma)| \leqslant k_2 \\ 0, & \text{其他} \end{cases} \quad (4.45)$$

式中：m 为钟跳候选值；α 为系数因子，取 $\alpha = 10^3$；k_2 为阈值，取 $k_2 = 10^{-5} \sim 10^{-7}$。

钟跳修复时，采用反向修复法，即当发生第 2 类或第 3 类钟跳时，将连续的载波相位观测值调整成阶跃形式，与伪距基准保持一致。其修复公式为

$$\tilde{L}^s(i) = L^s(i) + J \cdot C / \alpha \quad (4.46)$$

式中：$\tilde{L}^s(i)$ 为修复后的载波相位观测值。

4. 抗差卡尔曼滤波

抗差卡尔曼滤波通过构造等价权对含有小周跳或粗差的观测值进行控制，降低异常观测值对参数估计的影响。本书使用 IGGIII 等价权函数：

$$\bar{p}_i = \begin{cases} p_i, & |\tilde{v}_i| \leqslant k_0 \\ p_i \dfrac{k_0}{|\tilde{v}_i|} \left(\dfrac{k_1 - |\tilde{v}_i|}{k_1 - k_0} \right)^2, & k_0 < |\tilde{v}_i| \leqslant k_1 \\ 0, & |\tilde{v}_i| > k_1 \end{cases} \quad (4.47)$$

式中：p_i 为观测量 l_i 对应的权；$\tilde{v}_i$ 为标准化残差；k_0 和 k_1 为阈值常量，一般取 $k_0 = 1.0 \sim 1.5$，$k_1 = 2.0 \sim 3.0$。

4.4 精密单点定位误差来源及处理方法

GNSS 信号经过卫星播发，在空间大气中传播最终到达用户的接收机，受到了各类误差源的影响。各类误差包括与卫星相关误差、与信号传播过程相关误差及与接收机和测站相关误差等。

与传统双差定位方式不同，PPP 采用单个测站的数据处理方式，无法通过站间差分来消除或削弱与卫星和空间大气相关的误差。因此要获得精确的用户位置必须对各类误差采用精密的模型进行改正或当成参数进行估计。

4.4.1 与卫星相关误差及处理方法

1. 卫星轨道误差及卫星钟差

卫星轨道误差是指由卫星星历计算的卫星位置与卫星的真实轨道位置之间的差异。卫星钟差是指卫星的星载原子钟的钟面时与 GNSS 的系统时之间的差异，主要由卫星钟的频率漂移和不稳定等因素引起。卫星钟差对 PPP 的影响主要是由卫星钟差引起的站星几何距离误差和卫星位置的计算误差。

精密单点定位中通常将 IGS 发布的精密星历计算的卫星位置和钟差当成已知值，因此卫星轨道误差和卫星钟差直接体现在站星几何距离中，最终影响用户的定位精度。目前 IGS 各分析中心发布的各类星历产品的精度和时延见表 4-3。

表 4-3 GNSS 精密星历产品

导航系统	星历类型	轨道和钟差精度	时延	采样间隔
GPS	超快（IGU-P）	约 5 cm/约 3 ns	实时	15 min
	超快（IGU-O）	约 5 cm/约 1.5 ns	3～9 h	15 min
	快速（IGR）	约 2.5 cm/约 0.075 ns	17～41 h	15 min/5 min
	最终（IGS）	约 2.5 cm/约 0.075 ns	12～18 d	15 min/5 min/30 s
GLONASS	最终（IGS）	约 5 cm/—	12～18 d	15 min/—

同时，对多系统组合精密单点定位，需要多系统组合精密星历。随着各国卫星导航系统的发展，IGS 多 GNSS 工作组（Multi-GNSS Working Group，MGWG）在全球建立了 MGEX 观测网，用于多 GNSS 的监测和评估。目前 MGEX 分析中心能够提供不同系统的精密星历产品（表 4-4）。

表 4-4 MGEX 分析中心的精密星历产品

机构名称	ID	包含卫星导航系统	轨道/钟差的采样间隔
国家空间研究中心（法国）	grm	G/R/E	15 min/30 s
欧洲定轨中心（瑞士）	com	G/R/E/C/J	15 min/5 min
德国地球科学研究中心（德国）	gbm	G/R/E/C/J	5 min/30 s

机构名称	ID	包含卫星导航系统	轨道/钟差的采样间隔
德国慕尼黑工业大学（德国）	tum	E/C/J	5 min/5 min
欧洲航天局（德国）	esm	G/R/E	15 min/5 min
武汉大学（中国）	wum	G/R/E/C/J	15 min/5 min
中国科学院上海天文台（中国）	sha	C/E/G/R	15 min/5 min
日本宇宙航空研究开发机构（日本）	qzf	G/R/J	5 min/5 min

注：G、R、E、C、J 分别代表 GPS、GLONASS、Galileo、BDS、QZSS

从表 4-4 中可以看出，精密星历中的轨道和钟差都是以等间隔给出，而用户接收机的采样间隔往往小于星历产品，因此需要进行星历插值。对于卫星轨道的插值，通常采用拉格朗日多项式或切比雪夫多项式进行插值，而卫星钟差采用低阶多项式插值即可满足精度要求。

2. 天线相位中心改正

卫星的质心与相位中心完全重合就会造成天线相位中心改正。天线相位中心改正可细分为两种情况：天线平均相位中心与天线参考点的差异，称为天线相位中心偏差（phase center offset，PCO）；平均相位中心与天线瞬时相位中心的差异，称为天线相位中心变化（phase center variation，PCV）。

当前，IGS 推荐采用绝对天线相位中心改正模型，最新版本为 igs14_wwww.atx。其中 wwww 表示 GPS 周，以 ANTEX（antenna exchange format）文件格式发布，包含各卫星导航系统的 PCO 和 PCV 改正值。用户进行精密单点定位时需顾及卫星的天线相位中心改正，所采用的 ANTEX 文本版本应该与 IGS 分析中心生成精密星历时所用的 ANTEX 文本版本相匹配。例如，GFZ 生成北斗精密星历时采用 ESA 计算的北斗卫星 PCO 和 PCV，因此用户采用 GFZ 的北斗星历进行 PPP 时，天线相位中心改正必须采用 ESA 的计算值。

3. 天线相位缠绕误差

卫星信号的调制采用右极化的方式，卫星在太空轨道运行过程中，卫星天线的方向并非是固定不变的，而是会发生相应的旋转。虽然卫星天线旋转的速度较慢，但是依然会导致卫星天线和接收机天线间的几何距离发生变化。天线相位缠绕误差如图 4-5 所示。

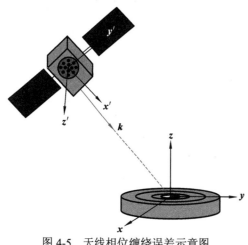

图 4-5 天线相位缠绕误差示意图

精密单点定位中需要对天线相位缠绕误差进行改正，改正公式为

$$\Delta\phi = \text{sign}(\boldsymbol{k} \cdot (\overline{\boldsymbol{D}}\boldsymbol{D}))\arccos(\boldsymbol{D} \cdot \overline{\boldsymbol{D}} / (|\boldsymbol{D}||\overline{\boldsymbol{D}}|)) \tag{4.48}$$

$$\boldsymbol{D} = \boldsymbol{x} - \boldsymbol{k}(\boldsymbol{k} \cdot \boldsymbol{x}) - \boldsymbol{k}\boldsymbol{y} \tag{4.49}$$

$$\overline{\boldsymbol{D}} = \overline{\boldsymbol{x}} - \boldsymbol{k}(\boldsymbol{k} \cdot \overline{\boldsymbol{x}}) - \boldsymbol{k}\overline{\boldsymbol{y}} \tag{4.50}$$

式中：$\Delta\phi$ 为天线相位缠绕的改正值；sign 为符号函数；$\boldsymbol{k}$ 为卫星到接收机天线的单位矢

量；·为点积运算符号；D 为卫星天线坐标单位矢量 x 和 y 计算得出的偶极矢量；$\overline{D}$ 为接收机天线坐标单位矢量 $\overline{x}$ 和 $\overline{y}$ 计算得出的偶极矢量。上述模型仅仅针对的是卫星天线相位缠绕，由于接收机的天线相位缠绕难以与接收机钟差单独分离出来，所以接收机天线相位缠绕包含在接收机钟差参数中，不予单独考虑。

4. 相对论效应

1）相对论效应对卫星钟的影响

由广义相对论和狭义相对论可知，卫星和地面测站两处的重力场差异及卫星的运动都会对卫星原子钟的频率产生影响，因此相对论效应对卫星钟的影响可分为两项：对于确定的卫星轨道，第一项为常数，在卫星发射前已经对卫星中频率进行校正，用户不必考虑此项改正；第二项为偏心改正，其相对论效应改正值改正公式为

$$\Delta t_{rel} = -\frac{2r \cdot V}{C^2} \tag{4.51}$$

式中：r 为卫星的位置向量；V 为卫星的速度向量。计算 GNSS 信号发射时刻的卫星位置和站星几何距离时必须顾及偏心改正。

2）相对论效应对接收机钟的影响

GNSS 信号从卫星到达接收机的传播过程中需要一定的时延，由于地球的自转，测站的接收机也发生了转动，从而引入萨格纳克（Sagnac）效应，因与地球的自转有关而又被称为地球自转改正。Sagnac 效应的改正模型为

$$\Delta t_s = \frac{1}{C}(\rho_r - \rho_s) \cdot (\omega_e \times \rho_r) \tag{4.52}$$

式中：ρ_r、ρ_s 分别为接收机和卫星的地心位置向量；ω_e 为地球自转向量。

4.4.2 与信号传播过程相关误差及处理方法

卫星端发射的信号需要穿过大气层，然后经过地面障碍物的反射等到达接收机端。在信号传播过程中引起的误差项主要包括电离层延迟、对流层延迟与多路径效应延迟。

1. 电离层延迟

电离层是高层大气中被电离了的部分，是地球空间大气中的重要组成部分，距离地面 $60 \sim 1\,000$ km。电离层中存在的大量电子，当 GNSS 信号等电磁波穿时，其传播速度和方向等特性将发生变化，由此造成的延迟称为电离层延迟。

电离层延迟一直是影响 GNSS 导航定位精度的主要误差源，其大小从几米到几十米不等，在单天内变化明显，且卫星的高度角越低，电离层延迟越大，在导航定位中必须进行电离层延迟改正。对单频用户，通常采用电离层模型进行改正，如 Klobuchar 模型、NeQuick 模型、GIM 格网等，电离层延迟的改正精度直接影响伪距单点定位及单频精密单点定位的定位精度。由于电离层模型的改正精度有限，对于精密单点定位，双频用户可采用消电离层组合来消除电离层一阶项的影响，或者将电离层斜向延迟当成参数直接估计。

2. 对流层延迟

对流层是地球大气层里最靠近地面的一层，厚度（8～17 km）随季节和纬度而变化。GNSS 信号穿过对流层时会发生折射，由此造成的信号延迟即为对流层延迟。对于 GNSS 载波频段，对流层属于非弥散介质，即不同频率的信号所产生的对流层延迟是一致的。对流层延迟的大小与测站的位置、温度、湿度和大气压有关，其中天顶方向对流层延迟较小，约 2～3 m，但随着卫星高度角降低逐渐增大，对流层斜向延迟可达几十米。

天顶方向的对流层延迟可以分为对流层天顶干延迟（zenith hydrostatic delay，ZHD）和对流层天顶湿延迟（zenith wet delay，ZWD），然后通过映射函数投影到各个方向。将对流层延迟表示为天顶延迟和映射函数乘积的形式：

$$T = M_h \cdot \delta_{zhd} + M_w \cdot \delta_{zwd} \tag{4.53}$$

式中：δ_{zhd} 为天顶干延迟；δ_{zwd} 为天顶湿延迟；M_h、M_w 分别为干延迟和湿延迟映射函数。

对流层天顶干延迟约占对流层延迟总量的 80%～90%，主要由大气中的干燥气体引起，可以由对流层折射模型精确改正。常用的对流层模型有 Sasstaminen 模型、Hopfield 模型、和 UNB3 模型等。对流层天顶湿延迟主要由大气中的水汽引起，由于水汽含量变化具有复杂性和随机性，对流层天顶湿延迟变化较大，很难用模型准确计算。在精密单点定位中，通常将天顶湿延迟当成参数进行估计。

对流层投影函数可以采用全球映射函数（global mapping function，GMF）、Niell 映射函数（Niell mapping function，NMF）和 Vienna 映射函数 1（Vienna mapping function 1，VMF1），其中全球映射函数被多数 IGS 分析中心采用。以上三种映射函数的表达形式一致，而确定模型系数的方法不同，其模型为

$$M(E) = \frac{1 + \dfrac{a}{1 + \dfrac{b}{1 + c}}}{\sin E + \dfrac{a}{\sin E + \dfrac{b}{\sin E + c}}} \tag{4.54}$$

式中：$M(E)$ 为对流层映射函数；E 为测站处卫星的高度角；a、b、c 均为映射函数系数。

3. 多路径效应

反射物反射的卫星信号和直接来自卫星的信号同时进入接收机，从而使观测值与真值之间出现一定的偏差，这就是多路径效应。多路径效应与测站周围的环境紧密相关，只能通过选择合适的测站位置加以避免或者选择具有多路径效应抑制功能的天线削弱其影响。

4.4.3 与接收机和测站相关误差及处理方法

1. 接收机钟差

接收机钟差是指接收机钟面时与 GNSS 参考时刻的时间差值。由于接收机钟制作廉价，大多为石英钟，准确度和频率稳定度低于星载原子钟，无法通过数学模型进行改正。在 PPP

数据处理中，通常假设各观测历元之间的接收机钟差相互独立，将其看成白噪声过程与测站位置、天顶对流层延迟一起进行参数估计。

2. 接收机天线相位中心改正

GNSS 观测值量测的距离是卫星天线相位中心到接收机天线相位中心（图 4-6）之间的距离，通常接收机天线相位中心与天线的几何中心不一致（天线参考点），会随着卫星信号的方位和高度角而变化，而且频率不同期变化不一样，因此需要对接收机进行天线相位中心改正。

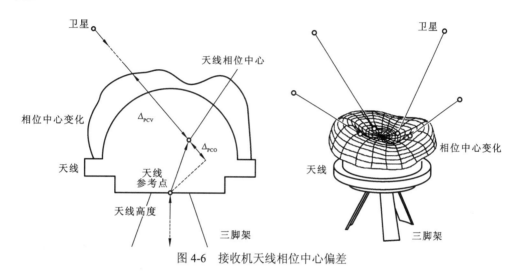

图 4-6　接收机天线相位中心偏差

类似卫星天线相位中心改正，接收机天线相位中心改正包含相位中心偏差（PCO）和相位中心变化（PCV）改正。其中，Δ_{PCO} 为接收机平均天线相位中心与天线参考点之间的偏差。Δ_{PCV} 为天线相位中心在不同高度角和方位角的瞬时位置与其平均位置的差值。

接收机天线相位中心改正采用 IGS 推荐的绝对天线相位中心改正模型，最新版本为 igs14_wwww.atx，其中 wwww 表示 GPS 周。当前 igs14.atx 文件中提供的接收机天线相位中心改正仅包含 GPS 和部分 GLONASS 信号，当用户进行多系统组合 PPP 时，BDS 和 Galileo 等其他系统信号的改正值采用 GPS 改正值近似代替。

3. 差分码偏差

GNSS 卫星和接收机通过不同通道发射和接收信号，不同类型伪距观测量在穿过不同通道时产生的时延并不一致，其差异称为差分码偏差（differential code bias，DCB）或内部频间偏差（internal frequency bias，IFB）。码偏差主要由硬件偏差和固件偏差两部分引起，通常将其统称为硬件延迟偏差。其中硬件偏差由卫星/接收机天线通道时延引起，固件偏差由卫星/接收机数字/模拟滤波器等时延引起。

现有的差分码偏差主要针对 GPS 和 GLONASS 双频观测量定义和设计。设 C_1、P_1、P_2 的硬件延迟分别为 d_{C_1}、d_{P_1}、d_{P_2}。它们之间的偏差记为

$$\text{DCB}_{P_1P_2} = d_{P_2} - d_{P_1}, \quad \text{DCB}_{C_1P_1} = d_{P_1} - d_{C_1} \tag{4.55}$$

不同卫星的 DCB 值相对稳定,可以采用 IGS 分析中心发布的 DCB 产品直接进行改正。

随着卫星导航定位系统朝着多模多频发展,可供使用的观测量类型日益丰富,这导致差分码偏差类型相应地增加,Montenbruck 等(2013)基于 MGEX 观测网数据,采用两两组合的方式系统性地定义了已有 16 种码观测量的 20 余种差分码偏差。该定义基本涵盖了目前可能存在的所有差分码偏差类型。GNSS 差分码偏差的定义见表 4-5。

表 4-5　GNSS 差分码偏差定义

卫星导航系统	差分码偏差类型
GPS	C1C-C1W,C1C-C2W,C2W-C2S,C2W-C2L,C2W-C2X,C1C-C5Q,C1C-C5X,C1W-C2W
GLONASS	C1C-C1P,C1C-C2C,C1C-C2P,C1P-C2P,C2C-C2P
Galileo	C1C-C5Q,C1X-C5X,C1C-C7Q,C1X-C7X,C1C-C8Q,C1X-C8X
BDS	C2I-C7I,C2I-C6I,C7I-C6I

注:C1C 等符号表示 RINEX 3.X 定义的信号类型,其中第一个 C 表示伪距观测,中间数字表示频率,最后一个符号表示跟踪模式或通道

当前,IGS 分析中心估计卫星钟差时,采用双频消电离层组合观测量,卫星钟差中含有相应的硬件延迟偏差。精密单点定位时,若采用的伪距观测量与生成钟差产品时不一致则伪距观测量中会存在差分码偏差。由于接收机端的硬件延迟可以包含到接收机钟差当中,不用改正接收机差分码偏差,只需要对卫星端的差分码偏差进行改正。

卫星钟差中的硬件延迟为消电离层组合形式,因此第 i 频点的伪距观测量中的差分码偏差为

$$
\begin{aligned}
d_{\mathrm{IF}}^{s,j} - d_i^{s,j} &= (d_{\mathrm{IF}}^{s,j} - d_1^{s,j}) + (d_1^{s,j} - d_i^{s,j}) \\
&= \frac{1}{1-\gamma_2} \mathrm{DCB}_{P_1P_2}^{s,j} - \mathrm{DCB}_{P_1P_i}^{s,j}
\end{aligned}
\tag{4.56}
$$

式中:$d_{\mathrm{IF}}^{s,j}$ 为卫星端的消电离层组合伪距硬件延迟;$d_i^{s,j}$ 为第 i 频点的伪距硬件延迟偏差。

4. 地球潮汐改正

1)固体潮改正

由于地球并非刚体,在太阳和月球的引力作用下,固体地球会产生弹性形变,即固体潮。固体地球潮汐引起的测站缓慢变化与测站的地理位置有关,对测站的高程和水平方向的影响分别可达 30 cm 和 5 cm,因此精密单点定位中必须考虑该项影响。固体潮包含多种周期项影响,无法通过全天的位置序列取平均来消除其影响,可以通过 IERS Conventions 推荐的模型进行改正,改正精度可达毫米级。

2)海潮负荷改正

在日月引力的作用下,海洋潮汐产生周期性涨落,从而引起海床和海岸的形变和地球质量分布的变化,即海潮负荷效应。海潮负荷主要影响近海岸地区的测站,对远离海边(>1 000 km)的测站可以不用考虑该项影响。海潮负荷主要包含日周期和半日周期,对测站的高程和水平方向的影响在厘米量级,可以通过 IERS Conventions 推荐的模型进行改正。

3）极潮改正

由于极移的存在，地球瞬时自转轴在地球表面的位置是缓慢变化的，地球的重力场发生细微变化，由此引起地球表面的弹性响应称为极潮。极潮对测站位置的影响可达厘米量级，可以通过 IERS Conventions 推荐的模型进行改正。

4.5　精密单点定位模糊度固定

载波相位观测量中的整周模糊度的正确解算是实现高精度定位的关键。一旦整周模糊度正确固定，此时载波相位观测量相当于高精度的伪距，便能够实现厘米级甚至毫米级的定位精度。传统相对定位方法通过对载波观测量进行站星双差，能够有效消除卫星端和接收机端硬件延迟和初始相位偏差等误差对模糊度参数的影响，使双差模糊度具有整数特性。当获得双差模糊度实数解及其协方差后，便能够采用模糊度搜索算法，如最小二乘模糊度降相关平差（LAMBDA）算法，对其进行固定。

然而，精密单点定位采用非差观测量进行数据处理，无法直接消除卫星端和接收机端的硬件延迟与初始相位偏差，统称为未校验相位延迟（uncalibrated phase delays，UPD）。由于 UPD 与模糊度参数强相关，在 PPP 模型中无法对其直接分离，通常与模糊度参数合并，PPP 模糊度失去整数特性无法固定。通常 PPP 模型中对模糊度参数采用实数解。

PPP 模糊度解算（PPP-AR）或模糊度固定，是对失去整数特性的实数模糊度进行校正，恢复模糊度的整数特性，当实数模糊度收敛到一定精度，便能进行模糊度固定，进而获得高精度的定位结果。因此对于 PPP-AR，UPD 的准确校正是前提。之前的研究主要针对 GPS UPD 的估计及校正，随着卫星导航系统的发展，BDS 和 GLONASS 的 UPD 校正已成为当前的研究热点。

4.5.1　模糊度固定基本问题

模糊度解算的基本步骤如下。

（1）模糊度实数解，即将模糊度参数与其他参数一并求解。

（2）模糊度固定，依据一定的搜索准则，采用模糊度搜索算法将实数模糊度映射到整数模糊度，对整数模糊度进行约束，便能够获得模糊度固定解。

（3）模糊度验证，即对确定的整数模糊度是否正确进行检验。

对精密单点定位的模糊度解算也遵循以上基本步骤。需要注意的是，在模糊度固定时，首先得恢复 PPP 模糊度的整数特性。因此本小节主要对 PPP 模糊度固定的基本问题进行探讨，主要包括 PPP 的非整数特性分析、参考站网 FCB 估计方法及用户端 PPP 模糊度固定方法。

1. PPP 模糊度非整数特性分析

当采用 IGS 精密钟差进行卫星钟差改正后，消电离层组合 PPP 模型的实数模糊度为

$$\lambda_{\text{IF}}^s B_{\text{IF},r}^{s,j} = b_{\text{IF},r}^s - d_{\text{IF},r}^s + d_{\text{IF},r}^{s,j} - b_{\text{IF},r}^{s,j} + \lambda_{\text{IF}}^s N_{\text{IF},r}^{s,j} \tag{4.57}$$

非组合 PPP 模型中的实数模糊度为

$$\lambda_i^s B_{i,r}^{s,j} = 2(d_{\text{IF},r}^{s,j} - d_{\text{IF},r}^s) + (d_i^s - d_i^{s,j}) + (b_i^s - b_i^{s,j}) + \lambda_i^s N_{i,r}^{s,j} \tag{4.58}$$

式中：$B_{i,r}^{s,j}$ 为含有伪距和相位硬件延迟偏差的模糊度参数；$d_{i,r}^s$、$d_i^{s,j}$ 分别为接收机端和卫星端伪距硬件延迟偏差；$b_{i,r}^s$、$b_i^{s,j}$ 分别为接收机端和卫星端载波相位硬件延迟偏差；λ_i^s 为第 i 频点的载波波长；$N_{i,r}^{s,j}$ 为整周模糊度。

从式（4.57）和式（4.58）中可以看出，无论采用何种 PPP 模型，实数模糊度参数中均含有卫星端和接收机端伪距和载波相位硬件延迟的偏差，失去了整数特性，同时实数模糊度中还含有初始相位偏差。

硬件延迟偏差对 PPP 模糊度参数的影响主要有以下两方面。

（1）伪距观测量中的硬件延迟偏差的引入。由于伪距硬件延迟与钟差参数线性相关，无法直接分离，IGS 估计的卫星钟差含有卫星端的伪距硬件延迟偏差，而接收机端硬件延迟则与接收机钟差参数合并。另外，由于载波观测量中模糊度参数与接收机钟差线性相关，PPP 模型中通常联合伪距观测量一同解算，并采用 IGS 精密钟差对卫星钟差进行改正，以实现钟差参数与模糊度参数的分离。最终导致伪距硬件延迟引入载波观测量中，影响模糊度参数。

（2）载波观测量中的硬件延迟偏差和初始相位偏差的影响。载波观测量中的硬件延迟偏差和初始相位偏差均与钟差参数和模糊度参数存在线性相关，而且短时间内比较稳定，单个测站无法实现其相互分离，通常将各类剩余偏差与模糊度参数合并，因此 PPP 模糊度参数失去了整数特性。

无论硬件延迟偏差来自伪距还是载波，均可以归为两类，即卫星端和接收机端的硬件延迟偏差。因此 PPP 模糊度固定的关键在于 UPD 与实数模糊度的有效分离。通常 UPD 可以分为整数部分和小数周偏差（fractional cycle bias，FCB），其中 UPD 的整数部分为常整数，不会破坏模糊度整数特性，因此只需要对 FCB 与模糊度进行分离，便能恢复模糊度的整数特性。此时，实数模糊度可以进一步表示为（以周为单位）

$$B_{i,r}^j = N_{i,r}^j + f_{i,r} - f_i^j \tag{4.59}$$

式中：$f_{i,r}$ 为接收机端 FCB；f_i^j 为卫星端 FCB。若能够提供相应的 FCB 改正值，并播发给 PPP 用户进行改正，便能恢复 PPP 模糊度整数特性，进行 PPP 模糊度固定。

值得注意的是，PPP 模型通常采用消电离层组合模型和非组合模型，对于消电离层组合 PPP，通常先进行宽巷模糊度固定，然后进行窄巷模糊度固定，最后恢复消电离层组合模糊度。若为非组合 PPP，可直接在原始频点上进行模糊度固定。因此根据不同的 PPP 模型，FCB 改正包含宽巷 FCB、窄巷 FCB 及原始频点的 FCB 改正。

2. 参考站网 FCB 估计方法

PPP 模糊度的非整数特性来自 FCB 的影响，若能够提供 FCB 改正值，并对 PPP 模糊度进行改正，便能够恢复模糊度参数的整数特性，进而可以采用常规的模糊度固定步骤进行 PPP 模糊度解算。

模糊度参数不仅与卫星和测站有关，而且与接收机和卫星 FCB 存在线性相关。采用单个测站显然无法实现模糊度与 FCB 的分离，因此必须联合地面参考站观测网的数据进行平差，估计出 FCB。FCB 估计方法中，可以采用星间单差法，即通过星间单差消除接收机端 FCB，只估计卫星端星间单差 FCB。用户端必须采用星间单差的方式进行模糊度固定。另一种方法为非差法，通过引入接收机或卫星 FCB 基准，直接估计接收机端 FCB 和卫星端 FCB。将卫星端 FCB 产品播发给用户进行改正，用户端可采用非差或者星间单差方式进行模糊度固定，较为灵活。

若采用非差法进行 FCB 解算，可将 FCB 表示成虚拟观测方程：

$$l_{i,r}^j = B_{i,r}^j - N_{i,r}^j = f_{i,r} - f_i^j \tag{4.60}$$

式中：$l_{i,r}^j$ 为 PPP 模糊度的小数部分。从式（4.60）可以看出，FCB 解算的关键在于虚拟观测量的构建，即求解 PPP 模糊度的小数部分，然后联合地面观测网数据加入基准约束便能够实现接收机端与卫星端 FCB 的分离。

由式（4.60）可知，当已知 FCB 的概略值时，对实数模糊度进行改正，改正后的模糊度将接近于整数值，对其就近取整并移到方程左边便能够获得虚拟观测量。可以通过如下的步骤来获得 FCB 的初值。

（1）在地面观测网中，选取某一接收机作为基准站，假定基准站的接收机端 FCB=0，并将该站所有观测的卫星的模糊度就近取整，便能够获得相应卫星的 FCB 估值。

（2）选择与基准站邻近的其他测站，利用基准站获得的卫星 FCB，对共视卫星的模糊度进行改正，改正后的模糊度只剩下接收机 FCB，理论上将具有相似的小数部分。对这些模糊度采用与整数无关的三角函数式计算均值，则能够估计出接收机 FCB。

$$f_{i,r} = \frac{\arctan\left(\sum_j^m \sin(2\pi(B_{i,r}^j - f_i^j)) \middle/ \sum_j^m \cos(2\pi(B_{i,r}^j - f_i^j))\right)}{2\pi} \tag{4.61}$$

利用接收机端 FCB 对剩下的模糊度（非公共卫星）进行改正，又可求出新出现的卫星 FCB。

（3）对所有测站的实数模糊度重复步骤（2），就能获得所有接收机端 FCB 和卫星端 FCB 的近似值。

利用上述得到的 FCB 近似值，对实数模糊度进行改正，改正过后的模糊度将接近于整数值，采用就近取整的方式进行模糊度固定。为了保证固定的模糊度准确性，采用式（4.62）来计算其取整成功率，阈值设为 0.999。对不能通过阈值检验的模糊度则认为是粗差，对其进行剔除或者降权处理。

$$\begin{cases} P_0 = 1 - \sum_{i=1}^{\infty}\left[\mathrm{erfc}\left(\dfrac{i-|B-N|}{\sqrt{2}\sigma}\right) - \mathrm{erfc}\left(\dfrac{i+|B-N|}{\sqrt{2}\sigma}\right)\right] \\ \mathrm{erfc}(x) = \dfrac{2}{\sqrt{\pi}}\int_x^{\infty} e^{-t^2} dt \end{cases} \tag{4.62}$$

式中：B 为实数模糊度；σ 为模糊度中误差；N 为实数模糊度最接近的整数值。

将固定成功的整周模糊度代入式（4.60），则可以求得虚拟观测量。对所有模糊度进行 FCB 初值改正后，可以组方程对 FCB 进行整体平差。

假设地面观测网由 n 个参考站组成，每个站观测到 m 颗卫星，则可以得到如下虚拟观测方程：

$$
\begin{bmatrix} l_{i,1}^1 \\ \vdots \\ l_{i,1}^m \\ l_{i,2}^1 \\ \vdots \\ l_{i,2}^m \\ \vdots \\ l_{i,n}^1 \\ \vdots \\ l_{i,n}^m \end{bmatrix} = \begin{bmatrix} 1 & & & & -1 & & \\ \vdots & & & & & \ddots & \\ 1 & & & & & & -1 \\ & 1 & & & -1 & & \\ & \vdots & & & & \ddots & \\ & 1 & & & & & -1 \\ & & \ddots & & & \vdots & \\ & & & 1 & -1 & & \\ & & & \vdots & & \ddots & \\ & & & 1 & & & -1 \end{bmatrix} \begin{bmatrix} f_{i,1} \\ f_{i,2} \\ \vdots \\ f_{i,n} \\ f_i^1 \\ f_i^2 \\ \vdots \\ f_i^m \end{bmatrix} \quad \boldsymbol{P} = \boldsymbol{\Sigma}^{-1} \tag{4.63}
$$

式中：$f_{i,1}(r=1,2,\cdots,n)$ 和 $f_i^j(j=1,2,\cdots,m)$ 分别为接收机端和卫星端的 FCB；$\boldsymbol{P}$ 为虚拟观测量的权矩阵，可以依据实数模糊度的方差进行确定；$\boldsymbol{\Sigma}$ 为观测量的方差-协方差矩阵。

从式（4.63）的系数矩阵中，前 n 列与后 m 列存在线性相关，因此组成的法方程是秩亏的。为了方程能够解算，可以选择某一接收机或卫星的 FCB = 0 为基准并当成虚拟观测量，然后进行平差。由于卫星 FCB 较稳定，选择某一卫星的 FCB 为基准，此时方程为

$$
\begin{cases} \boldsymbol{L} = \boldsymbol{AX}, & \boldsymbol{P} = \boldsymbol{\Sigma}^{-1} \\ f_i^j = 0, & P_i^j = k \end{cases} \tag{4.64}
$$

式中：k 可取相对于 $\boldsymbol{P}$ 中元素较大的值。式（4.64）的平差可以迭代进行，由于平差后的接收机端和卫星端 FCB 的精度将进一步提高，通过质量控制剔除粗差后，又可以提高模糊度的固定成功率。将满足迭代条件的卫星端 FCB 估值发送给用户进行改正。

上述 FCB 估计方法，适用于各类非差模糊度中的 FCB 分离，如式（4.60）中的非差模糊度可以为宽巷模糊度、窄巷模糊度和原始频点的模糊度。

3. 用户端模糊度固定方法

对于用户端非差模糊度的解算，首先可以通过星间单差消除接收机端 FCB 的影响。然后将参考站网估计卫星端 FCB 发播给用户端进行改正，非差模糊度经过卫星端 FCB 改正后，可以恢复非差模糊度的整数特性。此时星间单差模糊度可以表示为

$$
\tilde{N}_{i,r}^{j,k} = B_{i,r}^{j,k} + \hat{f}_i^{j,k} \tag{4.65}
$$

对不同波长的非差模糊度采用不同的策略进行固定。当式（4.65）中的非差模糊度为宽巷模糊度时，由于宽巷模糊度的波长较长，对误差的影响不敏感，可以采用就近取整法进行模糊度固定。若式（4.65）中的非差模糊度为窄巷模糊度或者原始频点的模糊度，鉴于其波长较短和模糊度参数之间的相关性，采用 LAMBDA 搜索方法进行窄巷或原始频点整周模糊度解算。固定后的模糊度为

$$
\hat{B}_{i,r}^{j,k} = \tilde{N}_{i,r}^{j,k} - \hat{f}_i^{j,k} \tag{4.66}
$$

设 $\boldsymbol{B}_{i,r}^d$ 为星间单差实数模糊度向量，固定后的星间单差模糊度向量为 $\hat{\boldsymbol{B}}_{i,r}^d$。

$$
\boldsymbol{B}_{i,r}^d = \boldsymbol{D}_k \hat{\boldsymbol{x}}_k \tag{4.67}
$$

式中：d 为星间单差；$\boldsymbol{D}_k$ 为星间单差模糊度变换矩阵；$\hat{\boldsymbol{x}}_k$ 为 k 时刻的参数估值（卡尔曼滤波的状态向量）。

当模糊度正确固定后，可以将固定的模糊度当成虚拟观测量加入滤波模型中，此时 PPP 模糊度固定解为

$$\hat{\boldsymbol{x}}_{\mathrm{fix}} = (\boldsymbol{H}_k^{\mathrm{T}} \boldsymbol{P}_k \boldsymbol{H}_k + \boldsymbol{P}_{\bar{\boldsymbol{x}}_k} + \boldsymbol{D}_k^{\mathrm{T}} \boldsymbol{P}_d \boldsymbol{D}_k)^{-1} (\boldsymbol{P}_{\bar{\boldsymbol{x}}_k} \bar{\boldsymbol{x}}_k + \boldsymbol{H}_k^{\mathrm{T}} \boldsymbol{P}_k \boldsymbol{z}_k + \boldsymbol{D}_k^{\mathrm{T}} \boldsymbol{P}_d \hat{\boldsymbol{B}}_{i,r}^d) \quad (4.68)$$

式中：$\boldsymbol{P}_d$ 为星间单差模糊度的权矩阵，对式（4.68）采用矩阵反演公式可得便于滤波解算的固定解形式：

$$\hat{\boldsymbol{x}}_{\mathrm{fix}} = \hat{\boldsymbol{x}}_k + (\boldsymbol{N}^{-1} \boldsymbol{D}_k^{\mathrm{T}}) \boldsymbol{\beta} (\hat{\boldsymbol{B}}_{i,r}^d - \boldsymbol{D}_k \hat{\boldsymbol{x}}_k) \quad (4.69)$$

式中：$\boldsymbol{N} = \boldsymbol{H}_k^{\mathrm{T}} \boldsymbol{P}_k \boldsymbol{H}_k + \boldsymbol{P}_{\bar{\boldsymbol{x}}_k}$，$\boldsymbol{\beta} = (\boldsymbol{P}_d^{-1} + \boldsymbol{D}_k \boldsymbol{N}^{-1} \boldsymbol{D}_k^{\mathrm{T}})^{-1}$，固定解 $\hat{\boldsymbol{x}}_{\mathrm{fix}}$ 协方差为

$$\boldsymbol{\Sigma}_{\hat{\boldsymbol{x}}_{\mathrm{fix}}} = \boldsymbol{N}^{-1} - (\boldsymbol{N}^{-1} \boldsymbol{D}_k^{\mathrm{T}}) \boldsymbol{\beta} (\boldsymbol{D}_k \boldsymbol{N}^{-1}) \quad (4.70)$$

4.5.2 模糊度验证及质量控制方法

PPP-AR 除了对模糊度进行固定，还需要对整数模糊度进行验证，即判断固定的模糊度是否正确，固定错误的模糊度将会引入额外的误差，影响定位结果。一方面，卫星的空间几何及观测量的噪声、周跳等都会影响 PPP-AR 的固定率和成功率。特别在 PPP 收敛阶段，模糊度的精度不高，必须采用一定的质量控制方法来剔除低精度的模糊度，保证模糊度的可靠固定。另一方面，对于 PPP-AR 模糊度的验证问题依然采用传统 ratio 检验或者成功率，没有考虑实际浮点模糊度的精度等因素，ratio 检验阈值依据经验给出，不同观测条件下有时过于保守，缺乏严密的理论依据。因此 PPP-AR 的检验问题需要进一步研究。

1. 常用 PPP 模糊度验证方法

PPP 模糊度解算，通常涉及几类模糊度的固定，如宽巷模糊度、窄巷模糊度、原始频点的模糊度。对于不同类模糊度的固定方法，可以选择相应的模糊度验证方法。对于宽巷模糊度，采用直接取整法进行固定。对固定的宽巷模糊度的检验可以计算其取整成功率，当成功率大于给定的阈值，则认为宽巷模糊度可靠固定。由取整成功率的计算公式（4.62）可以看出，实数模糊度与整数值越接近且模糊度协方差越小，取整成功率越高。

对于窄巷模糊度或者原始频点的模糊度，采用 LAMBDA 搜索方法进行整周模糊度解算，即依据如下的目标函数（或搜索准则）进行整周模糊度搜索。

$$\check{\boldsymbol{N}} = \underset{\boldsymbol{N} \in Z}{\arg\min} ((\boldsymbol{N} - \hat{\boldsymbol{N}})^{\mathrm{T}} \boldsymbol{Q}_{\hat{\boldsymbol{N}}}^{-1} (\boldsymbol{N} - \hat{\boldsymbol{N}})) \quad (4.71)$$

式中：$\hat{\boldsymbol{N}}$ 为实数模糊度向量；$\boldsymbol{N}$ 为整数模糊度向量。从满足目标函数的整数模糊度组合中，选择使目标函数最小的一组整数，即为最终的模糊度固定值。以上的模糊度搜索准则又称整数最小二乘准则，假定实数模糊度服从正态分布，则固定的模糊度的成功率的下边界可以表示为

$$P_{s,\mathrm{ILS}} \geqslant \prod_{i=1}^{m} \left(2\Phi \left(\frac{1}{2\sigma_{\hat{z}_{i|I}}} \right) - 1 \right) \quad (4.72)$$

式中：$P_{s,\text{ILS}}$ 为整数最小二乘成功率；$\Phi(*)$ 为累积正态分布函数；$\sigma_{\hat{z}_{\hat{A}}}$ 为降相关后的模糊度中误差。给定经验阈值，依据成功率的大小，便可以验证固定的模糊度的可靠性。

对于整数最小二乘解，应用较广泛的检验方法是 ratio 检验，或称似然比检验，将整数模糊度最优解与次优解构建统计量进行比较。

$$\text{ratio} = \frac{(\check{N}_{\text{sec}} - \hat{N})^{\text{T}} \boldsymbol{Q}_{\hat{N}}^{-1}(\check{N}_{\text{sec}} - \hat{N})}{(\check{N}_{\text{min}} - \hat{N})^{\text{T}} \boldsymbol{Q}_{\hat{N}}^{-1}(\check{N}_{\text{min}} - \hat{N})} > k \tag{4.73}$$

式中：k 为阈值，通常选为 1.5~3.0；$\check{N}_{\text{min}}$ 和 $\check{N}_{\text{sec}}$ 分别为满足整数最小二乘准则的最优解和次优解。当最优解满足 ratio 检验，则认为模糊度固定解可靠。

2. 基于贝叶斯后验概率的模糊度检验方法

Teunissen（2003）提出了整数孔径估计理论，并提出了固定失败率的模糊度检验方法，表明整数估计只是整数孔径估计理论中的特例。但基于固定失败率的方法求取阈值的时间成本较高，实际中只能通过查找阈值表给出。同时阈值表只能针对特定场景仿真给出，有时也过于保守。

在贝叶斯假设检验理论下，统计决断基于贝叶斯后验概率（基于观测求出），当参数估值的后验概率大于给定的置信水平则接受参数的原假设。因此可以计算 PPP 模糊度的贝叶斯后验概率，依据后验概率值判定模糊度固定值的可靠性。PPP 模糊度的后验概率为

$$P(N = \check{N} \mid (\hat{N}, \boldsymbol{Q}_{\hat{N}})) \geqslant c_p \tag{4.74}$$

式中：$P(N = \check{N} \mid (\hat{N}, \boldsymbol{Q}_{\hat{N}}))$ 为基于模糊度实数解的条件概率。当后验概率大于给定值 c_p 时，则认为整周模糊度可靠固定。

贝叶斯后验概率的详细推导如下。

假设含有模糊度参数的 GNSS 观测模型为

$$L = \boldsymbol{H}X + \boldsymbol{J}N + \varepsilon \tag{4.75}$$

式中：N 为 m 维的模糊度参数；X 为除模糊度外的 n 维其他参数；ε 为观测误差；$\boldsymbol{J}$ 和 $\boldsymbol{H}$ 分别为模糊度参数 N 和其他参数 X 的系数矩阵。

观测量 L 的概率分布为 $P((L, \boldsymbol{Q}_L) \mid (N, X))$，且服从正态分布：

$$P((L, \boldsymbol{Q}_L) \mid (N, X)) = (2\pi)^{-\frac{m}{2}} |\boldsymbol{Q}_L|^{-\frac{1}{2}} \exp\left\{-\frac{1}{2} \|L - \boldsymbol{H}X - \boldsymbol{J}N\|_{\boldsymbol{Q}_L}^2\right\}, \quad N \in \boldsymbol{Z}^m, \quad X \in \boldsymbol{R}^n \tag{4.76}$$

基于最小二乘的正交分解，式（4.76）中的指数部分可以分解为

$$\|L - \boldsymbol{H}X - \boldsymbol{J}N\|_{\boldsymbol{Q}_L}^2 = \|\hat{N} - N\|_{\boldsymbol{Q}_{\hat{N}}}^2 + \|\hat{X}(N) - X\|_{\boldsymbol{Q}_{\hat{X}(N)}}^2 + \|\hat{\varepsilon}\|_{\boldsymbol{Q}_L}^2 \tag{4.77}$$

式中

$$\hat{X}(N) = \hat{X} - \boldsymbol{Q}_{\hat{X}\hat{N}} \boldsymbol{Q}_{\hat{N}}^{-1}(\hat{N} - N) \tag{4.78}$$

$$\boldsymbol{Q}_{\hat{X}(N)} = \boldsymbol{Q}_{\hat{X}} - \boldsymbol{Q}_{\hat{X}\hat{N}} \boldsymbol{Q}_{\hat{N}}^{-1} \boldsymbol{Q}_{\hat{N}\hat{X}} \tag{4.79}$$

假定 GNSS 模型参数具有随机特性且其联合先验分布为 $P(N, X)$，则参数的贝叶斯后验概率为

$$P((N,X)|(L,\boldsymbol{Q}_L)) = \frac{P((L,\boldsymbol{Q}_L)|(N,X))P(N,X)}{\sum\limits_{N\in\boldsymbol{Z}^m}\int\limits_{X\in\boldsymbol{R}^n}P((L,\boldsymbol{Q}_L)|(N,X))P(N,X)d(X)} \tag{4.80}$$

通常认为整数模糊度与其他参数 X 相互独立，则联合先验分布为

$$P(N,X) = P(N)P(X) \tag{4.81}$$

对于待估参数 N 和 X，在没有进行观测之前通常认为其没有任何先验信息，即取值任意。

$$\begin{cases} P(N) \propto 1, \ N\in\boldsymbol{Z}^m \\ P(X) \propto 1 \end{cases} \tag{4.82}$$

将式（4.76）、式（4.81）和式（4.82）代入式（4.80）可以推导出

$$P((N,X)|(L,\boldsymbol{Q}_L)) = \frac{\exp\left(-0.5\left\|\hat{\boldsymbol{N}}-N\right\|^2_{\boldsymbol{Q}_{\hat{N}}}\right)\exp\left(-0.5\left\|\hat{\boldsymbol{X}}(N)-X\right\|^2_{\boldsymbol{Q}_{\hat{X}(N)}}\right)P(X)}{\sum\limits_{N\in\boldsymbol{Z}^m}\exp\left(-0.5\left\|\hat{\boldsymbol{N}}-N\right\|^2_{\boldsymbol{Q}_{\hat{N}}}\right)\int\limits_{\hat{X}\in\boldsymbol{R}^n}\exp\left(-0.5\left\|\hat{\boldsymbol{X}}(N)-X\right\|^2_{\boldsymbol{Q}_{\hat{X}(N)}}\right)P(X)d(X)} \tag{4.83}$$

$$= P((N,X)|(\hat{\boldsymbol{N}},\boldsymbol{Q}_{\hat{N}}),(\hat{\boldsymbol{X}},\boldsymbol{Q}_{\hat{X}(N)}))$$

式（4.83）表明，条件概率中，观测量已知的条件与参数的实数解已知是等价的。对 X 进行积分，则模糊度参数的边际分布，即后验概率为

$$P(N|(\hat{\boldsymbol{N}},\boldsymbol{Q}_{\hat{N}})) = \int\limits_{X\in\boldsymbol{R}^n}P((N,\ X)|(\hat{\boldsymbol{N}},\boldsymbol{Q}_{\hat{N}}),(\hat{\boldsymbol{X}},\boldsymbol{Q}_{\hat{X}(N)}))d(X)$$

$$= \frac{\exp\left(-0.5\left\|\hat{\boldsymbol{N}}-N\right\|^2_{\boldsymbol{Q}_{\hat{N}}}\right)}{\sum\limits_{N\in\boldsymbol{Z}^m}\exp\left(-0.5\left\|\hat{\boldsymbol{N}}-N\right\|^2_{\boldsymbol{Q}_{\hat{N}}}\right)} \tag{4.84}$$

因此固定的整周模糊度 $\boldsymbol{N}_{\text{fix}} = \check{\boldsymbol{N}}$ 的后验概率为

$$P((\boldsymbol{N}_{\text{fix}}=\check{\boldsymbol{N}})|(\hat{\boldsymbol{N}},\boldsymbol{Q}_{\hat{N}})) = \frac{\exp\left(-0.5\left\|\hat{\boldsymbol{N}}-\check{\boldsymbol{N}}\right\|^2_{\boldsymbol{Q}_{\hat{N}}}\right)}{\sum\limits_{N\in\boldsymbol{Z}^m}\exp\left(-0.5\left\|\hat{\boldsymbol{N}}-N\right\|^2_{\boldsymbol{Q}_{\hat{N}}}\right)} \tag{4.85}$$

整周模糊度的贝叶斯后验概率的表达式与 Teunissen（2003）提出的最优整数孔径估计的表达式一致，但其基于不同的理论框架推导得出。从式（4.85）中可以看出，模糊度的后验概率是模糊度的最优候选值的极大似然函数与模糊度整数空间中的所有候选值的似然函数之和的比值。然而实际计算中无法求出模糊度的所有候选值。

由于正确模糊度的候选值主要集中分布在实数模糊度附近，式（4.85）中的指数形式递减较快，为了能够进行模糊度后验概率的计算，Wu 等（2015）给出了如下的准则进行模糊度子集的选取，当候选整数解不满足该准则，则认为其对后验概率的贡献很小，可以忽略。

$$S(\boldsymbol{N}) = \left\{\check{\boldsymbol{N}}_{(i)}\left|\exp\left(-0.5\left\|\hat{\boldsymbol{N}}-\check{\boldsymbol{N}}_{(i)}\right\|^2_{\boldsymbol{Q}_{\hat{N}}}\right)\right.\geqslant 10^{-8}\sum\limits_{j=1}^{i-1}\exp\left(-0.5\left\|\hat{\boldsymbol{N}}-\check{\boldsymbol{N}}_{(j)}\right\|^2_{\boldsymbol{Q}_{\hat{N}}}\right)\right\} \tag{4.86}$$

因此实际计算时，整数模糊度的后验概率为

$$P((\boldsymbol{N}_{\text{fix}}=\check{\boldsymbol{N}})|(\hat{\boldsymbol{N}},\boldsymbol{Q}_{\hat{N}})) = \frac{\exp\left(-0.5\left\|\hat{\boldsymbol{N}}-\check{\boldsymbol{N}}\right\|^2_{\boldsymbol{Q}_{\hat{N}}}\right)}{\sum\limits_{N\in S(\boldsymbol{N})}\exp\left(-0.5\left\|\hat{\boldsymbol{N}}-N\right\|^2_{\boldsymbol{Q}_{\hat{N}}}\right)} \tag{4.87}$$

与 ratio 检验相比，基于贝叶斯后验概率的模糊度检验方法直接计算后验概率，形象直观，而且具有严密的理论基础。

4.6 精密单点定位性能分析

在数据统计中，对定位性能指标做如下定义：静态解的定位精度为当天收敛到最后一个历元的定位精度，动态解的定位精度为收敛后的各历元定位精度的平均值，参考已知坐标来自 SNX 格式周解文件，若周解文件中无参考坐标，则取对应测站 7 天 PPP 解算的四系统静态定位结果的平均值；收敛时间为三维方向定位误差小于 1 dm 并保持至少十个历元所需要的时间；首次固定时间为模糊度首次正确固定且固定解精度优于浮点解精度所需要的时间（张小红 等，2020）。

4.6.1 静态定位性能分析

图 4.7 展示了全球分布的 53 个观测站，包括 32 个 MGEX 测站和 21 个 iGMAS 测站。在静态 PPP 浮点解和固定解试验中，本小节给出单个测站的单天解结果，并从定位精度、收敛时间和首次固定时间等方面评估静态 PPP 浮点解和固定解性能。图 4-8 给出了 MRO1 测站在 2020 年 1 月 7 日不同系统组合的静态 PPP 浮点解和固定解结果，以及各系统在可解时段的可见卫星数量的单天时间序列图。GLONASS 采用频分多址技术，当前还没有发布 GLONASS 的相位小数偏差，因此只给出了 GLONASS PPP 浮点解结果，且在多系统组合模糊度固定时，GLONASS 仅作为辅助观测信息，没有进行模糊度固定。

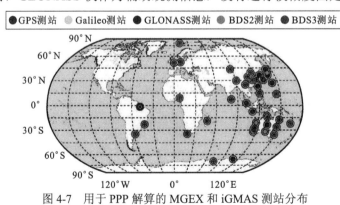

图 4-7 用于 PPP 解算的 MGEX 和 iGMAS 测站分布

从图 4-8 中可看出，当天 MRO1 测站能观测到的 GPS、Galileo、BDS2、BDS3 和 GLONASS 的平均卫星数分别为 9.0 颗、7.0 颗、10.5 颗、3.2 颗、6.2 颗。该测站在 10:00 左右仅能观测到 3～4 颗 Galileo 卫星，在 17:00～18:30 UTC 观测到的 GLONASS 卫星数也不足以进行 PPP 解算，因此上述弧段某些历元缺失定位结果。需要说明的是，静态 PPP 中信号中断之后的历元沿用中断前的位置参数，当卫星数足以重新进行 PPP 解算时，位置的先验精度已经很高，静态 PPP 中没有典型的参数重新初始化导致的重新收敛现象。从定位性能来看，各系统固定解结果相对于浮点解在首次固定后各方向定位精度均有明显的提升，

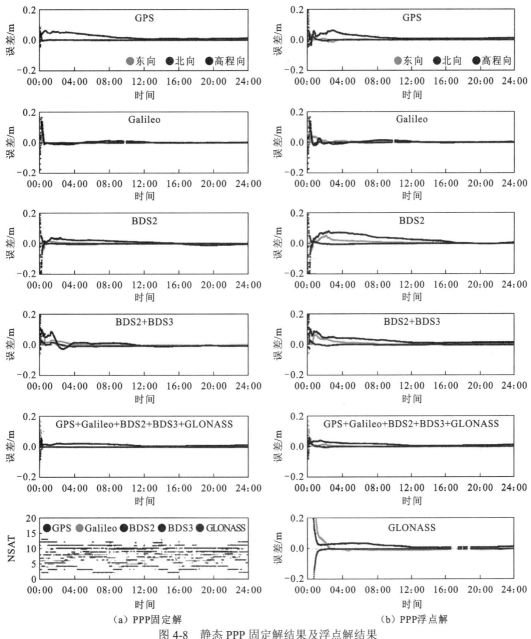

（a）PPP固定解   （b）PPP浮点解

图 4-8　静态 PPP 固定解结果及浮点解结果

GLONASS 和 BDS 的收敛时间略长于 GPS 和 Galileo，多系统组合 PPP 的收敛速度最快。这是由于虽然 BDS 可观测卫星数多，但是有 5 颗为 GEO 卫星，对收敛的贡献较小，GLONASS 卫星在初始历元观测值较少，仅有 4～5 颗，所以收敛较慢。由于单独选取的测站不能同时使所有卫星系统的观测卫星数和观测条件达到最优，所以该测站的结果不能代表各卫星系统所能达到的平均水平。因此，表 4-6 给出了 53 个测站在 2020 年 1 月 1～7 日进行 PPP 的统计结果，为了表述方便，分别用字母 G、R、E、C 代表 GPS、GLONASS、Galileo 和 BDS。由于 MGEX 测站的北斗三号系统卫星观测条件不佳，所以在分析北斗系统的定位性能时，主要采用 iGMAS 测站的结果。由统计结果可看出，多系统组合 PPP 浮点解的收敛时间和固定解的首次固定时间相比单系统明显缩短，多系统组合 PPP 浮点解收敛时间和固定解首次固定解时间分别为 13.6 min 和 14.9 min。G/R/E/C 单系统 PPP 静态解收敛后的定位精度基本处于相当水平，GPS 和 Galileo 略优于 GLONASS 和 BDS，多系统组合 PPP 的定位精度优于单系统 PPP 定位精度。

表 4-6　2020 年 1 月 1～7 日静态 PPP 统计结果

系统	浮点解定位误差/cm			固定解定位误差/cm			收敛时间 /min	首次固定时间 /min
	东	北	高程	东	北	高程		
G	0.4	0.3	0.6	0.3	0.3	0.4	25.4	27.9
R	0.4	0.4	0.7	——	——	——	28.8	
E	0.3	0.4	0.5	0.3	0.3	0.4	26.7	29.0
C2	0.6	0.5	0.7	0.4	0.5	0.5	38.6	54.7
C3	0.5	0.4	0.6	——	——	——	33.2	——
C23	0.4	0.4	0.6	0.3	0.4	0.5	26.9	28.3
GREC	0.3	0.3	0.4	0.2	0.3	0.2	13.6	14.9

4.6.2　动态定位性能分析

使用 MGEX 和 iGMAS 测站静态数据模拟动态定位，接收机坐标变化谱密度设置为 10^4 m²/s。在真实动态环境中，每一个测站的多路径变化及观测环境都不同，用户需要根据不同观测环境和观测质量调整模糊度固定中不同参数的阈值。图 4-9 给出了 MRO1 测站在 2020 年 1 月 7 日不同系统组合的动态 PPP 浮点解和固定解结果，以及各系统在可解弧段的可见卫星数量。从图 4-9 中可以看出，动态 PPP 固定解的定位结果比浮点解更稳定，在卫星数不足的时刻，Galileo 和 GLONASS 在定位解算时各参数重新初始化。四系统组合 PPP 定位性能仍然明显优于单系统，定位偏差波动减小，定位精度显著提高。当模糊度被正确固定和传递时，PPP 的定位精度能得到有效提高。

表 4-7 给出了 53 个测站在 2020 年 1 月 1～7 日动态 PPP 的统计结果。从表 4-7 中可以看出，动态 PPP 的收敛时间和模糊度首次固定时间均要长于相同条件下的静态 PPP 结果。多系统组合浮点解的定位精度比单 GPS 浮点解定位精度在水平和高程方向分别提高了 18.7%和 30.4%。当模糊度被正确固定后，固定解的定位精度明显优于浮点解，多系统组合固定解定位精度比浮点解在东、北、高程方向分别提升了 14.8%、12.0%和 12.8%。多系统组合浮点解的收敛时间和固定解的模糊度首次固定时间均要优于单系统，相比于 GPS 分别缩短了 36.5%和 40.4%，具有较明显的提升。对各单系统而言，GPS 的动态 PPP 定位性能相对最优。

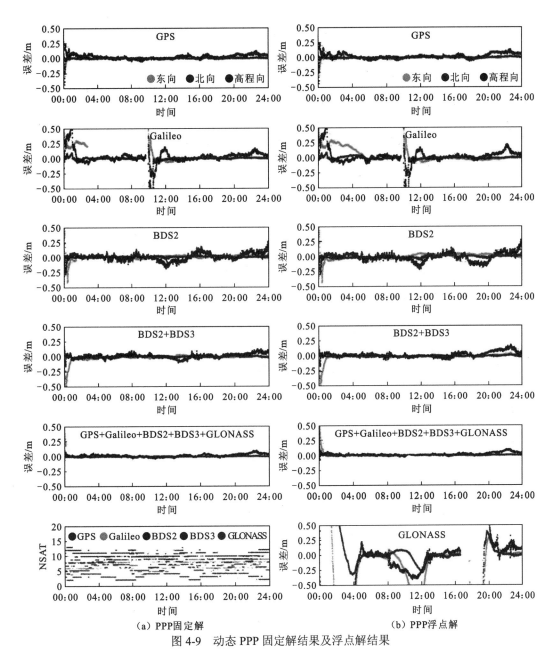

（a）PPP固定解   （b）PPP浮点解

图 4-9　动态 PPP 固定解结果及浮点解结果

表 4-7　2020 年 1 月 1～7 日动态 PPP 统计结果

系统	浮点解定位误差/cm			固定解定位误差/cm			收敛时间/min	首次固定时间/min
	东	北	高程	东	北	高程		
G	3.3	3.1	5.6	3.0	3.1	5.3	30.7	36.4
R	4.8	3.7	8.2	—	—	—	39.8	—
E	3.9	3.7	6.8	3.2	3.5	6.4	34.9	39.6
C2	6.9	5.7	10.3	5.9	5.2	9.5	51.2	60.9
C23	4.2	4.0	7.7	3.4	3.6	6.5	33.5	39.0
GREC	2.7	2.5	3.9	2.3	2.2	3.4	19.5	21.7

在定位精度方面，四大导航系统的静态 PPP 无论浮点解还是固定解在收敛后定位精度基本相当，其精度均可达 1 cm 甚至毫米级，当多系统 GNSS 融合后，定位精度可得到一定程度提高，但是提高并不明显；而对于动态 PPP，多系统融合可以显著提高定位精度，多系统融合动态 PPP 相比单 GPS 动态 PPP 浮点解精度水平和高程方向可分别提高 18.7% 和 30.4%，这是由于动态定位中各时段不同卫星系统的可视卫星数量变化较大，在个别时段会产生较大定位误差，而多系统融合可以有效提高可视卫星的几何分布。相对于多系统组合的 PPP 浮点解，PPP 固定解定位精度可在东、北、高程方向分别提升 14.8%、12.0% 和 12.8%。在收敛/初始化时间方面，GLONASS 和 BDS 的收敛时间略长于 GPS 和 Galileo，多系统 GNSS 组合的 PPP 收敛速度最快。其中，北斗二号卫星的静态/动态 PPP 浮点解收敛时间分别为 38.6 min 和 51.2 min，固定解的首次固定时间分别为 54.7 min 和 60.9 min，在联合北斗二号和北斗三号卫星后，其 PPP 静态/动态解的收敛时间/首次固定时间可提高至 20～40 min。相比单 GPS，多系统组合浮点解的收敛时间和固定解的首次固定时间分别缩短了 36.5% 和 40.4%。单北斗二号 PPP 结果由于在不少试验测站上（不在亚太核心服务区）的可用卫星数较少，同时可视卫星中大多数为 GEO 卫星，其轨道精度较差，使其 PPP 定位精度相对较差，收敛时间相对较长；单北斗三号卫星虽然总卫星数已接近全星座，可视卫星数也较多，但 IGS 分析中心提供的精密星历最多只支持到 C37，因此较多用于定位实验的测站个别弧段只有 4 颗甚至更少的北斗三号可用卫星，且可用卫星分布较差，导致某些历元没有定位结果输出，出现重新初始化现象，定位结果并不理想。但是，联合北斗二号和北斗三号卫星后，对于全球范围内的测站，无论是静态还是动态 PPP 的浮点解/固定解均能达到较高定位精度和较短收敛时间，说明我国北斗卫星导航系统在观测条件相当的情况下，可以实现与其他导航卫星系统基本相当的 PPP 定位性能。

思 考 题

1. 名词解释

（1）PPP

（2）PPP-AR

（3）PPP-RTK

2. 简答题

（1）阐述精密单点定位的基本原理。

（2）精密单点定位误差的处理方法有哪些？

（3）阐述模糊度解算的基本步骤。

（4）模糊度固定的方法主要有哪些？

参 考 文 献

边少锋, 吴泽民, 2019. 最优 Tikhonov 正则化矩阵及其在卫星导航定位模糊度解算中的应用. 武汉大学学报(信息科学版), 44(3): 334-339.

蔡洪亮, 孟轶男, 耿长江, 等, 2021. 北斗三号全球导航卫星系统服务性能评估: 定位导航授时、星基增强、精密单点定位、短报文通信与国际搜救. 测绘学报, 50(4): 427-435.

曹新运, 2020. 多系统实时精密单点定位及非差模糊度固定. 测绘学报, 49(8): 1068.

曹新运, 沈飞, 李建成, 等, 2022. BDS-3/GNSS 非组合精密单点定位. 武汉大学学报(信息科学版): 1-15.

陈俊平, 张益泽, 于超, 等, 2022. 北斗卫星导航系统精密定位报告算法与性能评估. 测绘学报, 51(4): 511-521.

陈永奇, 刘焱雄, 王晓亚, 等, 2007. 香港实时 GPS 水汽监测系统的若干关键技术. 测绘学报, 36(1): 9-12, 25.

关小果, 2020. 北斗/GNSS 海上精密单点定位技术及其质量检核方法研究. 郑州: 中国人民解放军战略支援部队信息工程大学.

郭斐, 2013. GNSS 精密单点定位质量控制与分析的相关理论和方法研究. 武汉: 武汉大学.

黄丰胜, 2017. 北斗实时精密单点定位与质量控制算法研究. 北京: 中国科学院大学.

李方超, 2021. 联合 BDS-3/BDS-2/GPS 的实时精密单点定位模型与算法研究. 徐州: 中国矿业大学.

李建成, 张守建, 邹贤才, 等, 2009. GRACE 卫星非差运动学厘米级定轨. 科学通报, 54(16): 2355-2362.

李盼, 2016. GNSS 精密单点定位模糊度快速固定技术和方法研究. 武汉: 武汉大学.

刘帅, 孙付平, 郝万亮, 等, 2014. 整数相位钟法精密单点定位模糊度固定模型及效果分析. 测绘学报, 43(12): 1230-1237.

刘腾, 2017. 多模 GNSS 非组合精密单点定位算法及其电离层应用研究. 武汉: 中国科学院测量与地球物理研究所.

刘志强, 王解先, 段兵兵, 2015. 单站多参数 GLONASS 码频间偏差估计及其对组合精密单点定位的影响. 测绘学报, 44(2): 150-159.

马瑞, 施闯, 2013. 基于北斗卫星导航系统的精密单点定位研究. 导航定位学报, 1(2): 7-10.

孟祥广, 郭际明, 2010. GPS/GLONASS 及其组合精密单点定位研究. 武汉大学学报(信息科学版), 35(12): 1409-1413.

潘树国, 赵兴旺, 王庆, 2012. 单差 PPP 相位偏差估计方法及有效性分析. 宇航学报, 33(4): 436-442.

潘宗鹏, 2018. GNSS 精密单点定位及其质量控制的理论和方法. 郑州: 中国人民解放军战略支援部队信息工程大学.

潘宗鹏, 柴洪洲, 刘军, 等, 2015. 基于部分整周模糊度固定的非差 GPS 精密单点定位方法. 测绘学报, 44(11): 1210-1218.

任晓东, 张柯柯, 李星星, 等, 2015. BeiDou、Galileo、GLONASS、GPS 多系统融合精密单点. 测绘学报, 44(12): 1307-1313, 1339.

沈朋礼, 2021. GNSS 实时精密单点定位质量控制方法研究. 北京: 中国科学院大学.

施闯, 赵齐乐, 李敏, 等, 2012. 北斗卫星导航系统的精密定轨与定位研究. 中国科学(地球科学), 42(6): 854-861.

吴泽民, 边少锋, 2017. 基于最小搜索超椭球的 GNSS 模糊度固定及检验方法. 中国惯性技术学报, 25(2): 216-220.

吴泽民, 边少锋, 2018. 后验概率与最小均方误差解结合的 GNSS 部分模糊度解算策略. 测绘学报, 47(S1): 54-60.

吴泽民, 边少锋, 向才炳, 等, 2014. 三种 GNSS 模糊度解算方法成功率比较. 海洋测绘, 34(6): 25-28.

吴泽民, 边少锋, 向才炳, 等, 2015. 一种基于部分搜索的 GNSS 模糊度解算方法. 海军工程大学学报, 27(1): 31-34.

向才炳, 边少锋, 吴泽民, 2014. 一种新的单频周跳探测方法. 海军工程大学学报, 26(3): 39-41.

许长辉, 2011. 高精度 GNSS 单点定位模型质量控制及预警. 徐州: 中国矿业大学.

闫忠宝, 张小红, 2022. GNSS 非组合 PPP 部分模糊度固定方法与结果分析. 武汉大学学报(信息科学版): 1-17.

杨福鑫, 2019. BDS/GNSS 海上精密单点定位及其完好性监测技术研究. 哈尔滨: 哈尔滨工程大学.

杨旭, 2019. 多卫星导航系统实时精密单点定位数据处理模型与方法. 徐州: 中国矿业大学.

叶世榕, 2002. GPS 非差相位精密单点定位理论与实现. 武汉: 武汉大学.

易重海, 陈永奇, 朱建军, 等, 2011. 一种基于 IGS 超快星历的区域性实时精密单点定位方法. 测绘学报, 40(2): 226-231.

袁修孝, 付建红, 楼益栋, 2007. 基于精密单点定位技术的 GPS 辅助空中三角测量. 测绘学报, 36(3): 251-255.

张宝成, 欧吉坤, 袁运斌, 等, 2011. 利用非组合精密单点定位技术确定斜向电离层总电子含量和站星差分码偏差. 测绘学报, 40(4): 447-453.

张小红, 鄂栋臣, 2005. 用 PPP 技术确定南极 Amery 冰架的三维运动速度. 武汉大学学报(信息科学版)(10): 909-912.

张小红, 李星星, 2010a. 非差模糊度整数固定解 PPP 新方法及实验. 武汉大学学报(信息科学版), 35(6): 657-660.

张小红, 刘经南, FORSBERG R, 2006. 基于精密单点定位技术的航空测量应用实践. 武汉大学学报(信息科学版)(1): 19-22, 46.

张小红, 李星星, 李盼, 2017. GNSS 精密单点定位技术及应用进展. 测绘学报, 46(10): 1399-1407.

张小红, 胡家欢, 任晓东, 2020. PPP/PPP-RTK 新进展与北斗/GNSS PPP 定位性能比较. 测绘学报, 49(9): 1084-1100.

张小红, 郭斐, 李星星, 等, 2010b. GPS/GLONASS 组合精密单点定位研究. 武汉大学学报(信息科学版), 35(1): 9-12.

张小红, 何锡扬, 郭博峰, 等, 2010c. 基于 GPS 非差观测值估计大气可降水量. 武汉大学学报(信息科学版), 35(7): 806-810.

张小红, 郭斐, 李盼, 等, 2012. GNSS 精密单点定位中的实时质量控制. 武汉大学学报(信息科学版), 37(8): 940-944, 1013.

赵文, 2020. 北斗 2/3 联合精密单点定位关键技术研究. 武汉: 武汉大学.

赵兴旺, 张翠英, 2014. 基于 Von Mises 分布的 PPP 宽巷相位偏差计算方法. 测绘通报, 433(2): 5-9, 19.

周锋, 2018. 多系统 GNSS 非差非组合精密单点定位相关理论和方法研究. 上海: 华东师范大学.

周义高, 胡玉芹, 2012. 连续运行参考站系统(CORS)应用技术研究. 价值工程, 31(15): 201.

朱永兴, 冯来平, 贾小林, 等, 2015. 北斗区域导航系统的 PPP 精度分析. 测绘学报, 44(4): 377-383.

ABDEL-SALAM M, 2005. Precise point positioning using un-differenced code and carrier phase observations. Calgary: University of Calgary.

ASARI K, KUBO Y, SUGIMOTO S, 2020. Design of GNSS PPP-RTK assistance system and its algorithms for 5G mobile networks. Transactions of the Institute of Systems, Control and Information Engineers, 33(1): 31-37.

BANVILLE S, COLLINS P, LAHAYE F, 2013. Concepts for un-differenced GLONASS ambiguity resolution// Proceedings of the 26th International Technical Meeting of the Satellite Division of The Institute of Navigation (ION GNSS+ 2013), Nashville, TN: 1186-1197.

BERTIGER W, DESAI S D, HAINES B, et al., 2010. Single receiver phase ambiguity resolution with GPS data. Journal of Geodesy, 84(5): 327-337.

BISNATH S, 2004. Precise orbit determination of low earth orbiters with a single GPS receiver-based, geometric strategy. Fredericton: University of New Brunswick.

BISNATH S, LANGLEY R B, 2001. Precise orbit determination of low earth orbiters with GPS point positioning//Proceedings of the 2001 National Technical Meeting of The Institute of Navigation, Long Beach, CA: 725-733.

BLEWITT G, KREEMER C, HAMMOND W C, et al., 2006. Rapid determination of earthquake magnitude using GPS for tsunami warning systems. Geophysical Research Letters, 33(11): 11309-1-11309-4.

CAI C, GAO Y, 2013a. GLONASS-based precise point positioning and performance analysis. Advances in Space Research, 51(3): 514-524.

CAI C, GAO Y, 2013b. Modeling and assessment of combined GPS/GLONASS precise point positioning. GPS Solutions, 17(2): 223-236.

CHEN J, XIAO P, ZHANG Y, et al., 2013. GPS/GLONASS system bias estimation and application in GPS/GLONASS combined positioning//China Satellite Navigation Conference(CSNC) 2013 Proceedings, Wuhan, China: 323-333.

CHEN K, GAO Y, 2005. Real-time precise point positioning using single frequency data//Proceedings of the 18th International Technical Meeting of the Satellite Division of The Institute of Navigation(ION GNSS 2005), Long Beach, CA: 1514-1523.

CHEN W, HU C, LI Z, et al., 2004. Kinematic GPS precise point positioning for sea level monitoring with GPS buoy. Journal of Global Positioning Systems, 3(1-2): 302-307.

CHOY S, ZHANG K, SILCOCK D, 2008. An evaluation of various ionospheric error mitigation methods used in single frequency PPP. Journal of Global Positioning Systems, 7(1): 62-71.

COLLINS P, BISNATH S, LAHAYE F, et al., 2010. Undifferenced GPS ambiguity resolution using the decoupled clock model and ambiguity datum fixing. Navigation, 57(2): 123-135.

COLOMBO O L, EVANS A G, ANDO M, et al., 2001. Speeding up the estimation of floated ambiguities for sub-decimeter kinematic positioning at sea//Proceedings of the 14th International Technical Meeting of the Satellite Division of The Institute of Navigation(ION GPS 2001), Salt Lake City, UT: 2980-2989.

ELSOBEIEY M, 2014. Precise point positioning using triple-frequency GPS measurements. Journal of Navigation, 68(3): 480-492.

ELSOBEIEY M, EL-RABBANY A, 2011. On modelling of second-order ionospheric delay for GPS precise point positioning. Journal of Navigation, 65(1): 59-72.

ELSOBEIEY M, AL-HARBI S, 2016. Performance of real-time precise point positioning using IGS real-time service. GPS Solutions, 20(3): 565-571.

GABOR M J, 1999. GPS carrier phase ambiguity resolution using satellite-satellite single differences. Austin: The University of Texas at Austin.

GE M, GENDT G, ROTHACHER M, et al., 2008. Resolution of GPS carrier-phase ambiguities in precise point positioning(PPP) with daily observations. Journal of Geodesy, 82(7): 389-399.

GENDT G, DICK G, REIGBER C, et al., 2004. Near real time GPS water vapor monitoring for numerical weather prediction in Germany. Journal of the Meteorological Society of Japan, 82(1B): 361-370.

GENG J, BOCK Y, 2013. Triple-frequency GPS precise point positioning with rapid ambiguity resolution. Journal of Geodesy, 87(5): 449-460.

GENG J, TEFERLE F N, SHI C, et al., 2009. Ambiguity resolution in precise point positioning with hourly data. GPS Solutions, 13(4): 263-270.

GENG J, MENG X, DODSON A H, et al., 2010. Integer ambiguity resolution in precise point positioning: Method comparison. Journal of Geodesy, 84(9): 569-581.

GU S, LOU Y, SHI C, et al., 2015. BeiDou phase bias estimation and its application in precise point positioning with triple-frequency observable. Journal of Geodesy, 89(10): 979-992.

JOKINEN A, FENG S, SCHUSTER W, et al., 2013. GLONASS aided GPS ambiguity fixed precise point positioning. Journal of Navigation, 66(3): 399-416.

KOUBA J, 2003. Measuring seismic waves induced by large earthquakes with GPS. Studia Geophysica et Geodaetica, 47(4): 741-755.

KOUBA J, 2005. A possible detection of the 26 December 2004 great Sumatra-Andaman islands earthquake with solution products of the international GNSS service. Studia Geophysica et Geodaetica, 49(4): 463-483.

KOUBA J, HÉROUX P, 2001. Precise point positioning using IGS orbit and clock products. GPS Solutions, 5(2): 12-28.

LAURICHESSE D, MERCIER F, BERTHIAS J P, et al., 2009. Integer ambiguity resolution on undifferenced GPS phase measurements and its application to PPP and satellite precise orbit determination. Navigation, 56(2): 135-149.

LE A Q, TIBERIUS C, 2007. Single-frequency precise point positioning with optimal filtering. GPS Solutions, 11(1): 61-69.

LE A Q, KESHIN M O, VAN DER MAREL H, 2006. Single and dual-frequency precise point positioning: Approaches and performance// Proceedings of the 3rd ESA Workshop on Satellite Navigation User Equipment Technologies(NAVITEC 2006), Noordwijk, Netherlands: 11-13.

LEANDRO R F, 2009. Precise point positioning with GPS: A new approach for positioning, atmospheric studies, and signal analysis. Fredericton: University of New Brunswick.

LI L, LU Z, CHEN Z, et al., 2019. Parallel computation of regional CORS network corrections based on ionospheric-free PPP. GPS Solutions, 23(3): 1-12.

LI W, TEUNISSEN P, ZHANG B, et al., 2013a. Precise point positioning using GPS and COMPASS observations// China Satellite Navigation Conference(CSNC) 2013 Proceedings, Wuhan, China: 367-378.

LI X, ZHANG X, GE M, 2011. Regional reference network augmented precise point positioning for instantaneous ambiguity resolution. Journal of Geodesy, 85(3): 151-158.

LI X, GE M, ZHANG H, et al., 2013b. A method for improving uncalibrated phase delay estimation and ambiguity-fixing in real-time precise point positioning. Journal of Geodesy, 87(5): 405-416.

LI X, GE M, ZHANG H, et al., 2013c. The GFZ real-time GNSS precise positioning service system and its adaption for COMPASS. Advances in Space Research, 51(6): 1008-1018.

LI Z, CHEN W, RUAN R, et al., 2020. Evaluation of PPP-RTK based on BDS-3/BDS-2/GPS observations: A case study in Europe. GPS Solutions, 24(2): 1-2.

LOU Y, ZHENG F, GU S, et al., 2016. Multi-GNSS precise point positioning with raw single-frequency and dual-frequency measurement models. GPS Solutions, 20(4): 849-862.

MONGE B M, RODRÍGUEZ-CADEROT G, LACY M C, 2014. Multifrequency algorithms for precise point positioning: MAP3. GPS Solutions, 18(3): 355-364.

MONTENBRUCK O, HAUSCHILD A, STEIGENBERGER P, et al., 2013. Initial assessment of the COMPASS/BeiDou-2 regional navigation satellite system. GPS Solutions, 17(2): 211-222.

NADARAJAH N, KHODABANDEH A, WANG K, et al., 2018. Multi-GNSS PPP-RTK: From large-to small-scale networks. Sensors, 18(4): 1078.

OLIVARES-PULIDO G, TERKILDSEN M, ARSOV K, et al., 2019. A 4D tomographic ionospheric model to support PPP-RTK. Journal of Geodesy, 93(9): 1673-1683.

OLIVEIRA P S, MOREL L, FUND F, et al., 2017. Modeling tropospheric wet delays with dense and sparse network configurations for PPP-RTK. GPS Solutions, 21(1): 237-250.

QU L, ZHAO Q, GUO J, et al., 2015. BDS/GNSS real-time kinematic precise point positioning with un-differenced ambiguity resolution// China Satellite Navigation Conference(CSNC) 2015 Proceedings, Xi'an, China: 13-29.

REUSSNER N, WANNINGER L, 2011. GLONASS inter-frequency biases and their effects on RTK and PPP carrier-phase ambiguity resolution// Proceedings of the 24th International Technical Meeting of the Satellite Division of The Institute of Navigation(ION GNSS 2011), Portland, OR: 712-716.

ROCKEN C, JOHNSON J, VAN HOVE T, et al., 2005. Atmospheric water vapor and geoid measurements in the open ocean with GPS. Geophysical Research Letters, 32(12): 12813.

SHI C, ZHAO Q, LI M, et al., 2012. Precise orbit determination of Beidou satellites with precise positioning. Science China Earth Sciences, 55(7): 1079-1086.

SHI C, YI W, SONG W, et al., 2013. GLONASS pseudorange inter-channel biases and their effects on combined GPS/GLONASS precise point positioning. GPS Solutions, 17(4): 439-451.

SHI J, GAO Y, 2014. A comparison of three PPP integer ambiguity resolution methods. GPS Solutions, 18(4): 519-528.

STEIGENBERGER P, HUGENTOBLER U, HAUSCHILD A, et al., 2013. Orbit and clock analysis of compass GEO and IGSO satellites. Journal of Geodesy, 87(6): 515-525.

TEGEDOR J, ØVSTEDAL O, 2014. Triple carrier precise point positioning(PPP) using GPS L5. Survey Review, 46(337): 288-297.

TEUNISSEN P J G, 2003. Integer aperture GNSS ambiguity resolution. Artificial Satellites, 38(3): 79-88.

TOLMAN B W, KERKHOFF A, RAINWATER D, et al., 2010. Absolute precise kinematic positioning with GPS and GLONASS// Proceedings of the 23rd International Technical Meeting of the Satellite Division of The Institute of Navigation(ION GNSS 2010), Portland, OR: 2565-2576.

WANG Z, LI Z, WANG L, et al., 2018. Assessment of multiple GNSS real-time SSR products from different analysis centers. ISPRS International Journal of Geo-Information, 7(3): 85.

WANNINGER L, BEER S, 2015. BeiDou satellite-induced code pseudorange variations: Diagnosis and therapy. GPS Solutions, 19(4): 639-648.

WU Z, BIAN S, 2015. GNSS integer ambiguity validation based on posterior probability. Journal of Geodesy, 89(10): 961-977.

WÜBBENA G, SCHMITZ M, BAGGE A, 2005. PPP-RTK: Precise point positioning using state-space representation in RTK networks// Proceedings of the 18th International Technical Meeting of the Satellite Division of The Institute of Navigation(ION GNSS 2005), Long Beach, CA: 2584-2594.

XU A, XU Z, XU X, et al., 2014. Precise point positioning using the regional BeiDou navigation satellite constellation. Journal of Navigation, 67(3): 523-537.

ZHANG B, CHEN Y, YUAN Y, 2019. PPP-RTK based on undifferenced and uncombined observations: Theoretical and practical aspects. Journal of Geodesy, 93(7): 1011-1024.

ZUMBERGE J F, HEFLIN M B, JEFFERSON D C, et al., 1997. Precise point positioning for the efficient and robust analysis of GPS data from large networks. Journal of Geophysical Research Atmospheres, 102(B3): 5005-5017.

第 5 章　北斗/GNSS 地基/星基增强系统

【教学及学习目标】

本章主要介绍全球范围内各国已建立的地基/星基增强系统,及其相关理论知识与应用实例。通过本章的学习,学生可以了解北斗/GNSS 地基/星基增强系统的概念和发展,掌握多种卫星导航定位系统的地基/星基增强技术的发展概况,理解卫星增强系统对 GNSS 定位的影响及发布的相关数据产品,并掌握卫星增强技术的服务范围和精度指标。

5.1　引　　言

全球导航卫星系统的飞速发展及多种应用普及能满足现代生产生活中的大部分领域。然而,在一些特殊领域(如民航进近着陆)中,仅仅依靠卫星导航系统提供的基本定位服务已不能满足用户的需求,亟须进行增强来满足高精度的导航要求。因此,人们发展了多种增强技术,包括卫星导航地基增强系统(GBAS)和星基增强系统(SBAS)。地理空间数据的信息量需求迅速增加,定位精度要求进一步提高,建立满足多层次、多需求的地理空间数据基础设施和服务平台变得相当紧迫。北斗导航卫星定位技术是地理空间数据的重要来源之一,具有全球性的突出优势。随着位置固定、不间断连续运行的 GNSS 参考站相继建成,利用多基站网络 RTK 技术逐步建立覆盖成区域、广域甚至全球性的网络,形成了地理空间数据基础设施的重要部分。该网络系统是一套能使卫星定位精度达到厘米级的系统,其作为导航应用的核心,建立和维持高精度的时空参考框架。

目前,国际大地测量发展方向之一是建立全天候、全球覆盖、高精度、动态、实时定位的卫星导航系统,在地面建立了多个相应的永久性连续运行的 GNSS 参考站。通过利用多基站网络 RTK 技术建立连续运行卫星定位服务综合系统(CORS)。CORS 网络系统是一种由卫星定位技术、计算机网络技术、数字通信技术等多种高新科技多方位、深度结合的产物,可为几何大地测量提供一个全天候、高精度、动态定位定时的系统,数据处理效率被极大地提高。通过基准站接收 GNSS 信号后,采用数据处理系统经由卫星、广播、移动通信等手段实时播发给实际的应用终端,从而实现授时、导航定位和空间大气监测等多种服务。此外,受卫星导航误差及用户位置等影响,部分区域如地形复杂的山谷等仅依赖 GNSS 卫星并不能达到理想的导航定位效果,同时一些对导航性能有特殊要求的领域,如航空领域的飞机精密进近等,单独使用 GNSS 卫星同样不能完成相应要求的导航定位服务。因此,针对这种需求,尤其是来自航空业的迫切需要,包含星基增强系统(SBAS)在内的一系列导航增强系统应运而生,通过增强系统辅助配合 GNSS 卫星系统的使用,使 GNSS 的定位精度等导航性能进一步提升,以满足不同区域、不同领域特殊的定位服务需求。星基增强系统能为民航运营提供花费更低、可用性更高的导航功能,并将为航空领域带来巨大的经济效益。首先，通过减少通信和雷达导引，降低空管人员的工作负担，并且能为带有卫星导航接收机的飞机提供精密进场与着陆服务。其次，减少飞行时间和缩短距离，节省燃料等运行成本。星基增强系统（又称广域差分系统），通过利用地球静止轨道（GEO）卫星搭载卫星导航增强信号转发器，可以向用户播发星历误差、卫星钟差、电离层延迟等多种修正信息，实现对原有卫星导航系统定位精度的改进。

5.2 地基增强系统

5.2.1 系统概述

20 世纪 90 年代起，国际 GNSS 服务中心的网络正式运行，它是全球覆盖范围最大的连续运行参考站网络，目前已建成数以百计的 GNSS 参考站（我国境内有 8 个），分布情况如图 5-1 所示。该网络可实现 GNSS 原始观测数据的全球分享，并提供精密星历、自转参数等数据产品，这些数据主要用于确定和维持地球参考框架、卫星定轨和地球物理应用，显著地促进了社会生产力的发展。

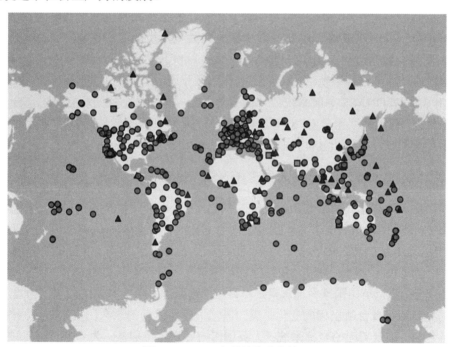

图 5-1 GNSS 参考站的分布情况
https://igs.org/network

加拿大首次提出了一种 CORS 控制系统理论，并建成了第一个 CORS 基准参考站。然而，受限于当时的通信技术和数据处理方法，此类基准参考站主要用于大地控制网测量和地球物理探测研究，并不能提供实时定位方面的服务功能。上述 CORS 理论主要针对卫星星历这一误差源进行分析探讨，若能提供高精度的预报星历可有效提高定位精度。基于此，CORS 理论被进一步大力推广和建设。DGPS 技术和实时载波相位 RTK 技术开始逐渐普及应用，部分学者尝试利用无线电技术发布连续运行参考站的差分改正信息，并用于 RTK 测量和定位导航，这种方法可在一定距离内为用户提供伪距差分和相位差分的数据，是现代 CORS 理论的雏形。这种 RTK 单参考站的测量方式明显区别于传统测量模式，作业效率得到提高。但是，各参考站无数据交换，仅向用户单方向传输差分改正信息。

地基增强系统是获得高精准卫星定位信息的重要基础。进入 21 世纪以来，随着计算机、网络和通信技术的飞速发展，世界上较发达的国家都相继建成或正在建立地基增强系统，以满足各行各业对高精度位置的需求。

1. 美国连续运行参考站系统

美国最早开始建设连续运行参考站（CORS）系统，建设程度最为成熟，且站点规模还在逐步扩大，可实现对美国绝大部分区域的全覆盖。美国 CORS 主要分为三个部分：一是国家 CORS 网络；二是各个合作组织的 CORS 网络；三是各州建立的 CORS 网络。美国国家大地测量局（National Geodetic Survey，NGS）是美国国家海洋局与大地管理局下属的官方机构，负责统一管理整个 CORS，但是并不参与 CORS 站点的建设。整个 CORS 网络是由政府、公司、大学、研究机构及私人民间组织等共同参与建设与运维的，全部的基准站装配了双频全波段 GPS 接收机，数据记录格式为 RINEX。NGS 利用因特网向全球用户提供基准站坐标和 GNSS 参考站观测数据，数据的采样间隔为 30 s，通过后期处理为精确定位（实时厘米级、后处理毫米级）和大气模型的应用服务。此外，合作组织的 CORS 网络的数据可从美国国家地球物理数据中心下载，并向合作组织完全开放。

美国政府对地基增强系统的实际应用既传统又开放：一方面通过明确的政策法规，推荐使用 GPS 及 GLONASS 导航系统信号；另一方面，积极鼓励各州政府与民众合作共建，以便共享数据。美国国家差分 GPS 和国家 CORS 的运行和发展较成熟，但高精度定位应用仍局限于传统领域，尚未凸显位置服务的智能化作用。

2. 英国国家大地测量局永久国家 GNSS 网络

英国国家大地测量局的永久国家 GNSS 网络（OSNet）根据现有的 GPS 网建设而成。永久国家 GNSS 网络由 110 个大地测量级别的 GNSS 基准站构成，基准站的间距为 50～80 km，坐标系为 ETRS 89 坐标系。接收器或天线在 2008～2009 年全部更换升级，以接收新的 GPS（如 GPS 卫星 L5 频段）和 GLONASS 信号，甚至于当 Galileo 功能完备时，可提供最新的观测数据。英国国家大地测量局将持续严密跟踪 GNSS 技术的发展，如北斗-3，同时天线的更新意味着台站坐标的变化。英国国家大地测量局的永久国家 GNSS 网络提供的基本服务包括：确定英国的坐标系；为英国国内提供定位服务；为 GPS 商业服务提供支撑；为科学研究提供 GPS 数据。

英国国家大地测量局的职责是增强和维护永久国家 GNSS 网络，为英国的地理信息产业提供服务。永久国家 GNSS 网络还包括 2008～2009 年新建的 12 个基准站，其作用是保证大地测量的稳定性，既考虑了最小的区域位移，又考虑了中心台站的长期寿命。这些基准站根据最高的国际标准建设，其中的子网站将根据其他学科的需要设立，促进地震、重力、潮汐、大地测量和气象等多学科之间的融合。

3. 德国卫星定位及导航服务系统

德国各州政府和联邦政府的有关机构一直非常重视交通管制和交通信息的发布。20 世纪 80 年代中期，德国人认为：发达的交通事业和交通安全需要及有序的交通管理目标等，是各级政府努力开发差分 GPS 导航服务系统的主要动力（刘经南 等，1997）。德国的某些州测量局和研究机构独自研究建立了自己的差分 GPS 试验系统，如汉堡测量局试验了 2 m 波段的超短波无线传输差分 GPS，其目的是为城市测量服务。德国统一的差分 GPS 定位服务系统（Germatic satellite positioning and navigation service，SAPOS）正是在超短波无线传输差分 GPS 的基础上进行建设的。

SAPOS 计划直译就是德国卫星定位与导航服务计划，其目的是将德国各部门的差分 GPS 计划协调统一起来，以建立一个长期运行的、覆盖全国的、多功能的差分 GPS 服务体系（陈泽民，2001）。作为国家的一个基础设施，应提供一个统一的参考系统，满足各个部门多种目的应用。SAPOS 是由国家测量部门联合运输、建筑等部门共建，包含了 200 个左右的永久性 GPS 跟踪站，平均间隔为 40 km，构成德国的首级大地控制网，其基本服务是提供卫星星历和用户改正数据，从而实现用户的厘米级精度水平的定位和导航坐标。系统采用 PTCM 2.0 格式，通过无线电和因特网的通信方式，向用户发播站坐标和差分改正数。

受欧盟一体化、政治体系差异的影响，欧洲各国的基准站网络尚未联结，覆盖全欧的地基增强"一张网"也没有形成。目前，已有研究机构组建欧洲框架网（EUREF），主要服务于高精度站坐标值和速度场、站时间序列及对流层大气延迟参数等，但尚未转化至高精度民用领域。

4. 加拿大主动控制网系统

加拿大主动控制网系统（Canadian association of computer service，CACS）、被动控制网及重力基准网，由自然资源部与大地测量局负责及提供数据。加拿大大地测量局将该国目前已有的 112 个永久性 GPS 卫星基准站（14 个国家级永久性跟踪站、23 个西部变形监测站、32 个区域主动控制站及 40 个主动控制网等）和总站构成一个主动控制网系统（CACS），作为加拿大大地测量的动态参考框架。通过分析多个基准站的 GPS 数据，监测 GPS 完好性和定位性能，计算精密的卫星轨道和卫星钟差改正，提供有效的现代空间参考框架和提高 GPS 应用的有效性和精度，在加拿大的任何位置使用 GPS 接收机可获得其服务定位（精度从米级到厘米级是可变的），其主要取决于用户采用的 GPS 接收机的抗干扰和多路径效应的性能。加拿大的部分公司目前采用移动通信和因特网开展实时定位服务。与美国 CORS、德国 SAPOS 等类似的是，CACS 构成了加拿大国家动态大地测量框架。

5. 日本连续应变监测系统

20 世纪 90 年代初，日本国土地理院逐步完善全国 GPS 连续观测系统，并进一步发展成日本 GPS 连续应变监测系统（GNSS earth observation network system，GEONET），至今已成功建立了 1 200 个测点，各个站点的平均密度为 20 km。基准站一般为不锈钢塔柱，塔顶放置 GPS 接收天线，塔柱中部分层放置 GPS 接收机等设备，观测数据通过综合业务数字网进入 GSI 数据处理中心，然后进入因特网，从而实现全球共享。该系统开始主要为地震监测与预报服务，后来逐渐发展到集合了工程控制与监测、测图与地理信息系统更新、气象监测与预报等多种应用的 CORS 网络，是日本重要的国家基础设施。基于自然灾害频发及灾害的监测需求，日本建设了全球基准站密度最高的地基增强网络，通过发达的通信网络，做到秒级实时响应，应用领域以传统行业为主。

6. 中国国家连续运行基准站 CORS 网络

我国的 CORS 建设近年来得到了快速发展，2003 年深圳率先建成了中国第一个 CORS——SZCORS，随后各省市陆续建设了一批市级甚至省级的 CORS，如广东省、江苏省、北京市、上海市等。虽然近十年 CORS 发展较为迅速，但都不是国家统一建设的，主要由各省市、各行业及相关科研院所负责建设和维护，基站数量高达 2 600 多个。这些基准站由于建设标准和规格不统一，存在功能单一、建设重复等问题。有关的信息成果，主要在本地区、本行业内交流共享，难以实现跨地区、跨行业的系统整合。建设 CORS 的技术标准化是一个亟须统一认识和解决实施的问题，这对整个国家的基础建设将产生重大影响。

根据现有的统计资料，国内 GNSS 连续运行基准站从 1992 年武汉 IGS 站建设开始，经过 30 多年的建设与发展，在全国范围内建设规模已接近 3 000 个站点。对 CORS 网络而言，其与地基增强系统并没有直接的关系。CORS 指的是地面基准站，即在已知点上安装了一台 GNSS 接收机，并且该接收机保持全天候持续观测数据。如果将 CORS 参考站的观测数据用于实时计算局域差分改正数 RTK 和 RTD，此时的 CORS 参考站组成的系统就可被称为地基增强系统（局域差分系统）。

地基增强系统主要服务于地面应用，在地面上基站布设相对广而密，因此可以直接使用原理更为简单的局域差分技术。在地面建立参考站，通过网络或电台向外实时发送改正数，用户接收到改正数后直接对观测值进行改正，最终能够达到厘米级的定位精度。目前地基增强系统一般采用的都是局域差分技术，其具有操作简单和高精度的优势。

地基增强系统是卫星导航系统的补充。卫星导航系统接收装置接收到 4 颗及以上导航卫星信号时，即可计算出其所在位置。但是这种定位方式精度为 10 m 左右，对大部分的行业应用和军用领域而言，还远远不够。为了提高定位精度，解决更大范围的高精定位需求，通过在地面建立固定的参考站（CORS 站）来获取卫星定位测量时的误差，进而将卫星定位坐标与自身精确坐标对比后的改正数结果发送给接收机，这就是地基增强系统。例如，各地测绘、国土、气象等部门负责建设国家连续运行基准站 CORS 网络就属于地基增强系统。后来由中国兵器工业集团、国土资源部、交通运输部、国家测绘局、中国地震局、中国气象局、中国科学院及千寻位置网络有限公司负责建设的中国国家北斗地基增强系统同样也属于地基增强系统。

地基增强系统是卫星定位技术、计算机网络技术、数字通信技术等高新科技多方位、深度结晶的产物。它通过接收地面基准站网提供差分修正信号，可达到提高卫星导航精度的目的，主要服务于地面应用，涵盖测绘勘探、监测控制、驾考驾培、精准农业、航空航海等专业领域，以及交通导航、旅游、应急救援等大众领域，优化后的定位精度可以从毫米级至亚米级不等。不过，地基增强的精度虽然很高，但覆盖范围却有一定限制。定位目标必须处在通信信号覆盖的范围之内，但在通信信号难以覆盖的高空、海上、沙漠和山区，则形成了大范围的定位盲区。

北斗地基增强系统作为北斗卫星导航系统的最重要组成部分，是国家重大的信息基础设施，用于提供北斗卫星导航系统增强定位精度和完好性的服务。北斗地基增强系统由地面北斗基准站系统、通信网络系统、数据综合处理系统、数据播发系统等组成。目前，全国范围内已成功建立了超过 2 500 个地基增强站，具备在全国范围内，提供实时米级、分米级、厘米级、后处理毫米级高精度定位基本服务能力。通过自主研发的定位算法，千寻位置网络有限公式已可通过互联网技术和大数据运算，为遍布全国的用户提供精准定位及延展服务。

作为北斗导航应用推广的重要方向，建设时始终把握"互联网+"时代对精准时空服务的基础支撑需求，加大北斗应用推广和产业布局，积极构建"云服务平台（个位数量级的企业）-核心器件（十位数量级的企业）-终端系统（百千数量级的企业）-应用和大数据（万数量级的企业）"高精度位置服务生态圈，面向国民经济重点行业应用、区域集成应用和大众消费市场应用，在更广范围、更高层次、更深程度上推广北斗应用，着力打造"基础设施、服务平台、核心技术、产业生态"四位一体的北斗高精度服务能力。将进一步夯实导航芯片、应用标准体系、产品质量监督检验、高精度核心处理软件工程化 4 个产业基础；推动北斗在战略性行业、区域经济、海外应用、大众应用等领域的应用。

5.2.2　北斗地基增强系统构成

北斗地基增强系统由北斗基准站网、通信网络系统、国家数据综合处理系统、行业数据处理系统、数据播发系统、北斗/GNSS 增强用户终端等分系统组成，如图 5-2 所示。

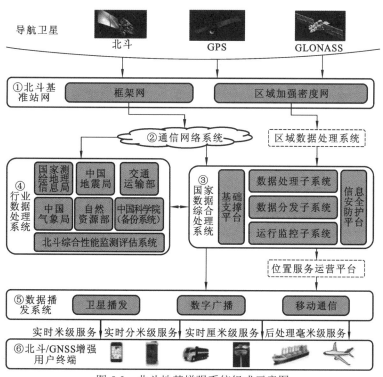

图 5-2　北斗地基增强系统组成示意图

http://www.beidou.gov.cn/

1. 北斗基准站网

增强站系统用于地面实时接收卫星导航系统发射的信号，并将接收到的原始观测数据按照标准协议处理后送到通信系统，再传输到数据综合处理系统。

增强站系统主要为基准监测站网络，可分为基准监测站和完善性监测站两种。基准监测站通常配置了高性能原子钟和接收机，接收机通过接收卫星信号获得原始观测数据，从而检测出测量参数的误差值。完善性监测站专用于完善性检验，获得的观测值不用来计算精度修正值。两种监测站联合起来可修正信息，得出完善性结论。当监测站数量越多、分布越广，可获得不同空间和地域的测量数据，有利于处理误差数据，提高精度（施浒立 等，2015）。

北斗基准站网包括框架网和区域加强密度网两个部分。

北斗地基增强系统框架网基准站按 155 个设计，并适情补充，基准站大致均匀地布设在我国陆地和沿海岛礁，满足北斗地基增强系统提供广域实时米级、分米级增强服务及后处理毫米级高精度服务的组网要求。

1 200 个区域加强密度网基准站以省、直辖市或自治区为区域单位布设，根据各自的面积、地理环境、人口分布、社会经济发展情况进行覆盖，满足北斗地基增强系统提供区域实时厘米级增强服务、后处理毫米级高精度服务的组网要求（中国卫星导航系统管理办公室，2017）。

2. 通信网络系统

通信网络系统包括从框架网和区域加强密度网到国家数据综合处理系统，从国家数据综合处理系统到行业数据处理系统（包括北斗综合性能监测评估系统）、位置服务运营平台、数据播发系统间的通信网络及相关设备，实现数据传输、网络配置与监控等功能。通信网络由专用光纤通信网络/虚拟专用网络、互联网、路由器等组成。通信网络系统将卫星导航增强系统连成物理和信息层意义上的"一张网"（蔡毅 等，2020）。

3. 国家数据综合处理系统

北斗地基增强系统的国家数据综合处理系统负责从北斗基准站网实时接收北斗、GPS、GLONASS 卫星的观测数据流，生成北斗基准站观测数据文件、广域增强数据产品、区域增强数据产品、后处理高精度数据产品等，并推送至行业数据处理系统、位置服务运营平台、数据播发系统。

4. 行业数据处理系统

行业数据处理系统包括交通运输部、国家测绘地理信息局、中国地震局、中国气象局、自然资源部及中国科学院共 6 个行业数据处理子系统、国家北斗数据处理备份系统、北斗综合性能监测评估系统。

6 个行业数据处理子系统接收国家数据综合处理系统的北斗基准站观测数据和生成的增强数据产品，针对行业应用特点进行增强数据产品的再处理，形成支持各自行业深度应用的增强数据产品。

国家北斗数据处理备份系统为北斗地基增强系统基准站网观测数据提供基本的远程

数据备份服务，确保当国家数据综合处理系统观测数据丢失或损坏后，能够从远程备份系统进行恢复。

5. 数据播发系统

数据播发系统接收国家数据综合处理系统生成的各类增强数据产品，针对各类数据产品播发需求进行处理和封装，再通过各类播发手段将处理封装后的增强数据产品传输至用户终端/接收机，供用户使用。

数据播发系统利用卫星广播、数字广播和移动通信等方式播发增强数据产品。

6. 北斗/GNSS 增强用户终端

北斗/GNSS 增强用户终端（接收机）用于接收北斗卫星导航系统的导航信号和数据播发系统播发的增强数据产品，实现所需的高精度定位、导航功能。按照国际标准协议进行处理，再推送至卫星、数字广播、移动通信等国家设施，封装后成为增强数据产品播发。数据播发系统由服务器和播发软件组成。此外，通过互联网接入可为用户提供后处理毫米级的精密定位服务。数据播发系统利用卫星（L 波段、C 波段）、无线电广播（移动多媒体广播和融合数字化广播）、数字广播、移动通信（2G/3G/4G/5G）等方式播发增强数据产品。

数据播发有两种情况：一种为仅广播增强信息；另一种不但增强信息，还提供"类似GPS"的测距码信号，增加测距冗余度，特别是当卫星导航系统星座分布不理想时，增强平台将能改善星座的几何精度因子 DOP，提高定位精度（蔡毅 等，2020）。

5.2.3 北斗地基增强系统产品

基于公开服务原则，结合北斗地基增强系统现阶段建设情况，北斗地基增强系统现提供广域增强服务、区域增强服务、后处理高精度服务共 3 类服务，分别对应广域增强数据产品、区域增强数据产品、后处理高精度数据产品共 3 类产品，广域增强数据产品、区域增强数据产品通过移动通信方式提供服务，后处理高精度数据产品通过文件下载方式提供服务。

1. 广域增强数据产品

广域增强数据产品包括北斗/GPS 卫星精密轨道改正、钟差改正数、电离层改正数等，主要用于广域增强定位服务，定位精度为米级和亚米级，数据产品分类情况如表 5-1 所示。

表 5-1 广域增强数据产品分类

电文组	电文编码	电文名称	电文内容长度/bit
北斗广域增强电文	1300	BDS 轨道改正电文	$8.5+16.875 \times N_s$
	1301	BDS 钟差改正电文	$8.375+9.5 \times N_s$
GPS 广域增强电文	1057	GPS 轨道改正电文	$8.5+16.875 \times N_s$
	1058	GPS 钟差改正电文	$8.375+9.5 \times N_s$
电离层改正电文	1330	电离层球谐模型电文	$8.875+4.5 \times N_s$
	1331	电离层格网模型电文	$42+1.625 \times N_s$

注：N_s 为 GNSS 的卫星数量

北斗地基增强系统提供的广域增强数据产品由多条电文组成，参照 RTCM3.2 的数据封装格式进行封装。每条电文分别进行封装（电文内容长度不超过 1 023 B）。电文由前导码、保留位、电文长度及可变长度的电文内容和循环冗余校验（CRC）位组成，电文封装的内容见表 5-2。

表 5-2　电文封装内容

名称	长度	备注
前导码	8 bit	固定比特"11010011"
保留位	6 bit	保留字段"000000"
电文长度	10 bit	值由电文内容长度确定
电文内容	0～1 023 B	包含电文头和数据内容，长度可变，最大不超过 1 023 B，内容长度非整字节时在最后的字节处补 0 至整字节
校验位	24 bit	采用 CRC-24Q 校验算法

北斗地基增强系统提供的广域增强数据产品包含北斗组合轨道钟差改正电文、GPS 组合轨道钟差改正电文、电离层球谐模型电文共 3 条电文，各电文编号及长度见表 5-3。

表 5-3　广域增强数据产品电文信息

电文编号	电文名称	电文内容字节数
1303	北斗组合轨道钟差改正电文	$8.5+25.625\times N_s$
1060	GPS 组合轨道钟差改正电文	$8.5+25.625\times N_s$
1330	电离层球谐模型电文	$9.5+2.25\times N_i$

注：N_s 为北斗/GPS 卫星数量；N_i =（球谐阶数+1）×（球谐次+1），最大不超过 128

每条电文的电文内容由一系列数据字段组成。数据字段按照顺序进行比特位拼接，多字节值数据字段按照排列次序播发，无须进行字节截取和比特反转等处理，数据字段可重复。

北斗或 GPS 组合轨道钟差电文将卫星改正和轨道改正组合成一条电文，保证轨道和钟差改正数据的时间一致性。组合轨道钟差电文包含头和数据内容两部分。

电离层球谐模型不依赖具体使用的卫星导航系统，该电文可用于计算电离层延迟信息。电离层球谐模型电文的数据内容包含球谐系数 c 和球谐系数 s。球谐系数 c 和 s 的编码顺序按照以下矩阵（从上到下，从左到右）的顺序进行编码：

$$\begin{bmatrix} c_{00} \\ s_{11}c_{10}c_{11} \\ s_{22}s_{21}c_{20}c_{21}c_{22} \\ \cdots \\ s_{n,n}\cdots s_{n,1}c_{n,0}c_{n,1}\cdots c_{n,n} \end{bmatrix} \tag{5.1}$$

式中：c_{ij}、s_{ij} 分别为第 i 阶 j 次所对应的余弦、正弦系数；n 为球谐模型电文头的球谐阶数。

上述矩阵中默认球谐阶数（设为 n）与球谐次数（设为 m）相同；若 $n>m$，则从第 m 行开始，每一行均为 $2m+1$ 个系数，即系数变成：$s_{k,m},s_{k,m-1},\cdots,s_{k,1},c_{k,0},c_{k,1},\cdots,c_{k,m}$，其中

$m \leqslant k \leqslant n$。

电文内容一般由电文头和数据区组成，电文头在前，数据区在后，再进行拼接。若电文的数据区包含多个相同结构的数据内容，则各数据内容按照先后顺序依次拼接。

电文头和数据内容分别由若干数据字段组成，每个数据字段根据定义的先后顺序依次拼接，组成电文头和数据内容，拼接过程按比特对齐。

广域增强数据产品服务用户接入包括注册、认证、服务申请 3 个步骤。

广域增强数据产品接入协议中的数据类型说明见表 5-4。

表 5-4 数据类型表

数据类型	描述	范围	备注
bit(N)	N 位二进制比特	每比特为 0 或 1	—
int(N)	N 比特的有符号整数，采用二进制补码	$\pm(2^{N-1}-1)$	-2^{N-1} 表示数据无效，$N=8\sim38$
unit(N)	N 比特的无符号整数	$0\sim2^{N-1}-1$	$N=2\sim36$
char8(N)	N 个字符，采用 ISO8859-1 编码，每个字符 8 比特	字符集	0x00 表示保留位或未用字符

对广域增强数据产品而言，精密轨道、卫星钟差、电离层延迟等参数经多种理论算法的改正后可解算出来，分别如下。

（1）精密轨道改正。完整的轨道改正量 δO 需采用改正项和其速度项联合计算得到：

$$\delta O = \begin{bmatrix} \delta O_{\text{rad}} \\ \delta O_{\text{alo}} \\ \delta O_{\text{cro}} \end{bmatrix} + \begin{bmatrix} \delta \dot{O}_{\text{rad}} \\ \delta \dot{O}_{\text{alo}} \\ \delta \dot{O}_{\text{cro}} \end{bmatrix} (t-t_0) \tag{5.2}$$

式中：t 为接收机当前历元时间；t_0 为从 SSR 电文信息获取的轨道改正数的参考时间；δO 和 $\delta \dot{O}$ 分别为从 SSR 电文信息获取的轨道改正项与速度项。

用户在使用过程中，需要将上述改正向量 δO 转换至地固系下，转换公式为

$$e_{\text{alo}} = \frac{\dot{r}}{|\dot{r}|} \tag{5.3}$$

$$e_{\text{cro}} = \frac{r \times \dot{r}}{|r \times \dot{r}|} \tag{5.4}$$

$$e_{\text{rad}} = e_{\text{alo}} \times e_{\text{cro}} \tag{5.5}$$

$$\delta X = [e_{\text{rad}} e_{\text{alo}} e_{\text{cro}}] \delta O \tag{5.6}$$

式中：r 为广播星历计算的地固系下的卫星位置矢量；$\dot{r}$ 为广播星历计算的地固系下的卫星速度矢量；e_i 为径向、法向、切向方向单位矢量，$i = \{\text{rad,alo,cro}\}$；$\delta X$ 为地固系下卫星位置的改正量。

用户获得地固系下的轨道改正量 δX 后，对广播星历解算得到的卫星位置进行修正

$$X_{\text{orb}} = X_{\text{bro}} - \delta X \tag{5.7}$$

式中：X_{orb} 和 X_{bro} 分别为改正数改正后得到的地固系下卫星精确位置和广播星历计算得到的卫星位置。其中，X_{orb} 还是卫星质心的地固系位置。

（2）卫星钟差改正。通过多项式表达某一段时间内的钟差偏差，计算公式为

$$\delta C = C_0 + C_1(t-t_0) + C_2(t-t_0)^2 \tag{5.8}$$

式中：C_i 为从 SSR 钟差改正电文获取的多项式系数，$i = \{0,1,2\}$。

卫星钟差改正 δC 是相对于广播星历钟差的改正，计算公式为

$$t_{\text{sat}} = t_{\text{bro}} - \frac{\delta C}{c} \tag{5.9}$$

式中：t_{bro} 和 t_{sat} 分别为广播星历计算得到的卫星钟差参数和经过 SSR 钟差改正信息改正得到的卫星钟差。此外，由于 SSR 卫星钟差改正数使用双频（B1B2）无电离层组合观测值确定，为了保证与 SSR 改正数使用相同的时间基准，单频用户使用该改正数产品时需要进行相应的码偏差改正。

（3）电离层延迟改正。电离层延迟改正采用电离层球谐模型，改正数信息提供电离层改正球谐系数（$\widetilde{C_{nm}}, \widetilde{S_{nm}}$），观测量 L_x 斜路径上的电离层延迟 T_{ion} 的计算公式为

$$T_{\text{ion}} = \gamma_{L_x} F(t) \sum_{n=0}^{n_{\max}} \sum_{m=0}^{n} \widetilde{P_{nm}}(\sin\varphi)[\widetilde{C_{nm}}\cos(m \cdot s) + \widetilde{S_{nm}}\sin(m \cdot s)] \tag{5.10}$$

式中：$\gamma_{L_x} = 40.3 \times 10^6 / f^2$，$f$ 为 L_x 的观测量频率；$F(t)$ 为倾斜因子；$n_{\max}$ 为球谐展开式阶数，即电离层球谐模型电文头中的球谐阶数；$\widetilde{P_{nm}}$ 为标准化后的 n 阶 m 次勒让德函数；φ 为电离层穿刺点纬度（日固地磁坐标系）；s 为穿刺点经度（日固地磁坐标系）。

2. 区域增强数据产品

区域增强数据产品包括北斗/GPS/GLONASS 区域综合误差改正数，主要用于区域差分定位服务，定位精度为米级和厘米级。

北斗地基增强系统提供的区域增强数据产品由多条电文组成，具体为扩展的 RTK L1 & L2 GPS 观测值电文、固定基准站 ARP 及天线高度电文、天线描述和序列号电文、扩展的 GLONASS L1&L2 RTK 观测值电文、GPS MSM4 电文、北斗 MSM4 电文、GLONASS MSM4 电文共 7 条电文。各电文编号及长度见表 5-5。

表 5-5　区域增强数据产品电文信息

电文编号	电文名称	电文内容字节数
1004	扩展的 RTK L1 & L2 GPS 观测值	$8 + 15.625 \times N_s$
1006	固定基准站 ARP 及天线高度	21
1008	天线描述和序列号电文	$6 \sim 68$
1012	扩展的 GLONASS L1&L2 RTK 观测值	$7.625 + 16.25 \times N_s$
1074	GPS MSM4	$169 + N_s \times (18 + 49 \times N_{\text{sig}})$
1085	GLONASS MSM4	$169 + N_s \times (36 + 64 \times N_{\text{sig}})$
1124	北斗 MSM4	$169 + N_s \times (18 + 49 \times N_{\text{sig}})$

注：N_s 为北斗/GPS/GLONASS 卫星数量；N_{sig} 为传输的信号类型

区域增强数据产品播发接入协议采用 NTRIP 2.0。

3. 后处理高精度数据产品

后处理高精度数据产品包括北斗/GPS 事后处理的精密轨道、精密钟差、地球定向参数（earth orientation parameters，EOP）、电离层产品等。

后处理高精度数据产品中，北斗/GPS 事后精密轨道采用 SP3 格式，事后精密钟差采用 RINEX 3.0 格式，EOP 采用 ERP 格式，电离层产品采用 IONEX 格式。

后处理高精度数据产品播发接入协议采用 FTP 协议。

5.2.4 北斗地基增强服务性能指标

1. 服务范围

在各个测试阶段，根据北斗地基增强系统差分服务覆盖范围的不断扩大，测试的范围也不断扩大，覆盖范围测试与定位服务精度测试同步进行。

北斗地基增强系统各类服务产品目前的播发范围为中华人民共和国境内 2G/3G/4G 移动通信网络覆盖范围。

广域增强精度服务范围为播发范围内中国陆地及领海。

区域增强精度服务范围参照区域加强密度网站点分布，以区域服务系统发布的服务范围为准。

后处理高精度服务范围为播发范围内中国陆地及领海。

2. 定位精度

定位精度主要包括水平定位精度和垂直定位精度，是指在约束条件下各服务范围内用户使用相应产品后所获得的位置与用户的真实位置之差的统计值。

北斗地基增强系统定位精度指标见表 5-6～表 5-9，未说明连续观测时间要求的默认为连续观测 24 h 后的定位精度指标。

表 5-6 北斗广域定位精度指标

产品分类	定位精度（95%）	约束条件
广域增强数据产品	单频伪距定位 水平≤2 m 垂直≤4 m	北斗有效卫星数>4 PDOP 值<4
	单频载波相位 精密单点定位 水平≤1.2 m 垂直≤2 m	北斗有效卫星数>4 PDOP 值<4
	双频载波相位 精密单点定位 水平≤0.5 m 垂直≤1 m	北斗有效卫星数>4 PDOP 值<4 初始化时间 30～60 min

表 5-7　北斗/GPS 组合广域定位精度指标

产品分类	定位精度（95%）	约束条件
广域增强数据产品	单频伪距定位 水平≤2 m 垂直≤3 m	北斗有效卫星数>4 GPS 有效卫星数>4 PDOP 值<4
	单频载波相位 精密单点定位 水平≤1.2 m 垂直≤2 m	北斗有效卫星数>4 GPS 有效卫星数>4 PDOP 值<4
	双频载波相位 精密单点定位 水平≤0.5 m 垂直≤1 m	北斗有效卫星数>4 GPS 有效卫星数>4 PDOP 值<4 初始化时间 30～60 min

表 5-8　区域定位精度指标

产品分类	定位精度（RMS）	约束条件
区域增强数据产品	水平≤5 cm 垂直≤10 cm	北斗有效卫星数>4 或 GPS 有效卫星数>4 或 GLONASS 有效卫星数>4 PDOP 值<4 初始化时间≤60 s

表 5-9　后处理定位精度指标

产品分类	定位精度（RMS）	约束条件
后处理高精度数据产品	水平≤5 mm±$1\times10^{-6}\times D$ 垂直≤10 mm±$2\times10^{-6}\times D$	北斗有效卫星数>4 或 GPS 有效卫星数>4 或 GLONASS 有效卫星数>4 PDOP 值<4 初始化时间≤60 s

注：D 表示基线距离

5.3　星基增强系统

5.3.1　系统概述

星基增强系统由空间星座部分、中央处理设施、差分校正和监测站、终端用户 4 个部分组成，原理如图 5-3 所示，星基增强系统的工作原理大致相同。空间星座部分主要由地球静止轨道（GEO）卫星组成，星座部分通过发送与 GNSS 导航信息相近的信号实现增强效果，原始观测信号（伪距、大气数据等）被星基增强系统地面控制站（中央处理设施）接收并进行解算处理，消除部分误差后生成导航增强信息并发送给用户，终端用户同时接收到 GNSS 和星基增强系统信号，通过差分解算消除区域导航误差，从而获取更高精度和可靠性的导航定位服务。星基增强系统组成与地基增强系统类似，它们的区别是地基增强系统通过数据播发设备将增强信息直接播发给用户，而不用像星基增强系统由注入站上行注入给 GEO 卫星，再由卫星播发给用户。

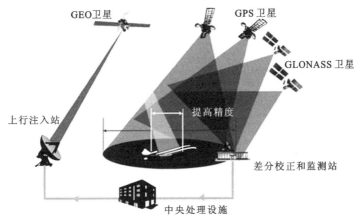

图 5-3 星基增强系统的原理

国外已公布的星基增强系统标准主要包括 SC-159（Special Committee159）编制、RTCA 批准的全球定位系统/星基增强系统航空设备最简操作性能标准 RTCA DO-229D 和国际星基增强系统互操作工作组（Interoperability Working Group，IWG）发布的星基增强系统 L5 接口控制文件草案（SBAS L5 DFMC ICD）。RTCA 是一个服务于航空航天电子系统的非营利组织，以联邦顾问委员的身份出现，而非美国政府官方组织。除非美国政府机构依法授权，其建议并不能作为政府政策声明。IWG 也是一个不隶属于任何国家的非政府组织，其建议并没有法律效力。因此，上述两份标准均为应用行业针对专业和专业领域自身需求而自行制定的标准。

由于星基增强系统具备高精度、高效率、较低成本、广域覆盖等优点，世界各国均在 GNSS 系统上研发对本国区域导航进行增强的星基增强系统（王菁 等，2019）。目前，全球多个国家已经建立起了多个星基增强系统，如美国的广域增强系统（WAAS）、俄罗斯的差分校正及监测系统（SDCM）、欧洲的地球静止导航重叠服务（EGNOS）系统、日本的多功能卫星增强系统（MSAS）及印度的 GPS 辅助型静地轨道增强导航（GAGAN）系统等。图 5-4 展示了世界已建成或者在建的星基增强系统分布情况。

1. 美国广域增强系统

WAAS 是美国联邦航空局（FAA）根据卫星空中导航定位需求而建设的 GPS 卫星性能增强系统，由若干个已知点位的参考站、中心站、地球同步卫星和具有差分处理功能的用户接收机组成，通过解决广域差分 GPS 的数据通信问题，从而提高全球定位系统的精度、完好性、连续性和可用性，主要为美国民用航空服务，使 GPS 达到 I 类（CAT-I）精密进近的水平（栗恒义，1995）。

美国开发的 WAAS 是最早的星基广域增强系统，其覆盖范围为美国大陆，可以提升数千千米范围内的定位精度。美国 WAAS 由 3 个主控站（兼参考站）、38 个参考站（其中 9

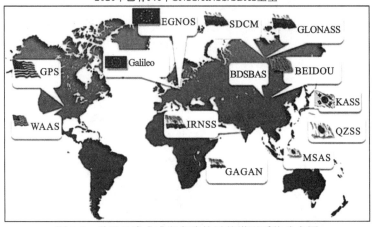

2020年已有140个GNSS/RNSS/SBAS卫星

图 5-4　世界已建成或者在建的星基增强系统分布图

个在非美国的北美地区)、6 个地面地球站、2 个运行控制中心和 3 颗 GEO 卫星组成,覆盖北美和墨西哥周边地区,如图 5-5 所示。参考站的布设密度主要与系统误差改正精度和实时性有关,接收和处理 GPS 卫星和 GEO 卫星发射的数据。

38个参考站　　3个主控站　　6个地面地球站

3颗GEO卫星　　2个运行控制中心

图 5-5　WAAS 的地面站分布

　　从各参考站收集校正信号并建立校正信息。这些信息包括卫星的轨道误差、卫星上的电子钟误差,以及由大气和电离层所造成的信号延迟。这些数据经计算校正之后再经由一个或两个地球同步卫星或轨道固定在赤道上空的卫星传播。这些信息的结构完全兼容于基本的 GPS 信号,这意味着任何有 WAAS 功能的 GPS 接收机均能解读这种信号。

　　WAAS 播发单频伪距差分信号(卡普兰,2002),采用 GEO 卫星播发修正数据,下行信号采用 L 频段,频点为 1 575.42 MHz,与 GPS L1 频段重合,方便用户终端接收使用,定位精度为 1~2 m。WAAS 广播数据内容包括卫星轨道修正数据、钟差修正数据和电离层格网延迟,基本数据传输速率为 250 bit/s,采用标准的 RTCA DO-229 格式进行传播。此外,WAAS 准备在 L5 频段信号上播发差分修正和完好性信息,用来支持双频接收机用户(谭述森,2007;周儒欣 等,2000)。WAAS 信号显然比较有利于开放性的地势环境与海上位置使用。WAAS 提供了某种相对于以地面传送的差分全球定位系统,同时延伸了内陆与海上的服务。另外,WAAS 并不需要额外的接收机设备及费用。图 5-6 为 WAAS 的工作示意图。

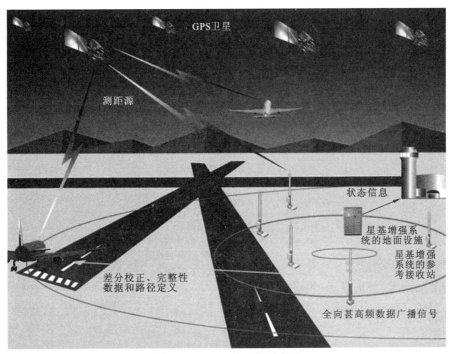

图 5-6 WAAS 的工作示意图

GNSS 时代的来临为飞机的进近提供了一类新的代替品，星基增强系统的垂直引导进近（localizer performance with vertical guidance，LPV）就是其中的典型。在 WAAS 的支持下，LPV 已经成为一种新的一类（CAT-I）精密进近标准（边少锋，2005）。WAAS 联合评估组的最新评估报告中指出，WAAS 提供的非精密进近（non-precision approach，NPA）的最大水平位置误差在 95% 和 99.999% 概率下分别为 2.33 m 和 5.818 m，最小水平位置误差分别为 0.741 m 和 1.738 m。表 5-10 给出了 37 个参考站水平定位误差、垂直定位误差，以及与保护门限[水平保护门限（horizontal protection levels，HPL）和垂直保护门限（vertical protection levels，VPL）]的比值的统计信息。

表 5-10 WAAS 定位精度统计表

项目	水平定位误差/m	水平定位误差与保护门限比值	垂直定位误差/m	垂直定位误差与保护门限比值
平均值	2.203	0.126	3.674	0.126
最大值	4.014	0.221	7.556	0.271
最小值	1.660	0.058	2.416	0.063

用户端接收到广域差分改正数和相适应的完好性参数后，即可利用广域差分改正数对测距误差进行消除，同时利用完好性参数计算自身的垂直/水平保护门限（VPL/HPL）对当前导航定位的完好性状态做出判断。VPL/HPL 共同描述了一个圆柱体，圆柱体的中心表示用户的真实位置，圆柱体的底面直径为 2HPL，圆柱体高度为 2VPL。用户的计算位置位于此圆柱体内部，该圆柱体的确定依赖 WAAS 提供的差分改正数和完好性信息，VPL/HPL 的计算方法如下。

（1）假定当前的用户与可视卫星之间可以建立观测矩阵 $\boldsymbol{H}$，则

$$N = (\boldsymbol{H}^{\mathrm{T}} \boldsymbol{W} \boldsymbol{H})^{-1} = \begin{bmatrix} d_{\mathrm{E}}^2 d_{\mathrm{E}} d_{\mathrm{N}} d_{\mathrm{E}} d_{\mathrm{U}} d_{\mathrm{E}} d_{\mathrm{T}} \\ d_{\mathrm{E}} d_{\mathrm{N}} d_{\mathrm{N}}^2 d_{\mathrm{N}} d_{\mathrm{U}} d_{\mathrm{N}} d_{\mathrm{T}} \\ d_{\mathrm{E}} d_{\mathrm{U}} d_{\mathrm{N}} d_{\mathrm{U}} d_{\mathrm{U}}^2 d_{\mathrm{U}} d_{\mathrm{T}} \\ d_{\mathrm{E}} d_{\mathrm{T}} d_{\mathrm{N}} d_{\mathrm{T}} d_{\mathrm{U}} d_{\mathrm{T}} d_{\mathrm{T}}^2 \end{bmatrix} \tag{5.11}$$

式中：$\boldsymbol{W}$ 为权矩阵，其是对角矩阵；d_{E} 和 d_{N} 分别为东、北方向的误差协方差；d_{U} 和 d_{T} 分别为垂直方向和水平方向的中误差。

由此，计算用户水平定位误差的方差 d_{h}^2 和垂直定位误差的方差 d_{V}^2 为

$$\begin{cases} d_{\mathrm{h}}^2 = \dfrac{d_{\mathrm{east}}^2 + d_{\mathrm{north}}^2}{2} + \sqrt{\left(\dfrac{d_{\mathrm{east}}^2 - d_{\mathrm{north}}^2}{2}\right) + d_{\mathrm{E}} d_{\mathrm{N}}} \\ d_{\mathrm{V}}^2 = \displaystyle\sum_{i=1}^{N} S_{\mathrm{U},i} \sigma_i^2 \end{cases} \tag{5.12}$$

式中：d_{east} 和 d_{north} 分别为东、北方向中误差；$S_{\mathrm{U},i}$ 为第 i 颗卫星垂直方向位置误差对伪距误差的偏导数；σ_i^2 为观测量误差总的方差。

（2）HPL、VPL 计算式分别为

$$\mathrm{HPL} = \begin{cases} K_{\mathrm{H,NPA}} d_{\mathrm{h}} \\ K_{\mathrm{H,PA}} d_{\mathrm{h}} \end{cases} \tag{5.13}$$

$$\mathrm{VPL} = K_{\mathrm{V}} d_{\mathrm{V}}$$

式中：NPA 为非精密进近；PA 为精密进近；$K_{\mathrm{H,NPA}}$ 为 NPA 模式下 HPL 计算系数；$K_{\mathrm{H,PA}}$ 为 PA 模式下 HPL 计算系数；K_{V} 为 VPL 计算系数。

2. 欧洲地球静止导航重叠服务

EGNOS 是由欧洲航天局、欧盟及欧洲航空安全局联合设计建设和发展的项目，功能与 WAAS 十分类似，不仅可用于 Galileo 系统的增强服务，还可对 GPS 和 GLONASS 卫星进行信号增强。2009 年 EGNOS 开始正式运行使用，并将至少工作 20 年以上。当前，EGNOS 可以提供三种服务：免费的公开服务，定位精度为 1 m，已于 2009 年 10 月开始服务；生命安全服务，定位精度为 1 m，已于 2011 年 3 月开始服务；访问服务，定位精度优于 1 m，已于 2012 年 7 月开始服务，用户可以通过互联网获取访问 EGNOS 信号，这对城市和峡谷环境尤为重要。

欧洲航天局全面负责 EGNOS 的设计、研发和工程建设。该系统用于改善全球导航卫星系统的性能，包括 GPS 和 Galileo 系统。它已经开始为欧洲大部分地区的航空、海事和陆地用户提供安全的导航服务。

EGNOS 由空间部分、地面部分、用户部分及支持系统四部分组成。其中，空间部分为 3 颗地球同步卫星，负责在 L1 频段播发修正与完好性信息，一般至少有 2 颗 GEO 卫星同时播发操作信号。地面部分目前包含主控中心（4 个）、测距与完好性监视站（40 个）、导航地面站（6 个）及 EGNOS 广域网；地面部分主要负责向欧洲及周边地区的用户发送 GPS 和 GLONASS 的广域差分改正数和完好性信息。图 5-7 为 EGNOS 的地面监测站分布范围。对于用户部分，接收机除可接收 GPS 信号外，还可接收 GLONASS 及 EGNOS 信号。支持系统包括 EGNOS 广域差分网络、系统开发验证平台、工程详细技术设计、系统性能评价及问题发现等系统。

图 5-7   EGNOS 的地面站分布

当前 EGNOS 可提供三类提强服务：测距功能、广域差分（WAD）校正及 GPS 完好性通道。这三类信息通过 GEO 卫星播发给用户，以使用户获得的导航精度、完好性、连续性及可用性得以改善（Jimenez-Banos et al.，2012）。当前，EGNOS 可以达到水平方向 1.04 m（95%）、垂直方向 1.56 m（95%）的定位精度。EGNOS 在欧洲中心为 GPS 信号提供校正和完整性信息，并且可与其他现有星基增强系统完全互操作。

3. 日本多功能卫星增强系统

日本基于多功能传输卫星（MTSat）的扩增系统 MSAS 是符合民航组织标准和推荐做法的基于卫星的扩增系统之一（图 5-8）。基于 2 颗 GEO 卫星（MTSAT-1R 和 MTSAT-2）的服务，MSAS 提供的导航服务可覆盖整个日本空域的所有航空器。MSAS 与美国的 WAAS 类似，并与其相互兼容。

MSAS 包括 2 个主控站、4 个地面参考站、2 颗 GEO 卫星、2 个测距监测站。2007 年 9 月 27 日 MSAS 正式投入运营。大部分亚太地区都可被多功能传输卫星播发的 MSAS 信号覆盖，在此区域内，空中航行可以实现无缝隙，且更安全、更可靠。当前我国几乎所有地区都可接收到 MSAS 卫星信号。

MSAS 的空间段由两颗多功能传输卫星（MTSat）组成，它们是日本发展的地球静止轨道气象和环境观测卫星——"向日葵"（Himawari）卫星的第二代。MTSat 是日本国土交通省和日本气象厅共同出资发展的气象观测与 GPS 导航增强卫星。除了为日本气象厅提供气象服务，还为日本民航局执行航空运输管理和导航服务。美国劳拉空间系统公司是 MTSat-1R 卫星（图 5-9）的主承包商，日本三菱电机公司是 MTSat-2 卫星的主承包商。截至目前，MTSat 卫星是一颗地球静止轨道卫星，定点位置分别在 140°E 和 145°E。采用 Ku 波段和 L 波段两个频段，其中：Ku 波段频率主要用来播发高速的通信信息和气象数据；L 波段频率与 GPS 的 L 频率相同，主要用于导航服务。

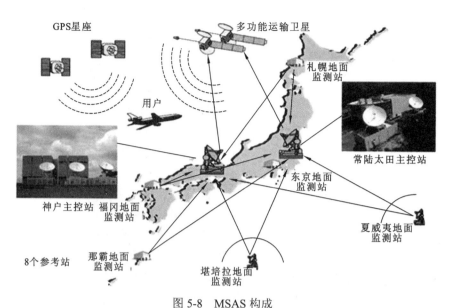

图 5-8　MSAS 构成

https://gssc.esa.int/navipedia/index.php/MSAS_General_Introduction

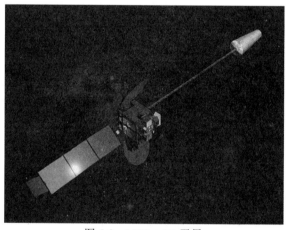

图 5-9　MTSat-1R 卫星

　　MSAS 卫星信号在单一载频 L1 上发射，与 GPS 信号的频率（1 575.42 MHz）相同，这就使原有的标准 GPS 接收机只需要做极小的改动就可以处理 MSAS 信号，并以此修正定位信息。MSAS 信号数据速率为 250 bit/s，经过编码后产生的总符号速率为 500 符号/s，然后与码率为 1.023 MHz、长度为 1 023 位的伪随机噪声（PRN）码做异或运算，接着对 L1 载波进行二进制相移键控（BPSK）调制。规定地球静止轨道卫星广播信号的多普勒频移要小于 20 m/s，因此 MSAS 信号的多普勒频率范围较小。

　　日本属于多山地区，大部分城市位于峡谷地带，而市区高楼林立的街道较为狭窄，因此 MSAS 提供的定位服务不能满足城市车载用户的导航定位需求。为了提高空间卫星的几何分布，确保信号遮挡地区的导航需求，日本政府和多家企业强强联合研发准天顶卫星系统（QZSS），其主要目的是增加发射 GPS 信号的增强导航卫星，改善日本本土的高空仰角可用 GPS 卫星的几何分布。

　　MSAS 已于 2007 年 9 月实现初始运行，完成了地面系统及 2 颗 MTSat 卫星的集成、卫星覆盖区域测试，以及 MTSat 卫星位置的安全评估和运行评估测试（包括卫星信号功率测试、动静态定位测试和主控站备份切换测试等）。测试表明，MSAS 能够很好地提高日本偏远岛屿机场的导航服务性能，满足国际民航组织对非精密进近（NPA）等方面的要求。

4. 印度 GPS 辅助型静地轨道增强导航系统

为了便于利用星基增强系统技术，印度开发了 GAGAN 系统，为用户提供 GPS 信息和差分修正信息，用于改善印度的 GPS 定位精度和可靠性，体系结构如图 5-10 所示。GAGAN 系统是一个致力于在印度区域提供无缝导航的系统，计划为孟加拉湾、东南亚、印度洋、中东和非洲地区提供精准的导航服务，同时可与其他星基增强系统互通互用。虽然 GAGAN 系统的主要目的是用于民航，但也会为其他用户带来好处。GAGAN 系统的发展前后历经约 15 年时间，耗资 77.4 亿印度卢比（约 1.23 亿美元），由印度空间研究组织和印度航空管理局联合开发，采用美国雷神公司研发的星基增强系统技术，将为南盟成员国提供服务。

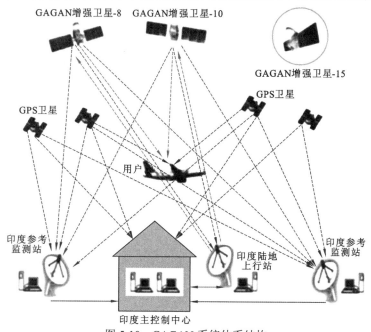

图 5-10　GAGAN 系统体系结构

空间段包含 3 颗搭载 GAGAN 载荷的 GEO 卫星，包括：运行在 55°E 上的 GSAT-8 卫星；运行在 83°E 上的 GSAT-10 卫星；运行在 93.5°E 上的 GSAT-15 卫星。卫星频率采用 C 波段和 L 波段，C 波段用于卫星测控；L 波段发送导航信号。为实现与 GPS 的兼容和互操作，频率采用与 GPS 完全相同的工作频率，分别为 L1（1 575.42 MHz）和 L5（1 176.45 MHz）。

印度 GAGAN 系统的基础设施包括 15 个参考站、3 个上行注入站和 1 个任务控制中心组成的地面段，2 个搭载 GPS 增强信号播发载荷的地球静止轨道卫星的空间段，以及相关的软件和通信链路，可以通过播发 C 波段和 L 波段的导航增强信号，对 GPS 等卫星导航系统进行增强。目前，GAGAN 的增强信号已经通过 GSAT-8 和 GSAT-10 两颗 GEO 卫星搭载的增强载荷进行播发，覆盖整个印度的飞行信息区及周围区域。此外，GSAT-15 卫星也将搭载 GAGAN 载荷，作为该系统空间转发器的备份。GSAT-15 卫星定点于 93.5°E 的地球静止轨道上，其中有 2 个频道专门用于 GAGAN 系统的定位、导航与授时服务，可完全覆盖 GPS

的服务范围，卫星设计寿命超过 12 年。GAGAN 系统将为印度 50 多个机场提供服务，印度航空管理局计划用该项技术代替仪表着陆系统（ILS），为飞机提供更加精准的航线指引，节省时间和燃料成本，同时，只有安装了星基增强系统的飞机才能使用这项技术。

GAGAN 系统建设包括技术验证阶段和最后操作运行阶段。技术验证阶段主要完成系统指标分配、系统联调和在轨测试等内容。测试内容主要是系统精度指标，经测试，GAGAN 系统水平和垂直定位精度≤7.6 m（95%），差分信息完好性报警时间≤6.2 s。最后操作运行阶段主要进行最后的集成并投入运行，且能对系统完好性信息和生命安全（safety of life，SOL）服务进行论证。

5. 俄罗斯差分校正及监测系统

自 2002 年起，俄罗斯就开始着手研发建立 GLONASS 的卫星导航增强系统——差分校正及监测系统（SDCM）。SDCM 将为 GLONASS 及其他全球卫星导航系统提供性能强化，以满足所需的高精确度及可靠性。与其他的卫星导航增强系统类似，SDCM 也利用了差分定位的原理，该系统主要由 3 部分组成：差分校准和监测站、中央处理设施及用来中继差分校正信息的地球静止卫星。

SDCM 的空间段由 3 颗 GEO 卫星——"射线"（Luch）卫星组成，分别为 Luch-5A、Luch-5B 和 Luch-4。"射线"卫星是苏联/俄罗斯民用数据中继卫星系列，主要为苏联/俄罗斯和平号（Mir）空间站、暴风雪号（Buran）航天飞机、联盟号（Soyuz）飞船等载人航天器及其他卫星提供数据中继业务，另外也用于卫星固定通信业务。同时，作为 SDCM 的空间部分，这 3 颗卫星上搭载了 SDCM 信号转发器，可将 SDCM 信号从中央处理设施转发给各用户。第一颗卫星"Luch-5A"发射到 16°W 的轨道位置，第二颗卫星"Luch-5B"发射到 95°E 的轨道位置，第三颗卫星"Luch-4"发射到 167°E 轨道位置，SDCM 的空间段部署完成，如图 5-11 所示。

图 5-11　SDCM 空间段覆盖

近年来，俄罗斯政府一直大力建设 SDCM 的地面差分站，见表 5-11。截至 2018 年末，俄罗斯政府已经建成差分站 24 个，其中在俄罗斯境内的有 19 个，在俄罗斯境外的有 5 个。俄罗斯境外的 5 个差分站中，在南极洲有 3 个站，并且还计划建设第 4 个站。

表 5-11　SDCM 系统已建成的差分站

区域	差分站
俄罗斯境内 （19 个）	①普尔科沃（圣彼得堡地区）；②斯伟特洛耶（圣彼得堡地区）；③门捷列耶沃（莫斯科地区）；④CDCM（莫斯科地区）；⑤GNII（莫斯科地区）；⑥格连吉克（克拉斯诺达尔地区）；⑦基斯洛沃茨克（斯塔夫罗波尔地区）；⑧克拉斯诺亚尔斯克（克拉斯诺亚尔斯克地区）；⑨诺尔斯克（克拉斯诺亚尔斯克地区）；⑩新西伯利亚；⑪伊尔库茨克；⑫堪察加彼得巴甫洛夫斯克；⑬比例比诺（楚科奇）；⑭符拉迪沃斯托克；⑮马加丹；⑯南萨哈林斯克；⑰洛沃泽罗（摩尔曼斯克地区）；⑱叶卡捷琳堡；⑲雅库茨克
俄罗斯境外 （5 个）	①苏达克（乌克兰）；②阿克套（哈萨克斯坦） 南极地区 3 个：③别林斯高晋站；④新拉扎列夫站；⑤进步站

未来，俄罗斯政府还将建设 39 个差分站，主要包括俄境内的 21 个站及俄境外的 18 个站，其中将包括我国的长春和昆明 2 个站。

SDCM 可对 GLONASS 和 GPS 的运行质量进行实时和事后评估，并将差分校正及完好性信息播发给用户，其中实时监测的内容包括 GLONASS 和 GPS 卫星的伪距测量误差，信号测量误差包括电离层效应引起的误差、对流层效应引起的误差、卫星星历误差、卫星时钟频率误差等；事后监测的内容包括电离层垂直延时、对流层垂直延时、星历误差、星钟误差、观测卫星数、GLONASS 与 GPS 时间差、定位精度等。

6. 北斗星基增强系统

北斗卫星导航系统融合了基本服务（legacy PNT）与星基增强服务，可为用户提供公开服务与授权服务。其中，公开服务为用户免费提供基本导航信息，而授权服务为授权用户提供差分和完好性等信息以提高其服务性能。北斗星基增强系统作为北斗卫星导航系统的重要组成部分，分别通过 BDSBAS-B1C 和 BDSBAS-B2a 增强信号，向中国及周边地区用户提供符合国际民航组织（ICAO）标准的单频（single frequency，SF）服务和双频多星座（dual frequency multi constellation，DFMC）服务。按照国际民航组织标准，我国开展了北斗星基增强系统设计、试验与建设。目前，已完成系统实施方案论证，固化了系统在下一代双频多星座 SBAS 标准中的技术状态，进一步巩固了北斗星基增强系统作为星基增强服务供应商的地位。

考虑应对国际竞争的加剧及系统更高的服务性能的需求，北斗系统开通服务之后，持续进行了系统服务性能提升的研究与建设工作。其中，星基增强系统性能提升主要包括：①提升现有差分信息的改正精度，从而在不改变系统播发协议及用户算法的前提下，实现服务范围内用户米级定位精度；②增加轨道改正数、分区综合改正数等的设计，提高星基增强用户实时改正的精度，使用户能够利用相位观测数据进行定位；③对播发协议中未定义的预留资源重新编排与设计，实现新增参数的上行注入，从而使用户只需要升级其软件，就能实现分米级定位精度。

北斗星基增强系统的基本工作流程为：首先将参考站采集的高精度多频载波和伪距等观测量及广播电文参数，通过传输链路将数据实时传输到运行处理中心；然后运行处理中心利用参考站采集的数据实时进行轨道改正数、钟差改正数及分区综合改正数的处理及完好性验证，生成精密定位所需的广域差分与完好性信息；再将各颗卫星的差分改正数及各个分区的分区综合改正数编排进广播电文，并通过 GEO 卫星等链路向用户广播；最后，用户终端实时接收差分改正数信息及相应的完好性参数,采用伪距或者相位进行定位计算,实现广域实时定位服务。

"中国精度"是合众思壮于 2015 年 6 月发布的全球星基广域高精度增强服务系统(图 5-12),能使我国北斗用户在无须架设基站的情况下,在全球任一地点享受便捷的亚米级、分米级和厘米级三种不同精度层级的增强服务。"中国精度"通过 L 波段地球同步轨道通信卫星向全球播发差分数据,使更多地基增强网信号无法覆盖的区域(如海洋、沙漠、山区等)也能够实现高精度定位服务。

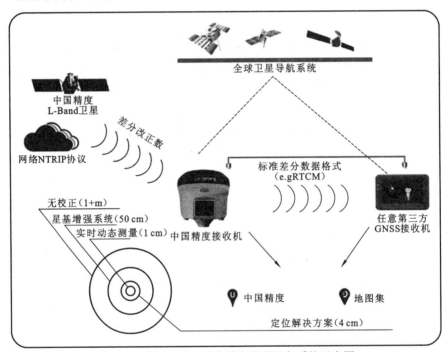

图 5-12 北斗星基广域高精度增强服务系统示意图

图 5-13 和图 5-14 分别给出了北斗星基增强卫星的服务性能、服务类型和定位精度。北斗广域分米级星基增强系统设计的用户增强定位的模式为:向授权伪距用户播发实时广域差分所得的等效钟差改正数和轨道改正数,使用户的实时星基增强系统伪距定位95%精

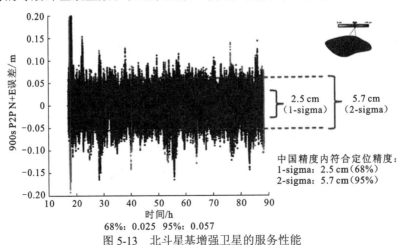

68%: 0.025 95%: 0.057

图 5-13 北斗星基增强卫星的服务性能

服务类型	定位精度
H100	1 m 95%（50 cm RMS）
H30	30 cm 95%（15 cm RMS）
H10	8 cm 95%（4 cm RMS）

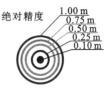

图 5-14 北斗星基增强卫星的服务类型和定位精度

度能达到水平方向优于 1 m、高程方向优于 1.5 m；而向授权的相位定位用户除播发以上改正数之外，还增加服务半径为 500 km 的分区综合改正数，使用户的星基增强系统实时动态相位精密单点定位（PPP）在 10 min 内收敛到 1 m 以内，1 h 后水平方向达到 0.3 m、高程方向达到 0.4 m（陈俊平 等，2017）。

5.3.2 北斗星基增强系统构成

1. 系统概述

空间星座：北斗星基增强系统的空间星座由 3 颗播发增强信号的北斗三号 GEO 卫星构成，GEO 卫星轨道高度 35 786 km，分别定点于 80°E、110.5°E 和 140°E，对应的伪随机噪声（PRN）码分别为 144、143 和 130。

坐标系统：北斗星基增强系统坐标基准为 WGS-84。

时间系统：北斗卫星导航系统的时间系统为北斗时（BDT），北斗星基增强系统的单频服务网络时（SNT=BDT+14）与 GPS 时（GPST）的同步精度保持在 50 ns 之内（|SNT−GPST|≤50 ns）。

2. 信号特性

北斗星基增强系统卫星的载波频率为 1 575.42 MHz。卫星信号的杂散功率比未调制载波功率至少低 40 dB。

增强卫星的增强信息符号以 500 sample/s 的速度通过模二和的方式叠加到 1 023 bit 的 PRN 码上，再通过二进制相移键控（BPSK）以 1.023 Mc/s（Mc 为码片）的速率调制到载波上。未调制的载波相位噪声谱密度应使 10 Hz 单边噪声带宽锁相环的跟踪精度（均方根）达到 0.1 弧度。

信号中心频率为 1 575.42 MHz，信号播发带宽至少为 2.2 MHz。95%的播发功率应在以信号频率为中心的±12 MHz 信号带宽中。

北斗 GEO 卫星多普勒频移不超过 40 m/s（在 1 575.42 MHz 频点约 210 Hz）。除去电离层和多普勒影响，进入用户接收机天线的载波频率短期（10 s 以内）稳定度（艾伦方差均方根）优于 5×10^{-11}。

北斗 GEO 卫星播发信号的极化方式为右旋圆极化（right hand circular polarization，RHCP），卫星天线轴向±9.1°夹角范围内椭圆率不超过 2 dB。短期（10 s 以内）情况下，码/载波频率差异小于 5×10^{-11}（1σ）；长期（100 s 以内）情况下，码相位通过乘以码元数量 1540 转换为载波周期的变化，与广播的载波相位变化之间的差异在一个载波周期内（1σ）。

在北斗 GEO 卫星观测仰角 5°以上无遮挡的地面区域，在天线与 BDSBAS-B1C 信号传播方向正交的情况下，3dBi 线性极化天线端口接收到的信号落地功率为-161～-153 dBW。

BDSBAS-B1C 信号的最大未修正码相位与等效 SNT 之间的偏差不超过 2^{-20} s。BDSBAS-B1C 信号编码相关的 PRN 码、G2 延迟和初始 G2 状态参数如表 5-12 所示。

表 5-12　BDSBAS-B1C 信号编码

PRN 码	G2 延迟（码片）	初始 G2 状态（八进制）	码片前 10 位（八进制）
130	355	0341	1436
143	307	1312	0465
144	127	1060	0717

3. 信号电文结构

电文数据的播发速率为 250 bit/s，利用前向纠错码进行编码，该前向纠错码的实现方式为二分之一卷积编码，如图 5-15 所示，输出数据的速率为 500 sample/s。

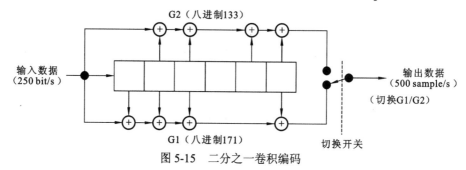

图 5-15　二分之一卷积编码

BDSBAS-B1C 频点播发的电文类型如表 5-13 所示。

表 5-13　BDSBAS-B1C 频点播发电文类型

电文类型	电文内容
0	系统测试
1	PRN 掩码
2～5	快变改正数
6	完好性信息
7	快变改正数降效因子
9	GEO 卫星星历
10	降效参数
12	SNT 与 UTC 偏差
17	GEO 卫星历书
18	电离层格网掩码
24	混合改正数
25	慢变改正数
26	电离层延迟改正数
28	卫星时钟/星历协方差矩阵
62	内部测试信息
63	空白信息

BDSBAS-B1C 频点上播发的每种类型电文均为 250 bit，播发时间为 1 s。其中，最高 8 bit 为导引信息，接下来的 6 bit 为电文类型标识，最低 24 bit 为循环冗余校验位，其余 212 bit 为数据域。

电文 0 为系统测试电文，在北斗星基增强系统测试时播发，主要用于提示用户不要将 BDSBAS-B1C 增强信息用于生命安全服务，用户在收到电文 0 后将至少停止使用该信号用于生命安全服务 1 min。

电文 1 则利用 210 bit 来播发 PRN 掩码，210 bit 的数据存储区能够保存 210 个 PRN 号对应的 PRN 掩码。210 个 PRN 号的分配如表 5-14 所示。

表 5-14　PRN 号分配

PRN 号	分配
1~37	GPS 卫星
38~61	GLONASS 卫星
62~119	预留
120~158	SBAS 卫星
159~210	预留

PRN 掩码为 0，表示该 PRN 号对应的卫星未被系统监测；PRN 掩码为 1，表示该 PRN 号对应的卫星被系统监测到。PRN 掩码为 1 的 PRN 号的顺序为 PRN 掩码序号，该 PRN 掩码序号为其他电文卫星相关信息的存储位置提供索引。PRN 掩码变化是由卫星掩码的数据版本号（issue of data PRN，IODP）（取值在 0~3）控制的。相同的 IODP 会出现在电文 2~5、7、24、25、28 中。如果电文 2~5、7、24、25、28 的 IODP 与电文 1 的 IODP 不一致，用户将不能使用这些电文信息，直到收到 IODP 匹配的电文。如果电文 1 的 IODP 发生变化，用户设备在收到新 IODP 对应电文之前，将继续使用旧的 IODP 对应的电文。

电文 2~5 主要用于播发卫星的快变改正数。电文 2~5 中包括 2 bit 的 IODF_j[快变更正数的数据版本号（issue of data fast-correction）j 表示对应的电文，即 $j=2~5$]，其作用是与电文 6 中的完好性信息进行关联。在无完好性告警时，IODF 取值为 0、1、2，改正信息每发生变化一次，IODF 顺次变化一次。当有一颗或多颗卫星发出告警时，IODF_j 取值为 3。电文 2~5 中的 IODP 值应与电文 1 保持一致。

电文 2 中的快变改正数和用户差分距离误差索引（user differential range error index，UDREI）是电文 1PRN 掩码为 1 的前 13 颗卫星所对应的数据；电文 3 为电文 1PRN 掩码为 1 的第 14~26 的卫星所对应的数据；电文 4 为 PRN 掩码序号为 27~39 的卫星所对应的数据；电文 5 为 PRN 掩码序号为 40~51 的卫星所对应的数据。电文 2~5 中，一颗卫星所对应的数据共计 16 bit（12 bit 的快变正数和 4 bit 的 UDREI）。4 bit 的 UDREI 与用户差分距离误差（UDRE）之间的转换关系是固定的。

12 bit 快变改正数的分辨率为 0.125 m，有效范围为 -256.000~255.875 m，若超过则不可用（UDREI=15）。快变改正数的参考时刻（t_{of}）是历元 SNT 秒的开始时间，它与 GEO 卫星传送第一个比特信息块的时间相一致。

用户基于电文播发的快变改正数信息 $\text{PRC}(t_{\text{of}})$，利用式（5.14）可以推算出当前时刻对应的快变改正数 $\text{PRC}(t)$：

$$PRC(t) = PRC(t_{of}) + RRC(t_{of}) \times (t - t_{of}) \tag{5.14}$$

电文 6 主要用于播发完好性信息[用户差分距离误差，不包括格网电离层垂直误差（grid ionospheric vertical error，GIVE）]。电文 6 包含 4 个 2 bit 的 IODF，分别与电文 2～5 相对应，剩下数据段中的 204 bit 用于储存 51 颗卫星的 UDREI。例如，$IODF_3 = 1$，则电文 6 中的 14～26 号卫星的完好性信息对应于 IODF=1 的电文 3 中的快变改正数。

电文 7 主要用于播发与快变改正数相关的降效因子。电文 7 的主要作用是让用户在没有及时收到最新的快变改正数和完好性信息时，仍然可以利用旧的快变改正数和完好性信息对当前精度和完好性进行估计。电文 7 中的 IODP 值与电文 1 的保持一致，UDRE 降效因子索引对应的卫星由电文 1 的 PRN 掩码序号决定。

电文 9 主要用于播发 GEO 卫星在地心地固坐标系中的位置、速度和加速度，以及卫星时钟和频率偏移。同时还包括可用时间 t_0 及表明 GEO 测距信号状况的精度信息。a_{Gf0} 和 a_{Gf1} 分别为相对于北斗星基增强系统 SNT 的钟差和钟漂。利用电文 9 中的信息，可计算 GEO 卫星 t 时刻的位置，具体的数学公式可见中国卫星导航系统管理办公室（2020）。

电文 10 主要用于播发降效参数。

电文 12 主要用于播发北斗星基增强系统 SNT 与 UTC 之间的偏差。电文 12 的主要组成部分是 8 bit 的导引信息，6 bit 的电文类型标识，然后是 104 bit 的 UTC 参数，3 bit 的 UTC 参考时间提供机构标识，接下来的 20 bit 是电文信息开始的 GPS 周内秒（time of week，TOW），以及 10 bit 的 GPS 周计数（week number，WN），最后的 75 bit 为预留。通过利用电文 12 中的信息，通过式（5.15）解算 SNT 与 UTC 之间的偏差值为

$$\Delta t_{UTC} = \Delta t_{LS} + A_{0SNT} + A_{1SNT}[t - t_{0t} + 604\ 800(WN - WN_t)] \tag{5.15}$$

式中：WN_t 和 t_{0t} 分别为地面段生成电文 12 信息时的周计数和周内秒；WN 和 t 分别为当前时刻对应的周计数和周内秒；A_{0SNT} 和 A_{1SNT} 均为时钟参数；Δt_{LS} 为闰秒引起的偏差。

电文 17 主要播发 GEO 卫星的历书信息（在地心地固坐标系中的位置信息）、健康标识等。当 PRN 码为 0 时，表明该 GEO 历书信息不可用。

利用电文 17 中的信息，通过式（5.16）解算 GEO 卫星位置。

$$\begin{bmatrix} X_{GK} \\ Y_{GK} \\ Z_{GK} \end{bmatrix} = \begin{bmatrix} X_G \\ Y_G \\ Z_G \end{bmatrix} + \begin{bmatrix} \dot{X}_G \\ \dot{Y}_G \\ \dot{Z}_G \end{bmatrix} (t - t_0) \tag{5.16}$$

式中：t_0 为地面段生成电文 17 中该颗 GEO 卫星位置信息的参考时间；$[X_{GK} Y_{GK} Z_{GK}]^T$ 为 t 时刻的 GEO 卫星位置；$[X_G Y_G Z_G]^T$ 为 t_0 时刻的 GEO 卫星位置；$[\dot{X}_G \dot{Y}_G \dot{Z}_G]^T$ 为 t_0 时刻的 GEO 卫星位置变化率。

电文 18 主要用于播发电离层格网掩码信息。世界范围内的电离层格网点被分配到 11 个电离层格网带中，其中 0～8 带是墨卡托投影下的竖直带（图 5-16），9～10 带是水平带，共计 2192 个格网点，这些格网点的经纬度信息需要预先存储到用户接收机中。格网带中对应电离层格网点的掩码为 1，表明该格网点有效，其对应的电离层延迟信息将在电文 26 中播发；如果电离层格网点掩码为 0，表明该格网点不可用。用户接收机仅使用掩码为 1 的电离层格网点进行参与运算。在 0～7 带，格网点号为 1～201，在第 8 带格网点号为 1～200，在 9 带和 10 带，格网点号为 1～192。在 0～8 带格网点的排列是从西南角开始按照从南到

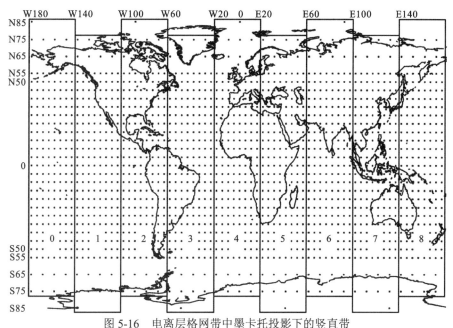

图 5-16　电离层格网带中墨卡托投影下的竖直带

北,从西到东的顺序,在 9 带和 10 带,格网的顺序为从西到东,按行到极点。

电文 24 主要用于播发快慢变混合改正数信息。前半部分电文是根据 PRN 掩码序列排列的 6 组快变改正数据,接着是 2 bit 的 IODP、2 bit 的数据块标识、2 bit 的 IODF,最后是 4 bit 的预留,共 106 bit。数据块标识(0,1,2,3)分别表示电文 24 是否包含电文 2、电文 3、电文 4 或电文 5 的快变改正数。后 106 bit 的数据区域存储的是慢变改正数信息,构成与电文 25(一半电文内容)的相同。

电文 25 主要用于播发与卫星轨道和时钟有关的慢变改正数信息。电文 25 的 212 bit 的数据存储区域,分为两个 106 bit 的数据区域,这两部分的定义一致,下面主要介绍前一个 106 bit 数据区域的定义。106 bit 数据区域的第一比特为速度编码,根据速度编码的不同,后 105 bit 数据区域的定义也不相同。电文 25 可以包含 1、2、3 或 4 颗卫星的慢变改正数,这取决于每半个电文的速度编码及有多少颗卫星被修正。当速度编码为 0 时,电文 25 的前半部分能存储两颗卫星的位置改正和钟差改正,不包含速度改正和钟漂。当速度编码为 1 时,电文 25 的前半部分能存储单颗卫星的位置改正、速度改正、钟差改正和钟漂改正数据。

电文 26 主要用于播发电离层格网点(ionospheric grid points,IGP)上的电离层格网垂直改正指标(grid ionosphereric vertical error indicator,GIVEI)信息。电文 26 电离层延迟信息包含电离层格网带编号和带内段编号,这两个编号用来标识对应的 IGP,然后就是连续的数据段,能够播发 15 个 IGP 上的垂直延迟和 GIVEI。9 bit 的 IGP 垂直延迟的分辨率为 0.125 m,有效范围为 0~63.750 m。如果垂直延迟="111111111",表示该格网点上的信息不可用。

电文 28 主要用于播发与卫星轨道和时钟改正数相关的协方差矩阵信息。电文 28 中的 IODP 值与电文 1 中的一致,PRN 掩码序号由电文 1 决定。首先,利用电文 28 中的信息计算上三角矩阵 $\boldsymbol{R}$:

$$\boldsymbol{R} = \text{SF} \cdot E \qquad (5.17)$$

再利用矩阵 $\boldsymbol{R}$ 计算协方差矩阵 $\boldsymbol{C}$：

$$C = R^{\mathrm{T}} \cdot R \tag{5.18}$$

电文 62 主要用于内部测试。

电文 63 为空电文，主要用于填补播发空隙，如果当前整秒没有可播发的电文，则播发电文 63。

4. 数据播发系统

数据播发系统作为北斗星基增强系统的综合播发服务平台，主要接收国家数据综合处理系统生成的各类增强数据产品，针对各类数据产品播发需求进行处理和封装，再通过各类播发手段将处理封装后的增强数据产品传输至用户终端/接收机，供用户终端使用。通过提供数据输入，完成系统服务与地面用户结合的环节。

基于现有的播发资源，星基增强与地基增强的数据播发系统均综合采用天基和地基两种方式，具体利用了卫星广播、数字广播和移动通信等方式播发增强数据产品。

5. GNSS 增强用户终端

北斗星基增强系统建设的最终目的是建立一套能够为广大用户（尤其是普通大众）提供高精度导航服务的平台系统。在传统概念中，高精度服务只是满足某些专业级行业用户的需求，同时能够获得高精度定位的设备也是专业级产品，其成本价格较高，不利于大众应用的普及。

5.3.3　北斗星基增强系统产品

由于卫星到用户接收机之间信号会受到空间不同因素的干扰，或由于用户接收机的不准确、用户的主观判断、外界条件变化等，对导航增强卫星自身定位而言，GNSS 卫星的星历误差、原子钟误差及大气折射延迟误差是影响非差精密单点定位精度的主要因素。通常情况下，卫星星历和钟差模型是由 GNSS 卫星广播的导航电文给出的，星历误差与钟差模型误差对基线测量的误差影响能达到 1.5～15 m。导航增强卫星要达到更高的定位精度，仅仅使用广播星历无法达到预期精度。针对全球的快速定位，为了解决这个问题，利用分布在全球范围内数以百计的地面跟踪站和星基增强卫星，长时间观测 GNSS 卫星的轨道数据进行分析和总结，进而得到精密星历产品和钟差产品，使卫星轨道误差能够达到厘米级。此外，GNSS 信号在传播过程中受到大气层的折射效应，对基线测量的影响为 1.5～15 m。

在非差精密单点定位算法中，为了取得高精度的定位结果，通常会使用事后精密星历产品，该产品中卫星轨道误差能够达到约 2.5 cm，卫星钟差达到约 75 ps。然而，事后精密星历产品每周更新，对导航增强卫星而言，要想实现实时高精度定位，只能采用预报精密星历，预报精密星历的卫星轨道误差能够达到约 5 cm，卫星钟差精度较差可达到约 5 ns，且其钟差预报误差会随着时间的延长而不断增大，从而限制了非差精密单点定位的精度。

1. 卫星星历及精密钟差产品

卫星轨道误差具有变化缓慢和有系统性的特点，人们可以首先对卫星进行动力学精密定轨，并外推精密轨道，然后将卫星轨道固定为已知值，利用伪距相位观测值计算精密卫星钟差。通过这种方法，人们可以将外推轨道的剩余误差合并到卫星钟差中，以确保差分改正信息的一致性，从而保证用户的定位精度。GNSS 卫星的广域差分改正计算可分成两个独立的计算过程：轨道改正数计算和钟差改正数计算，即通过预报精密轨道来计算轨道改正数，以及在固定预报精密轨道的基础上计算钟差改正数。

卫星在轨道上运行时，会受到空间中各种因素（如太阳的光压等）影响，导致其真实轨道与卫星星历描述的轨道并不完全相同，即存在卫星星历误差或者轨道误差，其准确定义为：由卫星星历给出的卫星在空间的位置及运动速度与卫星的实际位置及运动速度之差。导航卫星的轨道误差是一个矢量，可分解为 3 个分量：径向分量——地心与卫星连线方向；切向分量——在轨道平面与径向垂直且指向卫星运动方向；横向分量——与轨道平面垂直的方向。在这 3 个分量中，径向分量对伪距定位的影响最大。一般而言，卫星轨道三维误差不大于 5 m（1σ）。人们可以进行精确轨道确定，并可外推卫星预报轨道，通过将卫星预报轨道与对应历元的广播星历进行比较，生成卫星轨道改正数。取更新周期内的卫星轨道改正数序列，并采用线性模型计算拟合参数，作为卫星轨道改正信息，以发播给用户使用。

虽然目前卫星上使用的原子钟时间精度很高，但是也不可避免地存在误差。这种误差既包含系统误差，如：源于每台原子钟存在的时间偏差和频率的漂移，而且不同的原子钟、不同卫星上的同一原子钟状态互不相关并随时间变化。如果用户接收机不进行钟差校正就会变成定位误差，将会带来较大的误差。此外，还可能存在随机误差。两种误差相比，系统误差远比随机误差对系统的影响更大。通过地面增强系统对导航卫星的连续跟踪与测量，估算和预测每颗卫星的偏差量，并将该偏差量发送给用户接收，即可校正卫星原子钟误差。在相对定位中，卫星原子钟误差还可用对观测量求差（差分）的方法校正。利用非差消电离层组合观测值进行粗差剔除、周跳探测和修复，然后固定外推的预报轨道，采用批处理方式估计卫星钟差和接收机钟差参数，可得到精密卫星钟差。该方法不需要估计轨道及光压参数，参数估计数量减少，因此计算速度明显提高。但为了保证钟差改正信息的实时性要求，还需要对计算的精密卫星钟差进行短时预报。

卫星星历和精密钟差的计算流程如图 5-17 所示。

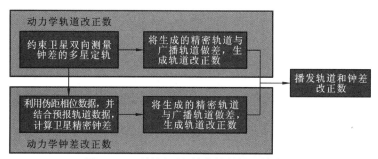

图 5-17　卫星星历和精密钟差的计算流程

2. 高精度大气改正信息

地球大气随空间高度的不同表现出不同的特点，电离层之外的外空间属于传统航天器的活动范围，由于空气极为稀薄，往往可以参照真空环境进行处理。对流层之下的内空间属于传统航空器的活动范围，由于其大气环境与内层大气极为相似，可以参照通常通信空间进行处理。电离层的色散效应和对流层的折射效应会对卫星信号的性能，尤其是时域性能，带来较大的误差。

地球被高度不同而具有不同性质的层状结构大气所包围。高程在 60～1 000 km 范围内的地球大气分子受到太阳的紫外线辐射加热进入电离状态，这部分区域就被称为电离层。电离层的主要特性由电子密度、离子密度、离子温度等空间分布的基本参数来表示。当前电离层的研究对象主要是电子密度。电子密度 N_e 会随着离地高度的不同而发生变化。总电子含量（total electron content，TEC）则是沿卫星信号路径对电子密度的积分，其物理意义为横截面为单位面积（1 m^2）的信号路径方向圆柱体中所含有的总电子数量：

$$TEC = \int_0^s N_e ds \tag{5.19}$$

TEC 采用的单位为 TECU，1 TECU=10^{16} 电子/m^2。卫星发送的电磁波经过电离层时，将会产生阿普顿-哈特里色散，从而导致电磁波产生相位变化，该相位变化被称为电离层延迟。1 TECU 电子含量对 1.5 GHz 频率信号产生的延迟量约为 0.18 m。GNSS 信号传播会发生延迟，载波相位的传播则会被提速，这一现象称为电离层的色散效应。

电离层的色散效应会对卫星的时域性能造成较大的误差，该误差在电磁波信号中表现为色散延迟，该延迟会对导航定位产生不可忽视的影响，从而影响定位结果的准确性。对色散延迟误差进行精确的建模，从而减小导航定位过程中色散延迟所带来的影响，这也是目前定位研究中亟须处理的重要问题。

测码伪距和相位收到的延迟并不相同。测码伪距和相位在电离层中的传播涉及相速和群速的概念。在离散介质中，载波相位的传播速度与搭载的信号波的传播速度不同。单一频率的电磁波相位在电离层中的传播速度称为相速，不同频率的一组电磁波信号作为一个整体在电离层中的传播速度称为群速。此处忽略传播路径弯曲量的影响，假定均沿卫星至接收机直线路径积分，载波相位和测码伪距的电离层延迟量可用 TEC 分别表示为

$$\begin{aligned} I_\varphi &= -\frac{40.3}{f^2} TEC \\ I_P &= \frac{40.3}{f^2} TEC \end{aligned} \tag{5.20}$$

基于以上原因，欧洲航天局、国际空间研究委员会等机构组成了多个电离层延迟工作组，提出了众多精度和复杂程度各不相同的电离层延迟模型。因此，在这些模型的具体使用中，可以针对特定环境参数和特定应用条件进行有针对性的应用。目前常用的拟合模型主要有 Klobuchar 模型和国际参考电离层（international reference ionosphere，IRI）模型，它们也是当前导航卫星主要采用的色散延迟模型，其中美国所开发的导航系统采用 Klobuchar 模型，而欧洲所开发的差分定位系统则建议采用 IRI 模型。电离层拟合模型中的参数均由地面站对实测后进行模型拟合得出，较为简单，无法长期使用。因此，实际部署中会利用卫星信号传播这些参数，在短时间内也可以获得较高精度的电离层延迟拟合结果。

电磁波从卫星发出后，需要经过真空信道和大气信道才能抵达用户位置点，而在不同的大气高程上，空气密度不同，也就导致电磁波介质传播常数的不同。因此，真空-大气界

面及大气中间的层间界面都会产生电磁波的折射。对流层和平流层均由非电离大气构成，因而不存在色散效应，时延基本均由折射造成，因此称为折射时延。对流层的大气密度远高于其他各层，因此电磁波的折射大部分发生在对流层，由此造成的延迟称为对流层延迟。根据信号在对流层中的折射率 n 和真空中的折射率的关系可知

$$v = \int n \mathrm{d}s - \int \mathrm{d}s = \int (n-1) \mathrm{d}s \qquad (5.21)$$

由于电磁波信号在对流层中的折射率 n 接近 1，通常令大气折射指数 $N = (n-1) \times 10^6$。

由于对流层变化难以用模型准确表达，高精度 GNSS 数据处理中，采用先验模型进行对流层延迟改正后，还需要利用一定的参数估计方法进一步消除对流层延迟残余影响。常用的对流层先验模型可以分为三类：一是基于实测气象数据的经验模型，如 Hopfield 模型；二是基于气象参数表内插的经验模型，如 EGNOS 模型；三是无气象参数的对流层改正模型，如全球对流层天顶延迟模型（global zenith tropospheric delay，GZTD）模型。需注意的是，在实际应用中使用的气压精度往往较差，导致计算的对流层干延迟精度偏低，此时估计的湿延迟包含部分残余的干延迟误差。

3. 完好性信息

针对卫星导航增强系统的认识大多集中在精度、可用性、连续性等参数上，随着技术和应用的发展，人们越来越关心系统本身是否会出现差错并能及时通知用户做相应准备的问题，因此完好性概念逐渐引起许多专家学者的普遍关注。增强卫星发射的卫星信号可能在传播过程中会出现偏差，只有经过从地面到空间，再从空间到用户的信号传递，甚至经过几次传递后才被系统确认。对误差进行修正，还需要经过计算、判断、发射和注入等一系列动作，需要 15 min～1 h 才能在用户接收机上反映。因此，系统的完好性是满足多领域用户的技术需求的基本条件之一，尤其是涉及生命安全的航空用户。

完好性概念最初由美国斯坦福大学提出，随着应用部门的扩大，美国航空无线电技术委员会（RTCA）和国际民用航空组织相继提出了航空用户对卫星导航系统的技术要求，同时对完好性概念做了相应的完善。完好性是一种概率，在特定时期、系统覆盖区域内的任一点，位置误差未超出报警门限，在报警时内不用给用户发出报警信息的概率。完好性是对系统提供信息正确性的信任程度的度量，包括系统给用户提供及时有效的警告信息的能力。

系统完好性监测通常用 4 个参数进行描述。①报警限值：当用户的定位误差超过系统规定的某一限值时，系统向用户发出警报，这一限值称为系统的报警限值。②示警耗时：用户定位误差超过报警限值的时刻和系统向用户显示这一警报时刻的时间差。③示警能力：在系统覆盖区域内，系统不能向用户发出警报的面积百分比。④完好性风险：示警能力以内的用户定位误差超过报警限值和规定的示警耗时，而系统又没有向用户发出警报，这种现象的出现概率称为完好性风险。表 5-15 列出了国际民用航空组织在不同情况下对安全仪表系统（safety instrument system，SIS）完好性的技术要求。精度指标反映的是由观测量解算出来的位置结果和真实位置之间的接近程度，它可由两者之差即导航系统误差（NSE）来表示，精度越高的导航系统的 NSE 值越小。SBAS 和 GBAS 的主要目的就是提高导航系统的精度，减小系统的误差。

表 5-15　国际民用航空组织对卫星导航 SIS 完好性需求

操作	报警时间	完好性	水平报警极限	垂直报警极限
航路	15 s	1×10^{-7} / h	2NM	N/A
航路终端	15 s	1×10^{-7} / h	1NM	N/A
NPA	10 s	1×10^{-7} / h	0.3NM	N/A
APV I	10 s	$(1\sim2)\times10^{-7}$ / app	0.3NM	50 m
APV II	6 s	$(1\sim2)\times10^{-7}$ / app	40.0 m	20 m
CAT I	6 s	$(1\sim2)\times10^{-7}$ / app	40.0 m	10～15 m

从表中可以看出，完好性报警时间达到 6 s 已能满足航空用户的 CAT I 要求，完好性一般在 10^{-7} 量级。监测到的完好性信息通过同步卫星或其他途径广播出去称为完好性广播。现在通过 WAAS、EGNOS 等星载增强系统可以实现 GPS 完好性（即 GIC 服务）。

美国的 WAAS 主要利用地球静止轨道卫星所发射的 C/A 码测距信号来增加测距信号源，从而大大提高系统的定位精度、可靠性和完好性。参考站采集的距离和/或相位数据送至主站，在那里计算差分改正数，利用参考站的测量残差确定完好性，卫星携带的导航转发器从用户广播地面参考站得到卫星改正数据和完好性信息，并发射测距信号和导航电文。一个好的完好性监测结构应不仅能发现（或探测到）故障或超差现象，还应具备隔离故障和超差设备的能力，即监测系统对不同的故障或超差现象应有不同的反应，以便回溯找到故障点或超差点。这种能力可通过一定的设备和算法的冗余来得到。

北斗卫星导航系统是我国自主建设、独立运行，并与世界其他卫星导航系统兼容共用的全球卫星导航系统，它的建设吸收了其他卫星导航系统的成功技术，在设计之初就考虑了系统的完好性，实现了卫星导航与广域差分增强功能的融合。现阶段，北斗卫星导航系统可为全球用户提供广域差分和完好性信息服务，其对差分改正数的完好性监测是通过对各类改正数误差的确定及验证来完成的。卫星导航差分增强系统播发广域差分改正数，同时也播发这些改正数的误差信息，包括用户差分距离误差及电离层格网点垂直延迟误差信息，来保证和监测系统的完好性。一般每个参考站利用 2 台接收机获得 A、B 两路独立数据，将 A、B 两路数据进行交叉验证，验证包括两类：一类与卫星有关的卫星星历及卫星钟差的验证，即用户差分距离误差验证；另一类是对电离层延迟改正的验证，即电离层格网点垂直延迟误差验证。

5.3.4　北斗星基增强服务性能指标

1. 服务范围

北斗卫星导航系统具备为全球用户提供服务的能力，并可为亚太地区 55°S～55°N、70°～150°E 大部分区域（简称亚太大部分地区）提供更优的服务。

公开服务空间信号覆盖范围用单星覆盖范围表示。单星覆盖范围是指从卫星轨道位置可见的地球表面及其向空中扩展 1 000 km 高度的近地区域。

空间信号（单星）覆盖范围指标如表 5-16 所示。

表 5-16　空间信号（单星）覆盖范围指标

卫星类型	覆盖范围指标
GEO 卫星	覆盖地球范围内（高度 1 000 km）100%； 用户最小接收功率大于−163 dBW

注：各卫星各频点的最小接收功率参考北斗系统空间信号接口控制文件的规定

2. 定位服务种类

B1I/Q、B2I/Q、B3I/Q 提供北斗广域差分增强服务。

BDSBAS-B1C 提供 RTCA 单频增强协议的星基增强服务，增强 GPS 系统，旨在满足民航用户 APV-I 的导航性能需求。

BDSBAS-B2a 提供双频多星座（DFMC）协议的星基增强服务，增强四大 GNSS 系统，旨在满足民航用户 CAT-I 的导航性能需求。

3. 定位精度

对于 BDS/GNSS 卫星，在中国及其周边区域实施广域差分与完好性监测处理，通过北斗 GEO 卫星向用户播发各类增强信息，从而提高 BDS/GNSS 在该服务区的精度、完好性、连续性、可用性。服务精度可分为三级，基本导航性能提升支持长期自主运行，定位精度为 0.8 m 左右；广域增强系统可实时修正卫星轨道，提升广域增强服务，定位精度达到 0.3 m；精密单点定位技术考虑了空间环境并修正系统残差，提供了动态分米级、静态厘米级的定位精度。

RTCA 单频增强服务性能如下。

（1）差分改正精度分析。RTCA 单频增强协议服务于 GPS L1 CA 单频信号，提供轨道钟差改正和电离层格网延迟改正。伪距偏差误差成为影响星基增强系统服务的主要误差源之一。

（2）GIVE 完好性分析。GIVE 对网格改正误差的包络性能优于 99.9%。通过播发合理的完好性参数，使用户计算定位保护限值。系统需要保障用户实际定位误差超过定位保护限值的概率小于 $1 \sim 2 \times 10^{-7}$/进近。

（3）单频增强服务增强 GNSS 系统，水平定位精度优于 1.5 m，高程定位精度约为 2 m（95%）。

DFMC 增强服务性能如下。

（1）由于 RTCA 单频增强协议只能对 51 颗卫星增强，目前以增强 GPS 星座为主。

（2）随着双频民用信号及其他 GNSS 系统的发展，星基增强系统提出了双频多星座（DFMC）协议，满足对 GPS、GLONASS、BDS、Galileo 系统的增强服务。

（3）目前 DFMC 协议还没有完全固化，在 ICAO 标准化协议的制定中。

（4）差分改正精度分析。双频增强服务提供卫星轨道与钟差差分改正信息，不再提高电离层格网延迟改正。水平方向误差优于 1 m，垂直方向误差优于 1.5 m（95%）。

5.4 低轨导航 GNSS 增强系统

近年来，随着物联网、人工智能和无人驾驶等技术的发展，时空信息的需求达到了前所未有的高度。但是，基本 GNSS 导航服务能提供的定位精度通常只有 10 m，无法满足高精度用户的需求，同时微弱的 GNSS 信号不足以穿透物理遮蔽。提升卫星导航系统的服务性能，一直是卫星导航技术发展的驱动力之一。

5.4.1 信息增强及信号增强

为了提高 GNSS 定位的精度、可用性和完好性，在基本的卫星导航系统的基础上，各国研发了多种卫星导航增强系统，系统增强方式可分为信息增强和信号增强两大类。信息增强是指通过修正卫星导航定位系统的误差来提高导航定位精度和可靠性等的一种技术方式。信息增强不提供额外的距离观测量，只提供消除 GNSS 误差的修正信息和完好性信息。信息增强通常需要的是传输信道，能够把增强信息播发给用户。按照增强信息传输的平台方式，信息增强可以分为地基增强和星基增强。网络 RTK、星基差分等技术是典型的信息增强系统。信号增强是指通过除导航卫星以外的平台来发射导航信号，用户同时可以接收导航卫星系统本身的导航信号及其他导航信号，进而提高导航定位精度和可用性的方法。信号增强通常需要信号发射机来为用户提供测量信息。信号增强系统提供观测量可与 GNSS 联合定位或者独立定位。按照发射导航信号平台的位置，信号增强也可以分为地基增强和星基增强。

信息增强可以改善 GNSS 定位性能，但是对于收不到 GNSS 信号的情况，如在室内或遮挡环境下，信息增强就无能为力了。然而，信号增强能够提供新的观测量，对于 GNSS 无能为力的场景，如立交桥下、峡谷地带等卫星数目可能不够的情况下，可通过信号增强的方式来弥补室内 GNSS 信号无法到达的领域。国际上已建立了多种以信息增强为主、信号增强为辅的 GNSS 增强系统；还建成了单纯信息增强的 GNSS 增强系统，主要包括利用移动通信播发增强信息的地基增强系统（如网络 RTK）和利用通信卫星播发增强信息的星基增强系统（包括 StarFire、OmniSTAR 等星基差分定位系统）。在高楼和立交桥日益增加的城市环境下，大部分卫星信号被遮挡，RTK 和 PPP 均无法提供连续可用的导航定位服务。

5.4.2 现有 GNSS 增强系统

无论采用信息增强还是信号增强，地基增强 GNSS 的覆盖范围有限，无法提供全球无缝统一的高精度服务。传统的以信息增强为主、信号增强为辅的 GNSS 星基增强系统，除了日本的 QZSS，其他卫星导航定位系统均将 GEO 卫星作为增强信息播发平台，主要是利用其对地静止和覆盖面广的优势，服务区内用户可以始终接收该卫星的增强服务，但是GEO 资源非常有限、转发通信时延高，且仅能覆盖南北纬的中纬度区域，但实际上两极地区对 SBAS 服务有强烈的需求。北冰洋地区航海贸易因全球变暖导致的夏季海冰消融而日渐繁荣，极地航线航程短节约燃油，但对完好性要求高；QZSS 星座目前由 3 颗高轨 IGSO

（偏心率约为 0.075）和 1 颗 GEO 卫星组成，通过将 IGSO 的远地点置于日本上空，保证该区域天顶附近始终可见 1 颗高倾角卫星，从而进行信息和信号增强，QZSS IGSO 能够覆盖极区，这为极地星基增强提供了一种解决方案。

由于能播发增强信号的卫星数量有限，当前已建立的星基增强系统信号增强的能力较为有限。特别是随着 BDS、Galileo 等全球卫星导航系统，以及 QZSS、IRNSS 等区域卫星导航系统的建成，对多系统用户而言，传统以高轨卫星为信号播发载体建成的星基增强系统，其信号增强的贡献比较有限，在信号遮蔽区域和室内仍然无法提供连续可用的导航定位服务。为了克服 GNSS 的脆弱性和局限性，近年来国内外学者提出通过建立低轨导航星座，利用低轨卫星播发导航信号来实现 GNSS 低轨导航增强的构想。20 世纪末出现了用于移动通信的低轨卫星星座，典型代表是美国的铱星（Iridium）和全球星（Globalstar）星座。目前，由 Satelles 公司取得唯一授权发射专用卫星时间和位置（satellite time and location, STL）脉冲信号，既可以提供独立的导航、定位和授时（PNT）服务，也能对 GNSS 系统进行信号增强。2019 年 1 月 11 日，铱星系统已完成全部卫星的更新换代，"铱星二代"空间段由 66 颗主星和 9 颗备份星构成。

自 2015 年以来，数个国内外的知名企业先后宣布发射和部署各自的商用低轨星座，卫星数量由数十至上万颗不等，低轨星座建设进入蓬勃发展时期，各商用低轨星座的基本信息如表 5-17 所示。

表 5-17　已建立或计划建立的商用低轨星座的基本信息

星座	数量	高度/km	倾角/（°）	年份	国家	功能
Iridium	66	780	86.4	1998 年	美国	语音
Globalstar	48	1 400	52	2000 年	美国	语音
Iridium NEXT	75	780	86.4	2019 年	美国	宽带
Telesat	72	1 000	99.5	2020 年	加拿大	宽带
Yaliny	135	600	—	—	俄罗斯	宽带
Astrome	150	1 400	—	—	印度	宽带
鸿雁	270	—	—	2023 年	中国	宽带+导航增强
虹云	156	1 000	—	2022 年	中国	宽带+导航增强

我国的航天科技的"鸿雁"星座和航天科工的"虹云"星座等均将搭载导航增强有效载荷，既能为我国北斗卫星导航系统提供增强改正数和完好性信息，又能够自主地播发导航测距信号，增强 PNT 服务性能。2018 年 3 月，中国科学院光电研究院依托天仪研究院研制的卫星平台，开展了低轨卫星导航信号增强在轨试验，旨在验证通信与导航增强在信号层面深度融合新体制的功能和性能，探索基于低轨卫星导航信号增强的应用模式。试验卫星轨道高度为 537 km，导航增强信号采用时分多载波体制、S 频段播发，信号发射功率为 33 dBmW，卫星过境时长为 10 min。2018 年下半年，"鸿雁"星座、"虹云"工程和北京未来导航科技有限公司的"微厘空间"，均发射了各自的首颗验证卫星并开展测试论证工作。

5.4.3 低轨星座优缺点

首先，低轨星座的轨道越低，克服重力势能做功到达指定高度所需的发射速度和能量越小，需要的燃料越少，运载火箭易于小型化。此外，轻型化的低轨小卫星批量制造成本低且易于携带，可采用一箭多星技术减少发射次数。由于信号传播距离短，自由空间损耗更少，高度 780 km 的铱星地面接收信号强度比 GPS 高约 30 dB（1 000 倍），有助于改善信号在遮蔽环境下的定位效果，提升抗干扰、防欺骗性能；有利于高速卫星通信、宽带互联网接入和数据传输；有利于对地观测技术的发展，可以获取高分辨率遥感影像、大气监测信息等。其次，低轨卫星运行速度快，多普勒频移现象明显，有利于提高测速的精度和基于多普勒观测值的载波相位周跳探测效果，多普勒信息也可用于定位。相同时间内低轨卫星划过的天空轨迹更长，几何图形变化快，使定位过程中历元间观测方程的相关性减弱，参数的可估性大大增强，有望从根本上解决载波相位模糊度参数收敛和固定慢的问题，进而实现快速精密定位。最后，低轨卫星轨道低，对重力场敏感度高，有利于反演更高阶数的地球重力场模型。

低轨星座由于卫星轨道低，单星地面覆盖范围小，图 5-18 展示了高度 1 100 km 的"鸿雁"低轨星座单颗卫星覆盖面积只有北斗 GEO 卫星的 1/10，因此，在截止高度角 10° 的情况下，经计算至少需要 54 颗卫星才能保证全球单重以上覆盖，若要满足连续四重覆盖的定位要求，则需要近 200 颗卫星，并且"鸿雁"卫星的天底距 58° 远大于北斗 GEO 卫星的 9°，为保证覆盖区的信号增益，应采用多波束天线。接收机信号捕获要求高，增加了接收机的负担，捕获过程中多普勒搜索范围更大，捕获速度降低，低轨卫星精密定轨与预报难度大。

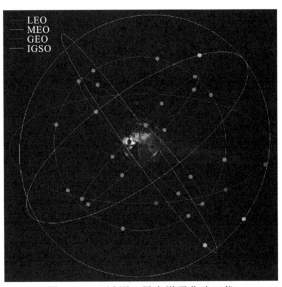

图 5-18　"鸿雁"星座增强北斗三代

与 GPS、GLONASS、BDS、Galileo 等中高轨导航卫星相比，低轨导航卫星将给联合定轨、快速精密定位、空间天气监测、室内定位等方面带来好处。低轨导航增强系统采用了低轨道，增强信息播发时延小、传输数据量大；增强信号功率强，抗干扰、防欺骗性能好，能够增强室内等遮蔽区域服务性能；增强信号也能显著加快精密定位模糊度收敛，为联合定轨和空间天气监测等提供更多的有效数据源。

5.4.4 低轨导航增强关键技术

低轨全球导航增强系统由空间段、地面段和用户段三部分组成：空间段由数十至上百颗搭载导航增强有效载荷的低轨卫星组成，主要任务是向各类用户播发导航信号、高中低轨导航卫星增强信息等，具备转发卫星和导航卫星功能；地面段包括地面运控系统和地面监测站，共同完成在轨卫星的运行管理和控制；用户段包括各类型用户终端、模块、芯片及配套设备。低轨导航增强从现在的概念阶段到未来实际运行的业务系统，在空间段、地面段和用户段均需要突破一系列的关键技术。

星座构型的设计与优化，是空间段建设必须解决的首要问题，直接决定了增强系统的成本、覆盖性能、几何图形强度和服务能力，应当在尽可能节约成本的前提下，利用具有相似类型和功能的多颗低轨卫星，分布在相似或互补的轨道上，共享控制，协同完成导航增强任务。地面段的重要任务是建立与维持低轨导航增强星座的时空基准。GNSS 与低轨增强数据的融合处理，需要在高精度、统一的时空框架下完成。对于时间系统，需要给出低轨导航增强系统时定义，并进行系统时间的建立与维持、系统内部时间同步、系统时间溯源及时差预报工作；对于坐标系统，需要给出低轨导航增强系统坐标系定义、实现、更新、维护，以及其与其他坐标系转换的方法。而时空基准的统一，离不开 GNSS 和低轨星座精密定轨估钟。此外，低轨导航增强对地面用户软硬件设备和数据处理方式提出了新的要求。

5.5 星载 GNSS 定轨技术

5.5.1 发展现状及应用前景

20 世纪 80 年代，GPS 首次应用于航天领域，即遥感卫星 Land Sat4 首次搭载 GPS 信号接收机。由于 GPS 尚处于试验研究阶段，GPS 在轨试验卫星数量有限，定轨功能还未完全实现，而且受到电离层和地球重力场模型的影响，定位精度有限。但此次应用实验在可视卫星较多的特定时段内取得了 20 m 定轨精度结果。初步验证了 GPS 测量应用与低轨卫星定轨的可行性（魏辉，2018）。图 5-19 为 GNSS 卫星轨道分布示意图。

5.5.2 低轨卫星星载 GNSS 定轨

20 世纪 90 年代，星载 GNSS 定轨技术进入技术积累期，并于 1992 年首次成功获得厘米级精密定轨精度。1992 年 8 月 10 日，美国航空航天局与法国国家空间研究中心（CNES）联合发射了 TOPEX/POSEIDON 海洋测高卫星（简称为 T/P 卫星，图 5-20），其主要任务是以卫星距离海洋表面的高度为观测量（简称为卫星测高），对全球海洋学和全球气象学开展

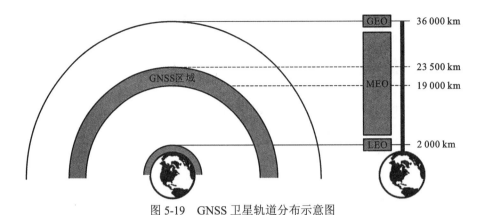

图 5-19　GNSS 卫星轨道分布示意图

研究。为完成既定海洋测高任务，要求 T/P 卫星的定轨精度达到 13 cm。为此 T/P 卫星搭载了 3 种独立的定轨系统：一是 DORIS（法国）；二是用于地面卫星激光测距定轨的激光后向反射阵列系统；三是 6 通道可跟踪双频 P 码和载波相位的 GNSS 接收机系统（Motorola 公司）。T/P 卫星搭载 GNSS 接收机正是为了验证差分 GNSS 用于精密定轨的潜力。美国的喷气推进实验室（JPL）利用 T/P 卫星 GNSS 测量数据进行了精密定轨解算，结果表明：T/P 卫星径向轨道精度均方根达到 3 cm，切向和法向的轨道精度均优于 10 cm。受美国反电子（anti spoofing，AS）政策影响，T/P 卫星的 GNSS 接收机无法跟踪 L2-P 码进行双频数据观测，即使如此其径向轨道精度仍可以达到 4～5 cm。相比传统的地面测轨系统，星载 GNSS 定轨精度更高且费用消耗更少，从此 GNSS 成为低轨卫星高精度定轨的主要途径。

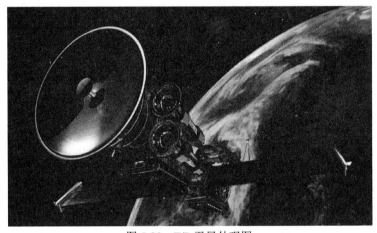

图 5-20　T/P 卫星外观图

https://baike.baidu.com/item/托帕克斯卫星/4945680

　　T/P 卫星以后，最具代表性的是新千年计划。新千年计划主要内容为 EO-1 对地观测卫星与 Landsat-7 卫星保持编队飞行，EO-1 卫星搭载了 TENSOR 星载 GNSS 接收机（Space Systems/Loral 公司）。保持编队飞行需要卫星进行轨道机动，EO-1 卫星机动前要求径向轨道精度达 5 m 和速度精度达 2 cm/s，而 TENSOR 接收机的几何法实时定轨的精度只能达到 35.7 m，速度精度为 5.2 cm/s，无法满足轨道机动对轨道精度的要求。因此 TENSOR 接收机内嵌了 GEODE 软件，为轨道控制系统提供高精度的定轨信息，自此，定轨解算软件开始进入发展期。

与此同时，美国的喷气推进实验室（JPL）在其原有的高精度定轨/定位软件 GIPSY 的基础上，推出了一套实时版 GIPSY 软件——RTG（Real-Time GIPSY）软件。相较于 GIPSY，RTG 除具有低轨卫星的自主定轨功能外，还可为地面飞行器（如飞机）提供实时定位。在低轨卫星的自主定轨模块，RTG 从模型与差分信息两方面进行了技术升级改进：一是对动力学模型和 GNSS 观测模型及滤波算法进行了改进；二是加入了模块使用 WADGNSS 或 WAAS 的实时差分改正信息。以 T/P 卫星星载 GNSS 测量数据进行定轨解算，只接收单频观测数据的情况下[选择可用性（selective availability，SA 政策）]，经过约 4 h 的滤波收敛处理后，RTG 实时定轨的轨道误差 3d RMS 为 3～5 m。为了提高实时定轨的精度，许多学者利用精密星历对 RTG 软件进行了进一步的模拟分析。如果使用广播星历和精密卫星钟差，用 T/P 卫星实测数据，RTG 软件模拟实时定轨，其径向精度可达到 50 cm，法向和切向精度均为 1 m 左右。如果使用精密星历和精密钟差，每个分量的实时定轨精度均可达到分米级水平。

进入 21 世纪后，星载 GNSS 定轨技术取得了巨大的进步，这得益于 GNSS 系统的完善、SA 政策的中止、星载 GNSS 接收机技术和微处理器技术的发展。例如，GRACE（图 5-21）、CHAMP、SAC-C、Fed Sat、Jason-1 和 ICESat 等卫星搭载的由 JPL 研发的新一代测量型的星载 GNSS 接收机 Black Jack。这些卫星是为大气探测、重力场恢复、海洋测高等地球科学研究任务所研发实施的，其任务要求卫星精密定轨的轨道精度目标为 1 cm。未来的星载 GNSS 定轨应用发展，将呈现星载 GNSS 接收机更加小型化、轻质量和低功耗，实时自主地为科学观测系统提供高精度的卫星轨道、速度和时间等信息，然后直接将科学观测产品通过在轨通信系统发送给用户，无须建立地面跟踪系统来维持卫星轨道的态势。

图 5-21　GRACE 卫星

我国对星载 GNSS 应用的研究始于 20 世纪 90 年代，以中巴合作的资源卫星 CBERS 为对象，对利用 GNSS 信号测定低轨卫星实时位置的若干问题进行了探讨。2002 年 12 月 30 日，我国发射的神舟四号飞船搭载了 GNSS 接收机。该接收机可同时对 12 颗 GNSS 卫星的 L1 信号进行观测。以 1 次/s 的速率输出单点定轨结果，以及伪距、载波相位和导航电文等观测数据。

5.5.3　星载 GNSS 定轨原理

星载 GNSS 的定轨是依靠地轨卫星上搭载的 GNSS 接收机所观测的数据实现的。低轨卫星定轨理论方法和实际数据处理通常以一定的时间系统和坐标系统为参照基准。低轨卫星定轨方法可分为：运动学定轨，仅使用星载 GNSS 数据进行单点定位；动力学和简化动力学定轨，综合使用星载 GNSS 数据和卫星轨道动力学信息。本小节将简要介绍星载 GNSS 低轨卫星精密定轨主要涉及的时间系统与坐标系统；将简要阐述运动学、动力学和简化动力学定轨的基本原理；为阐述动力学和简化动力学定轨方法，将简要介绍低轨卫星涉及的轨道动力学模型和数值积分器。

1. 时间系统及坐标系统

1）时间系统

星载 GNSS 低轨卫星定轨过程中涉及的时间系统主要有：动力学时、原子时、世界时和恒星时。

（1）动力学时。以太阳系内天体公转为基准建立的时间系统称为动力学时。考虑相对论时空效应，可分为质心动力学时（barycentric dynamic time，TDB）和地球动力学时（terrestrial dynamic time，TDT）。其中 TDB 用于描述星体相对于太阳系质心的运动，TDT 则用于描述相对于地球质心的运动，TDT 有时也简称为 TT。在卫星定轨中，该时间系统主要用于根据天文星历提供太阳系内日月等其他天体和地球的相对位置。

（2）原子时。以原子秒长为基准建立的时间系统称为国际原子时（international atomic time，TAI）。原子时秒长定义为位于海平面上的铯原子 Cs133 基态的两个超精细能级在零磁场中跃迁辐射振荡 9 192 631 770 周所经历的时间。原子时是目前世界上最稳定的时间系统。为了满足精密导航和测量的需要，GNSS 使用专用的原子时 GNSST，与 TAI 相比，原子秒长相同，时间原点不同。

（3）世界时和恒星时。以地球自转运动为基础建立的时间系统称为世界时和恒星时。其中恒星时在数值上等于春分点相对于子午圈的时角，最常用的恒星时是格林尼治平恒星时和格林尼治真恒星时。由于地球自转存在长期变慢的趋势，为获得均匀精确且方便使用的时间，建立了协调世界时（UTC）。UTC 的秒长定义为原子秒长，通过跳秒来维持 UTC 与 UT 时间不超过 1 s，UTC 与 TAI 相差跳秒参数由国际地球自转服务提供。目前 TAI-UTC=37 s。星载 GNSS 低轨卫星定轨涉及对不同时间参考系统下不同数据类型的处理。通常天文星历提供的是动力学时系统下太阳系内天体的位置。GNSS 卫星精密星历是在 GNSST 时间系统下给出的。而为方便模型在不同研究领域的应用，地球自转参数提供的是 UTC 基准下的参数。

2）坐标系统

星载 GNSS 低轨卫星定轨的坐标系统主要包括三种：空固坐标系，牛顿运动力学描述物理在空间的运动状态的惯性参考系；地固坐标系，为方便人的直观认识和各种模型（如地球重力场模型、固体潮模型）的建立和应用（GNSS 精密星历），建立的与地球固连的参考框架；与卫星相关的坐标系，主要有星固坐标系与 RTN（radial，transverse，normal，径向、切向、法向）坐标系，用以描述卫星运动与姿态信息和有效荷载相对卫星的位置。

（1）空固坐标系。卫星定轨过程中，与卫星动力学模型相关的牛顿运动方程仅在惯性基准坐标系（inertial reference frame，IRF）下成立。实际应用中，通常采用国际天球参考框架（international celestial reference frame，ICRF）代替 IRF。ICRF 是协议惯性系（conventional inertial system，CIS）的具体实现。其原点位于地球质心，坐标轴指向与 J2000.0 惯性系相同；X 轴指向 J2000.0 地球赤道平面的平春分点，Z 轴垂直赤道面指向平北极，Y 轴与 X 轴和 Z 轴构成右手坐标系。

（2）地固坐标系。为方便人的直观认识，GPS 精密星历、潮汐模型、地球表面形变等研究和应用的相关参数，通常在地固坐标系下表示。协议地固国际地球参考框架（international terrestrial reference frame，ITRF）是协议地固坐标系（conventional terrestrial system，CTS）的具体实现。其原点位于地球质心，X 轴指向格林尼治天文台子午面与地球平赤道面的交点，Z 轴指向地球平北极，Y 轴与 X 轴和 Z 轴构成右手坐标系，通常用直角坐标 (x, y, z) 和极坐标 (r, θ, λ) 描述物体在 CTS 中的位置，其相互转换关系如下：

$$\begin{cases} x = r\sin\theta\cos\lambda \\ y = r\sin\theta\sin\lambda \\ z = r\cos\theta \end{cases} \qquad \begin{cases} r = \sqrt{x^2 + y^2 + z^2} \\ \theta = \tan^{-1}\dfrac{z}{x^2 + y^2} \\ \lambda = \tan^{-1}\left(\dfrac{y}{x}\right) \end{cases} \qquad (5.22)$$

（3）与卫星相关的坐标系。①星固坐标系。常用于描述卫星搭载的仪器与卫星质心之间的相对位置，方便星载数据预处理。星固坐标系定义并不统一，通常随着不同卫星任务的需求变化。②RTN 坐标系。卫星在地球外部空间中运动时，在径向（R）、切向（T）和法向（N）受到的外部力作用，包括外部力的大小、方向和物理特性均不一致。RTN 坐标系通常结合卫星动力学模型描述用以分析卫星轨道。RTN 坐标系的指向定义如下：

$$\begin{cases} e_{\mathrm{R}} = \dfrac{\boldsymbol{r}}{|\boldsymbol{r}|} \\[2mm] e_{\mathrm{T}} = \dfrac{e_{\mathrm{N}} \times e_{\mathrm{R}}}{|e_{\mathrm{N}} \times e_{\mathrm{R}}|} \\[2mm] e_{\mathrm{N}} = \dfrac{\boldsymbol{r} \times \dot{\boldsymbol{r}}}{|\boldsymbol{r} \times \dot{\boldsymbol{r}}|} \end{cases} \qquad (5.23)$$

式中：e_{R}、e_{T}、e_{N} 分别为径向、切向、法向经验加速度；$\boldsymbol{r}$ 为低轨卫星位置矢量。

2. 观测模型

1）观测方程

低轨卫星 LEO 对某颗 GNSS 卫星的双频伪距和载波观测值可表示为

$$\begin{cases} P_{1,\mathrm{L}}^{\mathrm{G}} = \rho_{\mathrm{L}}^{\mathrm{G}} + C(dt_{\mathrm{L}} - dt^{\mathrm{G}}) + I_{\mathrm{L}}^{\mathrm{G}} + \varepsilon_{P_1,\mathrm{L}}^{\mathrm{G}} \\ P_{2,\mathrm{L}}^{\mathrm{G}} = \rho_{\mathrm{L}}^{\mathrm{G}} + C(dt_{\mathrm{L}} - dt^{\mathrm{G}}) + \alpha I_{\mathrm{L}}^{\mathrm{G}} + \varepsilon_{P_2,\mathrm{L}}^{\mathrm{G}} \\ L_{1,\mathrm{L}}^{\mathrm{G}} = C\Phi_{1,\mathrm{L}}^{\mathrm{G}} / f_1 = \rho_{\mathrm{L}}^{\mathrm{G}} + C(dt_{\mathrm{L}} - dt^{\mathrm{G}}) + \lambda_1 N_{1,\mathrm{L}}^{\mathrm{G}} - I_{\mathrm{L}}^{\mathrm{G}} + \varepsilon_{1,\mathrm{L}}^{\mathrm{G}} \\ L_{2,\mathrm{L}}^{\mathrm{G}} = C\Phi_{2,\mathrm{L}}^{\mathrm{G}} / f_2 = \rho_{\mathrm{L}}^{\mathrm{G}} + C(dt_{\mathrm{L}} - dt^{\mathrm{G}}) + \lambda_2 N_{2,\mathrm{L}}^{\mathrm{G}} - I_{\mathrm{L}}^{\mathrm{G}} + \varepsilon_{2,\mathrm{L}}^{\mathrm{G}} \end{cases} \qquad (5.24)$$

式中：$P_{1,L}^G$、$P_{2,L}^G$、$L_{1,L}^G$、$L_{2,L}^G$ 分别为双频伪距和载波观测值；C 为光速；ρ_L^G 为 GNSS 卫星和 LEO 卫星天线相位中心之间的几何距离；$\Phi_{1,L}^G$、$\Phi_{2,L}^G$、λ_1、λ_2、$N_{1,L}^G$、$N_{2,L}^G$ 分别为双频载波对应频率 f_1 和 f_2 上的载波相位、波长和模糊度；dt^G、dt_L 分别为 GNSS 卫星钟差和 LEO 卫星接收机钟差；$\alpha = f_1^2 / f_2^2$；$\varepsilon_{P,L}^G$、$\varepsilon_{P_2,L}^G$、$\varepsilon_{1,L}^G$、$\varepsilon_{2,L}^G$ 分别为 L_1、L_2 伪距和载波观测噪声。

低轨卫星不考虑对流层延迟；相对论效应、天线相位中心改正和相位缠绕效应等均可通过模型消除，公式中暂略去相应项；公式中已略去多路径效应对载波观测值的影响。

2）星载 GNSS 观测值主要误差及改正

星载 GNSS 观测方程中主要包含三类误差源：与 GNSS 卫星相关的误差；与传播路径相关的误差；与低轨卫星星载 GNSS 接收机相关的误差。各类观测误差均可通过模型或参数估计来精确改正或削弱，国内外多位学者都对此做了详细的分析和讨论，本书不再赘述，仅简要介绍如下。

与 GNSS 卫星相关的误差包括 GNSS 卫星轨道误差和钟差、GNSS 卫星天线相位中心偏差及变化、天线相位缠绕和相对论效应。GNSS 卫星轨道误差和钟差一般通过 IGS 提供的精密 GNSS 星历和钟差来削弱。

GNSS 卫星天线相位中心偏差及变化是由 GNSS 卫星实际的发射天线中心和卫星质心不同引起的，可通过模型改正。天线相位缠绕是由发射天线和接收机天线的相对指向在空间中缓慢变化引起的，可通过模型改正。相对论效应是由卫星在空间中高速运动时的相对论效应引起的改正项，可通过模型改正。

与传播路径相关的误差包括电离层延迟和多路径效应。电离层延迟是 GNSS 电磁波信号在穿越大气层时的延时效应。最大能造成几十米的影响，将会很大程度上影响定位精度。对于双频 GNSS 观测值，一般通过无电离层组合削弱。多路径效应是 GNSS 信号传播时，反射信号对直接信号产生的干涉。

3）低轨卫星受力模型

在惯性系 CIS 下，根据牛顿第二定律，低轨卫星的加速度可表示为

$$\ddot{r} = \frac{f(\boldsymbol{r}, \dot{\boldsymbol{r}}, p, t)}{m_s} \tag{5.25}$$

式中：$\ddot{r}$ 为低轨卫星加速度；$f(\boldsymbol{r}, \dot{\boldsymbol{r}}, p, t)$ 为地轨卫星受到的外部力作用；$\boldsymbol{r}$、$\dot{\boldsymbol{r}}$ 分别为低轨卫星在 t 时刻的位置和速度；p 为卫星动力学模型参数；m_s 为低轨卫星质量。

低轨卫星在空间中运动时所受到外部力可分为两部分，即保守力和非保守力。卫星受到的其他未模型化的摄动力作用，通常用经验摄动力模型表示，即

$$\ddot{r} = a_{ei} + a_S + a_O + a_t + a_N + a_r + a_{ng} + a_{emp} \tag{5.26}$$

式中：a_{ei} 为卫星受到的地球引力；a_S 为地球固体潮引起的卫星摄动力；a_O 为海潮引起的卫星摄动力；a_t 为地球重力场时变项引起的卫星摄动力；a_N 为太阳系内日月等其他天体对卫星的引力作用；a_r 为相对论效应对卫星的摄动力改正；a_{ng} 为卫星受到的非保守力作用；

a_{emp} 为卫星受到的其他未模型化的摄动力作用，通常用经验摄动力模型表示。

4）星载 GNSS 定轨方法

利用全球分布的 GNSS 观测网，可以确定 GNSS 导航卫星高精度轨道，这是与对高精度的观测量的合理处理分不开的。目前星载 GNSS 低轨卫星精密定轨方法主要有运动学方法、动力学方法和简化动力学方法。运动学方法因为不包含先验重力场模型信息，常用于重力场反演（GOCE、GRACE）、动力学轨道和简化动力学轨道因充分利用了卫星轨道动力学信息，轨道平滑且精度比运动学轨道高，常用于其他应用领域如遥感测绘、大气探测、海洋环境监测等研究。

（1）运动学定轨

图 5-22（郑作亚，2006）为运动学定轨示意图。运动学定轨与地面精密单点定位过程类似，仅采用星载 GNSS 观测值解算轨道。通常采用无电离层伪距和载波组合进行运动学定轨，如下：

$$\begin{cases} P_c = i_c P_1 - j_c P_2 \\ L_c = i_c L_1 - j_c L_2 \end{cases} \tag{5.27}$$

式中：$i_c = \dfrac{f_1^2}{f_1^2 - f_2^2}$，$j_c = \dfrac{f_1^2}{f_1^2 - f_2^2}$，$f_1$、$f_2$ 为载波 L_1、L_2 的频率；P_c、L_c 分别为无电离层影响的组合伪距和载波相位观测值；P_1、P_2 为双频伪距观测值；L_1、L_2 为双频载波相位观测值。

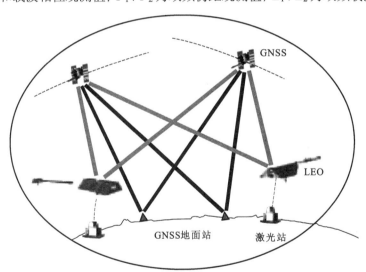

图 5-22　运动学定轨示意图

精密定轨时，采用 IGS 事后精密 GNSS 星历和钟差得到 GNSS 卫星的位置和钟差。低轨卫星的概略初始位置可由伪距解算获取。运动学定轨估算低轨卫星的三维坐标改正数、接收机钟差和模糊度参数。由式（5.24）与式（5.25），线性化后的运动学定轨观测方程可表示为

$$\boldsymbol{y} = \boldsymbol{B} \cdot \mathrm{d}\boldsymbol{X} + \varepsilon^{\mathrm{G}} \tag{5.28}$$

式中：$\boldsymbol{y} = [\overline{P_c}\ \overline{L_c}]^{\mathrm{T}}$；$\boldsymbol{B} = \begin{bmatrix} \boldsymbol{e} & 1\cdots & 0 & \cdots \\ \boldsymbol{e} & 1\cdots & 1 & \cdots \end{bmatrix}$；$\mathrm{d}\boldsymbol{X} = [\mathrm{d}\boldsymbol{r}_L\ C\mathrm{d}t_L \cdots \lambda_c N_c^{\mathrm{G}} \cdots]^{\mathrm{T}}$；$\varepsilon^{\mathrm{G}}$ 为观测噪声。

$\overline{P}_c = P_c - \rho_0 + Cdt^G$，$\overline{L}_c = L_c - \rho_0 + Cdt^G$，$\rho_0$ 为 GNSS 卫星质心与 LEO 卫星伪距初始位置间的几何距离；$\boldsymbol{r}_L$ 为低轨卫星 LEO 质心的真实位置；$d\boldsymbol{r}_L = \boldsymbol{r}_L - \boldsymbol{r}_{L0}$；$\boldsymbol{e} = \dfrac{\boldsymbol{r}^G - \boldsymbol{r}_{L0}}{\rho_0}$ 为 GNSS 卫星和 LEO 卫星质心之间的单位方向向量，$\boldsymbol{r}_{L0}$ 为低轨卫星 LEO 近似初始位置；$\lambda_c N_c^G = i_c \lambda_1 N_1^G + j_c \lambda_2 N_2^G$ 为无电离层组合的模糊度参数。

运动学定轨更详细的方程可参见其他专家学者的研究，此处不再赘述。采用伪距定轨时通常不估计模糊度参数，仅使用伪距观测值。

（2）动力学定轨

动力学定轨中，加速度可由已知的动力学模型参数计算，部分动力学模型参数也可作为未知参数进行估计。动力学是通过数值积分直接建立卫星轨道与动力学模型参数之间的关系，用于约束星载 GPS 观测方程，实现精密轨道确定。

t_i 时刻观测方程为

$$\boldsymbol{v}_i = \boldsymbol{H}\delta\boldsymbol{X}_i - (\boldsymbol{Y}_i - G(\boldsymbol{X}_i^*, t_i)) = \boldsymbol{H}\delta\boldsymbol{X}_i - L_i t \tag{5.29}$$

式中：$\boldsymbol{v}_i$ 为残差向量；$\boldsymbol{H}$ 为偏导数矩阵；$\boldsymbol{Y}_i$ 为观测量；$\boldsymbol{X}_i^*$ 为参考状态；$G(\boldsymbol{X}_i^*, t_i)$ 为理论观测值；$\delta\boldsymbol{X}_i = [\Delta\boldsymbol{r}, \Delta\dot{\boldsymbol{r}}, \Delta\boldsymbol{q}]^T$，其中 $\Delta\boldsymbol{r}$ 为位置改正量，$\Delta\dot{\boldsymbol{r}}$ 为速度改正量，$\Delta\boldsymbol{q}$ 为待估动力学参数改正值矢量。

观测方程由 t_i 时刻映射到 t_0 时刻：

$$\boldsymbol{v}(t) = \boldsymbol{H}\delta\boldsymbol{X}_i - L_i = \boldsymbol{H}\frac{\partial\boldsymbol{X}}{\partial\boldsymbol{X}_0}\delta\boldsymbol{X}_0 - L_i = \boldsymbol{H}\boldsymbol{\Phi}\delta\boldsymbol{X}_0 - L_i = \boldsymbol{H}_i\delta\boldsymbol{X}_0 - L_i \tag{5.30}$$

式中：$\delta\boldsymbol{X}_0$ 为卫星初始状态；$\boldsymbol{\Phi}$ 为状态转移矩阵。

设观测向量为 $\boldsymbol{L} = [\boldsymbol{L}_1^T \quad \boldsymbol{L}_2^T \quad \cdots \quad \boldsymbol{L}_m^T]^T$，残差向量为 $\boldsymbol{V} = [\boldsymbol{v}_1^T \quad \boldsymbol{v}_2^T \quad \cdots \quad \boldsymbol{v}_m^T]^T$，系数矩阵为 $\boldsymbol{H}^T = [\boldsymbol{H}_1^T \quad \boldsymbol{H}_2^T \quad \cdots \quad \boldsymbol{H}_m^T]$，则式（5.30）可以写为

$$\boldsymbol{V} = \boldsymbol{H}\delta\boldsymbol{X}_0 - \boldsymbol{L} \tag{5.31}$$

解算式（5.31）可得到卫星初始状态的最优估值。

（3）简化动力学定轨

简化动力学定轨是通过在低轨卫星的力学模型上附加一个假想的力（过程噪声），并在定轨过程中进行估计来实现。在实际应用中，这个假想的力常用径向（R）、切向（T）、法向（N）3个方向上的经验加速度表示：

$$e_R = \frac{\boldsymbol{r}}{\|\boldsymbol{r}\|}, \quad e_T = e_N \times e_R, \quad e_N = \frac{\boldsymbol{r} \times \boldsymbol{v}}{\|\boldsymbol{r} \times \boldsymbol{v}\|} \tag{5.32}$$

式中：$\boldsymbol{v}$ 为低轨卫星速度矢量。

$$\overline{a}_k = e^{-|t_k - t_{k-1}|/\tau} \hat{a}_{k-1} \tag{5.33}$$

式中：τ 为相关时间；$\hat{a}_{k-1}$ 为 t_{k-1} 时刻的经验力参数；$\overline{a}_k$ 为 t_k 时刻的预报值。

图 5-23（陈康慷，2020）为运动学定轨和动力学定轨结果，图 5-24（陈康慷，2020）为 3 种定轨结果对比。

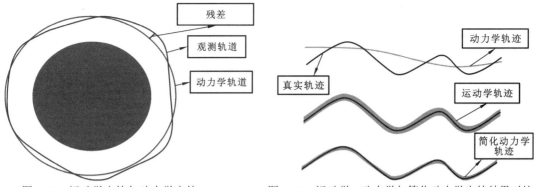

图 5-23　运动学定轨与动力学定轨　　　　图 5-24　运动学、动力学与简化动力学定轨结果对比

5.5.4　导航卫星星间链路自主定轨

1. 基本概念

星载 GNSS 测量在卫星精密定轨方面取得巨大成功的同时，世界各国也在积极开展自主定轨的研究和试验工作。1997 年美国国家航空航天局（NASA）发射的小卫星 SSTI/Lewis，目的是进行 GNSS 姿态确定飞行试验（GADFLY）。GADFLY 的主要目标是验证 GNSS 自主定轨、测定姿态和时间的潜能。为了实现这一目标，NASA 下属的 Goddard 空间飞行中心提前几年开始研究星载 GNSS 自主定轨的相关模型和算法，并成功研制出 GEODE 自主定轨软件。在 Lewis 卫星飞行之前，用 EP/EUVE 和 T/P 卫星的实测伪距，与模拟卫星机动期间的伪距和多普勒频移等数据，对 GEODE 软件的性能进行分析，结果表明：在实施 SA 政策之前，使用 T/P 卫星的实测数据，在滤波收敛期间，实时定轨精度不超过 50 m，收敛后的卫星轨道和速度的 3 d RMS 分别为 7.8 m 和 5.9 mm/s；在有 SA 影响时，EP/EUVE 卫星的实时定轨精度 3 d RMS 为 4～14 m；用卫星机动期间的模拟数据，卫星轨道精度能够保持在 200 m 以内，在机动结束 2.5 h 后，卫星轨道的精度指标能够降低到机动前的水平。如果需要更高的自主定轨精度，需改进星载 GNSS 接收机，接收 WASS 发送的改正信息，自主定轨的轨道和速度精度可分别达到 2 m 和 2 mm/s（1σ）。

利用卫星星间观测量改善导航卫星定轨精度始于 20 世纪 90 年代，GNSS 建成运行时就基于 UHF 频段星间测量开展星间链路增强定轨研究。Merrigan 等（1999）研究结果表明，如 UHF 星间导出距离测量噪声优于 2.92 m，钟差测量噪声优于 0.23 m，且星间测量系统偏差仅包含常数项和周期项条件下，在全球 12 个监测站基础上增加星间链路数据，与仅使用地面数据相比，导航卫星轨道和钟差精度可提高 10% 以上。Fernández（2011）开展了 Ka 星间测量体制下的星间测量对精密定轨影响研究，仿真计算表明，Ka 星间测量噪声 0.1 cm 条件下，通过 1 个地面监测站数据与星间链路数据联合定轨，轨道精度优于 0.26 m，钟差精度优于 0.2 ns。GLONASS 利用地面监测站可以实现较长弧段的跟踪观测，但仍面临区域布站、定轨精度不高的问题，因此在系统建设中极其关注星间链路技术研究。起初 GLONASS 搭载 S 波段星间测距载荷，其测量噪声约为 0.4 m。将从 GLONASS K 系列卫星开始搭载激光星间链路载荷，采用"射频+光学"组合的星间链路技术来实现更高的测距精度和星座控制精度，星间时间同步精度将有显著提高，导航卫星 URE 精度预计可达

0.6 m。我国全球卫星导航系统试验卫星搭载新型 Ka 星间链路载荷，能够提供连续稳定的星间、星地观测数据。星间链路载荷提供的高精度星间/星地观测量可以弥补我国北斗卫星导航系统监测站区域布设缺陷，弱化地面系统支持，支持自主导航，提高系统综合性能。

星间链路定轨精度主要取决于星间测量精度及测量拓扑结构，而星间测量精度及拓扑结构则取决于星间测量体制。测量体制包括测量频段选择、测量模式设计等。测量频段选择主要依据国际电联协议及星间链路测量及通信需求。按照《无线电规则频率划分表》(2008版)，星间业务无线电主要频率划分如表 5-18 所示。

表 5-18　星间业务无线电主要频率划分

频段	频率/波长范围	主要用途
UHF	400.15～401 MHz；410～420 MHz	空间研究
S	2.025～2.11 GHz；2.20～2.29 GHz	卫地探测、空间操作、空间研究
C	5.01～5.03 GHz	卫星下行导航频段
Ka	22.55～23.55 GHz；24.45～24.75 GHz；25.25～27.5 GHz；32.3～33 GHz	星间链路
V	54.25～58.2 GHz；59～71 GHz	星间链路
毫米波	116～123 GHz；130～134 GHz；167～183 GHz；185～190 GHz；191.8～200 GHz	星间链路
激光	波长 0.8～0.9 μm、1.06 μm、0.532 μm 和 9.6 μm 的光谱	星间链路

从星间链路业务频段分配和发展趋势上看，除可用频段数和带宽在增加外，也逐渐在向更高频发展，主要出于两个原因：Ka 及以上高频段尚未被大规模开发，外界频率干扰较少，且易于申请；高频波段具有更多优点，如波长更短，便于收发设备的小型化，非常适用于星载设备。

基于 UHF 频段的星间测距在美国 GNSS BLOCK-IIR 卫星上成功实现后，GLONASS、北斗先后在 S 波段、Ka 波段完成了星间链路技术试验，GLONASS 随后开展了激光星间测距论证和演示验证，GNSS IIIB 后续系列卫星拟开展 Ka/V 频段技术试验。由此来看，目前国内外卫星星间链路信号体制主要以 UHF、S、Ku、Ka 和 V 频段为主，而且逐渐采用高频段的 Ka 和 V 频段。采用 Ka 和 V 频段的星间链路优势明显：具有约 20 GHz 的可用带宽，是低频可用频段的 100 倍，通信容量大；更加符合国际电联频率使用规范，易于申请、受保护；天线波束较窄，抗干扰特性强；由于波长较小，易于小型化射频设备尺寸，减轻设备重量，有利于星载使用；受电离层等因素影响较小，可以通过单频测距达到高精度观测，且星间测量精度较高。出于以上优势，Ka 及其以上频段的研制基础相对较低频段更薄弱，还将面临窄波束带来的收发天线指向精度要求高等工程实施难题，更好满足导航系统对星间链路的需求，而不同星间测量体制的测量误差源不同，需要不同的模型加以修正。

2. 自主定轨模型与方法

1) 自主定轨解算方法

卫星自主定轨是指卫星星座完全脱离地面站支持，仅依靠空间中绝对或相对观测量完成自主轨道确定的过程。由于空间环境复杂，采用单一时空基准难以对各种星体的不规则运动进行有效描述，卫星的受力模型和观测模型通常建立在不同的时空参考基准之上。为实现数据的统一计算，必须对各种时空模型进行精确转换。在星间链路自主定轨中，观测频段的选择决定了观测信号的传输距离、观测角范围及测距精度等基本性能，因此，选择合适的频段建立通信链路是实现星间链路高精度自主定轨的基础保证。此外，卫星自主定轨的状态模型和观测模型均为复杂的非线性模型，采用传统的扩展卡尔曼滤波无法达到定轨的高精度要求，并且滤波过程中容易出现协方差阵非正定的情况，因此需要采用精度更高且具有矩阵非正定调整的滤波方式进行处理（张超然，2014）。

（1）轨道预推部分。在空间飞行过程中，卫星的运动轨迹严格受到轨道力学模型的影响。因此，可以通过建立卫星的精确力学模型对卫星的已知位置进行轨道预推，从而获得卫星当前或未来的运动状态。卫星的空间力学模型非常复杂，除受到卫星与地球间二体引力外，还受到多种空间摄动力的相关扰动，由于摄动力的影响与其他星体及地球的不规则转动有关，对卫星力学模型的建模需要结合太阳系行星星历表 DE405 和国际天文联合会公布的地球旋转模型辅助完成。建立的力学模型方程为关于加速度的二阶微分方程，定轨解算中通常采用数值积分算法对方程进行迭代求解，利用 k 时刻卫星状态 x_k 递推得到 $k+1$ 时刻的卫星状态 x_{k+1}，并送入星载处理器进行处理。

（2）星间测距部分。星间链路自主定轨中的观测量是通过卫星间的双向无线电伪距码测距获得的。在测距帧内，导航星座内的各颗卫星分别按一定规律向星座内其他可见卫星发射无线电伪码测距信号，其他卫星通过测量信号的传输延时，可以得到多条星间伪距信息。在数据传输帧内，导航星座通过星间链路完成卫星位置信息和星间观测信息的共享，每颗卫星均能获得其他可见卫星的在轨位置及相应的伪距观测信息。对星间链路自主定轨的整个周期而言，导航卫星总是以固定的时间间隔不断重复伪码测距与数据传输过程，从而对先验星历进行不断修正。每个观测周期结束时，卫星可以根据自身位置信息及获得的其他可见卫星的位置信息建立伪距观测方程，并将相应观测量信息发送给星载处理器进行处理。星间链路自主定轨原理如图 5-25（张超然，2014）所示。

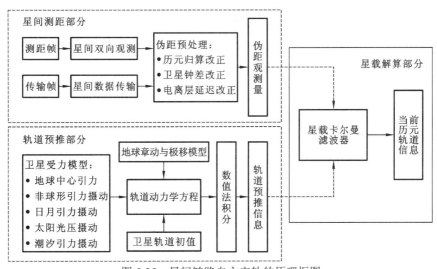

图 5-25　星间链路自主定轨的原理框图

2）观测模型

基于星间链路的自主定轨模型主要有根据基准导航卫星与自身的几何关系建立定轨的测量方程，以及根据自身运动的动力学规律建立状态方程。其中，建立状态方程的轨道动力学模型与经典 GNSS 定轨模型类似，本书不再赘述。

星间链路在时分多址测量体制下，卫星 i（或 j）在时刻 t^{is}（或 t^{js}）发送信号，卫星 j（或 i）在时刻 t^{iR}（或 t^{jR}）接收到信号，卫星双向测量值经过归一化后，得到同一时刻下的伪距测量值为

$$\begin{cases} \rho_{ij} = C(t^{iR} - t^{js}) = R_{ij} + C\Delta t_{ij} - \Delta L_{ij} \\ \rho_{ji} = C(t^{iR} - t^{js}) = R_{ji} + C\Delta t_{ij} - \Delta L_{ji} \end{cases} \tag{5.34}$$

式中：C 为光在真空中传播的速度；ΔL_{ij}、ΔL_{ji} 均为星间测距误差；Δt_{ij} 为相对卫星钟差；R_{ij}、R_{ji} 均为空间几何距离：

$$R_{ij} = R_{ji} = \sqrt{(x_i - x_j)^2 + (y_i - y_j)^2 + (z_i - z_j)^2} \tag{5.35}$$

式中：(x_i, y_i, z_i) 和 (x_j, y_j, z_j) 分别为 i 星与 j 星的三维坐标。

将式（5.34）和式（5.35）整理可得

$$\frac{\rho_{ij} + \rho_{ji}}{2} = \sqrt{(x_i - x_j)^2 + (y_i - y_j)^2 + (z_i - z_j)^2} - \frac{\Delta L_{ij} - \Delta L_{ji}}{2} \tag{5.36}$$

继续整理可得

$$\rho = \sqrt{(x_i - x_j)^2 + (y_i - y_j)^2 + (z_i - z_j)^2} - \Delta L \tag{5.37}$$

对于不同的观测时刻，测量方程的通用表达式为

$$Z = g(X, c, t) + W \tag{5.38}$$

式中：Z 和 W 分别为观测值和测量噪声；c 为"考虑参数"向量，如基准卫星坐标、信号传播延迟及各种星上设备延迟等。

3）自主定轨滤波器

由星间链路自主定轨的基本原理可知，星间链路自主定轨是通过轨道预推得到的状态方程与星间观测组成的观测方程进行卡尔曼滤波实现。由于空间环境非常复杂，在选择卡尔曼滤波算法时，需要综合考虑卫星状态模型、观测模型及星上处理能力的具体情况。

星间链路自主定轨的状态方程与观测方程均为非线性方程，因此无法采用线性卡尔曼滤波器进行处理。传统的扩展卡尔曼滤波器（extended Kalman filter，EKF）由于只截取了泰勒级数展开的一阶项，其定轨精度通常难以达到高精度定轨的要求。并且，EKF 需要计算复杂的雅克比矩阵，不适合计算能力有限的星载计算机处理。无迹卡尔曼滤波（unscented Kalman filter，UKF）利用 UT 变换代替了非线性函数的线性化过程，与 EKF 相比能够获得更高的定轨精度，由于不需要计算雅克比矩阵且计算速度快，适合星载计算机处理。

另外，星间链路自主定轨的状态方程是由轨道动力学方程得到，其中包含了大量的空间摄动力模型。由于空间摄动力通常难以准确建模，只能采用近似模型代替，定轨解算过程中的状态估计可能受到较大扰动，容易导致估计误差协方差出现非正定的情况。因此，星间链路自主定轨中的卡尔曼滤波器应具有防止矩阵非正定的功能。

（1）平方根算法

平方根卡尔曼滤波是一种改进的卡尔曼滤波算法，其基本思想是通过使用 P_k（估计均方误差）、$P_{k|k-1}$（一步预测均方误差）的平方根 S_k 和 $S_{k|k-1}$ 代替原协方差阵进行滤波计算，从而保证经过轨道预推的协方差阵始终具有正定性。对 P_k 和 $P_{k|k-1}$ 的分解：

$$P_k = \boldsymbol{S}_k \boldsymbol{S}_k^{\mathrm{T}} \tag{5.39}$$

$$P_{k|k-1} = \boldsymbol{S}_{k|k-1} \boldsymbol{S}_{k|k-1}^{\mathrm{T}} \tag{5.40}$$

在计算机处理中，P_k、$P_{k|k-1}$ 的平方根可以利用 Cholesky 分解来快速求取。$\boldsymbol{S}_{k|k-1}$ 的状态更新一般利用 qr 分解求得。$\boldsymbol{S}_{k|k-1}$ 的分解表达式为

$$\boldsymbol{S}_{k|k-1} = \mathrm{qr}\left\{\left[\sqrt{\omega_1^{(c)}}(\xi_{k|k-1}^{(1)} - \hat{x}_{k|k-1}), \cdots, \sqrt{\omega_{2n}^{(c)}}(\xi_{k|k-1}^{(2n)} - \hat{x}_{k|k-1})\right]\right\} \tag{5.41}$$

式中：$\omega_1^{(c)} \cdots \omega_{2n}^{(c)}$ 为权系数；$\xi_{k|k-1}^{(n)}$ 为状态预测值；$\hat{x}_{k|k-1}$ 为状态一步预测值。

（2）平方根 UKF

基于上面的分析，采用平方根 UKF（SRUKF）作为星载处理器的滤波算法。SRUKF 的算法流程表示如下。

计算 $2n+1$ 个 σ 点 $\xi_{k-1|k-1}^{(1)}$，$i = 0,1,\cdots,2n$：

$$\xi_0 = \bar{X}, \quad \begin{cases} \xi_i = \bar{X} + (\sqrt{(n+\lambda)}S_0)_i, & i = 1,2,\cdots,n \\ \xi_i = \bar{X} - (\sqrt{(n+\lambda)}S_0)_i, & i = n+1, n+2, \cdots, 2n \end{cases} \tag{5.42}$$

时间更新：

$$\xi_{k|k-1}^{(i)} = f(\xi_{k-1|k-1}^{(i)}, t_k) \tag{5.43}$$

$$\hat{x}_{k|k-1} = \sum_{i=0}^{2n} \omega_i^{(m)} \xi_{k|k-1}^{(i)} \tag{5.44}$$

$$\boldsymbol{S}_{k|k-1} = \mathrm{qr}\left\{\left[\sqrt{\omega_1^{(c)}}(\xi_{k|k-1}^{(1)} - \hat{\boldsymbol{x}}_{k|k-1}), \cdots, \sqrt{\omega_{2n}^{(c)}}(\xi_{k|k-1}^{(2n)} - \hat{\boldsymbol{x}}_{k|k-1}), \sqrt{Q_k}\right]\right\} \tag{5.45}$$

$$\boldsymbol{S}_{k|k-1} = \mathrm{cholupdate}\{S_{k|k-1}, \quad \xi_{k|k-1}^{(0)} - \hat{\boldsymbol{x}}_{k|k-1}, \quad \omega_0^{(c)}\} \tag{5.46}$$

$$\zeta_{k|k-1}^{(i)} = h(\xi_{k|k-1}^{(i)}) \tag{5.47}$$

$$\hat{Z}_{k|k-1} = \sum_{i=0}^{2n} \omega_i^{(m)} \zeta_{k|k-1}^{(i)} \tag{5.48}$$

量测更新：

$$\boldsymbol{S}_{z_k} = \mathrm{qr}\left\{\left[\sqrt{\omega_1^{(c)}}(\zeta_{k|k-1}^{(1)} - \hat{z}_{k-1}), \cdots, \sqrt{\omega_{2n}^{(c)}}(\zeta_{k|k-1}^{(2n)} - \hat{z}_{k-1}), \sqrt{R_k}\right]\right\} \tag{5.49}$$

$$\boldsymbol{P}_{xz} = \sum_{i=0}^{2n} \omega_i^{(c)} [\xi_{k|k-1}^{(i)} - \hat{x}_{k|k-1}][\zeta_{k|k-1}^{(i)} - \hat{z}_{k|k-1}]^{\mathrm{T}} \tag{5.50}$$

$$\boldsymbol{S}_{z_k} = \mathrm{cholupdate}\{S_{z_k}, \quad \zeta_{k|k-1}^{(0)} - \hat{z}_{k|k-1}, \quad \omega_0^{(c)}\} \tag{5.51}$$

$$\boldsymbol{K}_k = (\boldsymbol{P}_{xz} / \boldsymbol{S}_{z_k}^{\mathrm{T}}) / \boldsymbol{S}_{z_k} \tag{5.52}$$

$$\hat{\boldsymbol{x}}_k = \hat{\boldsymbol{x}}_{k|k-1} + \boldsymbol{K}_k (z_k - \hat{z}_{k|k-1}) \tag{5.53}$$

$$\boldsymbol{U} = \boldsymbol{K}_k \boldsymbol{S}_{zk} \tag{5.54}$$

$$\boldsymbol{S}_k = \mathrm{cholupdate}\{\boldsymbol{S}_{k|k-1}, \boldsymbol{U}, -1\} \tag{5.55}$$

思 考 题

一、名词解释

（1）SBAS

（2）GNAS

（3）动力学时

（4）空固坐标系

（5）运动学定轨

（6）动力学定轨

（7）简化动力学定轨

二、简答题

（1）星载 GNSS 定轨与传统定轨有何相同和不同之处？

（2）星间链路自主定轨有何特点？

（3）星间链路定轨的一般步骤是什么？

（4）Bernese 软件数据处理流程是什么？

（5）阐述北斗星基增强系统（SBAS）与其他星基系统的共同点和区别。

（6）星基增强系统（SBAS）未来的发展趋势有哪些？

（7）阐述北斗星基增强系统（SBAS）在我国军事领域的重要作用与意义。

（8）说明 GBAS 和 SBAS 两种增强系统的区别和应用前景。

（9）阐述北斗地基增强系统（GBAS）的工作原理。

（10）简要阐述目前已建成的地基增强系统的主要组成。

（11）北斗 GBAS 的产品包括哪几种？说明各自的数据内容。

（12）阐述地基增强系统在精度和可用性方面的指标参数。

参 考 文 献

边少锋, 2005. 卫星导航系统概论. 北京: 电子工业出版社.

蔡毅, 施闯, 欧阳星宇, 2020. 北斗地基增强系统. 北京: 国防工业出版社.

陈谷仓, 刘成, 卢鋆, 2021. 北斗星基增强系统服务等级与系统性能分析. 测绘科学, 46(1): 42-48.

陈俊平, 胡一帆, 张益泽, 等, 2017. 北斗星基增强系统性能提升初步评估. 同济大学学报(自然科学版), 45: 1075-1082.

陈康慷, 2020. 低轨纳米卫星的星载 GNSS 精密定轨研究. 西安: 长安大学.

陈泽民, 2001. SAPOS-德国的卫星定位与导航服务. 江苏测绘, 24(1): 6-7.

冯来平, 2017. 低轨卫星与星间链路增强的导航卫星精密定轨研究. 郑州: 中国人民解放军战略支援部队信息工程大学.

郭淑艳, 2006. 星载 GPS 数据预处理及 CHAMP 精密定轨. 济南: 山东科技大学.

韩棚举, 李光泽, 2021. 北斗地基增强系统建设研究. 测绘与空间地理信息, 44(12): 150-152, 155.

卡普兰, 2002. GPS 原理与应用. 邱致和, 王万义, 译, 北京: 电子工业出版社.

孔祥元, 郭际明, 刘宗泉, 2010. 大地测量学基础. 2 版. 武汉: 武汉大学出版社.

黎鹏, 张凌源, 2021. 北斗地基增强系统在 GNSS 三维水深测量中的应用. 水利水电快报, 42(5): 26-29.

栗恒义, 1995. WAAS-广域增强系统概述. 导航与雷达动态, 4: 1-10.

刘经南, 闵宜仁, 张燕平, 等, 1997. 德国卫星定位与导航服务计划. 测绘通报, 8: 36-38.

刘林, 2000. 航天器轨道理论. 北京: 国防工业出版社.

蒙艳松, 边朗, 王瑛, 等, 2018. 基于"鸿雁"星座的全球导航增强系统. 国际太空, 10: 20-27.

施浒立, 李林, 2015. 卫星导航增强系统讨论. 导航定位与授时, 2(5): 30-36.

宋诗谦, 2016. 基于导航星座星间链路的 GEO 卫星自主定轨方法研究. 长沙: 国防科学技术大学.

谭述森, 2007. 卫星导航定位工程. 北京: 国防工业出版社.

王菁, 田秋丽, 代君, 2019. SDCM 星基增强系统星座性能分析. 电子测试, 15: 57-59.

魏辉, 2018. 星载 GPS 低轨卫星简化动力学精密定轨方法研究. 武汉: 武汉大学.

吴显兵, 2004. 星载 GPS 低轨卫星几何法定轨及动力学平滑方法研究. 郑州: 中国人民解放军战略支援部队信息工程大学.

肖秋龙, 成芳, 沈朋礼, 等, 2019. GPS 信号变化对北斗地基增强系统数据的影响分析. 电子设计工程, 27(21): 121-126.

杨波, 2017. 低轨卫星增强导航技术研究. 成都: 电子科技大学.

杨秋莲, 赵镇, 胡志刚, 2021. 北斗三号 SBAS B1c 格网电离层算法修正分析. 大地测量与地球动力学, 41(9): 916-919.

张超然, 2014. 基于星间链路的导航星座整网自主定轨技术研究. 成都: 电子科技大学.

张小红, 马福建, 2019. 低轨导航增强 GNSS 发展综述. 测绘学报, 48(9): 1073-1087.

郑作亚, 2006. GPS 数据预处理和星载 GPS 运动学定轨研究及其软件实现. 测绘学报, 35(4): 409.

周儒欣, 王宇飞, 2000. GPS 广域增强系统的研究与实现. 全球定位系统, 25(4): 25-28.

中国卫星导航系统管理办公室, 2017. 北斗地基增强系统服务性能规范(1.0 版本).

中国卫星导航系统管理办公室, 2020. 北斗卫星导航系统空间信号接口控制文件公开服务信号(2.1 版).

FERNÁNDEZ F A, 2011. Inter-satellite ranging and inter-satellite communication links for enhancing GNSS satellite broadcast navigation data. Advances in Space Reseach, 47(5): 786-801.

GILL E, MONTENBRUCK O, ARICHANDRAN K, et al., 2004. High-precision onboard orbit determination for small satellites-the GPS-based XNS on X-Sat//The 6th Symposium on Small Satellite System and Services, LaRochelle, France.

JIMENEZ-BANOS D, PORRETTA M, ORUS-PEREZ R, et al., 2012. EGNOS open service guidelines for receiver manufacturers//2012 6th ESA Workshop on Satellite Navigation Technologies(Navitec 2012) & European Workshop on GNSS Signals and Signal Processing: 1-8.

MERRIGAN M J, SWIFT E R, 1999. Expected improvement in NIMA precise orbit and clock estimates due to adding crosslink ranging data. NSWCDD/TR-99/98. Dahlgren, Virginia.

MONTENBRUCK O, 2004. A miniature GPS receiver for precise orbit determination of the Sunsat 2004 micro-satellite//Proceedings of the 2004 National Technical Meeting of The Institute of Navigation, San Diego, California: 26-28.

第6章　GNSS组合导航

【教学及学习目标】

本章主要介绍 GNSS 与其他系统的组合导航技术研究现状、组合模式、组合原理及发展前景。通过本章的学习，学生可以了解 GNSS 与其他系统的组合导航技术的概念和组合模式，掌握常用组合导航定位技术原理。

6.1　引　　言

组合导航是近代导航理论和技术发展的结果，由于不同导航系统都有各自的优缺点及适用领域，将不同导航系统组合在一起可以提供超越单一导航系统的优越性能。目前，在实际应用中，已经很少使用单一系统来提供导航服务，并且随着理论与工程的发展，组合导航技术的优越性表现也越来越明显。航空航天领域及军事武器的发展，对导航系统的要求不断提高，建立低成本、高精度、高可靠性、强自主性的导航系统显得尤为迫切。

组合导航技术一般指的是采用两种或两种以上具有测量特性优势互补的导航系统对同一信息源进行测量，从而获得更高导航精度的技术。采用组合导航技术的导航系统为组合导航系统，是一种子系统间辅助的组合系统，将载体上的各分系统提供的导航信息进行有机结合，功能更多，精度更高。通常情况下，一种导航系统提供短时精度高的信息，另一种导航系统提供长期稳定性高的信息。

组合导航的发展主要得益于 3 个重要前提：①飞机的远程长时间航行，武器投放、侦察及变轨控制等军事任务对导航系统提出了更高的要求；②现代控制理论的兴起和发展，特别是卡尔曼滤波技术的出现，为组合导航提供了理论基础和数学工具；③数字计算机技术的发展为组合导航提供了可实现的硬件条件。

相比单一导航系统，组合导航系统具有 4 个优点。①优势互补。组合导航系统中各导航系统的测量性能一般是互补的，组合导航系统能发挥各导航子系统的优势，使整个系统获得超越局部系统的性能，大大提高了系统的定位精度与环境适应能力，丰富了导航信息内容。例如，GNSS/INS 组合导航系统能有效利用 INS 短时的精度保持特性，以及 GNSS 长时的精度保持特性，其输出信息特性均优于 INS 和 GNSS 作为单一系统的导航特性。②可靠性提高。允许在导航子系统工作模式间进行自动切换，从而进一步提高系统工作的可靠性。各导航子系统均能输出用户的运动信息，因此组合导航系统有足够的量测冗余度，多种导航系统可测量同一信息源，测量信息冗余度能有效保证导航工作的可靠性，提高系统的可靠性与容错能力。当量测信息的某一部分出现故障，系统可以自动切换到另一种组合模式继续工作。③降低成本。通过组合导航技术在保证导航系统精度的同时，可降低导航子系统对器件的要求，尤其是对惯性器件的要求，从而降低组合导航系统的成本。④连续导航。组合导航技术提高了系统的时间，增加了空间的覆盖范围，能真正做到持续导航。

实现组合导航一般有两种方法：①采用经典的负反馈控制方法，通过多种导航系统的测量值的差值来不断修正系统误差，但测量误差源一般是随机的，因此误差抑制效果较差；②采用现代控制理论中的最优估计算法，比如卡尔曼滤波算法、最小二乘算法、最小方差算法等，融合多种导航系统的测量值，推导出信息的最优估计，这种方法估计精度较高，远远优于第一种方法。

目前，组合导航一般以卫星导航系统和惯性导航系统最为常见，其他组合方式包括：GNSS 与天文组合导航、GNSS 与视觉组合导航、GNSS 与传统无线电的组合导航等，以及 GNSS 与 GIS 的数据融合等，以下对不同的组合方式进行分别介绍。

6.2 GNSS/INS 组合导航

6.2.1 概述

惯导系统是一种实时更新导航信息的导航系统，包括位置、速度及姿态信息等，且无须与外界进行信息交换，是组合导航系统中理想的组合对象。与此同时，全球卫星导航系统能够提供位置和速度的测量结果，或是更为原始的伪距、多普勒频移或载波相位等测量值，这些测量值的准确性与时间无关，即称为有界误差，这与惯导系统完全不同，并且能够完美补偿惯导误差积累的问题。

目前，GNSS/INS 组合成为重要的导航手段，相比于单系统，组合系统具备更加稳定、全面、安全的性能，为 PNT 体系建设发挥了重要的作用。在车载移动测量、航空摄影测量或海洋测量中，随着用户对位置坐标精度有更高的需求，伪距定位的精度无法满足要求，基于载波相位观测量的差分 GNSS（DGNSS）和精密单点定位（PPP）得到了越来越多的研究。DGNSS/INS 虽然可以得到厘米级的位置精度，但是受基线长度和基准站布设场地等限制，作业范围有限。PPP/INS 组合具有无基线限制、简便、可操作性强等优点，有望成为将来主流的移动测量平台。PPP/INS 组合主要优势：无须架设基准站，克服了场地和基线长度限制；利用 INS 短时间高精度的速度和位置信息，帮助 PPP 周跳探测和重新收敛，解决卫星信号短期缺失而无法定位的难题；PPP 可以为 INS 提供高精度的位置、速度信息，能够实时估计陀螺仪和加速度零偏，抑制 INS 误差发散。

GNSS/INS 组合导航系统如图 6-1 所示，主要有 4 种不同组合结构：非耦合、松耦合、紧耦合和深耦合系统。在非耦合系统中，GNSS 和 INS 各自独立工作，只是每隔一定时间使用 GNSS 估计的位置或速度信息对 INS 进行重置。在松耦合组合中，GNSS 自主工作，同时，GNSS 导航解算出的位置和速度信息对 INS 提供校正信息，即 GNSS 解算的位置和速度信息参与信息融合，结构示意如图 6-2 所示。在紧耦合组合中，GNSS 直接将接收机输出的伪距和伪距率参与信息融合，计算 INS 的误差估计值，这种结构增强了对 GNSS 和 INS 的误差修正能力。在深耦合组合中，将 GNSS 信号跟踪与 GNSS/INS 组合相结合，构成一个独立的滤波器。在这 4 种组合中，以松耦合和紧耦合组合应用最为广泛。松耦合工程实现简单、增加了导航系统的冗余度。在 GNSS/INS 组合导航系统中，虽然 GNSS 为辅助导航系统，但在实际应用中，为提高导航信息的可靠性，经常会直接使用 GNSS 解算的位置和速度信息。但使用松耦合组合时，GNSS 解算导航信息至少需要 4 颗卫星，松耦合不具备辅助 GNSS 增强卫星信号跟踪的能力。紧耦合可以在少于 4 颗卫星的情况下仍能实现组合，导航精度高、动态性能好，但 GNSS 接收机结构复杂，且该结构也不能从根本上解决信号失锁的问题。

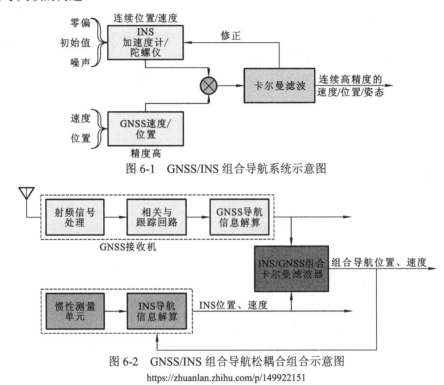

图 6-1　GNSS/INS 组合导航系统示意图

图 6-2　GNSS/INS 组合导航松耦合组合示意图

https://zhuanlan.zhihu.com/p/149922151

6.2.2　系统结构

　　GNSS/INS 组合导航系统是对同一信息源做出处理，其基本思想为：在卡尔曼滤波器中输入 GNSS 导航得到的坐标、速度信息和惯性导航得到的坐标、速度信息，把它们都视为观测值，然后用卡尔曼滤波器解算得到的结果对惯性导航直接解算得到的结果进行误差补偿，与此同时根据卡尔曼滤波器得到的加速度计、陀螺常值零偏对惯导系统的原始输出数据进行补偿，从而实现对惯导系统的实时标定。以 GNSS/INS 松耦合组合方式为例，系统原理如图 6-3（杜艳忠 等，2017）所示。

　　1. 系统组成

　　GNSS/INS 组合导航系统按照硬件结构可以分为天线单元、卫星导航接收机单元、惯性测量单元和组合处理单元 4 部分，惯性测量单元可以根据系统性能指标需求选用高精度惯组或者 MEMS 惯组，组合处理单元可与接收机或者惯性测量单元一体化设计，具体组成如图 6-4（智奇楠 等，2019）所示。

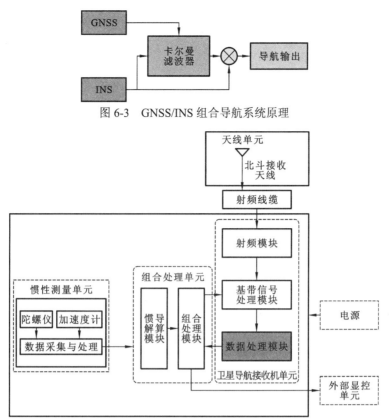

图 6-3 GNSS/INS 组合导航系统原理

图 6-4 GNSS/INS 组合导航系统组成框图

（1）天线单元。天线单元可以完成北斗多频点信号的接收工作，根据需求可以采用基于阵列天线的抗干扰天线。

（2）卫星导航接收机单元。卫星导航接收机单元由射频模块、基带信号处理模块、数据处理模块组成，根据系统配置，可以将组合导航处理集成在导航接收机中，实现组合导航处理，包括组合处理模块和惯导解算模块。射频模块是整机的重要组成部分，它完成射频信号的接收、放大、频率变换、中频信号生成等处理功能。基带信号处理模块担负着卫星导航接收机卫星导航信号的捕获、解扩解调、译码等任务，是整机的关键部分。数据处理模块利用基带信号处理模块输出的伪距、电文及星历等信息实现定位处理，同时能够将伪距及伪距变化率输出给组合滤波处理模块。

（3）惯性测量单元。惯性测量单元由三轴陀螺仪、三轴石英加速度计及相关的供电与控制单元组成。控制单元完成对陀螺仪及加速度计输出信号的采样及处理。实现对陀螺仪及加速度计传感器的采集及采集同步，并实现测量信息的误差补偿，惯性测量模块直接输出比力加速度信息和载体姿态变化角速率信息。

（4）组合处理单元。惯导解算模块实现了高精度捷联导航解算，捷联导航解算模块根据陀螺仪测得的角速率信息计算出姿态矩阵并提取载体姿态，然后利用姿态矩阵将加速度计测得的比力加速度信息变换到导航坐标系上计算出载体的速度和位置。实现捷联惯导的处理功能，同时能够对惯性测量单元输入的信号进行误差标定、初始装订及反馈修正等。

组合处理单元具备根据卫星导航测量信息和惯性导航测量信息进行组合导航滤波，估计捷联惯导和卫星导航的误差状态，最后利用估计的误差状态修正惯性器件误差，对惯导进行校准并对其导航解进行修正，利用多普勒估计对接收机跟踪并进行辅助，最后将组合导航解输出到显控单元。

2. 系统分类

1）松组合模式

松组合是卫星导航接收机和 INS 相互独立的定位、定速系统模式。它具有方便、简单的优点，但是由于卫星导航接收机的输出定位值一般是经过接收机内部滤波算法处理的结果，松组合模式存在不同时刻卫星导航定位值之间的相关性问题，不可能是最优的组合方式，性能较差；同时在有些环境中，卫星导航接收机不能收到足够数量的导航卫星信号来进行定位，组合系统的输出只能依靠 INS。

在松组合方式中，观测量为 INS 和 GNSS 输出的速度和位置信息的差值，系统方程为 INS 线性化的误差方程。通过扩展卡尔曼滤波（EKF）对 INS 的速度、位置、姿态及传感器误差进行最优估计，并根据估计结果对 INS 进行输出或者反馈校正。

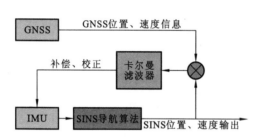

图 6-5　卫星导航辅助 INS 系统松组合工作流程

松组合的组合模式较为简单。以捷联惯性导航系统（SINS）与 GNSS 的松组合模式为例，在 GNSS 正常工作时，组合系统将 SINS 与其位置、速度之差作为量测信息送入卡尔曼滤波器，然后通过滤波器估计并校正 SINS 误差。此组合模式简单实用、便于实现，系统流程如图 6-5 所示。

松组合方式将 2 个系统的定位结果差异反馈给 INS 子系统，以实时地对 INS 传感器进行偏差校正。虽然这种反馈回路不是松组合方式所必需的，但在惯性传感器质量较差时采用这种方式非常有效。由于 INS 子系统在组合中占据了主导地位，这种组合方式又称为受 GNSS 辅助的 INS 系统。

松组合方式的优点是：系统结构简单，易于实现，能大幅度提高系统的导航精度，并使 INS 具有动基座对准能力。

松组合方式的缺点：①GNSS 接收机通常通过自己的卡尔曼滤波输出其速度和位置，滤波器是串联关系，使组合导航观测的噪声是与时间相关的有色噪声，不满足 EKF 观测噪声为白噪声的要求，严重时可能使滤波器不稳定；②几乎无冗余信息，不利于异常诊断，不利于进行随机模型改进。

2）紧组合模式

紧组合是组合程度较深的组合方式，主要特点是 GNSS 接收机和惯性导航系统相互辅助。为了更好地实现相互辅助的作用，通常把 GNSS 接收机和惯性导航系统按组合的要求进行一体化设计。

紧组合原理就是卫星导航接收机利用从导航信号码片中解算出的星历与惯性导航系统输出的位置、速度或姿态信息，计算得到卫星导航观测量的估计值，然后通过与卫星导航接收机输出的观测量作差，得到组合系统滤波器的量测方程（张帆，2021）。组合系统滤波器将接收机输出的观测量与惯性导航系统输出的数据之间的差值作为量测值，再通过已经得到的量测方程估计出惯性导航系统的误差，输出的是误差修正后的结果。它具有略比松组合复杂、性能较好的优点，这是因为紧组合用 INS 子系统的定位算法替换了卫星导航接收机中的定位滤波算法的预测过程，所以紧组合系统不同时刻的北斗定位值之间的相关性较低；紧组合不需要卫星导航接收机提供定位后载体的位置、速度，因此少于 4 颗卫星对组合系统的输出也有帮助。但是松紧组合两种方式，其每颗卫星的跟踪环路都是独立的，对提高卫星导航接收机跟踪卫星信号的鲁棒性和改善卫星导航测量值精度基本上没有帮助，在恶劣环境中往往无法正常工作甚至卫星导航跟踪环路会失锁。

紧组合利用伪距、伪距率进行组合。伪距、伪距率为 GNSS 接收机给出的信息，SINS 无法直接给出，因此需要根据 SINS 输出位置和速度信息，结合 GNSS 接收的星历信息，计算出相应于 SINS 的伪距、伪距率，然后将两个系统伪距、伪距率的差值作为组合滤波器的输入。最后利用卡尔曼滤波器估计并反馈 SINS 误差，同时还对接收机钟差等参数进行估计。系统工作流程如图 6-6 所示。

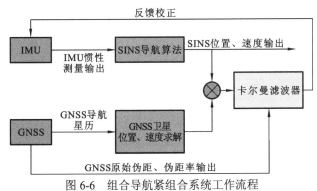

图 6-6　组合导航紧组合系统工作流程

相对于松组合模式，紧组合模式最大优点是在可见星的个数少于 4 颗时也可以使用，而且理论和工程应用都表明其组合后的位置、速度精度也略高。

3）深组合模式

与松组合和紧组合相比，深组合（又称超紧组合）导航系统采用一个组合滤波器将 GNSS 接收机对卫星信号的跟踪和 GNSS/惯性的组合功能集于一体，这一组合体制上的改进可以提高 GNSS 接收机的信号跟踪性能，尤其是在信号衰减、偶然干扰或有意干扰等因素导致的信噪比降低的环境中可以改善卫星接收机的性能。此外，将惯性导航系统的信息引入 GNSS 接收机可以提高卫星接收机对高速动态运载体的适应性。

超紧组合/深组合是将 INS 测量值直接反馈给卫导接收机的信号跟踪环路，所有跟踪环路成为整体，卫导和 INS 均作为传感器存在，通过卡尔曼滤波器结合在一起的组合方式。它具有高精度、强抗干扰性、好的高动态性能和快速重捕卫导信号等优点，这是因为 INS 定位、定速结果使组合系统实时掌握载体的最新运动情况，从而准确地预测将要接收到卫星信号的载波频率和码相位；再者由于所有卫星跟踪环路为一个，实现了多通道之间的联合跟踪，强卫星信号的信息有助于弱卫星信号的跟踪。可见，对于解决精确制导武器引起卫导信号的强干扰和信号中断，超紧组合具有很大的优越性，逐渐成为新一代的 GNSS/INS 设计模式。

6.2.3 数学模型

GNSS/INS 组合导航系统在本质上是一种非线性时变系统，为了得到较高的组合精度，多采用扩展卡尔曼滤波（EKF）融合算法。在组合导航数学模型和系统噪声的统计特性已知的情况下，基于扩展卡尔曼滤波的组合导航精度较高。在讨论 3 种不同组合数学模型时，需要先对各导航子系统的差异进行研究。

1. 基本数学模型

1）空间杆臂误差（严恭敏 等，2019）

惯性导航一般以惯性测量单元（IMU）的几何中心作为导航定位或测速的参考基准，而卫星导航则以接收机天线的相位中心作为参考基准，在实际运载体中同时使用两种甚至多种导航系统时，它们在安装位置上往往会存在一定的偏差。为了将多种导航系统的导航信息进行比对和融合，必须对导航信息实施转换，转换至统一的参考基准下表示。

如图 6-7 所示，假设惯性测量单元相对于地心 O_e 的矢量为 $\boldsymbol{R}$，卫星接收机天线相位中心相对于地心的矢量为 $\boldsymbol{r}$，天线相位中心相对于惯性测量单元的矢量为 $\delta\boldsymbol{l}$，三者之间的矢量关系满足

$$\boldsymbol{r} = \boldsymbol{R} + \delta\boldsymbol{l} \tag{6.1}$$

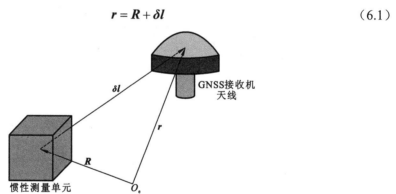

图 6-7　惯性测量单元与卫星接收机天线之间的杆臂

考虑天线和惯性测量单元之间的安装位置一般相对固定不动，即杆臂 $\delta\boldsymbol{l}$ 在载体坐标系（b 系）下为常矢量，式（6.1）两边相对地球坐标系（e 系）求导，可得

$$\begin{aligned}
\left.\frac{\mathrm{d}\boldsymbol{r}}{\mathrm{d}t}\right|_e &= \left.\frac{\mathrm{d}\boldsymbol{R}}{\mathrm{d}t}\right|_e + \left.\frac{\mathrm{d}(\delta\boldsymbol{l})}{\mathrm{d}t}\right|_e \\
&= \left.\frac{\mathrm{d}\boldsymbol{R}}{\mathrm{d}t}\right|_e + \left.\frac{\mathrm{d}(\delta\boldsymbol{l})}{\mathrm{d}t}\right|_b + \boldsymbol{\omega}_{eb} \times \delta\boldsymbol{l} \\
&= \left.\frac{\mathrm{d}\boldsymbol{R}}{\mathrm{d}t}\right|_e + \boldsymbol{\omega}_{eb} \times \delta\boldsymbol{l}
\end{aligned} \tag{6.2}$$

记 $\boldsymbol{v}_{en(\mathrm{INS})} = \left.\dfrac{\mathrm{d}\boldsymbol{R}}{\mathrm{d}t}\right|_e$ 为惯性导航系统的地速，$\boldsymbol{v}_{en(\mathrm{GNSS})} = \left.\dfrac{\mathrm{d}\boldsymbol{r}}{\mathrm{d}t}\right|_e$ 为卫星天线的地速。理论上，由于存在杆臂距离，两种地速所定义的导航坐标系（即惯性测量单元导航坐标系和天线导航坐

标系）是不同的，但是杆臂长度一般在米量级（甚至更小），两种导航坐标系之间的角度差别非常微小，可以认为它们是相互平行的。将式（6.2）投影至导航坐标系，得

$$v_{\text{GNSS}}^{\text{n}} = v_{\text{INS}}^{\text{n}} + C_b^{\text{n}}(\omega_{eb}^{\text{b}} \times \delta l^{\text{b}}) \tag{6.3}$$

式中，省略了速度下标"en"，在实际应用中，由于 ω_{ie} 和 ω_{en} 的影响很小，还可作近似 $\omega_{eb}^{\text{b}} \approx \omega_{ib}^{\text{b}}$ 或者 $\omega_{eb}^{\text{b}} \approx \omega_{nb}^{\text{b}}$。将惯性导航系统与卫星之间的速度误差定义为杆臂速度误差，即有

$$\delta v_{\text{L}}^{\text{n}} = v_{\text{INS}}^{\text{n}} - v_{\text{GNSS}}^{\text{n}} = -C_b^{\text{n}}(\omega_{eb}^{\text{b}} \times \delta l^{\text{b}}) \tag{6.4}$$

若记

$$\delta l^{\text{n}} = [\delta l_{\text{N}} \quad \delta l_{\text{E}} \quad \delta l_{\text{U}}]^{\text{T}} = C_b^{\text{n}} \delta l^{\text{b}} \tag{6.5}$$

则惯性导航系统与卫星天线之间的地理位置偏差近似满足

$$\begin{cases} L_{\text{INS}} - L_{\text{GNSS}} = -\delta l_{\text{N}} / R_{Mh} \\ \lambda_{\text{INS}} - \lambda_{\text{GNSS}} = -\delta l_{\text{E}} \sec L / R_{Nh} \\ h_{\text{INS}} - h_{\text{GNSS}} = -\delta l_{\text{U}} \end{cases} \tag{6.6}$$

由式（6.5）和式（6.6）可计算出卫星与惯导之间的杆臂位置误差矢量

$$\delta p_{\text{GL}} = p_{\text{INS}} - p_{\text{GNSS}} = -M_{pv} C_b^{\text{n}} \delta l^{\text{b}} \tag{6.7}$$

式中

$$p_{\text{GNSS}} = [L_{\text{GNSS}} \quad \lambda_{\text{GNSS}} \quad h_{\text{GNSS}}]^{\text{T}}, \quad p_{\text{INS}} = [L_{\text{INS}} \quad \lambda_{\text{INS}} \quad h_{\text{INS}}]^{\text{T}}$$

$$M_{pv} = \begin{bmatrix} 0 & 1/R_{Mh} & 0 \\ \sec L / R_{Nh} & 0 & 0 \\ 0 & 0 & 1 \end{bmatrix}$$

2）时间不同步误差

如图 6-8 所示，在惯性/卫星组合导航系统中，组合导航计算机获得两类传感器导航信息的时刻（C）往往不是传感器实际信息的采集时刻（A 和 B），从传感器信息采集到组合导航计算之间存在一定的时间滞后，比如卫星接收机采集到无线电信号后，需要先进行一系列的解算，再经过通信端口发送给组合计算机。惯性和卫星两类传感器的时间滞后一般并不相同，两者的相对滞后记为时间不同步误差 δt。在组合导航信息比对时，必须对时间不同步误差进行估计或补偿。

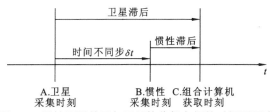

图 6-8 惯性测量单元与卫星接收机之间的时间不同步

惯性导航系统速度和卫星速度之间的关系应为

$$v_{\text{GNSS}}^{\text{n}} + a^{\text{n}} \delta t = v_{\text{INS}}^{\text{n}} \tag{6.8}$$

式中：a^{n} 为载体在不同步时间内的平均线加速度，它可通过惯性导航系统在两相邻时间（$T = t_m - t_{m-1}$）内的速度差分近似求得，即

$$a^n \approx \frac{v_{INS(m)}^n - v_{INS(m-1)}^n}{T} \tag{6.9}$$

一般情况下，假设时间不同步 δt 是相对固定的，可视为未知常值参数。

由式（6.8）可计算出惯性导航系统和卫星之间的速度不同步误差 $\delta v_{\delta t}^n$ 为

$$\delta v_{\delta t}^n = v_{INS}^n - v_{GNSS}^n = a^n \delta t \tag{6.10}$$

同理，不难求出两者的位置不同步误差 $\delta p_{\delta t}$ 为

$$\delta p_{\delta t} = p_{INS} - p_{GNSS} = M_{pv} v_{INS}^n \delta t \tag{6.11}$$

3）状态空间模型

在惯导误差分析的基础上，同时考虑杆臂误差和时间不同步误差，可获得以速度和位置误差作为观测量的惯导/GNSS 组合导航状态空间模型，如下：

$$\begin{cases} \dot{X} = FX + GW^b \\ Z = \begin{bmatrix} v_{INS}^n - v_{GNSS}^n \\ p_{INS} - p_{GNSS} \end{bmatrix} = HX + V \end{cases} \tag{6.12}$$

式中

$$X = \begin{bmatrix} \phi^T & (\delta v^n)^T & (\delta p)^T & (\varepsilon^b)^T & (\nabla^b)^T & (\delta l^b)^T & \delta t \end{bmatrix}^T$$

$$F = \begin{bmatrix} M_{aa} & M_{av} & M_{ap} & -C_b^n & 0_{3\times3} & 0_{3\times4} \\ M_{va} & M_{vv} & M_{vp} & 0_{3\times3} & C_b^n & 0_{3\times4} \\ 0_{3\times3} & M_{pv} & M_{pp} & 0_{3\times3} & 0_{3\times3} & 0_{3\times4} \\ & & & 0_{10\times19} \end{bmatrix}, \quad G = \begin{bmatrix} -C_b^n & 0_{3\times3} \\ 0_{3\times3} & C_b^n \\ & 0_{13\times6} \end{bmatrix}, \quad W^b = \begin{bmatrix} W_g^b \\ W_a^b \end{bmatrix}$$

$$H = \begin{bmatrix} 0_{3\times3} & I_{3\times3} & 0_{3\times3} & 0_{3\times6} & -C_b^n(\omega_{eb}^b \times) & a^n \\ 0_{3\times3} & 0_{3\times3} & I_{3\times3} & 0_{3\times6} & -M_{pv}C_b^n & M_{pv}v^n \end{bmatrix}, \quad V = \begin{bmatrix} V_v \\ V_p \end{bmatrix}$$

W_g^b 和 W_a^b 分别为陀螺角速度测量白噪声和加速度计比力测量白噪声；V_v 和 V_p 分别为卫星接收机速度测量白噪声和位置测量白噪声。

一般情况下，如果条件允许的话，应当对惯性导航系统和 GNSS 之间的杆臂（或时间不同步）误差进行精确测量并做相应的补偿，不再将它们列入滤波器状态，这样既有利于减少滤波计算量，还能够防止杆臂（或时间不同步）状态估计不准而影响其他状态的估计效果。实际应用中，如果杆臂（或时间不同步）误差难以精确测量，或随时间变化，才推荐进行状态建模和滤波估计，并且只有在适当机动的情况下，这些状态才是可观测的。

2.3 种组合方式的数学模型

1）松组合模型

北斗与惯导组合采用集中式滤波，组合方式为开环方式。其中，卡尔曼滤波器线性离散化模型（高法钦 等，2007）为

$$\begin{cases} \text{状态方程：} X_k = \Phi_{k|k-1} X_{k-1} + \Gamma_{k|k-1} W_{k-1} \\ \text{观测方程：} Z_k = H_k X_k + V_k \end{cases} \tag{6.13}$$

式中：X 为离散化的状态向量；Z 为观测向量；W 为系统噪声；V 为观测噪声；Φ 为系

数转移矩阵；H 为观测矩阵；下标 k 表示第 k 步滤波。初始状态为 X_0。

2）紧组合模型

紧组合导航系统的状态方程是建立在松组合导航系统状态方程的基础上的，在其 15 维状态参数之后，加入接收机等效钟差与钟差变化率也就是钟速。

紧组合导航系统的算法量测值采用的是北斗卫星接收机测得的伪距、伪距率与惯导系统结合接收机星历计算出的伪距、伪距率值之差，从而推导出紧组合导航系统算法的量测方程。

3）深组合模型

深组合导航系统的量测方程与松组合及紧组合导航系统相比有所变化，其中包括了 GNSS 信号中的 I 和 Q 分量，具体如下：

$$Z_{\text{deep}} = \begin{bmatrix} \delta I_1 & \delta Q_1 \\ \vdots & \vdots \\ \delta I_n & \delta Q_n \end{bmatrix} = \begin{bmatrix} I_{\text{GNSS},1} - I_{\text{INS},1} & Q_{\text{GNSS},1} - Q_{\text{INS},1} \\ \vdots & \vdots \\ I_{\text{GNSS},n} - I_{\text{INS},n} & Q_{\text{GNSS},n} - Q_{\text{INS},n} \end{bmatrix} = H_{\delta p, \delta V \to I,Q} X + V \quad (6.14)$$

式中：下标 n 代表所跟踪的卫星数。

对于上述量测方程，需要找到 $I_{\text{INS},1}$ 和 $Q_{\text{INS},1}$ 与 INS 观测量（如 P_{INS} 和 V_{INS}）之间的关系及量测矩阵 $H_{\delta p, \delta V \to I,Q}$。

GNSS 信号相关后 I 支路和 Q 支路的分量可以写为

$$\begin{aligned} I &= \int_{kT}^{(k+1)T} \{\cos(\hat{\omega}t + \hat{\phi})[A\cos(\omega t + \phi) + n_0]\}\mathrm{d}t \\ &= \frac{-A}{2\omega_e} \{\sin[\omega_e(k+1)T + \phi_e] - \sin(\omega_e kT + \phi_e)\} + n_I \end{aligned} \quad (6.15)$$

$$\begin{aligned} Q &= \int_{kT}^{(k+1)T} \{-\sin(\hat{\omega}t + \hat{\phi})[A\cos(\omega t + \phi) + n_0]\}\mathrm{d}t \\ &= \frac{-A}{2\omega_e} \{\cos[\omega_e(k+1)T + \phi_e] - \cos(\omega_e kT + \phi_e)\} + n_Q \end{aligned} \quad (6.16)$$

式中：$\omega_e = \hat{\omega} - \omega$ 为频率误差；$\phi_e = \hat{\phi} - \phi$ 为相位误差。

根据频率与速度之间的关系，以及相位与位置之间的关系，可得

$$\omega_e = \hat{\omega} - \omega = \frac{\omega_0}{C}\left|\hat{V}_r - V_r\right|_{\text{Los}} = \frac{\omega_0}{C}\left|V_e\right|_{\text{Los}} \quad (6.17)$$

$$\phi_e = \hat{\phi} - \phi = \frac{-\omega_0}{C}\left[\left|P_r(t_0) - \hat{P}_r(t_0)\right|_{\text{Los}} + \left|V_r - \hat{V}_r\right|_{\text{Los}} t_0\right] = \frac{-\omega_0}{C}\left(\left|P_e(t_0)\right|_{\text{Los}} + \left|V_e\right|_{\text{Los}} t_0\right) \quad (6.18)$$

式中：$P_e = \hat{P}_r - P_r$ 和 $V_e = \hat{V}_r - V_r$ 分别为 GNSS 接收机位置和速度的误差；$\hat{P}_r$ 为 INS 估计位置；P_r 为接收机实际位置；$\hat{V}_r$ 为 INS 估计速度；V_r 为接收机实际速度。

6.2.4 关键技术

1. 系统误差机理分析及建模技术

系统误差机理分析旨在分析各误差源对接收机性能的影响，从而建模并提出补偿方

案，为组合导航系统对器件（陀螺仪、加速度计、晶振）的适应性分析和性能评估提供参考，在此基础上，提出补偿方案，将不确定性误差对组合导航滤波的影响控制在一定范围内，以确保系统工作的鲁棒性。

2. 系统故障检测、容错及重构技术

高可靠性组合导航系统的出发点就是从系统的整体设计上来提高其可靠性，而不是去提高每一个元部件的可靠性，它包括了故障检测、故障隔离和系统重构技术。典型情况下，卫星导航接收机和惯性传感器的组合导航系统多采用卡尔曼滤波技术来实现。研究组合导航系统滤波算法对提高组合导航系统容错控制至关重要，也是组合导航系统正常运行的必要保障。

3. 系统信息融合技术

在组合导航系统中有 INS 信息和卫星导航输出信息，对其采用不同的信息融合方案，得到的效果也是不一样的。尤其在超紧组合导航算法方面，组合导航系统动态模型建立的准确性和系统噪声的统计特性直接决定了卡尔曼滤波器进行系统状态估计的精度和稳定性，另外，必须选取合适的滤波初值及其方差矩阵。由于载体工作环境和使用条件的不同，惯性传感器的噪声统计特性是不确定的，先验的系统噪声和量测噪声统计特性不可能准确得到。因此，需要寻找鲁棒性强的组合导航信息融合算法来进行导航滤波。

4. 惯导信息辅助接收机技术

惯导信息能够获得接收机的所有动态信息，接收机在捕获卫星信号时就可以大大减小频率不确定度的搜索范围，从而提高接收机的捕获时间。此外通过惯性导航辅助，可以减少接收机跟踪环路带宽，进一步减少系统噪声，提高系统的抗干扰性能，惯导信息辅助接收机的捕获跟踪性能的提升是组合导航装备的关键技术，可以进一步提升系统整体性能。

6.2.5 发展趋势

GNSS/INS 组合导航技术自 20 世纪 80 年代即开展了研究，到 20 世纪末，超紧组合导航方式受到了极大关注。Draper 实验室、斯坦福大学和明尼苏达大学等科研机构对 INS 辅助 GNSS 接收机载波跟踪环路进行了深入研究，从低成本 IMU 到接收机捕获跟踪性能的提升均进行了论证分析（艾伦 等，2011），加拿大卡尔加里大学利用超紧组合技术来提高 GNSS 接收机接收灵敏度，提高了接收机在衰减信号环境下的信号捕获能力。新南威尔士大学利用扩展卡尔曼滤波器解决了 GNSS/INS 组合中的非线性问题。除此之外，其他研究机构包括 CRS 公司、美国俄亥俄大学、韩国首尔国立大学和建国大学等对超紧组合技术进行了理论研究和探讨。同时，从事导航系统产业的几大公司，如美国 L3 公司、RockwellCollins 公司和 Crossbow 公司等，也都建立了各自基于 IMU/GNSS 的超紧组合导航测试平台，并且已经有了组合导航装备的商业化应用。根据相关文献报道，通过 INS 辅助的多通道联合跟踪技术，可以实现 100 g 超高动态信号跟踪，接收机抗干扰性能可提升 5～20 dB。

目前，组合导航在理论与工程应用方面出现了一些新的发展趋势。

（1）小型化与一体化发展趋势，主要表现在惯性导航系统微型化，甚至是惯性导航系统、辅助导航系统与微处理器一体化的发展方向（雷明兵 等，2020）。

（2）智能化和可视化的发展趋势，主要为了增强系统适应环境、交互操作等方面的能力（李振，2017；张志强，2014；刘学鹏，2010）。

（3）信息融合算法先进性的发展趋势，完善信息融合理论、改进信息融合算法是当前组合导航系统重要的发展方向（董旺，2017；魏伟 等，2014）。

总体来看，超紧组合应用技术的研究在国外已经开展了多年，并取得了大量的研究成果。利用组合导航技术可以提升导航接收机的高动态能力、弱信号跟踪能力和抗干扰能力，重点应用包括城市环境信号衰减情况下的车辆导航、制导弹药等高动态和抗干扰导航等。

1. PPP/INS 组合导航发展趋势

PPP/INS 组合系统可以有效弥补单系统的不足：一方面 PPP 可以克服 DGNSS 需要布设基准站的不足，摆脱基准站对作业范围的限制，进一步拓展应用场景；另一方面 INS 可以克服 PPP 重新收敛时间较长的不足，充分利用 INS 短时精度高和导航参数完整的优势，快速高效获取导航测绘信息，在特定场合下能够成为 DGNSS/INS 组合系统的替代选择（王浩源 等，2017）。PPP/INS 组合呈现以下几点发展趋势。

（1）向着实时方向发展。IGS 组织实施了实时服务（real-time service，RTS）和 MGEX 两大项目，旨在全球范围内提供多频多系统的高精度实时 PPP 服务，PPP 朝着实时固定解的方向发展（柴洪洲 等，2013）。已有学者证明了非差非组合 PPP 模型具有更好的定位精度和收敛速度，随着精密产品的改进，同时引入精确的先验电离层约束或对流层约束，可以进一步提高 PPP 的性能，PPP/INS 组合系统也将有着更广阔的发展和应用前景。

（2）向着低成本方向发展。随着生产技术的发展，成本更低、性能更好的基于 MEMS 的 INS 将会出现；随着 GNSS 多星座的快速发展，单频用户也能获得很好的连续观测效果；在非极端观测条件下，松组合能获得与紧组合相当的性能，而算法复杂性却大大降低。

以上这些都将推动 PPP/INS 组合走向实用，在消费级应用中也有很大的发展潜力。GNSS 多系统的发展带来更多观测量的同时，也带来了更多的状态参数，如系统间偏差、频间偏差等，如何有效估计这些偏差参数并提高解算效率需要深入研究；模糊度固定技术的可靠性还无法保证，有效的质量控制策略也有待进一步发展。不久的将来，PPP/INS 组合系统有望走向成熟，在导航测绘领域得到更广泛的应用，为国家"综合 PNT"体系做出贡献。

2. RTK/INS 组合导航发展趋势

随着研究的深入和技术的发展，GNSS/INS 组合导航技术发挥出卫星导航长期稳定性好和惯性导航短时间精度高的互补优势（钟振 等，2021），已经成为目前广泛采用的全天候、高可靠导航方式。尤其随着微电子及微机械等技术的发展，MEMS 惯性器件随之迅速发展起来。利用 MEMS 陀螺仪和加速度计构成的微型惯性测量单元具有成本低、体积小、功耗低、可靠性高和环境适应能力强等特点。结合超紧耦合技术，极大地拓宽了低成本组合导航系统应用领域。随着北斗导航系统的建设，GNSS/INS 组合导航系统必将在军用和民用领域取得广泛应用。

针对动态环境下 GNSS/INS 导航定位结果常受粗差影响的问题，已有学者提出基于抗差卡尔曼滤波的 GPS/BDS 双系统 RTK/INS 紧组合导航定位算法，根据方差膨胀模型，建立抗差卡尔曼滤波算法，得到 GNSS/INS 紧组合抗差解，实验结果表明，导航精度、模糊度固定成功率提高及可靠性得到显著提高（储超 等，2019）。在可观测导航卫星不足 4 颗时，使用集中式卡尔曼滤波的 RTK/INS 紧组合算法对 GNSS 固定解或浮点解进行滤波更新，可以提高组合导航在复杂环境下的位置精度，并加快模糊度恢复过程（李团 等，2018）。目前在 RTK/INS 紧组合模式中加入部分模糊度固定的研究较少，随着 GPS、BDS、Galileo、GLONASS 的系统建设和现代化进程的开展，用于 GNSS 定位的卫星数也大大增加，给定位提供了更多的冗余观测，提高了定位的稳定性和精度（储超，2020）。

3. 多传感器融合组合导航发展趋势

相比传统 GNSS/INS 组合导航技术，多传感器融合组合导航提高了导航信息的冗余度，将各子系统的优势有机结合，能够构建可靠性更高、更精确的导航模式。在算法研究方面，针对多传感器融合中的不确定性处理，人们提出了不同的数据融合算法。目前传感器数据融合算法主要有信号处理与估计理论、统计推断理论、信息论方法、人工智能方法（王晨阳，2015）。国外该项研究开展较早，如美国早已确定把具有多模式、多用途、高可靠性的多传感器组合导航系统作为下一代飞行器的标准导航模式，从 20 世纪 80 年代中期就开展了自适应战术导航系统项目的研制（雷宏杰 等，2016）。国内学者结合视觉、地磁、重力等进行的多传感器融合组合导航研究也取得了丰富的成果，比如在无人机平台将低成本惯性测量单元、视觉传感器、磁力计、气压计、GNSS 模块等组合，构建高维度数据融合算法，实现低成本无人机的高精度定位（吴和龙，2020）。面向城市地上、地下复杂驾驶场景，采用卫星、惯性、UWB、里程计等多传感器融合进行组合导航的方案已成为行业标配，环境感知与组合导航相融合的方式得到深入探索和应用，基于高精地图数据驱动的多源融合感知导航定位方法也已具备工程应用推广的条件（李德仁 等，2021）。从另一个角度来说，多传感器融合组合导航技术也会提高对系统集成、融合算法的要求，应用成本会明显提高。

6.3 GNSS/GIS 数据融合

GNSS 与 GIS 数据融合是在 GNSS / INS 系统获取用户定位信息后，进一步通过 GIS 系统中地图匹配算法将定位数据与电子地图进行匹配，对用户位置进行实时加权修正的过程。该组合导航技术能有效克服 GNSS 信号长时间受阻、定位间断或失效时，惯性导航定位误差积累偏大的问题，提高了导航定位的精度，扩展了使用范围。同时，该技术不用增加额外的硬件设备，仅仅通过软件的方法即可提高定位精度，降低了导航系统的成本。但需要满足两个条件：①导航传感设备始终在相应路网中；②电子地图数据误差小于 GNSS 定位误差。

GNSS、遥感（remote sensing，RS）技术和地理信息系统（geographic information system，GIS）统称为 3S，是空间技术、传感器技术、卫星导航技术和计算机技术、通信技术相结合，多学科高度集成地对空间信息进行采集、处理、管理、分析、表达、传播和应用的现代信息技术。GNSS、RS 和 GIS 在空间信息采集、动态分析与管理等方面各具特色，且具有较强的互补性：GNSS 具有高精度、全天候的实时定位和导航能力，能为 RS 实况数据提供空间坐标，从而建立实况数据库及在图像、图形数据库中的图像显示平台和传感器的位置与观测值。RS 主要用于快速获取目标及其环境的信息，发现地表的各种变化，及时对 GIS 进行数据更新；GIS 通过空间信息平台对 GNSS 和 RS 及其他来源的时空数据进行综合处理、集成管理及动态存取等操作，并借助数据挖掘技术和空间分析功能提取有用信息，为其他相关智能化应用服务。在世界加速发展的今天，这些特点使 3S 技术在应用中紧密结合，并逐步朝着一体化集成的方向发展。

例如，GIS 用数字形式描述有关铁路及其相关信息的属性、定位和关系的数字地图符号化，存储在计算机中可动态、快速、分层显示。GIS 在系统中作为用户终端，利用移动通信技术传输 GNSS 的定位数据，联络移动列车和监控管理中心，以达到管理、控制和调度的目的。为了保证列车在正常行驶时，能够准确地知道列车所处的正确方位，运用系统管理软件完成 GNSS 数据的处理，并结合地图匹配（map matching，MM）方法，校正定位误差，将定位数据实时、准确地显示在电子地图中。同时，系统软件还包括特定的路径搜索算法，可以根据不同的优化条件进行运营线路、路段优化分配选取，GIS 则提供铁路电子地图及相应的信息数据库。两者相互结合，可有效保障铁路列车的正常运行。

地图匹配是指将车辆等载体经 GNSS 或组合导航系统等测得的定位结果与 GIS 数据库进行比对和匹配，从而确定载体所经路径及其明确位置的方法。目前大多数常用的地图匹配算法都是针对 GNSS 数据处理提出的。

组合导航与地理信息融合从广度和深度上为地球科学研究提供了更多可能，并在生态环境监测、灾害监控预警、地图服务、交通规划、水电管网、经济人文等方面得到了广泛应用，是目前我国时空大数据平台建设的基础。在政策支撑方面，2014 年《国务院办公厅关于促进地理信息产业发展的意见》中指出，要发展地理信息与导航定位融合服务：加快推进现代测绘基准的广泛使用，结合北斗卫星导航产业的发展，提升导航电子地图、互联网地图等基于位置的服务能力，积极发展推动国民经济建设和方便群众日常生活的移动位置服务产品，培育新的经济增长点。GNSS/INS 组合导航可以为地理信息系统提供时空基准信息，定位功能实际是 GNSS/INS 提供的空间数据与地理信息的映射。组合导航与地理信息融合已得到广泛应用，例如 GNSS/INS/电子地图组合导航系统、城市三维 GIS 实景采集系统、基于组合导航的嵌入式 GIS 设计、通过高精度数字高程模型（DEM）开发数字地形感知和低空防撞预警飞行地理信息系统等（谢小魁 等，2021；张思明，2014；李标，2013；周存波，2012；樊锦明，2011）。王家耀（2022）指出：进入 21 世纪，基于现代化时空基准采用天空地海一体化全球化卫星组网技术（传感器网络），地理信息系统出现"三多"（多平台、多传感器、多角度）和"三高"（高空间分辨率、高光谱分辨率、高时间分辨率）发展趋势，基础地理时空数据与各部门行业专题数据的融合，形成了时空大数据，极大地推动了地理信息系统到以时空大数据平台为代表的地理信息服务新技术体制和新模式。

6.3.1　地理信息在卫星导航应用中的发展趋势

在卫星导航应用产业链中，地理信息（主要是指电子地图）参与产业链的各个环节，作为卫星导航系统不可或缺的模块，渗透到卫星导航、监控、信息融合与服务的各方面：用于监控调度中心；用于移动或固定目标的应用终端；用于信息服务的相关过程，成为与卫星导航应用密不可分的组成部分。在最具发展前景的移动位置服务这一巨大的产业中，电子地图及相关数据库是与卫星导航、蜂窝通信并立的三大组成要素之一。总之，电子地图在卫星导航应用产业发展中具有举足轻重的地位，同时展现出了 3 种突出特点，即基础特性、应用特征和导航特点。

（1）基础特性。电子地图是卫星导航应用的基本组成部分，居于不可或缺的战略位置。电子地图在技术结构上属于基础层面，在组织结构上应包括 GIS 基础平台、应用软件和数据库等组成部分。

（2）应用特征。电子地图在卫星导航应用中既有基础性（平台与软件，GIS 框架数据），又有明显的实用性（交通道路属性、大量的兴趣点信息），巨大的工作量与复杂的制作过程和众多的质量保障要求环节，以及数据的现势性（更新周期）和某些数据的实时动态性要求。

（3）导航特点。导航电子地图不是一般意义上的地图，也不是泛义上的电子地图，甚至有实质上的差别。它只利用了某些基础地理的框架，实际内容已全变成道路、交通、兴趣点、社会公共应用信息等，而且对现势性和实时性要求很高，如图 6-9 所示。在某种程度上，导航电子地图已脱离测绘这种传统产业的框框，升华到高新技术领域，实际可以成为新兴产业，因此应当以新的政策思路和管理机制与方法，准确地对待这个行业。

图 6-9　三维电子地图

对导航电子地图而言，导航数据及其生产技术平台是国外公司商业核心资源，最具实力的国际四大公司（TeleAtlas、NavTech、Zerin、MapMaster），占领了全球车辆导航电子地图产品90%的市场。国内卫星导航产业对电子地图的应用，不仅用在车辆导航仪上，还用于车辆监控跟踪，因此主要是使用控制中心软件、地理信息平台及电子地图，业务分布相当分散，大多是"量身定制"，很少有批量产品，还谈不上卫星导航应用中的电子地图产业。参与的公司数目多、业务量少、水平较低且重复量大、存在数据缺失与不全及无法及时更新等一系列问题，再加上相关政策法规不完善，使电子地图成为卫星导航应用产业发展的主要瓶颈之一。目前，国内在这方面业务做得较好的有灵图软件、四维图新、北京超图、瑞图万方、中科永生、图行天下、上海畅想等公司。移动位置服务如今已成为一个大产业，我国有世界上最大的移动通信市场、有发展最快的汽车业，为移动位置服务产业的发展奠定了坚实的发展基础。

卫星导航与GIS同样是国家信息化社会建设的基础设施，在信息化推动工业化的进程中发挥着越来越大的作用，它们能渗入到国民经济的许多部门。尤其在移动位置服务产业中，对促进经济发展、推动社会进步和提高人们的生活质量，有着不可替代的重要作用。卫星导航中的GIS应用需求所涉及的地理区域、信息层面、数据要求都是史无前例的，可大大拓宽应用领域，推进应用的普及性与大众化。总之，GIS（电子地图）与卫星导航之间是相辅相成的关系，实际上卫星导航应用的规模化展开，为GIS行业的发展注入了强劲的动力。

6.3.2　GNSS/GIS 集成在车辆导航中的应用

全球导航卫星系统（GNSS）又称天基定位、导航、授时（PNT）系统，它的主要功能是提供空间、时间及所有与位置有关的实时动态信息。简而言之，全球导航卫星系统应该是所有在轨工作的卫星导航定位系统的总称，包括GPS、GLONASS、Galileo和北斗导航卫星系统等在内的综合星座系统。地理信息系统（GIS）是存储、管理、数据处理与分析、显示与应用地理信息的计算机系统的总称，它既是一种综合性的技术方法，也是研究地理实体的应用工具，它可以将现实世界抽象表达成一系列的地理特征，用数字化方法将现实离散化为数字信息，是一种重要的空间信息系统。GIS具有强大的地理空间数据采集、存储与管理、数据处理及空间分析等功能，GNSS的优势是全天候、时效性，如将两个系统的优势结合起来，则可为用户提供实时动态的空间和时间信息。图6-10所示为智能驾驶的硬件设备。将全球导航卫星系统与GIS集成进行车辆实时导航可有效解决车辆的拥堵问题，因此构建一套基于GNSS和GIS技术的综合交通导航系统（图6-11）具有重要的社会现实意义。

总体而言，当前GNSS正经历前所未有的三大转变：①从单一的GPS时代转变为多星座并存兼容的GNSS新时代，例如：最新的GNSS芯片可同时接收GPS、北斗导航卫星信号和GLONASS卫星信号等，它们结合了多种导航定位系统的优点，极大地提高了定位精度；②从以卫星导航为应用主体转变为与移动通信及因特网等的融合，如目前国内连续运行的基准站系统CORS，能实时自动地向不同层次用户、不同类型用户及不同需求用户提供GPS观测值、各种状态信息、改正数及灵活方便的定位服务，而且它很好地解决了大规模、长距离、高精度的GNSS定位问题；③从以销售应用产品为主逐步转变为以服务为主的新趋势，最终GNSS将形成规模化、小型化及大众化等特点。

图 6-10　智能驾驶的硬件设备

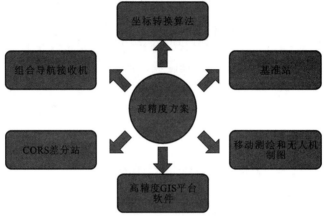

图 6-11　智能驾驶的服务工作系统

　　车辆导航系统集成是一种以全球导航定位系统为基础，集成了 GIS 空间分析中的网络分析等多种技术的辅助驾驶系统。该系统的主要功能是通过接收机接收到 GNSS 的定位信号，利用车载计算机快速计算出车辆的实时速度、时间、坐标等定位信息，再利用相关的数据接口传输，将车辆的相关定位信息存入交通信息数据库，然后将车辆的具体位置通过具有 GIS 查询功能的电子地图实时地显示出来；它还能实时地对车辆的确切位置及周边的详细地理环境进行查询，通过网络分析在陌生的道路环境中计算出最优的行驶路径，从而实现 GNSS 导航定位与 GIS 地图查询功能的结合，实现车辆的快速自动化运行和作业。车辆导航系统架构如图 6-12 所示。

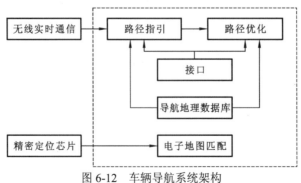

图 6-12　车辆导航系统架构

近十几年，GNSS 与 GIS 的集成在车辆导航领域中得到了进一步深化和发展。21 世纪以来，许多研究人员从研究导航系统中数字电子地图的空间数据组织形式出发，开展了GNSS 信号与 GIS 交通路网数据的匹配、最佳路径的选择、快速选择、地图随驾驶方向快速实时语音提示和旋转技术、语音识别技术等方面的研究和应用。在此基础上，通过搭建车辆导航系统的基本框架，进一步优化出行路线，将出行时间最短确定为选择路线时的主要考虑对象，同时提出了处理交叉口转向限制及交叉口延误的转换网络法和直接计算法两种解决方案。通过对比各段路径的长度确定适合实际需要的一条路径。此外，建立导航定位系统测量与数字地图实时配准的地图匹配算法，可以大大改善 GNSS 自主车辆导航系统的定位精度。

随着 GNSS 自主车辆导航系统定位精度的提高，部分学者为提高城市交通管理水平，提出了智能交通系统的设想和计划。该计划离不开 GIS 和 GNSS 的支持，可以说 GNSS 和 GIS 是支持智能交通系统发展的关键技术。随着通信技术的快速发展，GNSS 和 GIS 及通信技术集成的车辆导航系统成为一种新兴技术，将车载终端与监控终端有机地结合起来，利用广大用户手中的智能手机即可实现对车辆的上车导航、下车监控。车载 GNSS 导航系统和 GIS 的集成作用，包括导航地理数据的构建与更新、路径规划与行驶引导，以及地图匹配，这 3 个关键技术问题关系车载导航系统能否成功应用于实际车辆导航，其中导航地理数据的构建与更新尤为重要。GNSS 和 GIS 集成应用的优势：低成本的建网投入，由于车辆 GPS 应用依赖成熟的移动通信系统，所以不需要单独的网络建设，且使用简单、方便、实用性强。

目前，建设智能交通和智能驾驶等系统需要解决的关键问题包括 3 个方面。①电子地图精确度差、更新周期长。电子地图绘制得越精确，定位也就越准确，用户使用就越方便，但我国城市电子地图资源一直没有一个完全开放的标准平台，电子地图的精确度较差。②GNSS 车载系统价格居高不下。③缺乏统一标准。目前我国的车辆导航产品市场还处于各自为营的散乱经营状态，没有统一的平台支持，行业缺乏统一的标准。不同公司的 GNSS 产品及运营系统之间不能通用、兼容，产品的可靠性、一致性及质量标准方面存在问题，这些问题都妨碍了导航产品的推广应用。

6.3.3　3S 一体化融合应用

在前面章节的内容中，描述了地理信息系统和全球卫星导航系统相结合的研究进展，以及联合技术在智能驾驶、智能交通方面的应用前景。本小节集中介绍 3 种典型的空间信息处理技术（即 GNSS、GIS 和 RS，统称为 3S 技术）融合后在完成空间信息、时间信息与环境信息等方面的研究趋势。在互联网、云计算及大数据等科学技术的推动下，3S 功能更加趋于完善化、技术化、全面化和科学化，而伴随着 5G 时代的到来，3S 一体化融合（图 6-13）拥有了更多可能，是科技的进步，更是综合实力的展现。

全球导航卫星系统以卫星信号描述为基础，以用户接收机为根本，具备高空间分辨率属性，具备连续的全球覆盖能力，能够在全球范围内同时为海陆空用户提供精确的三维位置、速度及时间信息。全球导航卫星系统基本上完成了地基无线电导航及传统大地测量等导航定位技术的取代应用，完成了多个领域的覆盖，从军用到民用体现了技术的前进步伐，

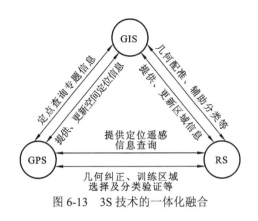

图 6-13 3S 技术的一体化融合

也展现了时代的发展规律。全球导航卫星系统不仅是国家安全及经济提升的基础设施,更是展现综合国力的重要标志。地理信息系统以地理空间为基础、以地理模型分析为方法,具备高空间分辨率属性,是一个复杂的工作系统,能够完成多种空间动态及地理信息的收集、存储、管理,是一个对地球表面与地理分布进行描述的空间信息处理流程,如果说遥感技术描述的是一种静态状态,那么地理信息技术则实现了从静态到动态的跨越。地理信息系统在计算机的辅助下完成信息处理,能够将注意力集中在空间实体并完成相互关系的探索,通过对地理区域内相关现象或者过程的分析处理可以为多种应用管理提供决策支持。遥感技术以电磁辐射为基础、航空摄影技术为手段,利用遥感器通过不同物体对电磁波反射的不同特性来实现感知识别,能够完成大范围内数据资料的获取,并且随时根据卫星系统完成信息资料的更新与识别。当今的遥感技术完成了与光学、电学、计算机科学等全新科学领域的结合,在基础信息及动态数据的提取上表现优异。

伴随着大数据、云计算及物联网技术成为 IT 领域中最新的发展趋势,它们与 3S 技术的融合也被赋予了更多的全新内涵。云计算拥有海量信息存储及管理的能力,完成了各类信息的整合和优化,而大数据以云计算为根基,通过对其中关键信息的挖掘分析,诸多重要数据得以提取,而对两者而言,物联网技术的发展带来了数据产生方式的改变,推动了大数据云计算时代的到来。然而,不能忽略的是数据来源,物联网数据的收集以传感器为主,3S 技术的融合完成了更加全面完备的数据支撑,展现了更透彻的信息感知。

地理信息技术实现的是空间数据的管理和分析,而遥感技术完成的是空间数据的采集和分类,两者能够对空间实体进行深入研究,遥感技术在获取空间数据的同时,可以为地理信息提供精准、及时、覆盖全面的资源和环境数据,保证整个地理信息系统的活力和应用范围,实现了内容的扩充,展现了从低级阶段向高级阶段的转换。全球导航卫星系统和遥感定位完成的都是数据源的采集和获取工作,全球导航卫星系统能够实现精确的定位,克服遥感技术定位困难的问题,同时为遥感数据进入地理信息系统提供了更多的可能。在互联网技术的飞速发展下,5G 通信技术完成了全面的覆盖,为 3S 技术的运行及信息数据的传输提供了更加快速便捷的通道。

3S 技术的结合不仅是一个取长补短的过程,更是一个高级功能衍生的过程。遥感、地理信息系统的接入保证整个全球卫星导航系统能够完成电子地图上的漫游查询及准确形象的反映。全球导航卫星系统与电子地图相配合,利用地理信息系统完成数据的处理和分析,在此基础上数字地图得以完善,更多的行业数据也被记录下来。近年来,智能手机及智能穿戴设备发展迅速，是全球范围内竞争激烈的高科技行业。当前的智能手机完成的不仅仅是简单的通信任务，机身内科技元素尽显，是各种智能应用及信息处理的集成。智能穿戴设备则是整个生命健康、移动互联及多重科技元素的融合。实际上，无论是智能手机还是智能穿戴，除了显示技术、无线通信技术，3S 技术的应用也是其核心技术之一。例如，在智能手机及智能穿戴设备当中，各种语音控制、面部识别、手势识别及环境感知、心率等健康数值的监测是十分重要的技术指标，而这些技术指标皆以传感技术为根基。每个设备都是一个感知单元，系统根据感知单元所处位置发生的变化，联系其他所需感知单元，收集分析数据，做出反馈。另外，GNSS 和通信的融合易于行业客户使用，提高可靠性，缩减开发周期，物联网设备所处环境的复杂多样性，安放位置的随意性，设备本身的小型化和超长的待机时间也对 GNSS 芯片提出了新的挑战。

在新冠疫情爆发期间，雷神山和火神山两座医院的建设格外引人注目，建设过程当中充分利用遥感技术对医院建设场地进行了相关检测，更离不开北斗卫星导航系统对复杂地形地貌的定位及标绘。在湖北神农架林业巡护过程中，复杂的地形及繁重的任务为人工巡护带来了极大的困难，北斗系统终端巡护的应用，不仅能够及时向指挥中心发送巡护信息，更能通过智能的判断标准实现绿水青山的精准守护。图 6-14 所示为水利设施的监测系统。实际上，北斗系统的应用远不止于此，无论是无人驾驶、自动泊车，还是自动物流等创新领域，北斗系统的应用都展现出了强大的魅力。

图 6-14　水利设施的监测系统

3S 系统实现了信息获取、遥感监测服务及态势感知服务、高精度定位的结合，为授时地理信息服务提供了良好的依据。以地理信息作为集成系统的平台，能够对遥感技术及全球卫星导航系统等来源的多种空间数据进行综合处理，实现方位数据的动态存储及集成管理，如今的 3S 技术已经脱胎于地图，完成了众多交叉学科的融合。

3S 技术是当前空间信息发展的重要方向，已经完成了多个应用领域的覆盖。在实际的应用过程中，3S 一体化融合使用既能保证信息的获取又能实现定位和导航，并根据地理信息进行综合分析处理，最终提出决定性策略。随着 3S 一体化融合集成的进步和计算机技术的飞速发展，整个系统完成了从低级到高级的进阶，实现了多种技术的结合，并通过紧密的联系实现了功能的扩大和层次的提升，能够快速获取信息、及时更新数据、完善信息处理，未来，3S 技术将会与更多的科学技术相结合推动科技发展及社会进步。

6.3.4 基于北斗卫星导航系统的高精度位置服务系统

北斗卫星导航系统是关乎国家经济安全、国防安全、国土安全、公共安全的重大信息和战略威慑基础资源，是建设和谐社会、服务人民大众、提升生活质量的重要工具。导航与位置服务（location based service）产业是基于卫星定位和导航技术并集成了移动通信、地理信息、对地观测、智能传感和互联网技术，近几年发展起来的一种为用户提供与位置相关的信息服务的新兴产业，正逐步发展为国家的战略性产业，也是当前最具有创新性和生命力的新兴信息产业之一，其系统如图6-15所示。产业界已开发了大量基于位置的应用，极大地方便了公众生活，开拓了新型商业模式。

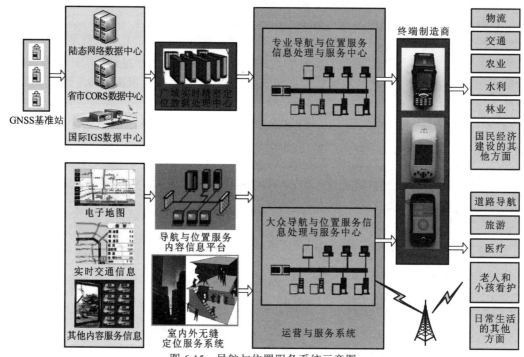

图 6-15　导航与位置服务系统示意图

具有多种性能要求的位置服务系统是一个复杂的网络系统，又称位置服务网。位置服务网由4个子网络系统构成，如图6-16所示。

建立以北斗系统为主体的GNSS和相应天基及地基增强系统实现兼容互操作的位置服务定位网络。实现北斗天基增强和地基增强的技术衔接、广域增强和区域增强模式融合，服务可选，运行规范统一。通过导航与位置服务等信息开展针对车辆的综合信息服务，提升企业效率，促进智能交通建设。建立基于北斗系统和GPS的国家CORS，实现与省市及行业CORS之间的全国联网和数据共享。位置服务系统可实现对其区域网范围内的用户提供米级和厘米级的实时定位与导航服务。系统由数据中心、基准站、单频终端和双/三频终端组成。单频终端主要应用于交通运输领域，实现车道级监控；双/三频终端可实现高精度定位，可扩展到其他高精度定位领域。位置服务系统组成如图6-17所示。

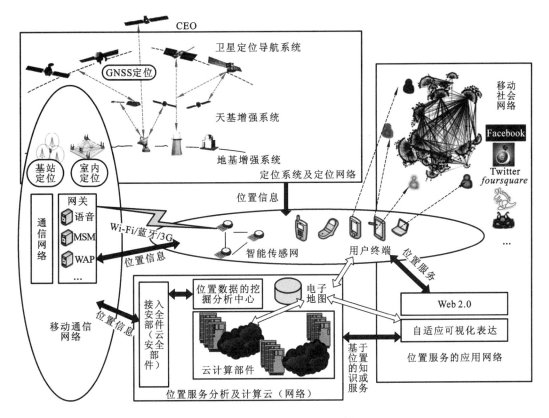

图 6-16　位置服务网及其子系统

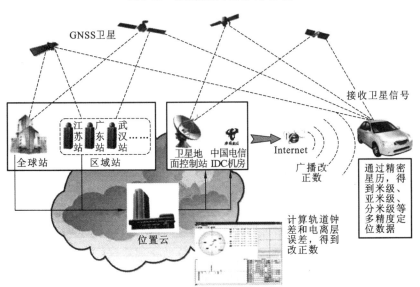

图 6-17　位置服务系统组成示意图

　　基准站对视野内的卫星进行连续实时观测，生成精密辅助相位原始数据（或修正值），卫星对流层、电离层校正值等借助通信网络通过 TCP/IP 协议上传到数据处理中心。数据处理中心包含相位增强服务分系统，实现所有基准站数据源的实时采集，对数据进行分布式处理与融合再处理，生成用户需求的精密定位信息（载波相位观测量，卫星钟差、对流层、电离层校正值等），并连同自身导航电文通过 4G/3G/2G 网络进行认证播发给用户。数据中心还包含车辆监控分系统，通过综合应用高精度定位、移动通信、GIS 和数据库技术实现道路运输安全监管。车辆监控实现对车辆的地理位置和车辆的运动状态监控，系统利用接收到的北斗车辆定位信息与地图数据库所提供的基于地图的位置（路径）进行匹配，来确定车辆在地图上的位置，并在地图上以图形的形式显示出车辆的地理信息和车辆信息。综合管理实现系统用户的添加、修改、删除及密码设置功能；实现操作人员权限设置，便于进行代码维护：增加、修改该系统的代码内容；通过对行车信息的分析，实现对司机和车辆的综合管理。

相对 GPS，当前北斗系统在终端成本、功耗等方面还具有相当劣势，北斗系统论证部门和多个研究所均提出了进行高精度应用从而体现北斗系统与 GPS 差异化的应用模式。在高速公路开展针对交通行业的高精度位置应用，通过研制低成本、高精度几类终端和软件，综合应用通信、数据库和高精度地理信息技术，并充分考虑平台运行、成本、市场推广和大众公共高精度位置应用，突破高精度位置应用的关键技术，其成果可广泛在国内推广，对北斗系统应用来说具有较深远的意义。

6.4   GNSS/天文组合导航

目前的 GNSS/天文组合导航系统主要是在 GNSS/INS 组合的基础上构建的。在 GNSS/INS/天文组合导航系统中，GNSS 是全球、全天候、连续、实时、高精度的导航定位系统，但其频带窄，载体在做较高机动时容易丢失信号，导航信息受制于人且数据率较低；INS 能提供运载体精确的经纬度、水平基准与三维速度，以及横摇、纵摇、翻滚等姿态信息，但它的误差随时间积累；天文导航隐蔽性好、自主性强、定向精度高，然而易受天气和低空限制。这三者的组合取长补短，大大提高了导航精度，能很好地满足载体的远距、长时的导航与制导要求。

6.4.1   系统结构

在 GNSS/INS/天文组合导航系统中，天文导航的作用相当于校正仪器。利用天文导航或卫星导航误差有界性（收敛性）的特点来克服惯导误差随时间发散的缺点。惯导系统获得校准信号后，除了修正已经积累的误差，还有助于惯导计算机分析出陀螺仪和加速度计的零点漂移误差，有助于提高惯导系统自身短时导航精度。根据组合导航系统所用滤波方式的不同，主要有两种结构：集中式滤波结构与分散化滤波结构。

图 6-18 所示为一种基于集中滤波的 GNSS/INS/天文组合导航系统，它利用一个卡尔曼滤波器来集中地处理所有导航子系统的信息。该系统的优点是只有一个滤波器，结构简单，在工程中容易实现，理论上可以给出最优的误差估计，是 GNSS/INS 组合导航系统采用较多的结构，但是参与组合的子系统过多时，有两个显著的问题：一是滤波器状态维数高，计算量以状态维数的三次方剧增，计算负担重，难以满足导航的实时性要求；二是导航子系统的增加使故障率也随之升高，系统容错性能差，只要有一个子系统发生故障没有及时检测出并隔离掉，整个导航系统都会被污染，不利于故障诊断（秦永元 等，2012）。

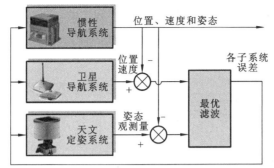

图 6-18　一种基于集中滤波的 GNSS/INS/天文组合导航系统

为了克服集中式滤波结构的不足，人们常在组合导航系统中使用分散化滤波结构，尤其是联邦滤波器结构，旨在提高组合导航系统的容错能力、导航系统的可靠性和精度，图 6-19 所示为一种基于联邦滤波的 GNSS/INS/天文组合导航系统。分散化滤波器利用子滤波器处理导航子系统的信息，再通过全局滤波器实现所有子系统的信息融合。分散化滤波器的优点是计算量少、容错性好，但是全局滤波仍然较复杂，滤波算法要基于各测量值是不相关的假设。

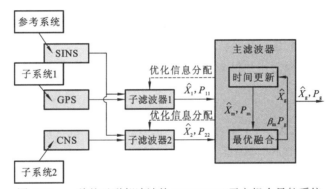

图 6-19　一种基于联邦滤波的 GNSS/INS/天文组合导航系统

$\hat{X}_1$、$\hat{X}_2$ 分别为子系统 1 和子系统 2 的状态估计，相应的估计误差协方差阵为 P_{11} 和 P_{22}，融合后的全局状态估计 $\hat{X}_g$ 为 $\hat{X}_1$ 和 $\hat{X}_2$ 的线性组合，对应的估计误差协方差阵为 P_g，β_m 为信息分配系数，$\hat{X}_m$ 和 P_m 分别为主滤波器的估计值和对应的估计误差协方差阵

6.4.2　数学模型

GNSS/INS/天文组合导航数学模型根据系统结构不同可分为两种，其中集中式滤波的数学模型与 GNSS/INS 组合导航类似，这里主要介绍分散滤波（秦永元 等，2012）及联邦滤波的数学模型。

1. 分散滤波模型

图 6-20 所示是一种简单的分散滤波模型，它的局部滤波和全局滤波都是最优的。假定系统的状态方程和量测方程为

$$\begin{cases} \boldsymbol{X}_k = \boldsymbol{\Phi}_{k,k-1}\boldsymbol{X}_{k-1} + \boldsymbol{W}_{k-1} \\ \boldsymbol{Z}_k = \boldsymbol{H}_k\boldsymbol{X}_k + \boldsymbol{V}_k \end{cases} \tag{6.19}$$

式中：X_k 为系统的状态估计；Z_k 为系统观测量序列；$\Phi_{k,k-1}$ 为 $k-1$ 时刻至 k 时刻的状态转移矩阵；H_k 为状态观测矩阵；W 为系统噪声序列；V 为测量噪声。

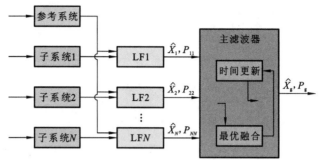

图 6-20　分散滤波模型

子系统的状态方程和量测方程为

$$\begin{cases} \boldsymbol{X}_{ik} = \boldsymbol{\Phi}^i_{k,k-1}\boldsymbol{X}_{i,k-1} + \boldsymbol{W}_{i,k-1}, \\ \boldsymbol{Z}_{ik} = \boldsymbol{A}_{ik}\boldsymbol{X}_{ik} + \boldsymbol{V}_{ik}, \end{cases} \quad i = 1,2,\cdots,N \tag{6.20}$$

式中：$\boldsymbol{A}_{ik}$ 为量测阵；$\boldsymbol{W}_{ik}$ 的协方差阵为 $\boldsymbol{Q}_{ik}$；$\boldsymbol{V}_{ik}$ 的协方差阵为 $\boldsymbol{R}_{ik}$。

$$\boldsymbol{Z}_k = [\boldsymbol{Z}_{1k}^{\mathrm{T}} \quad \boldsymbol{Z}_{2k}^{\mathrm{T}} \quad \cdots \quad \boldsymbol{Z}_{Nk}^{\mathrm{T}}]^{\mathrm{T}} \tag{6.21}$$

式（6.21）表示总系统利用了所有子系统的量测信息。

假设各子系统的量测值相互独立，且子系统状态 $\boldsymbol{X}_{ik}$ 是总系统状态 $\boldsymbol{X}_k$ 的一部分，则有

$$\begin{cases} \boldsymbol{X}_{ik} = \boldsymbol{M}_i \boldsymbol{X}_k \\ \boldsymbol{H}_{ik} = \boldsymbol{A}_{ik} \boldsymbol{M}_i \end{cases} \tag{6.22}$$

式中：$\boldsymbol{M}_i$ 表征系统状态 $\boldsymbol{X}_k$ 到子系统状态 $\boldsymbol{X}_{ik}$ 的变换矩阵；则全局滤波可用各子系统的量测值表示为

$$\begin{cases} \hat{\boldsymbol{X}}_{k/k-1} = \boldsymbol{\Phi}_{k,k-1}\hat{\boldsymbol{X}}_{k-1} \\ \boldsymbol{P}_{k/k-1} = \boldsymbol{\Phi}_{k,k-1}\boldsymbol{P}_{k-1}\boldsymbol{\Phi}_{k,k-1}^{\mathrm{T}} + \boldsymbol{Q}_{k-1} \\ \hat{\boldsymbol{X}}_k = \hat{\boldsymbol{X}}_{k/k-1} + \sum_i \boldsymbol{K}_{ik}(\boldsymbol{Z}_{ik} - \boldsymbol{H}_{ik}\hat{\boldsymbol{X}}_{k/k-1}) \\ \boldsymbol{K}_{ik} = \boldsymbol{P}_k\boldsymbol{H}_{ik}^{\mathrm{T}}\boldsymbol{R}_{ik}^{-1} \\ \boldsymbol{P}_k = (\boldsymbol{I} - \sum_i \boldsymbol{K}_{ik}\boldsymbol{H}_{ik})\boldsymbol{P}_{k/k-1} \end{cases} \tag{6.23}$$

用信息滤波形式改写上面的量测更新方程，有

$$\begin{cases} \hat{\boldsymbol{X}}_k = \boldsymbol{P}_k\boldsymbol{P}_{k/k-1}^{-1}\hat{\boldsymbol{X}}_{k/k-1} + \sum_i \boldsymbol{P}_k\boldsymbol{H}_{ik}^{\mathrm{T}}\boldsymbol{R}_{ik}^{-1}\boldsymbol{Z}_{ik} \\ \boldsymbol{P}_k^{-1} = \boldsymbol{P}_{k/k-1}^{-1} + \sum_i \boldsymbol{H}_{ik}^{\mathrm{T}}\boldsymbol{R}_{ik}^{-1}\boldsymbol{H}_{ik} \end{cases} \tag{6.24}$$

子系统的局部滤波方程则可表示为

$$\begin{cases} \hat{\boldsymbol{X}}_{ik} = \boldsymbol{P}_{ik}\boldsymbol{P}_{i,k/k-1}^{-1}\hat{\boldsymbol{X}}_{i,k-1} + \boldsymbol{P}_{ik}\boldsymbol{A}_{ik}^{\mathrm{T}}\boldsymbol{R}_{ik}^{-1}\boldsymbol{Z}_{ik} \\ \boldsymbol{P}_{ik}^{-1} = \boldsymbol{P}_{i,k/k-1}^{-1} + \boldsymbol{A}_{ik}^{\mathrm{T}}\boldsymbol{R}_{ik}^{-1}\boldsymbol{A}_{ik} \end{cases} \tag{6.25}$$

由式（6.25）求出 $\boldsymbol{A}_{ik}^{\mathrm{T}}\boldsymbol{R}_{ik}^{-1}\boldsymbol{Z}_{ik}$ 后，结合式（6.22）中的第二式，代入式（6.24）中第一式，可得

$$\hat{X}_k = P_k P_{k/k-1}^{-1} \hat{X}_{k/k-1} + \sum_i P_k M_i^{\mathrm{T}} P_{ik}^{-1} \hat{X}_{ik} - \sum_i P_k M_i^{\mathrm{T}} P_{i,k/k-1}^{-1} \hat{X}_{i,k/k-1} \qquad (6.26)$$

由式（6.25）中的第二式求出 $A_{ik}^{\mathrm{T}} R_{ik}^{-1} A_{ik}$ 后，结合式（6.22）中的第二式，代入式（6.24）中第二式，可得

$$P_k^{-1} = P_{k/k-1}^{-1} + \sum_i M_i^{\mathrm{T}} P_{ik}^{-1} M_i - \sum_i M_i^{\mathrm{T}} P_{i,k/k-1}^{-1} M_i \qquad (6.27)$$

由式（6.26）和式（6.27）可知，全局滤波的量测更新可用局部滤波来表示。上面的全局滤波是最优的，局部滤波相对于子系统也是最优的，且局部滤波的运行是并行的。

2. 联邦滤波模型

联邦滤波器由美国学者 Carlson 于 1988 年提出，如图 6-21 所示，联邦滤波器是一种两级结构分散化的滤波器，由若干子滤波器与一个主滤波器组成。该滤波器对各子滤波器同步进行滤波，并将主滤波器与其余各子滤波器输出的状态按最优融合算法进行合成，获得建立在所有量测信息基础上的全局估计。联邦滤波器致力于解决 3 个滤波性能问题：一是滤波器的容错性能要好，检测并隔离故障子系统，并进行系统重构；二是滤波的精度要高；三是由局部滤波到全局滤波的融合算法要简单，计算量小。

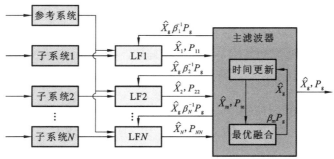

图 6-21　两级结构分散化的滤波器

联邦滤波器要容错性能好，有时就要牺牲一些精度。为了解决上述性能要求，联邦滤波中用了"信息分配"原则来获得最佳折中的性能。对于 GNSS/INS/天文组合导航系统，由于参与滤波的各子系统的导航精度高低不一，一般将惯性导航系统作为公共参考系统，其信息由 GNSS、天文导航的子滤波器共同分享，同时参与组合的各子系统的输出率千差万别，因此联邦滤波器中存在信息分配和信息同步处理的问题。比较常用的设计方法：在子滤波器中，子系统的精度越差，则惯性导航信息的分配系数就应该越大，反之越小，以便使总量有限的惯性导航信息在较低精度子系统所在的子滤波器中能充分发挥作用；信息的同步就是为了计算出各融合时间点上各子滤波器的同步输出。

联邦滤波器的信息分配原则假设将系统噪声总的信息量 Q^{-1} 分配到各局部滤波器和主滤波器中，即

$$Q^{-1} = \sum_{i=1}^{N} Q_i^{-1} + Q_m^{-1}, \qquad Q_i = \beta_i^{-1} Q \qquad (6.28)$$

因此

$$Q^{-1} = \sum_{i=1}^{N} \beta_i Q^{-1} + \beta_m Q^{-1} \qquad (6.29)$$

根据信息守恒得

$$\sum_{i=1}^{N} \beta_i + \beta_m = 1 \qquad (6.30)$$

状态估计初值 $P^{-1}(0)$ 也可按上述方法分配，可得

$$P^{-1} = P_1^{-1} + P_2^{-1} + \cdots + P_N^{-1} + P_m^{-1} = \sum_{i=1}^{N} \beta_i P^{-1} + \beta_m P^{-1} \qquad (6.31)$$

联邦滤波器设计步骤如下。

（1）将子滤波器和主滤波器的初始估计协方差矩阵设置为组合系统初始值的 $\beta_i^{-1}(i=1,2,\cdots,N)$ 倍，满足信息守恒原则。

（2）将子滤波器和主滤波器的系统噪声协方差设置为组合系统噪声协方差的 β_i^{-1} 倍，满足信息守恒原则。

（3）各子滤波器处理自己的量测信息，获得局部最优估计。

（4）得到局部估计和主滤波器的估计后，按 $\hat{X}_g = P_g \sum_{i=1}^{N} P_{ii}^{-1} \hat{X}_i$ 和 $P_g = (\sum_{i=1}^{N} P_{ii}^{-1})^{-1}$ 进行最优合成。

（5）用全局滤波解来重置各子滤波器和主滤波器的滤波值和协方差阵。

近年来，临近空间（大气层 $20 \sim 100\ \text{km}$ 的空域）环境也是研究热点，临近空间环境对高超声速飞行器导航系统的影响是要考虑的问题，GNSS/INS/天文组合导航和着陆引导体系是解决该问题的最佳选择（吴德伟 等，2012）。

6.5 GNSS/视觉组合导航

经典的 GNSS/INS 组合导航系统可以连续地提供高精度的导航信息，但在 GNSS 拒止环境下，该组合导航系统将退化为纯惯导工作，若使用的是低成本惯性测量单元，则定位定姿误差将快速发散，无法满足要求。视觉辅助导航系统框架如图 6-22 所示，其中常见的视觉/惯性导航技术作为一种递推导航系统，其定位和航向误差也是发散的，且易受外部环境视觉纹理条件的影响。虽然回环校正可在一定程度上消除累积漂移，但作为一种机遇性的修正信息，在实际的工作场景下可遇不可求。相比之下，同时使用视觉、惯性和 GNSS 定位信息的多源融合导航，可充分利用这三种信息源在导航能力方面的互补性，克服仅使用单一信息源或仅使用两种信息源导航的局限性（蒋郡祥，2021）。具体而言，使用视觉与惯性信息的递推导航系统可在一定范围内保持较高精度，而 GNSS 的全局定位结果可以保证整个系统无漂移。为此，同时使用这三种信息源的融合导航系统可在室外环境下连续稳健地输出高精度的导航信息。

GNSS/INS/视觉组合导航系统按硬件结构可以划分为 GNSS 接收机、惯性测量单元、图像采集模块（相机）、时间同步电路和数据融合处理单元，其组成如图 6-23（李凯林 等，2023）所示。

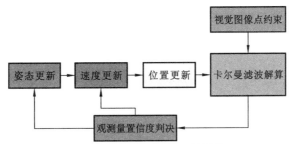

图 6-22 视觉辅助导航系统框架

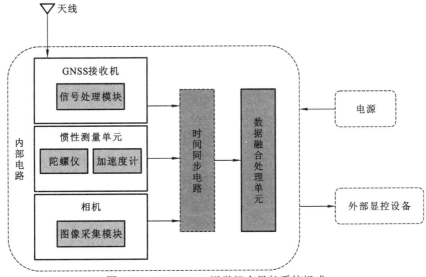

图 6-23 GNSS/INS/视觉组合导航系统组成

GNSS/INS/视觉组合导航系统的传感器组成即 GNSS 接收机、惯性测量单元和图像采集模块（相机）三部分。GNSS 接收机在空旷环境下可以解算载体的位置、速度和航向，也能够输出伪距、伪距率、载波相位等观测量，一般在组合系统中输出频率最低。惯性测量单元由三轴陀螺仪和三轴加速度计组成，直接输出惯性坐标系下的三轴角速度和比力测量值，惯性测量单元作为组合导航的核心单元，一般输出频率最高。图像采集单元即为一般意义上的相机，由视角数分类，有单目、双目、全向相机等，相机用来提供对应时刻的图像，为后续位姿估计提供原始数据。在 3 种传感器中，由于相机和惯性测量单元的输出频率较 GNSS 更大，在局部或短期内，利用相机和惯导的组合可以提供精度更高的定位定姿结果。

在 GNSS/INS/视觉组合导航系统中，由于 3 种传感器具有不同的采样电路和输出频率，需要时间同步电路实现数据之间严格的时间同步。时间同步的主要目的是避免由数据融合产生较大的时间偏移而导致的导航算法结果发散，因此需要将传感器输出数据的时间戳统一到同一时间参考系下。除了硬件上的时间同步，在软件层面上，需要对传感器进行空间同步，空间同步的过程就是组合导航系统的初始化过程，用以确定各传感器坐标系之间的旋转平移关系。对 GNSS/INS/视觉组合导航而言，需要同时确定 GNSS 和惯性导航系统的杆臂值及相机和惯性坐标系之间相机-惯性导航系统外参数。

数据融合处理单元对经过时间同步后的传感器数据进行融合，图 6-24 所示为空间信息融合架构,具体的融合框架视使用的算法结构而定,目前主流的算法框架有滤波和图优化两种。传感器误差建模和高精度时空信息配准是实现视觉/卫星/惯性组合导航定位的基础。传感器的误差建模是修正传感器测量误差,提高单个传感器测量精度和可靠性的核心,而传感器高精度时空信息配准是实现多传感器导航信息融合的基础。利用组合导航系统提供的位姿信息,可以采用自适应动态窗口搜索等方法,以提高视觉导航定位的实时性。同时为了提高视觉导航定位的可靠性,可以采用抗差岭估计等方法,以减弱测量粗差和特征点不稳定分布结构对定位结果的影响。

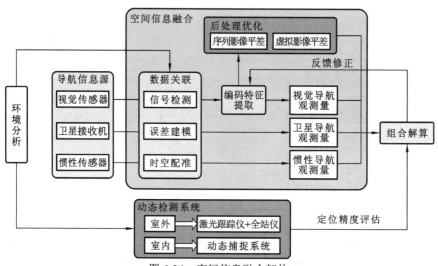

图 6-24 空间信息融合架构

GNSS/INS/视觉组合导航作为一种高精度、高可靠性、低成本的导航方式目前已经被广泛应用于室内外环境的导航定位中,如机器人、无人机、智能驾驶车辆等的导航定位。GNSS/INS 组合导航技术的不断发展及推广应用,为 GNSS/INS/视觉组合导航的融合与创新奠定了基础,以低成本的组合方式来解决全域、无缝导航定位也将成为重点的研究方向。而未来的导航定位任务更加多样化、复杂化,GNSS 与视觉组合导航在很多具备挑战性的环境中仍然存在很多难题需要解决,如更大的环境复杂度,算法鲁棒性的进一步拓展,多机协同组合导航定位问题,更加模块化、小型化、低成本的硬件要求等。

6.6 GNSS 与传统无线电组合导航

目前,雷达系统、塔康系统、罗兰 C 系统、微波着陆系统等区域导航系统,因其在某一领域具有优良性能而被广泛使用,但由于各系统本身的缺陷,单独使用时往往很难满足军事高精度、高动态、大范围的作战需要。如果将 GNSS 与塔康系统、微波着陆系统等组合,可以实现远程导航与着陆的一体化设计,并且增强着陆的安全性。

以罗兰 C 系统为例,罗兰 C 系统是陆基无线电导航系统,具有发射功率大、抗电磁干扰强等优势,在完成了罗兰 C 系统时间和 UTC 时间的同步之后,罗兰 C 发射台站可以当作 GNSS 的伪卫星来使用。因此,结合罗兰 C 系统和 GNSS 进行组合定位,如图 6-25 所示，取长补短，可以提高卫星导航系统在复杂电磁环境下的使用性能，也能在单系统盲区实现导航定位。而且罗兰 C 与 GNSS 的组合则可以拓展罗兰 C 系统的应用领域，延长其使用周期。诸如此类的应用还有很多，例如民用的伏尔近距无线导航、多普勒导航、距离测量设备（distance measure equipment，DME）导航等，卫星导航系统与这些区域导航系统组合具有很广泛的发展前景（许云达 等，2014）。

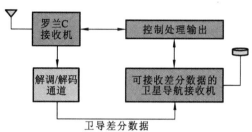

图 6-25　罗兰 C 系统与卫星导航系统的组合

随着人类生产生活水平的提高，室外室内的无缝覆盖定位问题越来越受到关注，而 GNSS/地面移动通信网组合导航是解决这一问题的一种方法。在室外卫星信号较好时，卫星导航定位系统能达到很高的定位精度，然而当卫星导航信号通过反射、绕射至室内时，信号强度和质量急剧下降，测量出的伪距值往往因存在非视距误差和多径效应而高于真实值，导致定位精度较差，结果不理想。在这种情况下，如果要依靠提高接收灵敏度去实现室内定位，技术难度太大，成本太高。近年来，随着地面移动网、无线局域网、传感网等网络技术的迅速发展，其信号在室内的质量和强度都远远优于卫星导航系统，并且目前基于非视距（non line of sight，NLOS）影响下的到达时间（time of arrival，TOA）、到达角（angle of arrival，AOA）定位理论已经日臻完善，能够提供很高的区域定位精度，利用地面移动通信网信号成为实现室内定位的有效途径。如何实现卫星导航系统与地面移动网等网络信号有效结合，已经成为室内外无缝定位导航技术领域研究的热点问题。

思　考　题

1. 名词解释

（1）松组合模式

（2）紧组合模式

2. 简答题

（1）阐述 GNSS/INS 组合导航系统的基本组成。

（2）GNSS/INS 组合导航关键技术有哪些？

（3）阐述 GNSS 和 INS 各自的优缺点，GNSS/INS 组合导航相比各独立导航系统有哪些优势？

参 考 文 献

艾伦, 金玲, 黄晓瑞, 2011. GPS/INS 组合导航技术的综述与展望. 数字通信世界(2): 58-61.

柴洪洲, 王敏, 穆敬, 等, 2013. 迈向实时位置服务的精密单点定位技术. 海洋测绘, 33(3): 75-78.

储超, 2020. 基于部分模糊度固定的 RTK/INS 紧组合算法研究. 武汉: 武汉大学.

储超, 黄亮, 杜仲进, 等, 2019. 抗差估计在 RTK/INS 紧组合中的应用研究. 全球定位系统, 44(5): 18-25.

董旺, 2017. 基于 GPS/INS 组合的多无人机姿态估计与路径规划算法研究. 秦皇岛: 燕山大学.

杜艳忠, 杨志强, 2017. INS/GPS 组合导航技术研究及仿真模拟. 北京测绘(S1): 5-8.

樊锦明, 2011. 基于 GIS 的车载导航技术研究. 哈尔滨: 哈尔滨工业大学.

高法钦, 谈展中, 2007. 北斗/惯导组合导航算法性能分析. 系统工程与电子技术(7): 1149-1154.

蒋郡祥, 2021. 基于图优化的视觉/惯性/GNSS 融合导航方法研究. 武汉: 武汉大学.

雷宏杰, 张亚崇, 2016. 机载惯性导航技术综述. 航空精密制造技术, 52(1): 7-12.

雷明兵, 刘伟鹏, 宋振华, 等, 2020. 防空导弹惯性技术综述及展望. 导航与控制, 19(Z1): 88-95.

李标, 2013. 城市 3D-GIS 实景采集与处理技术研究. 重庆: 重庆交通大学.

李德仁, 洪勇, 王密, 等, 2021. 测绘遥感能为智能驾驶做什么? 测绘学报, 50(11): 1421-1431.

李凯林, 李建胜, 王安成, 2023. GNSS/INS/视觉组合导航数据融合研究探讨. 导航定位学报 11(47): 9-15.

李团, 章红平, 牛小骥, 等, 2018. RTK/INS 紧组合算法在卫星数不足情况下的性能分析. 武汉大学学报(信息科学版), 43(3): 478-484.

李振, 2017. 智能车辆组合导航系统设计及先进信息融合算法研究. 青岛: 青岛科技大学.

刘学鹏, 2010. GPS/SINS 组合导航技术在军事中的应用及发展趋势//第九届全国光电技术学术交流会论文集(下册). 北京: 中国航天科工集团公司: 132-134.

秦永元, 张洪钺, 王叔华, 2012. 卡尔曼滤波与组合导航原理. 西安: 西北工业大学出版社.

王晨阳, 2015. 多传感器融合室内导航技术研究. 哈尔滨: 哈尔滨工程大学.

王浩源, 孙付平, 肖凯, 2017. PPP/INS 组合系统研究进展与展望. 全球定位系统, 42(5): 53-58.

王家耀, 2022. 关于地理信息系统未来发展的思考. 武汉大学学报(信息科学版), 47(10): 1535-1545.

魏伟, 武云云, 2014. 惯性/天文/卫星组合导航技术的现状与展望. 现代导航, 5(1): 62-65.

吴德伟, 景井, 李海林, 2012. 临近空间环境对高超声速飞行器导航系统的影响分析. 飞航导弹(12): 73-80.

吴和龙, 2020. 多旋翼无人机的低成本 Inertial/GNSS/Vision 组合导航关键技术研究. 北京: 中国科学院大学.

谢小魁, 冯国禄, 2021. 基于高精度 DEM 的地形感知和低空防撞预警飞行地理信息系统. 北部湾大学学报, 36(4): 66-70.

许云达, 赵修斌, 2014. 基于卫星导航系统的组合导航技术及其发展综述. 飞航导弹(5): 68-71.

严恭敏, 翁浚, 2019. 捷联惯导算法与组合导航原理. 西安: 西北工业大学出版社.

张帆, 2021. 捷联惯性导航与卫星导航紧组合系统关键技术研究. 哈尔滨: 哈尔滨工程大学.

张思明, 2014. 基于组合导航技术的嵌入式 GIS 设计. 西安: 西安电子科技大学.

张志强, 2014. 组合导航系统性能评估方法的研究. 哈尔滨: 哈尔滨工程大学.

智奇楠, 李枭楠, 刘鹏飞, 等, 2019. GNSS/INS 组合导航系统综述. 数字通信世界(8): 21-22.

钟振, 王祥, 2021. 基于 RTK 的 GNSS/INS 实时组合导航系统设计. 现代信息科技, 5(12): 72-74, 79.

周存波, 2012. GPS/SINS/电子地图组合导航算法研究. 哈尔滨: 哈尔滨工程大学.

第 7 章 GNSS 遥感新技术

【教学及学习目标】

本章主要介绍 GNSS 遥感探测相关理论知识及应用实例。通过本章的学习，学生可以了解 GNSS 遥感技术的概念和发展，理解 GNSS 遥感监测的基本原理与主要误差，掌握 GNSS 在大气层、陆地、海洋及极地地区的监测应用。

7.1 引　　言

随着空间科技的发展和地球空间信息基础设施的不断完善，人类能够通过更多的观测手段认知世界，尤其是对大气圈、水圈、冰冻圈的研究和理解已经产生跨越式的进步。目前全球在轨工作卫星超过 1 000 颗，2020 年中国已同时有 200 多颗卫星在轨运行，成为国际上卫星数量众多的国家之一。随之带来的遥感大数据资源，正在和即将为科研及行业应用提供持续增长的信息支撑，并能够强力推动空间信息产业的快速发展。如何充分、高附加值地使用卫星的数据资源，实现卫星遥感从"数据"到"信息"再到"价值"的转化，关键在于卫星遥感大数据及其应用技术的重大突破，急需遥感科技领域跨学科交叉研究及产学研协同创新（Zhang et al.，2017）。

全球导航卫星系统是为提供导航定位服务而发展的一类卫星系列。全球四大导航系统，即美国的 GPS、中国的 BDS、俄罗斯的 GLONASS 和欧盟的 Galileo，目前已有 100 多颗卫星在轨运行。这些导航卫星不仅能够为空间信息用户提供全球共享的导航、定位、授时信息，还可无偿提供全球覆盖、高时间分辨率的 L 波段（1～2 GHz）微波信号用于遥感探测。全面深入地探究和利用 GNSS 大数据资源，充分发掘 GNSS 大数据蕴藏的全方位价值，将成为 GNSS 业界创新拓展目标。鉴于此，自 20 世纪 90 年代以来，衍生并发展着 GNSS 遥感这一延伸学科。GNSS 遥感属于卫星导航与遥感的交叉学科范畴，其理念是致力于导航卫星创新增值应用探索，拓展导航卫星从传统应用到 GNSS+的创新应用。具体而言，即将干扰导航定位精度的大气折射、地表反射等误差源，"点石成金"为遥感探测的信号源，在突破导航卫星遥感探测关键技术的基础上，拓展 GNSS 大数据在地震探测、气象预报、海洋探测、智慧农业、水文水利、生态环境等领域的广泛应用（图 7-1）。根据 GNSS 卫星信号的传播和应用方式，GNSS 遥感总体划分为两个分支，即 GNSS 折射遥感（GNSS refractometry）和 GNSS 反射遥感（GNSS reflectometry）。前者指测量 GNSS 卫星信号穿过大气层发生的折射，后者指测量 GNSS 卫星信号到达地球表面时发生的反射（陈锐志 等，2019）。

GNSS 技术是 20 世纪对人类生活具有广泛重大影响的空间技术之一，目前已经应用于大地测量、地理信息系统、智能交通、城市规划等各个领域。全球卫星导航系统的相关技术也被应用到大气、海洋和空间的探测和应用领域，对这些领域产生了深刻影响，目前已

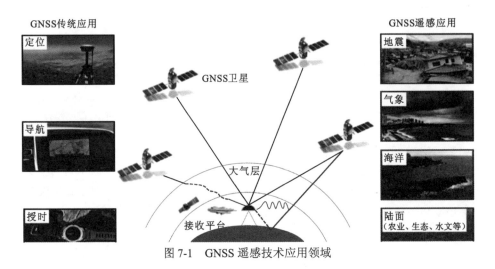

图 7-1　GNSS 遥感技术应用领域

经在高空探测的定位测风、地基遥感水汽和电离层、海风海浪探测、无人飞机导航、授时及气象信息传输领域得到了广泛应用。

7.2　GNSS 折射遥感技术

7.2.1　大气分层及大气折射

　　包围地球表面且含有气体分子、电子和离子的整个空间称为大气层。由于地球自转及不同高度大气对太阳辐射吸收程度的差异，大气在水平方向比较均匀，而在垂直方向呈明显的层状分布，可以按大气的热力性质、电离状况、大气组分等分成若干层次。在电波传播研究中，一般可将地球大气划分为 4 层：对流层、平流层、电离层、磁层，其中对常用频段无线电波传播影响最大的是大气的对流层和电离层，影响电波传播的大气环境也称为空间电波环境（林乐科，2011）。图 7-2 为大气分层及空间电波环境示意图。

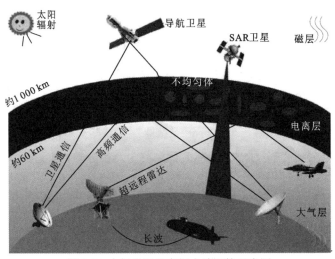

图 7-2　大气分层及空间电波环境示意图

对流层是指大气接触地面的部分，具有明显对流运动的大气层。对流层的主要特点是：大气温度随高度降低；大气的垂直混合作用强；气象要素水平分布不均匀（Bevis et al., 1992）。

由于地面是对流层大气的主要热源，总趋势是气温随高度降低，平均温度递减率约为 6.5 K/km。大气温度随高度降低的结果是对流层内有强烈的对流运动，有利于水汽和气溶胶粒子等大气成分在垂直方向上的输送。对流层里集中了大气质量的 3/4 和几乎全部水汽，又有强烈的垂直运动，因此主要的天气现象和过程如寒潮、台风、雷雨、闪电等都发生在这一层。到离地表十几千米高度处，温度的下降趋势缓慢或甚至稍有增加。温度递减率减小到 2 K/km 或更小时的最低高度处就称为对流层顶。对流层顶厚度大约为几千米，是对流层与平流层的过渡区。一般地，赤道附近及热带对流层顶高为 15～20 km，极地和中纬度带高为 8～14 km。对流层顶的高度还与地形及海陆分布有关，例如，我国对流层顶在夏季普遍高于 12 km，西南地区达到 18 km。特别地，南亚夏季平均对流层顶明显高于世界上其他地方，这可能与地球上海拔最高的地区——青藏高原有关。

由于地理纬度的不同及大片陆地和海洋的存在，各地区空气受热程度及水汽含量都不同，造成空气性质的差异，对流层内水平方向上气象要素（温度、气压、湿度、风向、风速、辐射等）分布不均匀。当然，水平方向的不均匀性比垂直方向小得多。

平流层处于 20～50 km 垂直空间范围内，其中臭氧（O_3）含量较高，能有效吸收太阳紫外线，使层内温度达到 60～70 ℃，但也存在逆温区。平流层内大气以水平方向的运动为主，故称平流层。由于该层空气稀薄且不含水汽，对电波传播影响不大。当前绝大多数的对流层折射研究一般包含平流层，即从地面到约 60 km 高空。电波传播中也将对流层与平流层合称为中性大气层（与电离层相对应）。

电离层是指地表以上约 60 km 到 500～1 000 km 的大气层。在太阳电磁辐射和微粒辐射的作用下，空气分子和原子开始电离为正离子和自由电子。这些正离子和自由电子一旦产生又倾向于复合，最后建立起平衡，形成电子数密度的垂直分布。虽然电子数密度只占中性气体的百分之几，但因其是被电离过的，所以在高层大气中会引起一些很重要的现象，这些现象包括产生电流与磁场，以及对无线电波的反射及各种等离子体过程。目前的探测结果表明，电子数密度在 90 km、100 km、300 km 处有峰值，且在 300 km 处电子数密度最大。电离层各区的高度、厚度和电子数密度有明显的日变化、季节变化和纬度变化。此外，太阳活动对电离层存在很大影响，突出的是电离层突然扰动（sudden ionospheric disturbance，SID）和电离层暴。在此期间，电离层的正常状态被破坏，影响中、短波的无线电通信。

原本直线前进的电磁波信号在穿越大气层时，因空气密度随着高度变化而产生偏折的现象，一般称为电磁波的折射。当传播的电磁波为单个波时，其传播速度即为该波在等相面的传播速度，即称为相速度。电磁波透过该介质的折射率，称为相折射率。

光电磁波的折射效应对雷达定位、多普勒测速、通信、导航都有影响，因此无论是天体或地面上物体位置的测量都需要考虑大气折射。当无线电波在不均匀介质中传播且其内部反射可忽略时，可以用几何光学近似方法对其进行研究。

由于大气折射指数分布不同，射线在空间各处弯曲的方向和程度也有所不同，主要考虑天顶距、气温、气压、湿度等因素的影响。按射线曲率半径（弯向地面为正，背向地面为负）与地球半径之比的大小，可以将大气折射分为几种类型，如图 7-3 所示。

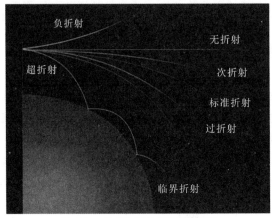

图 7-3　GNSS 信号折射的类型

7.2.2　GNSS 对流层延迟

由于在对流层中进行着各种各样规则和不规则（随机）的天气过程，温度、湿度、压强随时间和空间发生十分复杂的变化。在对流层中，大气参数沿垂直高度的变化远远大于沿水平方向的变化。因此，一般情况下可以认为大气参数是球面分层且水平均匀的。大气参数随高度的分布状况特别是其平均状态，是雷达探测、航天测控、导航定位等信息系统设计与运行及航空、气象、空间科学研究等工作中必不可少的资料，因此人们根据大量高空探测的数据和理论，分析得到了一系列反映大气平均状态的模型（梁宏 等，2020）。

对流层内的水汽量一般随高度而减小。水汽量随高度的分布往往比较复杂，受到温度垂直分布、对流运动、湍流交换、云层的凝结和蒸发及降水等多种因素的影响。一般来说，水汽压沿高度的分布应遵循以下的经验规律计算公式，具体表达式为

$$e = e_0 \times 10^{-h/6\,300} \qquad (7.1)$$

式中：e_0 为地面水汽压，hPa；h 为离地面的高度，m。水汽压随高度的下降要比气压的下降快得多。

考虑地球大气折射指数 $n \approx 1$，为了使用方便，在电波传播中常用 $N = (n-1) \times 10^6$ 表示折射率。在对流层大气中，一般情况下，折射率 N 是大气状态（大气压强 P、气温 T 和水汽压 e）的函数：

$$N = 77.6 \times \frac{P}{T} + 3.73 \times 10^5 \frac{e}{T^2} \qquad (7.2)$$

更为精确的大气折射率的表达式为

$$N = k_1 \frac{P_d}{T} Z_d^{-1} + k_2 \frac{e}{T} Z_w^{-1} + k_3 \frac{e}{T^2} Z_w^{-1} \qquad (7.3)$$

式中：Z_d^{-1} 和 Z_w^{-1} 分别为干空气和水汽的压缩因子；P_d 为干空气气压。根据不同的气象资料，

得到不同的系数 k_1、k_2、k_3，分别为

$$\begin{cases} k_1 = 77.604 \pm 0.0014 \\ k_2 = 64.79 \pm 0.08 \\ k_3 = 377\,600 \pm 400 \end{cases} \tag{7.4}$$

在式（7.3）中，由于 Z_d^{-1} 和 Z_w^{-1} 接近于 1，设其值为 1，则有

$$N = N_d + N_w = k_1 \frac{P_d}{T} + \left(k_1 \frac{P_d}{T} + k_1 \frac{P_d}{T} \right) \tag{7.5}$$

式中：N_d 为折射率干项；N_w 为折射率湿项。其中，干项部分与总的大气压 P 和大气气温 T 相关；而湿项部分则与水汽压 e 和大气温度 T 相关。通过使用气体状态方程将式（7.5）的前两项进行改写，在大气延迟量与地面气象观测量和水汽总量之间建立了相应的关系。因此，相应的大气延迟量为

$$\Delta S = 10^{-6} \left[\int k_1 R_d \rho \, \mathrm{d}s + \int \left(k_2' + \frac{k_3}{T} \right) \frac{e}{T} \mathrm{d}s \right] = \Delta S_h + \Delta S_w \tag{7.6}$$

式中：ρ 为大气密度；ΔS_h 为流体静力学延迟（hydrostatic delay）；ΔS_w 为湿延迟。

但是，这种方法具有成本高、费时、不便应用且存在一定不确定性的特点，因此常用的计算对流层延迟数据模型主要为 3 种：Hopfield 模型、Saastamoinen 模型和 Black 模型（王帅民，2021）。

（1）Hopfield 模型。根据大气分布规律可知，气温 T、气压 P 和水汽压 e 的值都随着距离地面高度的增加而逐渐下降。因此在建立 Hopfield 模型的过程中，采用下列公式来描述气象元素气温 T、气压 P 和水汽压 e 随高度 h 的变化规律：

$$\begin{cases} \dfrac{\mathrm{d}T}{\mathrm{d}h} = -6.8 \\ \dfrac{\mathrm{d}P}{\mathrm{d}h} = -\rho g \\ \dfrac{\mathrm{d}e}{\mathrm{d}h} = -\rho g \end{cases} \tag{7.7}$$

式中：g 为重力加速度。由式（7.7）可知，随着对流层中的高度每增加 1 km 气温 T 将会下降 6.8℃，随着高度的增加，对流层外边缘气温会降到绝对零度。此外，气压 P 和水汽压 e 也与高度有关并将随着高度的升高而逐渐降低，而且其变化率都与大气密度 ρ 和重力加速度 g 有关。由理想气体状态方程，可推导出 Hopfield 模型如下：

$$\Delta S = \Delta S_d + \Delta S_w = \frac{k_d}{\sin(E^2 + 6.25)^{1/2}} + \frac{k_w}{\sin(E^2 + 2.25)^{1/2}} \tag{7.8}$$

式中：ΔS 为对流层延迟，m；E 为高度角，°。当 E 大于 10° 时，对投影函数做的近似处理造成的误差小于 5 cm。

（2）Saastamoinen 模型。Saastamoinen 模型的具体表达式为

$$\Delta S = \frac{0.002\,277}{\sin E} \left[P_s + \left(\frac{1\,255}{T_s} + 0.05 \right) e_s - \frac{B}{\tan^2 E} \right] W(\varphi H) + \delta R \tag{7.9}$$

式中：$W(\varphi H) = 1 + 0.002\,6\cos 2\varphi + 0.000\,28 h_s$，$\varphi$ 为测站纬度，h_s 为测站高程，km；B 是 h_s 的列表函数；δR 是 E 和 h_s 的列表函数。式（7.9）需进一步数值拟合。

（3）Black 模型。Black 模型的具体表达公式为

$$\Delta S = k_{\mathrm{d}}\left[\sqrt{1-\left(\frac{\cos E}{1+(1-l_0)\dfrac{h_{\mathrm{d}}}{r_{\mathrm{s}}}}\right)^2}-b(E)\right]+k_{\mathrm{w}}\left[\sqrt{1-\left(\frac{\cos E}{1+(1-l_0)\dfrac{h_{\mathrm{w}}}{r_{\mathrm{s}}}}\right)^2}-b(E)\right] \tag{7.10}$$

式中：参数 $l_0 = 0.833 + [0.076 + 0.00015(T_{\mathrm{s}} - 273.16)^{-0.3E}]$；$b(E)$ 为路径弯曲改正项；h_{d} 为对流层顶部高于大地水准面的有效高度，m；h_{w} 为对流层湿气高于大地水准面的有效高度，一般取常数值，Black 模型中取值为 13 km，大气的水汽含量近似等于 0，其大气折射率湿项也近似等于 0。目前，对流层延迟改正方法主要包括水汽辐射计测量值改正法、模型改正法、双差法、参数估计法等。

7.2.3　GNSS 电离层延迟

电离层作为地球大气的一个电离区域。地球大气主要包含干大气、大气中所含微粒及水汽，在太阳辐射（紫外线、X 射线和 γ 射线）和宇宙中其他高能粒子的共同作用下，电离层区域内的部分大气微粒部分或是全部被电离，产生大量的自由电子和正离子，进而形成了电离区域，即电离层。电离层的范围大致为距离地球表面以上 60～1 000 km 的地球大气区域。当 GNSS 向地面接收站发射的电磁波信号穿越该区域时，在自由电子的作用下，信号的传播路径和传播速度会发生改变，从而造成电离层折射，即电离层延迟，如图 7-4 所示。

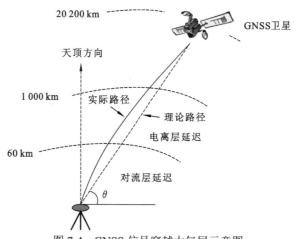

图 7-4　GNSS 信号穿越大气层示意图

电离层电子密度（电子浓度）是影响电磁传播的主要因素。它是指单位体积内所含有的自由电子数，其数值大小与地球大气成分的电离程度有关。并且地球大气成分在空间分布不均匀，使电离层电子密度在电离层区域范围内形成多个极值区。因此，依据电离层电子密度随电离层高度变化所呈现出的分布层状，可将电离层自下而上依次划分为 D 层、E 层和 F 层（F1 层和 F2 层）。

由于地球大气在不同地理位置的组成成分和密度及受到太阳辐射的不同，电离层电子

含量在水平分布上也具有不一致性。通常表现出在低纬度区域，电离层活跃且变化剧烈，其电子含量相对较大，对 GNSS 用户的影响最大；在中纬度区域，电离层相对平静，其季节变化和周日变化较为明显；而在高纬度区域，由于受到极昼和极夜的影响，其变化复杂。此外，除上述的变化特征外，电离层在水平分布上还具有一些异常变化，如赤道异常、冬季异常和夜间异常等。

电离层模型是用于描述电离层电子密度及电离层总电子含量（TEC）等物理参数的时空变化规律的数学表达式。由于电离层对 GNSS 信号的影响主要来源于信号传播路径上 TEC 的变化，电离层的建模研究通常指的是电离层总电子含量的建模研究。目前，电离层模型主要有经验模型、基于数学方法和数理统计的理论模型。其中，经验模型是目前最具有效性且应用最广泛的电离层模型，主要包括 Bent 模型、Klobuchar 模型、NeQuick 模型及 IRI 模型；数学模型通常主要有多项式模型、三角级数模型、球谐函数模型及 GIM 模型等。

GNSS 卫星发射的电磁波信号穿越电离层时，通常会受到高密度电子的影响，从而引起传输速度的改变；电离层对 GNSS 信号的这种折射效应通常称为电离层延迟（电离层时延）。在 GNSS 导航和定位中，电离层所含有的高密度电子又称为电离层总电子含量，它是影响 GNSS 信号延迟的关键因素，也是表征电离层时空变化的重要参量。因此，研究电离层 TEC 在时空上的变化规律并探索引起它发生改变的因素，可为高精度电离层 TEC 模型的建立提供参考依据。

在进行载波相位测量时，GNSS 信号在电离层中传播的相速度 V_p 和相折射率 n_p 存在如下的数学关系：

$$V_p = \frac{C}{n_p} \tag{7.11}$$

相折射率 n_p 可进一步表示为

$$n_p = 1 - k_1 N_e f^{-2} \pm k_2 N_e (H_0 \cos\theta) f^{-3} - k_3 N_e^3 f^{-4} \tag{7.12}$$

式中：N_e 为 GNSS 信号在电离层中传播路径上单位体积内所含有的电子个数，通常采用电子数/m³ 或者电子数/cm³ 来表示；f 为电磁波信号的频率。若只考虑二阶以内的电磁波信号频率，相速度 V_p 可表示为

$$V_p = \frac{C}{n_p} = C\left(1 + 40.3\frac{N_e}{f^2}\right) \tag{7.13}$$

因此，采用载波相位进行测量时，信号所受到的电离层延迟改正误差为

$$(V_{ion})_p = +40.3\int\frac{N_e}{f^2} \tag{7.14}$$

同样地，在进行伪距测量时，若只考虑二阶以内的电磁波信号频率，那么 GNSS 信号在电离层中传播的群速度 V_g 和群折射率 n_g 存在如下关系：

$$V_g = \frac{C}{n_g} = C\left(1 - 40.3\frac{N_e}{f^2}\right) \tag{7.15}$$

与载波相位测量相似，利用伪距进行测量的电离层延迟改正误差可表示为

$$(V_{ion})_p = -40.3 \int \frac{N_e}{f^2} \qquad (7.16)$$

在仅考虑 f^2 这一项的情况下，利用载波相位获得的距离要小于实际传播距离，而利用伪距观测所获得的距离则大于实际传播距离，但两种方法所获得的电离层改正量在数值上大小相等，因此，GNSS 信号受电离层影响所产生的时延可表示为

$$\Delta_{ion} = \frac{40.3}{f^2} \int N_e ds \qquad (7.17)$$

GNSS 信号在电离层中的延迟量受电离层电子密度和信号频率的共同作用，信号频率的恒定使电离层电子密度成为决定电离层时延的关键因素。上述的电离层延迟量的改正方法主要为双频改正法、双差法、模型修正法等。

7.2.4 地基 GNSS 大气水汽探测

地基 GNSS 技术确定水汽在大气中的含量，一直是 GNSS 和气象学所研究的一项重要内容，是气象灾害监测和预报所需最重要参数之一。水汽在时间、空间上的状态及三相变化，直接对大气的垂直稳定产生影响，并导致气候的演变，造成强对流天气进而引发强降雨等天气，甚至可能导致自然灾害的发生，如暴风雨天气、雷暴等。因此，实时监测和准确预报暴雨天气至为关键，对降低当地经济损失和提高水资源利用率有重大意义。

对流层延迟在天顶方向上的延迟量可称为天顶总延迟（zenith total delay，ZTD），其主要由大气中性大气引起的天顶静力学延迟（zenith hydrostatic delay，ZHD）和湿空气引起的天顶湿延迟（zenith wet delay，ZWD）两部分组成。前者受测站纬度和地表气压影响，可通过经验模型精确求出；后者受信号传播路径上的水汽含量影响，是由水汽分子的两极运动影响卫星信号的传播造成的；通过地表气象参数可将 ZWD 转化为大气可降水量（PWV）（Huang et al.，2018）。

精确的天顶总延迟可通过 GNSS 数据处理软件反演得到，国际上比较知名的 GNSS 数据处理软件包括 GAMIT/GOBK、Bernese 和 GIPSY 等。以 Saastamoinen 模型为例，其计算天顶静力学延迟的公式为

$$ZHD = \frac{0.002\,277P}{1 - 0.002\,66\cos(2\varphi) - 0.000\,28H} \qquad (7.18)$$

式中：P 为地表气压；φ 为测站纬度；H 为测站大地高。研究表明，获取地表气压的精度影响最终大气可降水量的精度。

目前大多数地基 GNSS 测站并未配备相应的气象传感器，如在超过 500 个的 IGS 测站中，仅有 70～100 个测站能够获取实测气象参数。对于气象站上的气压数据或数值气象数据，通过静力学和理想气体方程可计算得到 GNSS 测站高度上的气压。

$$P(h_g) = P(h_s)e^{\frac{g}{R_d} \int_{h_s}^{h_g} \frac{dz}{T_i}} \qquad (7.19)$$

式中：h_g 和 h_s 分别为 GNSS 测站和气象站（数值气象资料）对应的高度；R_d 为干空气的比气体常数。

此外，当无法获取气象站或数值气象资料中的气温参数时，GNSS 测站上的气压也可

根据式（7.20）进行计算：

$$\begin{cases} P(h_{\mathrm{g}}) = P(h_{\mathrm{s}})(1 - 2.26 \times 10^{-5} \Delta H)^{5.225} \\ \Delta H = h_{\mathrm{g}} - h_{\mathrm{s}} \end{cases} \tag{7.20}$$

天顶湿延迟与空气中的水汽含量密切有关，由于其变化无任何规律可言，无法通过经验公式精确求出。但通过 GNSS 观测数据精确反演得到的高精度天顶总延迟估值和通过地表气压参数利用经验模型精确计算的天顶静力学延迟估值，可分离出无法模型化的湿延迟部分。

大气可降水量指的是在垂直方向上从地球表面到对流层顶部单位面积空气柱的水汽全部转化为等质量液态水的高度，等价于综合水汽含量。PWV 转换为 IWV 的公式为

$$\mathrm{IWV} = \rho_{\mathrm{w}} \mathrm{PWV} = \prod \mathrm{ZWD} \tag{7.21}$$

式中：ρ_{w} 为液态水密度；$\prod = 10^6 / [(k_2' + k_3/T_{\mathrm{m}})R_{\mathrm{v}}\rho_{\mathrm{w}}]$ 为无纲量转换因子，R_{v} 为水汽气体常数，T_{m} 表示加权平均温度，是计算转换因子的关键参数，与温度和水汽压密切相关，其定义式可见文献 Davis 等（1985），k_2' 为大气折射常数，可根据式（7.22）计算得到。

$$k_2' = k_2 - mk_1 \tag{7.22}$$

式中：m 为水汽和干空气的摩尔质量之比。

GNSS 探测大气水汽流程如图 7-5 所示。

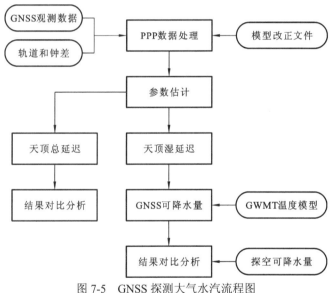

图 7-5　GNSS 探测大气水汽流程图

7.2.5　地基 GNSS 电离层 TEC 探测

GNSS 信号在电离层中的延迟量受电离层电子密度和信号频率的共同作用，由于 GNSS 信号频率通常是恒定的，电离层电子密度是决定电离层时延的关键因素。然而，电离层电子密度 N_{e} 是关于高度 H 和地方时 t 的二元函数，如果采用此函数进行解算则会变得复杂化。因此，为方便起见，通常引入总电子含量 TEC 来计算电离层延迟，其表达式为

$$\mathrm{TEC} = \int N_{\mathrm{e}} \mathrm{d}s \tag{7.23}$$

由式（7.23）可知，电离层 TEC 是电子密度 N_{e} 沿信号传播路径 s 积分所得。然而，信

号传播路径上的电子含量十分庞大，为便于计算，通常将 TEC 定义为单位面积内沿信号传播路径贯穿整个电离层区域的柱体所包含的自由电子数。通常情况下，1 TEC 等价于 10^{16} 电子数/m²。因此，对 L1 和 L2 载波相位而言，电离层延迟改正量分别为 0.162 292 TEC 和 0.267 286 TEC；而对调制在载波 L1 和 L2 上的测距码所测得的伪距 P1 和 P2 而言，电离层延迟改正量在数值上与载波相位相等，符号相反。

电离层 TEC 在垂直结构上的分布并不均匀，但通常在 F2 层（距地表 350～450 km），其电子密度最大。因此，为了简化电离层模型，但又要保证在整体上把握电离层的情况，通常引入单层电离层假设模型（single layer model，SLM），即认为电离层中的所有自由电子都集中在距地表 350～450 km 某一高度的无限薄层上，进而利用某一函数表达电离层 TEC 与空间和时间的关系。与多层模型相比，电离层假设模型具有结构简单、建模方便等优点。

利用单层电离层假设模型求解的电离层总电子含量是 GNSS 信号传播倾斜路径上的 TEC，而电离层建模所需的是穿刺点天顶方向上的 TEC，即电离层垂直总电子含量（vertical total electron content，VTEC）。通常需要借助投影函数将 TEC 转换成 VTEC。目前，常用的电离层投影函数有三角投影函数、GPS 广播星历电离层模型投影函数、Q 因子投影函数及加权投影函数等，研究表明，当卫星仰角大于 15° 时，这几种函数的效果基本一致。本书以简单的三角投影函数为例进行说明，具体形式为

$$\frac{\text{TEC}}{\text{VTEC}} = \frac{1}{\cos Z} \tag{7.24}$$

式中：Z 为测站的天顶距。在进行电离层 TEC 到 VTEC 转换之前，首先需要确定电离层穿刺点（ionospheric pierce point，IPP）的地磁位置，具体方法（杨芸珍，2020）如下所示。

计算测站与穿刺点的地心夹角 α

$$\alpha = \frac{\pi}{2} - E - \arcsin\left(\frac{R\cos E}{R + H}\right) \tag{7.25}$$

计算穿刺点的地理经纬度坐标

$$\begin{cases} \varphi_{\text{IPP}} = \arcsin(\sin\varphi_u\cos\alpha + \cos\varphi_u\sin\alpha\cos A) \\ \lambda_{\text{IPP}} = \lambda_u + \arcsin\left(\frac{\sin\alpha\sin A}{\cos\varphi_{\text{IPP}}}\right) \end{cases} \tag{7.26}$$

式中：φ_{IPP} 和 λ_{IPP} 分别为穿刺点的地理纬度和地理经度；φ_u 和 λ_u 分别为测站接收机的地理纬度和地理经度。

目前，多频多系统 GNSS 接收机可通过双频伪距观测法或双频载波相位观测法及相位平滑伪距法对电离层 TEC 值进行有效计算，但是，对于 GNSS 单频接收机，通常需要借助电离层模型。Klobuchar 模型因具有结构简单、易于计算等优点，成为实时单频 GNSS 导航、定位和监测中应用最广泛的模型。

7.2.6 地基 GNSS 大气水汽/电离层层析探测

利用地基 GNSS 反演大气水汽技术只能获得总的水汽含量，无法反映 PWV 三维分布信息，而水汽的三维信息在数值天气预报中十分重要，具有指示水汽移动路径和积聚程度的作用，对短临降雨预报具有非常重要的意义。因此如何将二维 PWV 值转化为三维空间

的水汽信息是目前研究的热点问题。自 21 世纪初,学者提出将层析技术应用于水汽反演以来,利用层析技术进行三维水汽研究已成为目前的主要方法。

GNSS 斜路径湿延迟的求解过程分为两种方法:非差法和双差法。由于非差法是将观测方程解算得到的斜路径湿延迟直接作为待估参数代入非差方程,非差法的计算较困难且需非常精确的卫星和接收机钟差。双差法是将大气湿延迟分为各向同性和各向异性部分,对流层斜路径延迟项为均匀介质;对流层梯度项为不均匀介质。通过映射函数将天顶湿延迟和梯度模型投影到信号传播路径方向获取斜路径湿延迟,其表达式为

$$\text{SWD} = \text{ZWD} \times m_\text{w}(e) + m_\Delta(e) \times (G_\text{N}^\text{w} \cos \varphi + G_\text{E}^\text{w} \sin \varphi) + R_\text{e} \tag{7.27}$$

式中:G_N^w、G_E^w 分别为南北方向、东西方向的大气梯度湿延迟项;R_e 为未进行模型化的残差值;$m_\Delta(e)$ 为大气梯度映射模型。

层析技术是利用不同方向的积分来重构被积函数,而水汽层析建立的层析方程是对斜路径湿延迟进行积分并离散化的过程。将湿折射率作为未知参数,并假定湿折射率在一定时间内(如 15 min)为定值,则在试验时间段内,将斜路径湿延迟 SWD 和 GNSS 信号穿过三维格网截距与湿折射率组成层析观测方程,利用相应的方法对观测方程进行解算。水汽层析观测方程的斜路径湿延迟的积分表达式为

$$\text{SWD} = 10^{-6} \int N_\text{w} \text{d}s \tag{7.28}$$

式中:s 为 GNSS 信号穿过大气的斜路径长度;N_w 为湿折射率,mm/km。由于式(7.28)积分计算较复杂,可对其进行离散化,离散化后的公式为

$$\text{SWD}^p = \sum (A_{xyz}^p X_{xyz}) \tag{7.29}$$

式中:SWD^p 为第 p 条卫星信号射线斜路径湿折射率总量;A_{xyz}^p 为第 p 条 GNSS 卫星信号射线穿过空间坐标为 (x, y, z) 格网的截距;X_{xyz} 为位于 (x, y, z) 格网内的湿折射率。X_{xyz} 作为待求量,SWD^p 为已知量,因此层析方程的解算实质上是湿折射率的求逆计算。

将所有的卫星信号的斜路径湿延迟均表示成式(7.29)的求和形式,得到信号斜路径的层析矩阵方程为

$$AX = B \tag{7.30}$$

式中:A 为截距系数矩阵;X 为待求的湿折射率参数向量;B 为穿过层析试验区域所有有效卫星信号的斜路径湿延迟观测向量的总和。

与对流层层析技术类似的是,高精度的电离层三维结构同样可采用层析方法进行有效监测。STEC 是卫星信号在电离层空间对电子密度的积分,而电离层层析(computerized ionospheric tomography,CIT)是将电离层空间按一定尺度划分,通过不同站星信号路径上的 STEC,反演特定尺度空间内的电离层电子密度为

$$\text{STEC} = \int N_\text{e}(\boldsymbol{r}) \text{d}s \tag{7.31}$$

式中:$N_\text{e}(\boldsymbol{r})$ 为电子密度函数;$\boldsymbol{r}$ 为空间位置向量。

函数基层析模型以球谐函数描述电离层电子密度水平剖面,以经验正交函数(empirical orthogonal function,EOF)描述电离层电子密度垂直剖面,具体形式见 Zhang 等(2017)。像素基层析模型是最为常用的电离层层析模型,将电离层空间按一定尺度划分成格网,并视每一个格网内电子密度均匀,STEC 为信号路径穿过格网所含电子密度的积分,因此

STEC 可以离散化为

$$\text{STEC} = \sum_{j=1}^{J} \boldsymbol{A}_{ij} \boldsymbol{x}_j + \boldsymbol{\varepsilon}_i \qquad (7.32)$$

$$\boldsymbol{A}_{ij} = \Delta \boldsymbol{s}_{ij} \qquad (7.33)$$

式中：$\boldsymbol{A}_{ij}$ 为斜距在对应格网内的截距构成的 $i \times j$ 维矩阵；$\boldsymbol{x}_j$ 为该离散电离层空间所有格网组成的待估电子密度的列向量；$\boldsymbol{\varepsilon}_i$ 为观测噪声和离散误差。$\Delta \boldsymbol{s}_{ij}$ 为第 i 条信号路径在第 j 个像素内的截距。综上所述，无论是函数基层析模型还是像素基层析模型，均将电离层层析问题转化为求线性方程组的最优估值问题。

7.3　GNSS 反射遥感技术

7.3.1　观测模式及接收平台

全球导航卫星系统（GNSS）具有全天候、近实时、高精度的特点，可持续发射 L 波段信号，广泛应用于定位、导航和授时（PNT）。随着 GNSS 技术的发展，利用 GNSS 反射信号可探测地球表面特征。GNSS 卫星持续向地球播发无线电信号，其中部分信号会被地球表面反射。从粗糙表面反射回来的 GNSS 延迟信号可以提供直射和反射信号路径的不同信息。这些信息包括反射信号的波形、幅值、相位和频率等的变化，极化特征的变化直接与反射面相关，结合接收机天线位置和介质信息，利用延迟测量观测和反射表面属性可以确定表面粗糙度和表面特性，即 GNSS 反射测量（global navigation satellite system reflectometry，GNSS-R）技术。该技术具有全天候、稳定性好、高时空分辨率、成本低、仪器体积小且功耗小、信号资源丰富、抗干扰能力强、隐蔽性强等独特优点。

20 世纪 80 年代起，GNSS 反射遥感技术起步，其最初的应用设想是测量平均海平面高度，它与全球高程基准的统一具有密切联系。欧洲航天局的 Martin-Neira（1993）首次提出 GPS 地表反射信号和直射信号一起被接收机接收，它们之间的延迟可以用于干涉测量。文中清楚地指出来自介质表层的反射信号是影响 GPS 卫星高精密定位的关键因素之一，PARIS 概念的提出使人们意识到此类干扰信号是能够被重新开发和使用的，其被认为是一种简化后的星载测高雷达。对于传统的测高雷达，一般需要采用 5~8 颗 GPS 卫星星座才能达到 50 km 空间分辨率和 7 天时间分辨率。然而，利用 GNSS-R 遥感技术则仅仅需要接收少量的多路径反射信号即可达到较高的时空分辨率。

GNSS-R 探测理论提出至今已有 20 余年的历程，GNSS-R 技术应用于海洋和陆地表面的多种环境特征参数的监测。GNSS-R 观测平台也从地基/岸基平台逐步发展到机载/星载平台（白伟华 等，2015；Bai et al.，2014）。理论上，GNSS 遥感观测可看作收发分置雷达结构，根据不同的信号接收方式，目前的研究主要基于两种思路开展：思路一是采用专门研制的 GNSS-R 接收设备，通过两个天线分别接收直射和反射信号，从微波遥感机理出发，基于双基雷达方程进行参数估算；思路二是采用普通定位用途的 GNSS 信号接收天线或线极化天线，接收直射信号和反射信号的叠加信号，通过信号干涉理论和度量进行参数估算。

GNSS-R 早期研究及后续绝大部分研究均采用第一种思路，已将其应用于海面高度、海面风、土壤湿度等。随着对 GNSS 反射信号认识的逐步深入，采用干涉相关理论探测地表参数干涉模式技术（interference pattern technique，IPT）也已初步应用于海洋和陆面参数估算中。上述两种思路下的 GNSS-R 遥感观测模式分别定义为"双天线模式或多天线模式"和"单天线模式"，如图 7-6 所示。

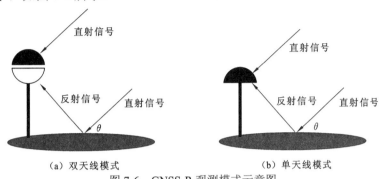

（a）双天线模式　　　　　　　　　（b）单天线模式

图 7-6　GNSS-R 观测模式示意图

GNSS-R 双天线模式和单天线模式具有各自的优势和适用性，前者是分别接收 GNSS 直射与反射信号，因此不受观测平台高度的限制，机载或星载观测能够获取地表参数的空间分布特征；后者受信号干涉形成条件的约束，仅适用于地基观测，可获取某个固定位置地表参数的长时间序列变化，借助分布密集的地基观测站网也可得到地表参数的空间分布特征。此外，无人机平台成本低且可搭载多种载荷，适用于 GNSS-R 行业应用，目前已有成功的尝试案例。更引人瞩目的是，各国均在不断开展 GNSS-R 星载观测计划。英国发射的 TechDemoSat-1（TDS-1）卫星（Chew et al.，2016）、美国的 CYGNSS 星座及欧洲航天局开展的 GEROS-ISS 计划上均进行了 GNSS-R 低轨测量试验。2019 年，我国成功发射捕风一号 A、B 卫星，实现了我国卫星导航信号探测海面风场零的突破，对台风预警、防灾减灾具有重要意义（王珏瑶 等，2021）。

7.3.2　双天线 GNSS-R 遥感技术

双天线模式 GNSS-R 技术属于一种双基雷达，其主要侧重于接收高仰角的 GNSS 反射信号（高仰角时反射信号分量以左旋圆极化天线 LHCP 为主，右旋圆极化天线 RHCP 接收部分可忽略不计），为便于建模，通过分析伪随机码的时间延迟和相关函数波形，可测量得到 GNSS 直射、反射信号功率，并结合电磁波散射理论，获取地表特征信息，主要应用的是信号的能量信息（尹聪，2019）。

双天线模式 GNSS-R 技术的主要观测量为信号功率。对于粗糙表面，功率存在相干分量和非相干分量两部分。由于地表状态的影响，反射功率波形发生变化，不再是规则的三角形。由于反射信号相对于直射信号存在一定的时间延迟，可通过时间延迟来测量高度信息。图 7-7 显示了直射和反射信号的相关功率波形特征。根据下层表面的特性，以降雪为例，降雪高度的增加使地表水含量和粗糙度更高，反射信号的相对功率峰值更大。同时，通过波形后缘的延伸程度，可以估计积雪深度信息随着地表粗糙度的增加，反射信号的峰值功率将减小，波形变扁平，同时波形后沿存在不同程度的延拓，可以估算粗糙度、风场等信息。对于双天线

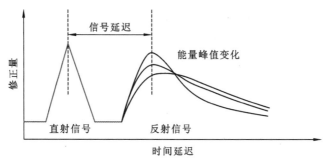

图 7-7　GPS 直射和反射信号的相关功率波形

模式，直射信号和反射信号在接收时即完成分离，用于表征地表参数的主要为反射信号功率，直射信号功率在计算归一化反射率时作为基准功率使用（吴学睿 等，2019）。

双天线模式 GNSS-R 技术涉及多极化特性这一重要问题。为更好地获取目标物信息，主动微波遥感雷达，无论地基、空基或天基，都在从单一极化走向多极化。作为外辐射源雷达之一的 GNSS-R 雷达结构，其目标物反射信号也应该是多极化的。反射信号包含两个部分，一部分为圆极化信号，另一部分为正交极化，这两种极化信号的数量与信号仰角有关，当仰角小于布鲁斯诺角时，圆极化信号占主要成分；反之，正交极化占主要成分。天线采用指向水平的 LHCP 极化来接收直射信号和反射信号的相干能量。

通过对微波段双基散射过程的研究，建立基于静态平台的复相干场自相关函数模型，可定义为

$$F_{\mathrm{I}}(t) = \frac{F_{\mathrm{R}}(t)}{F_{\mathrm{D}}(t)} \tag{7.34}$$

式中：$F_{\mathrm{D}}(t)$ 和 $F_{\mathrm{R}}(t)$ 分别为直射信号和反射波形峰值的复数值。利用 GPS 信号调制模型、电磁波传播和海面散射特性，同时假设海面高度是高斯分布的，用高斯模型近似模糊函数和天线方向图的影响，则复相干场及其自相关函数表示为

$$\begin{cases} F_{\mathrm{I}}(t) \approx ik\,\dfrac{e^{\mathrm{i}2kH\sin e}}{r'}\int MR e^{\mathrm{i}(-2kz\sin e)}\mathrm{d}S \\[2mm] T(\Delta t) = \langle F_{\mathrm{I}}^{*}(t)F_{\mathrm{I}}(t+\Delta t)\rangle \approx A\exp\!\left(-4k^{2}\sigma_{z}^{2}\dfrac{\Delta t^{2}}{2\tau_{z}^{2}}\sin^{2}e\right) \end{cases} \tag{7.35}$$

式中：A 为常数；k 为波数；σ_{z}^{2} 为方差；e 为卫星仰角；Δt 为时间间隔；τ_{z} 为海面的相关长度。式（7.35）表示复合高斯分布特性，其二阶矩阵为复相干场的相干时间，表示为

$$\tau_{F} = \frac{\lambda}{\pi\sin e}\frac{\tau_{z}}{H} \tag{7.36}$$

式中：λ 为载波波长；H 为高度变化量。

当前的双天线模式地表观测及应用主要包括地基和空基两个方向。地基观测试验的实施较为容易，可基于观测数据开展较为细致的分析和算法研究工作。部分学者以植被双站散射模型 Bi-mimics 为基础，对森林冠层极化散射特性进行仿真，探索了 GNSS-R 用于监测生物量的可行性。万玮等（2014）对 GNSS-R 信号各种极化条件下反射率计算公式进行推导，并与陆表物质介电常数建立关系，较全面地讨论了 GNSS-R 多极化问题。未来，星载 GNSS-R 观测的多极化问题将成为主要的研究领域。

7.3.3　单天线 GNSS-R 遥感技术

单天线模式 GNSS-R 技术主要利用 GNSS 信号的干涉特性，又称干涉型 GNSS-R。该技术利用可同时接收直射信号和反射信号的接收机，并将接收到的信号在接收机中进行相关处理，通过选择使用低卫星仰角的 GNSS 反射信号（低仰角时干涉特性比较显著），基于信噪比（SNR）的干涉测量方程，利用干涉测量度量（如相位、振幅和频率）与地表特征信息建立联系（Zhou et al.，2019）。

多路径效应是 GNSS 高精度定位的主要误差，它与反射面的结构和电介质参数密切相关。当卫星高度角低于 10° 时，GNSS 接收到的反射信号是右旋极化。此时，具有相同频率的反射信号与直射信号会发生相干作用，这一相干现象反映在信噪比的变化上，信噪比观测值是衡量 GPS 接收机天线接收到信号大小的一个量值，反映多路径与多路径误差的大小受卫星信号的发射功率、天线增益、卫星与接收机间的距离及多路径效应等因素的影响。在高度角较大情况下，天线增益较大使信噪比得到有效提高；而在高度角较小的情况下，一方面天线增益减小，另一方面多路径效应影响使信噪比下降得较为严重。因此，对信噪比进行分析可以评估多路径效应，进而估计地表环境参数，其干涉测量原理如图 7-8 所示。

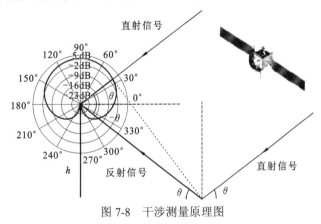

图 7-8　干涉测量原理图

GNSS-R 技术的主要观测量为直射和反射信号的干涉测量度量。GNSS 卫星信号存在多路径误差，且这种误差在卫星高度角较小时更为明显，即存在直射信号和反射信号的干涉效应，这一干涉效应体现在接收机记录的信噪比中。SNR 可用直射和反射信号表示为（Yang et al.，2019）

$$\begin{cases} \mathrm{SNR}^2 \approx S_c^2 = (S_d + S_r \cos\psi)^2 + (S_r \cos\psi)^2 = S_d^2 + S_r^2 + 2S_d S_r \cos\psi \\ \tan(\delta\varphi) = \dfrac{A_r \sin\psi}{A_d + A_r \cos\psi} = \dfrac{\alpha \sin\psi}{1 + \alpha \cos\psi} \\ \psi = \dfrac{4\pi h}{\lambda}\sin\theta \end{cases} \tag{7.37}$$

式中：S_d、S_r 分别为直射信号和反射信号的幅度值；ψ 为两种信号的相位差。当 GNSS 卫星高度角 θ 发生变化时，S_d、S_r 和 ψ 均会发生变化，从而造成 SNR 值的波动。将低阶多项式拟合法的结果作为直射分量，并将其从 SNR 序列中分离得到 SNR 的反射分量，表达式为

$$SNR_r = S_r \cos\left(\frac{4\pi h}{\lambda}\sin\theta + \phi\right) \tag{7.38}$$

通过频谱分析法得到 SNR 序列的频率，进而求得等效天线高度，选取最大的等效天线高度值作为等效天线高度的估计值。反射信号与直射信号相比，频率相同，强度由接收机高度和反射面的介电常数决定，同时因路程差而增加了相位偏移量。图 7-9 所示为 GPS 卫星三频 SNR 信号随卫星高度角的变化。其中，GPS 数据源自美国板块边界观测（plate boundary observatory，PBO）计划的 GPS 站点。由此可见，SNR 干涉波动在低仰角时十分明显。

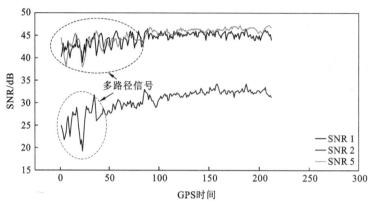

图 7-9　GPS 卫星三频 SNR 信号随卫星高度角的变化曲线

为了更清晰地反映反射信号特征，采用二次多项式拟合出 SNR 数据中的直射分量，然后将这部分直射分量去除，仅保留反射信号。图 7-10（a）为处理后的反射分量 SNR 波形，此处仅绘制低仰角（5°～25°）部分，高仰角部分的右旋圆极化反射分量近似为 0。最后利用去趋势后的 SNR 波形的干涉测量度量（相位、振幅、频率等）可进行频谱分析获得陆表参数估算，效果如图 7-10（b）所示。

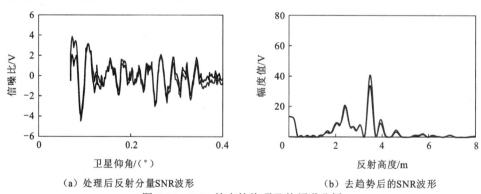

（a）处理后反射分量SNR波形　　　　　　　（b）去趋势后的SNR波形

图 7-10　SNR 的去趋势项及其频谱分析

与双天线模式 GNSS-R 技术相比，单天线 GNSS-R 技术的特点是在数据接收时未完成直射信号和反射信号的分离，而是在数据后处理过程中实现两者分离。与此同时，两者存在一定的共性。第一个共性问题是观测范围。GNSS-R 观测范围定义为反射区域的面积，是指衡量 GNSS 天线能够接收到的信号反射区域范围，该面积受接收天线波瓣宽度和菲涅耳半径的双重约束。第二个共性问题是计算镜像反射点的位置。这些问题有待进一步研究。

7.3.4　GNSS SAR 成像遥感技术

利用 GNSS-R 技术进行反射面特性研究通常都是定性的描述，如果反射面特性复杂，则会影响反演效果。利用 GNSS 信号成像的技术能够提升反演的空间分辨率，甚至用于目标探测与识别，具有广阔的应用前景。GNSS 信号成像技术也称为 GNSS 合成孔径雷达（GNSS SAR）技术，根据 GNSS 信号接收平台不同，可分为空基 GNSS SAR 技术和地基 GNSS SAR 技术。GNSS 信号由于并不是为成像设计的，用于成像时，具有一定的技术挑战，主要体现在：①信号调制方式不同；②信号带宽窄；③信号不是脉冲形式；④GNSS 信号能量低；⑤双基地 SAR。GNSS SAR 的工作原理见图 7-11，接收机同时接收直射信号和反射信号用于时间同步，然后将反射信号进行二维分块，利用回波时延的缓变特性进行二维成像。

图 7-11　GNSS SAR 工作原理

GNSS SAR 的关键技术是将 GNSS 连续波划分成等效脉冲信号，再将脉冲信号进行二维分块处理。对于成像区域内各个点的回波信号，其多普勒相位和回波时延随时间变化特性不同。因此，二维分块后回波信号表达式可近似地表示为（杨东凯 等，2012）

$$\tau(\eta,t)=\sum_{k=1}^{K}\alpha_k AC[\eta+T-\tau_k(\eta)]\mathrm{e}^{[-\mathrm{j}\theta_k(\eta+t)]},\quad 0\leqslant\eta<T_s,\ 0\leqslant t<T \qquad (7.39)$$

式中：t 和 η 分别为快时间和慢时间；α_k 和 $\tau_k(t)$ 分别为第 k 个目标区域对应的幅度衰减因子和传输延迟时间；$\theta_k(\eta+t)$ 为回波信号的多普勒相位；T_s 为合成孔径时间；T 为等效脉冲重复间隔。

GNSS SAR 成像中，直射信号的接收与反射信号的接收共用一套本振信号从而保证两个通道之间的时间同步，通过直射信号提取多普勒信息和距离徙动参数。根据卫星和接收机的相对位置关系确定成像场景反射信号的几何关系。再根据直射信号的多普勒信息和距离徙动参数，以及直射与反射信号的几何关系获得回波信号的多普勒参数和距离徙动参数，用于回波信号的聚焦成像。

GNSS SAR 成像技术主要用于目标检测和海面监测。受到成像分辨率的限制，GNSS SAR 主要用于大目标的检测，例如根据海面和海冰表面粗糙程度不同的特性，通过研究 GNSS 反射信号在时延–多普勒映射（delay-Doppler mapping，DDM）图上的散射能量空间分布，可识别海冰的边界。GNSS SAR 成像还可以用于检测一些静态和动态的目标。

7.4 GNSS 遥感新技术发展趋势

目前，新一代的全球导航卫星系统（GNSS），包括美国现代化 GPS、俄罗斯现代化 GLONASS、欧盟 Galileo 系统和中国北斗导航卫星系统（BDS），正在不断发展与完善，GNSS 正向多频、多模的方向发展。结合空基增强系统（QZSS 和 IRNSS 等），地基 GNSS 测网可以接收更多频率的多系统 GNSS 反射信号，这将大大提高时空分辨率，更好地估计地表反射面地球物理参数。另外，随着全球 IGS 测站和区域性 GPS 测站的不断增多，可获得更多的地基 GNSS 测站周边环境信息，为全球水文研究及气候变化提供基础数据。

7.4.1 GNSS-R 低轨卫星

为了满足全球化遥感监测的需求，星载 GNSS-R 反射试验正发展成为当今的热门研究领域之一。欧洲航天局启动了 GEROS-ISS（GNSS reflectometry，radio occultation and scatterometry onboard the international space station）计划，在国际空间站上进行 GNSS 信号反射、掩星与散射测量，为全球气候变化研究提供支持。美国国家海洋和大气管理局和国家太空中心计划发射下一代的 FORMOSAT-7/COSMIC-2 卫星，该卫星系统将拥有 12 颗装载了特制的 GNSS-R 接收机的卫星，可接收多系统全频段的反射信号。NASA 设计了包含 8 个小卫星的 CYGNSS 反射测量项目 [图 7-12（a）]，致力于研究海洋表面特性、潮湿大气热力学、判断热带飓风的形成与是否会继续加强及加强幅度多少的对流辐射动力学之间的关系，而 CYGNSS 项目将会改善预报和记录方法。CYGNSS 项目将首次帮助科学家探测发生在风暴中心的大气与海洋之间的交互过程。2019 年，我国在黄海海域成功发射基于全球卫星导航系统反射信号技术的捕风一号 A、B 卫星 [图 7-12（b）]，这支国产小卫星"编队"为台风海洋监测预报业务提供重要数据支撑（王珏瑶 等，2021）。

(a) CYGNSS星座   (b) 捕风一号星座

图 7-12 低轨 GNSS-R 卫星

当前，各国均在大力发展低轨微小卫星星座，小卫星已经成为天基地球观测系统的重要力量。其中，作为国内外遥感和导航领域研究热点之一，捕风一号卫星因只被动接收导航系统信号，可采用微小卫星平台，质量仅为常规对地遥感卫星的几十分之一，还具有研制周期短、部署快、性价比高的优势。捕风一号卫星星座快速组网和运载火箭海上快速发射技术，也为后续风云气象小卫星星座观测技术提供了技术准备。

7.4.2 GNSS-R 接收机

目前，美国喷气推进实验室正在研发新一代的 GNSS 多频接收机 TriG（Tri-GNSS，GPS+Galileo+GLONASS）用于精密定轨及无线电掩星和反射测量。通过跟踪 GPS 的 L1C/A、L2、L2C 和 L5 及 Galileo、GLONASS 等新型系统的信号，TriG 可以进行多频 GNSS 信号折射和反射测量，结构原理如图 7-13 所示。

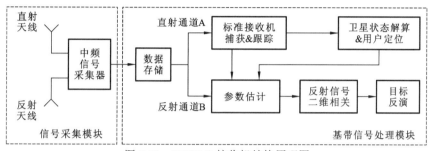

图 7-13　GNSS-R 接收机结构原理图

西班牙加泰罗尼亚理工大学研制了适用于 GPS 反射信号推演海面高度、海况及土壤湿度等相关地球物理参数的高级 GNSS 无源反射仪（griPAU），可以实时、高精度地得到时延-多普勒映射（DDM）相关值，并可根据不同的分辨率配置及选择相关或非相关的积分时间来计算 24（或者 32）个复杂点的 DDM。现代化的多频 GPS、未来的 Galileo 系统等带来了更多的卫星星座、新的信号和频段，西班牙圣安西亚斯研究所也正在进行 GNSS-R 设备研发、GNSS 信号散射和反射应用等方面的研究。

7.4.3　基于北斗卫星的 GNSS-R 新兴遥感

北斗卫星导航系统已从北斗一代、北斗二代的试验系统，发展到目前的北斗三代全球导航定位系统，截至 2020 年 6 月，我国的第 55 颗北斗卫星，即北斗三号全球卫星导航系统的最后一颗组网卫星已经发射成功，我国已完成北斗卫星导航系统的全面建设，可实现全球导航定位功能。北斗卫星导航系统能够提供与 GPS 类似的 L 波段微波辐射信号，且未来将实现全球覆盖。北斗卫星导航系统具有比 GPS 更丰富的卫星轨道设计。因此，充分挖掘北斗卫星导航系统的遥感应用潜力，大力发展其在气象、地震、海洋、陆面应用优势，是引领我国 GNSS 遥感领域发展的一个重要方向。实现基于北斗和 GPS 双模联合探测大气水汽、反演海洋和陆表变量，将是未来科学研究及业务化行业应用的重要工作。此外，GNSS-R 地基、空基和星载观测及生成的陆表/海洋参数产品，可作为验证卫星遥感反演产品的一种有效手段，用于验证广为关注的 NASA 土壤水分主动-被动（soil moisture active and passive，SMAP）计划、地表水和海洋地形观测计划（surface water ocean topography，SWOT）产品等。

思　考　题

一、名词解释

（1）大气延迟

（2）大气可降水量

（3）电离层电子密度

（4）层析技术

（5）双天线模式

（6）干涉延迟

二、简答题

（1）阐述 GNSS 折射遥感和 GNSS 反射遥感的基本原理。

（2）GNSS 反射遥感技术有哪几种观测模式？说明各自的优势和缺点。

（3）GNSS-R 遥感技术的应用领域有哪几种？

（4）阐述 GNSS-R 新技术的大致发展趋势。

参 考 文 献

白伟华, 夏俊明, 万玮, 等, 2015. 中国 GNSS-R 机载实验综合评估: 河流遥感. 科学通报, 60(24): 2356.

陈锐志, 王磊, 李德仁, 等, 2019. 导航与遥感技术融合综述. 测绘学报, 48(12): 1507-1522.

梁宏, 曹云昌, 梁静舒, 等, 2020. 地基 GNSS 遥感探测气象应用. 中国地震, 36(4): 744-755.

林乐科, 2001. 利用 GNSS 信号的地基大气折射率剖面反演技术研究. 南京: 南京邮电大学.

万玮, 李黄, 洪阳, 2014. 作为外辐射源雷达的 GNSS-R 遥感多极化问题. 雷达学报, 3(6): 641-651.

王珏瑶, 符养, 白伟华, 等, 2021. GNSS 遥感探测卫星星座设计. 空间科学学报, 41(3): 475-482.

王帅民, 2021. 基于 GNSS 和再分析资料的 ZTD/PWV 精度评定与模型构建方法研究. 济南: 山东大学.

吴学睿, 金双根, 宋叶志, 等, 2019. GNSS-R/IR 土壤水分遥感研究现状. 大地测量与地球动力学, 39(12): 1277-1282.

杨东凯, 张其善, 2012. GNSS 反射信号处理基础与实践. 北京: 电子工业出版社.

杨芸珍, 2020. 中国地区 GNSS 电离层延迟建模研究. 桂林: 桂林理工大学.

尹聪, 2019. 基于导航卫星反射信号的土壤湿度研究. 南京: 南京信息工程大学.

BAI W H, SUN Y Q, DU Q F, et al., 2014. An introduction to the FY3 GNOS instrument and mountain-top tests. Atmospheric Measurement Techniques, 7(6): 1817-1823.

BEVIS M, BUSINGER S, HERRING T A, et al., 1992. GPS meteorology: Remote sensing of atmospheric water vapor using the global positioning system. Journal of Geophysical Research: Atmospheres, 97(D14): 15787-15801.

CHEW C, SHAH R, ZUFFADA C, et al., 2016. Demonstrating soil moisture remote sensing with observations from the UK TechDemoSat-1 satellite mission. Geophysical Research Letters, 43(7): 3317-3324.

DAVIS J L, HERRING T A, SHAPIRO L L, et al., 1985. Geodesy by radio interferometry effects of atmospheric modeling errors on estimates baseline length. Radio Science, 20(6): 1593-1607.

HUANG L, JIANG W, LIU L, et al., 2018. A new global grid model for the determination of atmospheric weighted mean temperature in GPS precipitable water vapor. Journal of Geodesy, 93: 159-176.

MARTIN-NEIRA M, 1993. A passive reflectometry and interferometry system(PARIS) application to ocean altimetry. ESA Journal, 17(4): 331-355.

YANG T, WAN W, CHEN X, et al., 2019. Land surface characterization using BeiDou signal-to-noise ratio observations. GPS Solutions, 23(2): 32.

ZHANG X, JIN S, LU X, 2017. Global surface mass variations from continuous GPS observations and satellite altimetry data. Remote Sensing, 9(10): 1000.

ZHOU W, LIU L, HUANG L, et al., 2019. A new GPS SNR-based combination approach for land surface snow depth monitoring. Scientific Reports, 9(1): 3814.

附录 A　IGS 组织

自 1994 年成立以来，国际 GNSS 服务（IGS）组织向全球免费提供高质量的 GNSS 数据产品，这些产品使人们能够获得权威的全球参考框架，从而为科研、教育及商业应用提供支持，这对全球用户来说有巨大的帮助，同时也是支撑科研进步的关键元素。IGS 组织是一个由 100 多个国家的 200 多个自筹资金机构、大学和研究机构自愿联合组成的机构，致力于提供全球最高精度的 GNSS 卫星轨道等产品，这些产品支持各种各样的应用，几乎可以触及全球经济中所有领域的数百万用户，生产支持国际地球参考框架的产品，同时提供 400 多个全球基准站的跟踪数据，并且通过工作组和试点项目，不断开发出新的应用和产品，是全球大地测量观测系统（global geodetic observing system，GGOS）的一部分，也是全球数据系统（World Data System，WDS）的会员组织。

IGS 组织是为了支持大地测量与地球动力学研究，由国际大地测量协会在 1993 年组建的国际协会组织。1994 年正式开始工作，随后由于 GLONASS 等其他卫星导航系统的建成且投入运营，国际 GPS 服务也扩大工作范围，且改为国际 GNSS 服务。IGS 组织不断地为科研者提供各跟踪站的 GNSS 观测资料和 IGS 产品，该组织提供高精度的精密星历并且力争缩短其获取的时间延迟。为国际地球参考框架（ITRF）的建立，IGS 组织提供了高精度的 GNSS 数据、产品和服务。IGS 通过收集 GPS 观测数据集生成主要的 7 种产品，这些收集的数据集精度较高，能满足科研领域和工程领域的应用研究。截至目前，IGS 有 400 多个跟踪站，有超过 300 多个永久观测站，能够进行 24 h 连续观测。IGS 组织现有 15 个数据中心，其中全球性的 3 个，区域性的 12 个。数据处理中心除了处理每天的观测数据，还要计算卫星轨道参数等一系列产品。为了生成最终的卫星星历产品，数据中心还要对来自各个数据处理中心的数据进行加权。

1. 宗旨

IGS 组织的宗旨在于能够更好地共享 GNSS 数据，能够实现 IGS 产品全球化，将各种产品应用于众多领域，如地震的监测。IGS 组织本着推广 GNSS 技术成为全球定位的规范，不断地提高 IGS 产品的精度，从而达到地球科学研究的精度要求。IGS 组织不断地完善基础设施的建设，并管理好各个部门，从而达到各部门之间高效率运行。IGS 组织为了保证所有人都可以使用 IGS 数据，也为了吸引科学研究者加入该组织，一直坚持数据免费获取的准则。IGS 组织为了保障其产品的稳定性和高精度，制定了产品标准规范，并且为了推广市场，吸引更多人使用 IGS 产品，一直把新技术引入产品中。IGS 组织在不断地提高其产品对社会各个领域的科研集体的影响，而且它始终在促使其产品与全球大地测量观测系统的结合。

2. 组成机构

IGS 组织主要由 6 个机构组成，它们分别是管理委员会、中央局、数据处理中心、跟踪站、数据分析中心、基础设施委员会，如附图 A-1 所示。

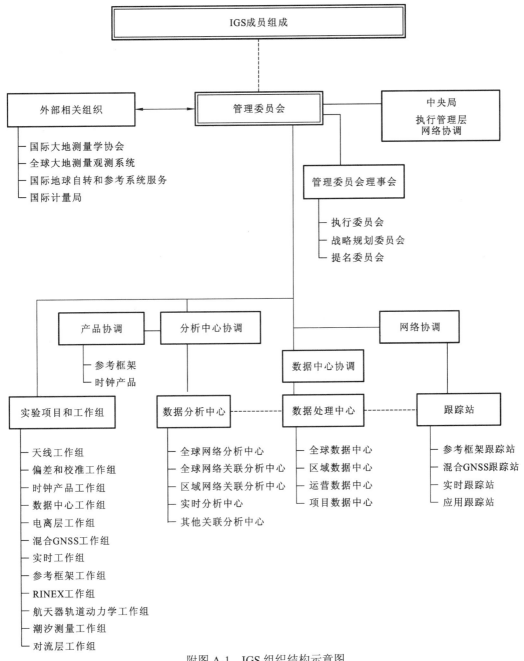

附图 A-1　IGS 组织结构示意图

1）管理委员会

管理委员会由 100 多个成员单位中选举的 16 位科学家组成。管理委员会是为 IGS 组织制定政策并对 IGS 组织进行全面监督的国际机构。委员会控制着 IGS 组织的一般活动，并且在必要时进行重组，以提高整合和利用 GNSS 技术的效率和可靠性。

2）中央局

中央局设在美国加利福尼亚州喷气推进实验室内，负责协调 IGS 组织的日常运营。中央局是管理委员会的执行机构，负责协调 IGS 组织网络运营；监控网络运行并提供数据质量保证；组织相关会议；协调 IGS 组织报告的编制和发布。

3）跟踪站

跟踪站提供对所有 GNSS 卫星的连续观测。IGS 有 450 多个永久连续运行的基站，它们用于跟踪 GPS、GLONASS、Galileo、BDS、QZSS 和一些 SBAS 的信号。这些观测站分布在全球范围内，通过网络传输数据。跟踪站通过不间断地跟踪运行，确保数据处理中也可以迅速获取数据。根据它们的作用范围，跟踪站网络可以分为全球性网络、局域范围网络及区域范围网络。

4）数据处理中心

附表 A-1 是 IGS 架构下的全部数据处理中心，由表可知，现有 16 个运营数据中心、6 个全球数据中心、7 个区域数据中心和 1 个项目数据中心。其中，运营数据中心需要控制用户接收及收集的数据质量，而且它必须整理和保存用户接收机的收集数据和最初数据，如数据的卫星个数、用户接收机接收数据的开始时间等。运营数据中心必须将接收机接收到的最初数据转换成通用的 RINEX 格式，并且必须在每天测量完成后的 1 h 之内将数据压缩后传输到全球和区域两个数据处理中心。运营数据中心和用户接收机接收数据是单向的关系，因为用户接收机只能间接地接收来自运营数据中心的数据，而运营数据中心必须一直获取用户接收机的测量数据。虽然运营数据中心有义务控制接收机的测量数据问题，但区域数据中心和全球数据中心也必须检核输入的数据是否存在质量问题。IGS 组织的 3 个数据中心必须尽可能长期保存数据，其数据保存期限不低于 1 年。

附表 A-1　IGS 组织的数据处理中心组织架构

数据中心	机构	缩写	国家
全球数据中心	武汉大学	WHU	中国
	韩国天文空间科学研究所	KASI	韩国
	国家地理研究所	IGN	法国
	欧洲航天局	ESA/ESAC	西班牙
	地壳动力学数据信息系统	CDDIS	美国
	斯克里普斯海洋学研究所	SIO	美国
区域数据中心	澳大利亚地球科学局	GA	澳大利亚
	武汉大学	WHU	中国
	联邦制图和大地测量局	BKG(IFAG)	德国
	俄罗斯科学院统一地球物理服务中心-地球动力监测部	RDAAC-IRIS	俄罗斯
	哈特贝斯图克射电天文台	HRAO	南非
	NGS/NOAA 运行数据中心	NGS/NOAA	美国
	喷气推进实验室	JPL	美国
运营数据中心	澳大利亚地球科学局	GA	澳大利亚
	加拿大地质调查局	PGC	加拿大
	加拿大大地测量局	NRCAN	加拿大

数据中心	机构	缩写	国家
运营数据中心	Kort&Matrikelstyrelsen/国家调查与地籍	KMS	丹麦
	国家空间研究中心	CNES	法国
	欧洲航天局	ESA/ESOC	德国
	德国地球科学研究中心	GFZ	德国
	哈特贝斯图克射电天文台	HRAO	南非
	意大利航天局	ASI	意大利
	地理调查研究所	GSI	日本
	俄罗斯科学院统一地球物理服务中心-地球动力监测部	RDAAC-IRIS	俄罗斯
	代尔夫特理工大学	DUT	荷兰
	挪威测绘局	SK	挪威
	喷气推进实验室	JPL	美国
	NGS/NOAA 运行数据中心	NGS/NOAA	美国
	斯克里普斯轨道和永久阵列中心	SOPAC	美国
项目数据中心	拉罗谢尔大学>验潮仪& GPS	TIGA	法国

5）数据分析中心

IGS 组织现有 11 个数据分析中心，比较大型和核心的分析中心有 5 个，分别是：瑞士欧洲定轨中心（CODE）、德国欧洲空间工作局（ESA）、德国地球科学研究所（GFZ）、美国喷气推进实验室（JPL）和中国武汉大学 IGS 数据中心（WHU）。瑞士欧洲定轨中心（CODE）主要研究的内容是连续的 GPS 和 GLONASS 的卫星轨道、地球自转参数、电离层数据（目前仅针对快速和最终数据）、GPS 卫星钟校准（目前仅针对快速和最终数据）及跟踪站的坐标（目前仅针对最终数据）。将瑞士欧洲定轨中心的轨道数据与 IGS 组织最后发布的轨迹进行对比，发现瑞士欧洲定轨中心的轨道数据在 Z 轴方向的偏差比较大。此外，瑞士欧洲定轨中心提供的最终钟差数据也与 IGS 组织最终发布的最终钟差数据存在较大程度上的差异。在其他数据方面，瑞士欧洲定轨中心的精度还是值得认可的。并且，瑞士欧洲定轨中心还为 IGS 组织的 IGS-MGEX（Multi GNSS Experiment）工程做出了巨大的贡献。总体来说，大部分情况下用户会使用瑞士欧洲定轨中心提供的各类数据，以便进行进一步的科研工作与实际应用，其意义是非常深远的。

德国欧洲空间工作局（ESA）位于德国的达姆斯塔特，从 1992 年开始便为 IGS 组织提供数据上的支持服务。德国欧洲空间工作局主要研究的内容有最终 GNSS 产品、快速 GNSS 产品、超快速 GNSS 产品、实时 GNSS 服务及 GNSS 传感器站。除这些主要研究内容外，德国欧洲空间工作局还活跃在各个方面，例如卫星轨道建模等。德国欧洲空间工作局有着自己的特点，是众多数据分析中心中比较好的一个，它为 IGS 组织所提供的数据产品也是最完整的。

事实上，德国欧洲空间工作局是第一个提供一整套定轨和钟差产品的 IGS 数据分析中心。德国欧洲空间工作局所提供的快速产品，是精度最高也是最及时的，德国欧洲空间工作局在观测日后的 2 h 内便能提供快速星历数据，而其他的数据分析中心则需要在观测日后的 17 h 才能提供，这在一定程度上说明了德国欧洲空间工作局产品的可靠性。

德国地球科学研究所（GFZ）位于德国的波茨坦，是一所非大学所属的地学研究机构。德国地球科学研究所提供的数据种类很多，不仅包括 GPS 和 GLONASS 的数据，还包括 Galileo 和 BDS 的数据，并且还能够对 M-GEX 数据进行处理和分析。德国地球科学研究所自主升级了 EPOS-P8 软件用来处理数据，用来研究多系统数据分析。目前，德国地球科学研究所能够得到 BDS 提供的 5 颗地球静止轨道卫星、5 颗倾斜地球同步观测卫星和 4 颗中轨道卫星的轨道数据，因此经常处理和分析 GPS+BDS 的数据。德国地球科学研究所处理轨道模型的经验非常丰富，关于轨道的观测结果比其他数据分析中心的精度要高，其在 IGS 轨道分析中的权重也相应比较大。

美国喷气推进实验室（JPL）主要为 GPS 卫星提供轨道和钟差数据，为各地面站提供位置、钟差及对流层数据等，各地面站可利用该实验室提供的数据解算卫星的轨道和钟差，估计地球的旋转参数（白天的时长、极地运动及极地运动率）。该实验室也为 IGS 组织提供 GPS 的超快速轨道和钟差产品，这些产品的延迟小于 2 h 并且都是每小时进行更新。美国喷气推进实验室使用的是 GIPSY/OASIS 软件来处理数据，从 GPS 的第 1 738 周（2013年 4 月 28 日）开始，该实验室开始使用 GIPSY/OASIS 的 6.2 版本。值得说明的是，美国喷气推进实验室使用的模型仍然是 GPS 太阳辐射压力模型，而不是其他数据分析中心使用的基于 DYB 策略的模型，这也是基于实际情况考虑并且在软件上进行了测试对比最终做的决定，因此美国喷气推进实验室提供的数据有它自己的特点。近几年，美国喷气推进实验室的主要任务是对现有的 IGS 产品进行再加工处理。

中国武汉大学 IGS 数据中心（WHU）于 2012 年正式加入 IGS 组织，是非欧美地区建立的首个 IGS 数据分析中心。该数据中心使用的是其自主研发的 PANDA 软件来进行数据分析和处理，主要为 IGS 组织提供超快速和快速产品，包括 GPS 和 GLONASS 卫星的定轨、钟差及 EPRs。中国武汉大学 IGS 数据中心计算生成 GNSS 卫星厘米级超快速精密轨道与钟差产品，并提供给 IGS 组织生成官方产品。据 IGS 组织官方评测，中国武汉大学 IGS 数据中心产品质量在全球 9 家同类分析中心中排名前三。中国武汉大学 IGS 数据中心是全球仅有的 3 个同时承担 IGS 数据分析中心和 IGS 数据处理中心任务的研究机构之一，已处于国际 GNSS 领先行列，将在国际高精度 GNSS 研究领域发挥重要作用、做出更多贡献。武汉大学 IGS 数据中心虽然加入 IGS 组织的时间不长，但是对 GNSS 数据处理分析所做出的贡献是十分巨大的。

6）基础设施委员会

为了满足更高精度的 IGS 产品的需求，IGS 组织必须保障建立好 IGS 观测网络，其中，保障 IGS 观测网络的基础设备平稳且无故障运行是基础设施委员会的职责和义务。只有在基础设施委员会的维护下，IGS 其余组织机构才能很好地运行。

3. 星历数据产品

IGS 组织所生产的产品有卫星星历数据、跟踪站的时钟信息、跟踪站的位置和速度、跟踪站的相位数据和伪距测量数据（RINEX 格式）、接收机的钟差数据、地球自转参数所有卫星的高质量轨道数据和预测轨道数据及电离层对流层数据等。上述数据不仅可以满足定位和导航的精度要求，而且也为重要的科研项目提供数据方面的支持，如为卫星定轨提供高质量的数据等。卫星星历数据包含了卫星的位置、钟差数据信息、钟差数据的改正和说明信息，其中卫星钟差有 4 种不同类型的数据。IGS 星历数据产品如附表 A-2 所示。

附表 A-2　IGS 星历数据产品

星历类型	数据类型	精度	获取延迟	更新时间	采样率
广播星历	轨道	100 cm	实时	实时	日
	钟差	均方根误差（RMS）：5 ns 标准偏差：2.5 ns			
超快速星历（实际测量部分）	轨道	3 cm	实时	00 点，06 点，12 点，18 点	15 min
	钟差	均方根误差（RMS）：150 ps 标准偏差：50 ps			
超快速星历（预测部分）	轨道	5 cm	实时	00 点，06 点，12 点，18 点	15 min
	钟差	均方根误差（RMS）：3 ns 标准偏差：1.5 ns			
快速星历	轨道	2.5 cm	17~41 h	17UTC	15 min，5 min
	钟差	均方根误差（RMS）：75 ps 标准偏差：20 ps			
最终星历	轨道	2.5 cm	12~18 d	每周二	15 min，5 min，30 s
	钟差	均方根误差（RMS）：75 ps 标准偏差：20 ps			

附录 B　iGMAS

　　iGMAS 是国际 GNSS 监测评估系统（international GNSS monitoring & assessment system，http://www.igmas.org/）的简称。在 2011 年 6 月的 ICG-6 预备会上，iGMAS 倡议首次由中国提出。iGMAS 旨在建立一个全球分布的 GNSS 信号跟踪网络，通过多 GNSS 高精度接收机和高增益全向天线，监测 GNSS 的服务性能和信号质量，为全球广大用户提供高质量服务。

　　目前，GNSS 全球用户不仅可以通过互联网获得 GNSS 多系统监测评估的服务信息和其卫星信号，而且能直接下载高精度的最终数据产品。IGS 产品包括卫星轨道/钟差、ERP、IGS 站坐标和速度、地心变化及对流层和电离层产品，iGMAS 产品与 IGS 产品相似。不同之处在于，iGMAS 可以提供 GPS、GLONASS、BDS、Galileo 四大系统的相关数据和产品，为 GNSS 多系统组合应用提供了很大的便利性。

1. 系统构成

　　iGMAS 由分布全球的 30 个跟踪站、3 个数据中心、8 个分析中心、1 个监测评估中心、1 个产品综合与服务中心、1 个运行控制管理中心组成。iGMAS 的主要任务是建立 BDS/GPS/GLONASS/Galileo 导航卫星全弧段、多重覆盖的全球近实时跟踪网，以及具备数据采集、存储、分析、管理、发布等功能的信息服务平台，对全球卫星导航系统（GNSS）运行状况和主要性能指标进行监测和评估，生成高精度精密星历、卫星钟差、地球定向参数、跟踪站坐标和速率、全球电离层延迟模型和 GNSS 完好性等事后产品，支持卫星导航技术试验、监测评估，服务于科学研究和各类应用。其中，iGMAS 的监测和评估的子任务包括 4 部分：星座状态、导航信号、导航信息和服务性能。

1) 跟踪站

　　跟踪站主要完成 BDS/GPS/GLONASS/Galileo 等 GNSS 的信号接收和测量、原始观测数据的采集，并进行数据合理性检验和数据预处理，最后将数据发送至数据中心备份。跟踪站上安装的数据采集与传输设备全部为自主研制。目前，iGMAS 已建成：8 个国内站（北京、拉萨、乌鲁木齐、长春、昆明、上海、武汉、西安）、1 个南极站、1 个北极站及 14 个海外站，部分站点如附图 B-1 所示。

北京站　　　　　　　　　　北极黄河站　　　　　　　　　南极中山站

附图 B-1　部分跟踪站

2）数据中心

数据中心是 iGMAS 原始观测数据收集汇集点，它接收 30 个跟踪站发送的数据，开展数据质量分析，按标准格式生成数据文件，实现数据的归档和存储。目前，iGMAS 已建成长沙、武汉、西安 3 个数据中心，互为备份，用户可从任何一个中心得到所需要的数据。

3）分析中心

分析中心从数据中心获取各种数据，经分析处理后，生成卫星轨道、卫星钟差、地球定向参数、测站坐标和速度、测站钟差、对流层和电离层等核心产品。目前，iGMAS 已建成 8 个分析中心，各分析中心功能相同，可独立开展工作。

4）监测评估中心

监测评估中心从数据中心和产品综合与服务中心获取数据和产品，并利用其他数据源，实现星座可用性监测、空间信号质量监测评估、导航信息监测评估和导航服务性能监测评估，并生成监测评估产品，发送至数据中心和产品综合与服务中心。iGMAS 所监测评估的参数见附图 B-2。

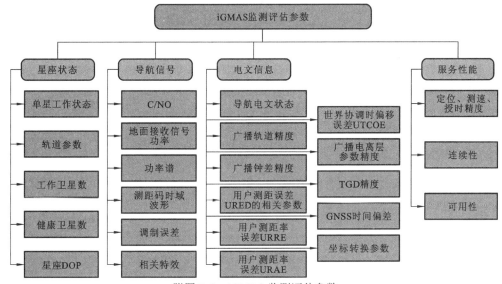

附图 B-2　iGMAS 监测评估参数

5）产品综合与服务中心

产品综合与服务中心是 iGMAS 的高精度产品再处理中心，也是对外服务及产品的发布中心，直接面向各类用户。产品综合与服务中心对各分析中心产品进行质量分析，对结果进行动态加权综合处理，形成最终发布的综合产品，并进行综合产品的精度估计。形成的综合产品发送至数据中心进行存储。

2. 数据产品

iGMAS 产品主要包括卫星轨道和钟差、跟踪站地心坐标、地球自转参数、大气环境参数、频间偏差信息、电离层闪烁指数、民用监测评估结果、完好性产品。各个产品存放目录如附图 B-3 所示。

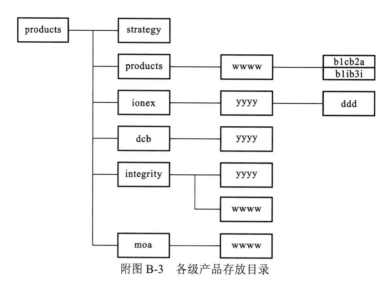

附图 B-3　各级产品存放目录

iGMAS 产品主要包括以下几类。

（1）GNSS 四大系统的卫星精密星历，以 SP3 格式给出。

（2）GNSS 四大系统的卫星钟差和 iGMAS 跟踪站的钟差信息，以 CLK 格式给出。

（3）iGMAS 跟踪站在 ITRF2008 参考框架下的坐标和速度，以 SNX 格式给出。

（4）地球自转参数，主要以 ERP 格式给出，SNX 格式文件有时也会给出。

（5）iGMAS 各跟踪站在天顶方向上的对流层延迟估计，以 TRO 格式给出。

（6）全球电离层延迟信息，即全球总电子含量 VTEC 图。

iGMAS 轨道和钟差产品有 3 种：超快速、快速和最终产品，多数分析中心提交的产品是 15 min 间隔的，一些分析中心也可提供 5 min 间隔的轨道/钟差产品，如 CHD、CGS、XSC 及 BAC 等。

3. 建设现状

iGMAS 所提供产品的质量将直接决定卫星导航定位的精度，因此关于产品精度和一致性的研究从 iGMAS 建立之初就成为热点。虽然 iGMAS 建立时间不久，关于其产品精度和一致性的研究还在起步阶段，但 iGMAS 与 IGS 组织有很多共通之处，很多学者进行了 IGS 产品的精度分析和一致性评价的相关研究，其中有很多方法可以借鉴。IGS 最终产品拥有最好的精度，一般将其作为参照，对 iGMAS 分析中心相应产品的精度进行评定。IGS 产品的一致性主要是指框架的一致性，参考框架的一致性仅可用相同点在两套框架下的坐标差异反映，对 IGS 产品可采用不同坐标系统之间的转换参数来反映。

目前，用户可通过互联网获得 iGMAS 产品的精度，其精度评定以综合产品为基准，作差以确定不同分析中心的产品精度，而产品间的一致性还没有给出。

附录 C　STK 仿真软件

1. 软件概况

STK 仿真软件是先进的商用现货（COTS）分析和可视化工具，可以支持航天、防御和情报任务。利用它可以快速方便地分析复杂任务，获得易于理解的图表和文本形式的分析结果，以确定最佳的解决方案。STK 软件起初多用于卫星轨道分析，随着软件的不断升级（目前已经推出了 12.0 版），其应用也得到了进一步深入，STK 现已逐渐扩展成为分析和执行陆、海、空、天、电（磁）任务的专业仿真平台。STK 软件基本界面如附图 C-1 所示。

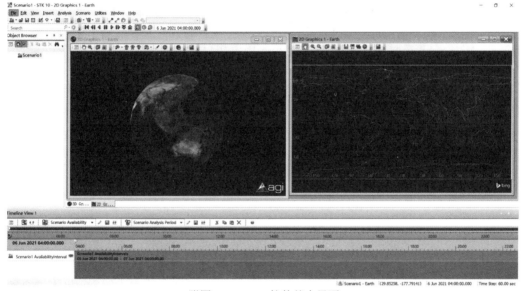

附图 C-1　STK 软件基本界面

STK 软件提供分析引擎用于计算数据，并可显示多种形式的二维地图。STK 软件基本模块的核心能力是产生位置和姿态数据、获取时间、传感器覆盖分析。STK 软件专业版扩展了基本分析能力，包括附加的姿态定义、轨道预报算法、坐标类型和坐标系统、传感器类型、高级的约束条件定义，以及卫星、城市、地面站和恒星数据库。对于特定的分析任务，STK 软件提供了附加分析模块，可以解决通信分析、雷达分析、覆盖分析、轨道机动、精确定轨、实时操作等问题。另外，STK 软件还有三维可视化模块，为 STK 和其他附加模块提供领先的三维显示环境。

STK 软件基本版的主要功能如下。

（1）分析能力。以复杂的数学算法迅速准确地计算出卫星任意时刻的位置、姿态，评估陆地、海洋、空中和空间对象间的复杂关系，以及卫星或地面站传感器的覆盖区域。

（2）生成轨道/弹道星历。STK 软件可以快速而准确地确定卫星在任意时刻的位置，提供卫星轨道生成向导，指引用户建立常见的轨道类型，如地球同步、临界倾角、太阳同步、重复轨道等。

（3）可见性分析。计算场景中任意对象间的访问时间并在二维地图窗口中以动画显示，计算结果为图表或文字报告，可在对象间增加几何约束条件，如传感器的可视范围、地基或天基系统最小仰角、方位角和可视距离等限制。

（4）传感器分析。传感器可以附加在任何空基或地基对象上，用于可见性分析的精确计算，传感器覆盖区域的变化动态地显示在二维地图窗口中。

（5）姿态分析。STK 软件提供标准姿态定义，或从外部输入姿态文件（标准四元数姿态文件），为计算姿态运动对其他参数的影响提供多种分析手段。

（6）可视化的计算结果。STK 软件在二维地图窗口中可以显示所有以时间为单位的信息，多个窗口可以分别以不同的投影方式和坐标系显示，可以向前、向后或实时地显示任务场景的动态变化：空基或地基对象的位置、传感器覆盖区域、可见情况、光照条件、恒星/行星位置等。

（7）全面的数据报告。STK 软件提供全面的图表和文字报告总结关键信息，包含上百种数据，用户可以为一个对象或一组对象定制图表和报告。所有报告均以工业标准格式输出，可以输出到常用的电子制表软件中。

（8）多种操作平台。STK 软件在多种操作系统上均可使用，包括 Windows 2000、Windows NT、Windows XP、Linux，以及大多数包括 SGI、Sun、IBM、DEC 和 HP 的 UNIX 平台。

2. 教学实例——北斗三号和 GPS 定位性能分析

北斗三号系统空间段由 3 颗 GEO 卫星、3 颗 IGSO 卫星和 24 颗 MEO 卫星组成，并在轨道上部署一定数量的备份卫星。GEO 卫星轨道高度为 35 786 km，分别定点于 80°E、110.5°E 和 140°E；IGSO 卫星轨道高度为 35 786 km，轨道倾角为 55°；MEO 卫星轨道高度为 21 528 km，轨道倾角为 55°，分布于 Walker24/3/1 星座。

GPS 系统空间段由 24 颗卫星构成，均匀地分布在 6 个地心轨道平面内，每个平面有 4 颗卫星，在全球范围内覆盖。轨道接近于圆形，沿赤道以 60°间隔均匀分布，轨道半径为 26 600 km，相对于赤道面的倾斜角额定 55°。

北斗三号和 GPS 卫星星座仿真分别如附图 C-2、附图 C-3 所示。

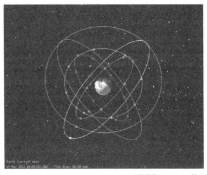
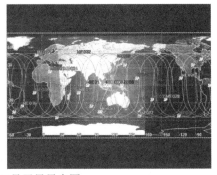

附图 C-2　北斗三号卫星星座图

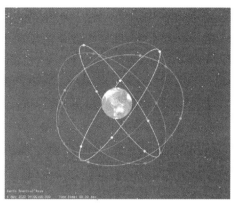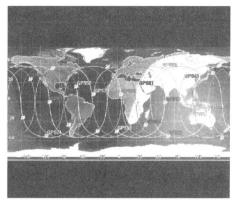

附图 C-3　GPS 卫星星座图

　　由以上参数进行 STK 仿真，得到两系统在全球范围内的卫星可见性示意图，如附图 C-4 所示。

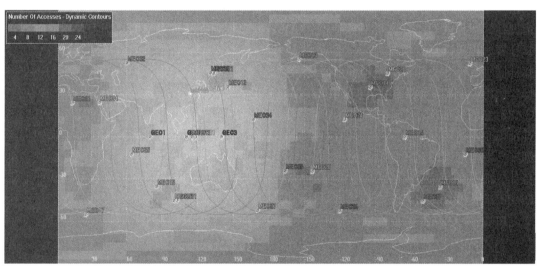

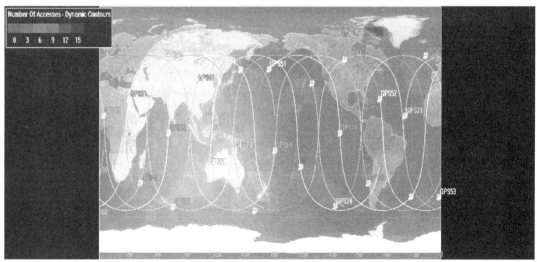

附图 C-4　北斗三号、GPS 卫星可见性示意图

北斗三号系统在全球范围内可见卫星数可以达到 4 颗及以上,实现了全球范围内的有效定位。北斗三号系统在亚太地区可见卫星数达到了 16 颗及以上,这代表着亚太地区的北斗三号卫星可见性非常好。GPS 在全球范围内可见卫星数达到 4 颗及以上,实现了全球范围内有效定位,大部分地区可见卫星数达到 12 颗,有些地区可见性更好,可见卫星数达到了 15 颗。综上,北斗三号系统在全球范围内可见性平均值稍弱于 GPS,在亚太地区可见性好于 GPS。

附图 C-5 中颜色偏绿代表 GDOP 值偏小,颜色偏黄或者红色代表数值偏大。可以看出,北斗三号系统 GDOP 值颜色以绿色为主,在全球大部分地区都能达到 1.5 以内,定位性能良好;两极和亚太少部分地区为 3.0 左右,定位性能较好。GDOP 值总体在 3.5 以下,说明北斗三号系统在全球范围内定位性能较好。GPS 的 GDOP 值分布图颜色上总体来说比北斗三号系统偏黄,即 GDOP 值偏大,全球大部分地区都在 1.5～2.0,少部分地区达到了 3.5～4.0,极少部分地区达到了 4.0 以上,定位性能较好但弱于北斗三号系统。

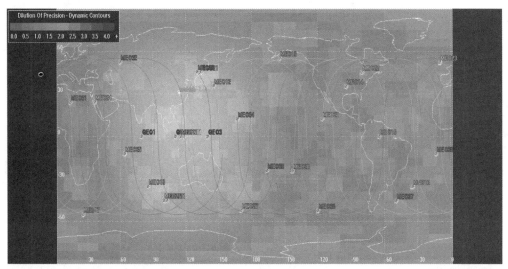

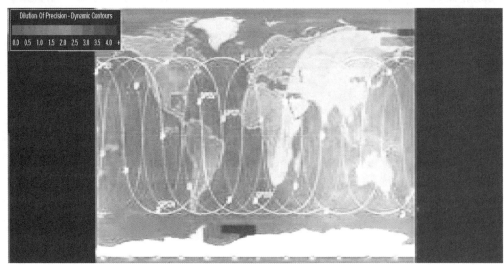

附图 C-5   北斗三号/GPS GDOP 值分布图
扫封底二维码看彩图

附图 C-6 为北斗三号系统和 GPS 定位精度分布图。北斗三号系统定位精度在全球大部分地区达到 6～9 m，少数地区达到 12 m，极少数地区定位精度理想时可以达到 0～3 m，在亚太地区定位精度明显优于全球其他地区。GPS 定位精度在全球大部分地区达到了 6～9 m，少部分地区达到了 12～15 m，极少部分地区在 15 m 以上。对比来看：GPS 在全球范围内的定位精度较为平均，没有出现某一地区定位精度远优于其他地区的情况；GPS 定位精度最差的地区比北斗三号系统定位精度最差的地区多。

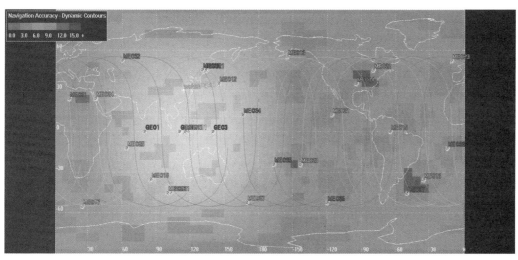

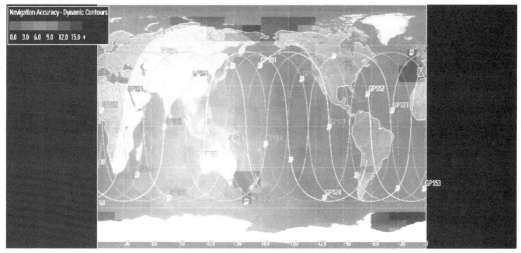

附图 C-6　北斗三号/GPS 定位精度分布图

在具体教学过程中，通过利用 STK 软件进行上述操作实践，能够更加深刻理解北斗卫星导航系统的定位性能，使枯燥的原理知识变得生动有趣，可以提高课堂教学效果。在实践中学习，可以极大地提高学习积极性和主动性，在亲自动手对北斗卫星导航系统的性能分析过程中，可以自行对仿真的数据进行分析和总结，提高探索能力，促进更深入地学习知识，最终达到预期的教学目的。

附录 D RTKLIB 软件

1. 软件概况

RTKLIB 软件是日本东京海洋大学开发的一个开源程序包，用于全球导航卫星系统的精确定位，内置详细的参数调整功能，可以设置定位方式及星历，可以查看卫星数据，让用户可以更方便地执行定位标准设置。RTKLIB 软件由一个可移植的程序库和几个利用该库的应用程序组成，拥有很多工具，支持 AP 启动器、实时定位、通信服务器、后处理分析、RINEX 转换器、绘制解决方案和观察数据、全球导航卫星系统数据下载、NTRIP 浏览器等功能，满足用户对定位的需求。RTKLIB 2.4.2 应用程序启动器基本界面如附图 D-1 所示。

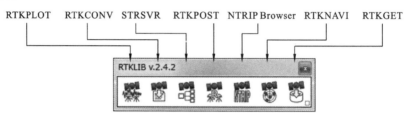

附图 D-1 RTKLIB 2.4.2 应用程序启动器基本界面

RTKLIB 软件的主要功能如下。

（1）支持标准和精确定位算法：GPS、GLONASS、Galileo、QZSS、BDS 和 SBAS 等。

（2）支持 GNSS 实时和后处理的各种定位模式：单点、DGPS/DGNSS、运动学、静态、移动基线、固定、PPP-运动学、PPP-静态和 PPP-固定等。

（3）支持 GNSS 的许多标准格式和协议：RINEX 2.10、2.11、2.12 OBS/NAV/GNAV/HNAV/LNAV/QNAV，RINEX 3.00、3.01、3.02 OBS/NAV，RINEX 3.02 CLK，RTCM 2.3 版，RTCM 3.1 版（含修订 1-5）、3.2 版，BINEX，NTRIP 1.0，RTCA/DO-229C，NMEA 0183，SP3-c，ANTEX 1.4，IONEX 1.0，NGS PCV 和 EMS 2.0 等。

（4）支持若干 GNSS 接收器的专有消息：NovAtel：OEM4/V/6，OEM3，OEMStar，Superstar II，Hemisphere：Eclipse，Crescent，u-blox：LEA-4T/5T/6T，SkyTraq：S1315F，JAVAD：GRIL/GREIS，Furuno：GW-10 II/III 和 NVS NV08C BINR 等。

（5）通过以下方式支持外部通信：串行、TCP/IP、NTRIP、本地日志文件（记录和回放）和 FTP/HTTP（自动下载）等。

（6）为 GNSS 数据处理提供许多库功能和应用程序：卫星和导航系统功能，矩阵和矢量功能，时间和字符串功能，坐标转换，输入和输出功能，调试跟踪功能，平台相关功能，定位模型，大气模型，天线模型，地球潮汐模型，大地水准面模型，数据转换，RINEX 功能，星历表和时钟功能，精确星历表和时钟功能，接收器阵列数据功能，RTCM 功能，解决方案功能，谷歌地球 KML 转换器，小卫星功能，选项功能，流数据输入和输出功能，整数环境解决方案，标准定位，精确定位，后处理定位，流服务器功能和实时传输等。

2. 教学实例

1）RTKNAVI 实时定位解算

导航的核心是定位。实时定位是根据接收机观测到的数据，实时地解算出接收机天线所在的位置。利用 RTKLIB 的 RTKNAVI 软件，输入 GPS/GNSS 接收机原始观测数据和星历信息，配置输入、输出和日志流等，可以实时进行导航处理。

RTKNAVI 实时定位解算设置如附图 D-2（a）所示。各项内容设置完毕，点击 "Start" 按钮开始运行。解算后的实时定位结果如附图 D-2（b）所示。可以看出，GPS 的定位结果为 35° 43′08.2300″N、138° 27′02.1531″E，高程为 367.430 m，N 方向的定位偏差为 0.004 m，E 方向的定位偏差为 0.004 m，U 方向的定位偏差为 0.012 m，14 号卫星未被使用，21 号卫星等待连接，9、12、15、18、22、26、27、30 号卫星已连接。

 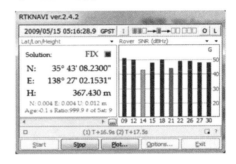

（a）实时定位解算设置　　　　　　　　（b）实时定位解算结果

附图 D-2　RTKNAVI 设置与实时定位解算

通过 RTKLIB 的 RTKNAVI 实时定位解算，可以直接地观察经纬度、高程、N/E/U 方向的定位偏差，卫星运行情况和流动站信噪比等导航定位信息随时间的变化情况，从而加深对卫星导航定位的理解。

2）RTKPOST 后处理分析

事后定位是通过对接收机接收到的数据事后处理进行定位的方法。利用 RTKLIB 的 RTKPOST 软件，输入标准 RINEX 格式观测数据和导航电文文件，可以进行各种模式的定位分析。

RTKPOST 设置如附图 D-3（a）所示。数据、文件路径和参数等内容设置完毕，点击 "Execute" 按钮进行数据分析计算。处理完成后的可视化定位分析结果如附图 D-3（b）所示。

通过 RTKLIB 的 RTKPOST 后处理分析，可以直接地观察定位结果，从而加深对卫星导航定位的理解。

3）RTKPLOT 可视化分析

可视化分析是指用图像或者图表的方式分析定位解算的水平。利用 RTKLIB 的 RTKPLOT 软件，输入观测数据和导航电文，不仅可以查看和绘制定位方案、RINEX 观测数据，还可以进行卫星可视化分析。

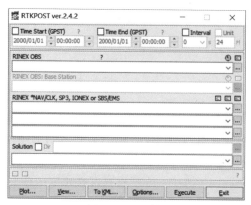

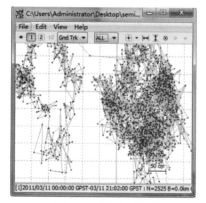

（a）RTKPOST设置 （b）事后定位分析结果

附图 D-3 RTKPOST 设置与事后定位分析

RTKLIB 软件可以形象地绘制轨迹图、接收机位置图和残差图等，便于直接观察。除此之外，RTKLIB 软件还可以读取地图影像和谷歌地球视图，便于清晰地展示位置点和运动轨迹。

RTKPLOT 可视化设置如附图 D-4（a）所示。利用 RTKPLOT 绘制的轨迹图、接收机位置图和残差图，如附图 D-4（b）～（d）所示。利用 RTKLIB 软件可以轻易解算出各时刻接收机位置的 E/N/U 分量，示例的统计结果：算术平均值均为 0 m，标准差分别为0.159 8 m、0.117 6 m 和 0.790 6 m，均方根误差分别为 0.159 8 m、0.117 6 m 和 0.790 4 m。对比附图 D-4（c）的 3 条曲线，可以明显看出，初始定位的精度不高，E/N/U 方向均存在较大偏差，N 方向在最短时间内趋近稳定，U 方向波动不断。由附图 D-4（d）可以看出伪距残差、载波相位残差、高度角和信号强度随时间的变化情况。

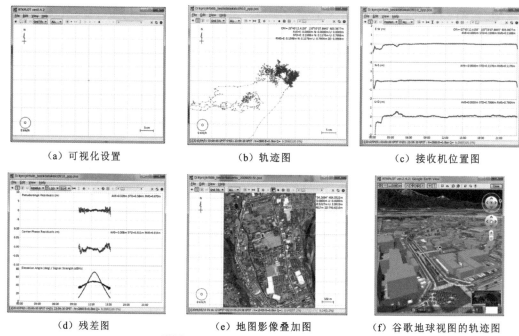

（a）可视化设置 （b）轨迹图 （c）接收机位置图

（d）残差图 （e）地图影像叠加图 （f）谷歌地球视图的轨迹图

附图 D-4 RTKPLOT 设置与可视化分析

利用 RTKPLOT 绘制的地图影像叠加图和谷歌地球视图的轨迹图如附图 D-4（e）和（f）所示。对比附图 D-4（b）、（e）和（f），可以明显地看出，二维实景图和三维立体图的叠加较单一的无参考系的点线图，有着不可比拟的优势，呈现的层次更为丰富。

卫星可见性、精度因子、信噪比、多路径和截止高度角是评价卫星导航定位性能的重要指标。以往对这几种指标的描述主要采用定量说明，缺乏形象直观的展示。借助 RTKPLOT 可以给出这几种指标的可视化表达，非常有助于深刻理解卫星导航定位性能。

可视卫星变化情况如附图 D-5（a）所示。由图可以看出，各颗可视卫星随时间的变化情况。其中，GPS 的可视卫星数量最多，Galileo、GLONASS 和 QZSS 部分卫星可视性的连续性好。

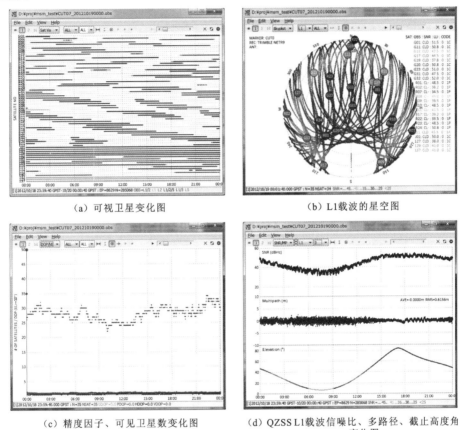

（a）可视卫星变化图   （b）L1 载波的星空图

（c）精度因子、可见卫星数变化图   （d）QZSS L1 载波信噪比、多路径、截止高度角变化图

附图 D-5 定位性能分析

L1 载波的星空图如附图 D-5（b）所示。由图可以看出，GPS、GLONASS、QZSS 和 SBAS 播发 L1 载波信号的卫星在星空的运行情况。其中，GPS 卫星有 9 颗，GLONASS 卫星有 12 颗，QZSS 卫星有 1 颗，SBAS 卫星有 3 颗。

精度因子和可见卫星数的变化情况如附图 D-5（c）所示。由图可以看出，日平均 DOP 值为 0，可见卫星数最少为 22 颗，最多为 34 颗。

QZSS L1 载波信噪比、多路径和截止高度角的变化情况如附图 D-5（d）所示。由图可以看出，QZSS L1 载波的信噪比大于 30 dBHz，多路径误差的平均值为 0 m，均方根值为 0.615 6 m，截止高度角随时间发生规律性变化。

附录 E Bernese 5.2 软件

1. 软件概况

1）简介

Bernese GNSS 数据处理软件由瑞士伯恩大学天文研究所研制。Bernese 软件可处理 GNSS 数据和 GLONASS 数据，具有详细的计算过程参数控制、国际标准适应性、模块化设计、测量数据处理精度高、模块结构清晰、运算速度快等特点。Bernese 软件的功能非常强大，采用准确的数学模型，吸纳各种有效改善定位、定轨精度的方法，是 IGS 数据分析处理中心所采用的软件之一，并且有专门的团队不断进行维护和升级。相比于其他高精度 GNSS 数据处理软件（例如美国麻省理工学院和斯克里普斯研究所共同开发的 GAMIT 软件、美国喷气推进实验室开发的 GIPSY 软件、武汉大学自主研发的 PANDA 软件），Bernese 软件同时支持非差和双差两种处理模式，且具有非常强大的自动批处理功能。目前，Bernese 软件已在精密定轨、地质灾害、地壳运动分析、GNSS 天线相位中心变化、对流层天顶延迟估计、高精度 GNSS 软件对比分析、CORS 网数据自动解算等方面得到了广泛的研究与应用。从 1988 年至今该软件分别推出了 3.0 版、3.2 版、3.3 版、3.4 版、3.5 版、4.0 版、4.2 版、5.0 版及目前最新的 5.2 版。5.2 版与 5.0 版在定轨应用中参数对比如附表 E-1 所示。

附表 E-1 Bernese 定轨参数对比

项目	Bernese V5.2	Bernese V5.0
重力场模型	GNSS：JCM3， LEO：EGM2008-SMALL	GNSS：JCM3， LEO：EIGEN2
章动模型	IAU2000R06	IAU2000.NUT
极移模型	IERS2010XY	IERS2000.SUB
N 体摄动和行星星历	DE405	DE200
卫星信息	SATELLIT.I08	SATELLIT.I05
固体潮模型	TIDE2000.TPO	TIDE2000
海潮模型	OT-FES2004.TID	OT-CSRC.TID
大气折射延迟修正模型	Marini-Pavlis	Marini-Murray
坐标系	J2000 惯性坐标系，RSW 星固坐标系	J2000 惯性坐标系
经验力参数	伪随机脉冲：每天 240 组	
重力场阶数	JCM：20 阶；EGM2008-SMALL：120 阶；EIGEN2：120 阶	
观测数据类型	非差双频观测值	
采样间隔	30 s	
数据剔除方式	MW 组合观测模型和非几何组合观测模型	
X、Y、Z	均为 5.0D-06	

2）安装调试

本书所使用的 Bernese V5.2 为 Windows 版本，其安装调试相较于 Linux 版本具有安装简单和使用便捷的特点。下面将详细阐述 Bernese V5.2 在 Windows 环境下的安装与调试。

（1）安装

①安装包准备。Bernese V5.2 安装包解压后如附图 E-1 所示。

README	2020/11/9 9:14	文件夹	
RNXCMP	2020/11/9 9:14	文件夹	
SETUP	2020/11/9 9:14	文件夹	
Windows	2020/11/9 9:14	文件夹	
ZIPEXE	2020/11/9 9:14	文件夹	
ActivePerl-5.12.4.1205-MSWin32-x86-...	2017/3/15 10:50	Windows Install...	26,968 KB
content	2012/12/18 14:52	文本文档	2 KB
DE405.EPH	2017/3/16 12:34	EPH 文件	3,659 KB
gzip	2017/3/15 17:40	应用程序	90 KB
RNXCMP	2017/3/15 15:55	WinRAR ZIP 压缩...	1,204 KB

附图 E-1　Bernese V5.2 安装包

②per 环境安装。双击附图 E-1 中的 ActivePerl 的 exe 文件，默认安装路径为 C 盘，也可根据个人计算机配置情况将安装路径改为 D 盘。

③安装 Bernese 软件。依次安装附图 E-1 中 SETUP 文件夹（附图 E-2）中的 BERN52.EXE，GPSUSER52.EXE 及 CAMPAIGN52.EXE。其中安装完 GPSUSER52.EXE 时会默认继续安装一应用程序，如未弹出自动安装提示需要手动安装附图 E-2 中的 GPSTEMP.EXE；安装 CAMPAIGN52.EXE 时会默认继续安装 DATAPOOL.EXE 与 SAVEDISK.EXE，若未弹出自动安装提示，需要手动安装。

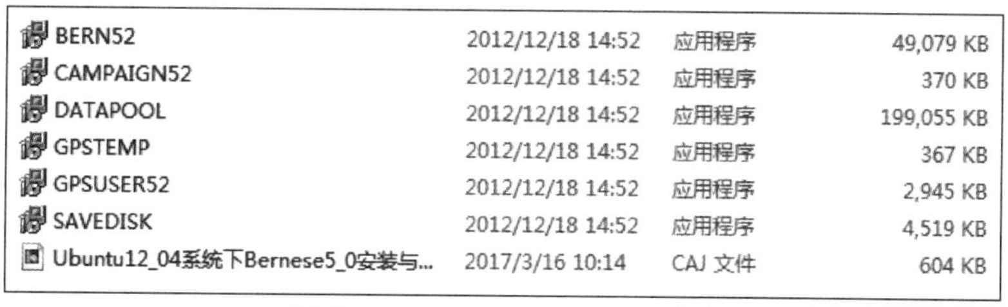

BERN52	2012/12/18 14:52	应用程序	49,079 KB
CAMPAIGN52	2012/12/18 14:52	应用程序	370 KB
DATAPOOL	2012/12/18 14:52	应用程序	199,055 KB
GPSTEMP	2012/12/18 14:52	应用程序	367 KB
GPSUSER52	2012/12/18 14:52	应用程序	2,945 KB
SAVEDISK	2012/12/18 14:52	应用程序	4,519 KB
Ubuntu12_04系统下Bernese5_0安装与...	2017/3/16 10:14	CAJ 文件	604 KB

附图 E-2　Bernese V5.2 EXE 安装

④文件替换与增加。将附图 E-1 中 ZIPEXE 中的文件全部复制到安装路径下的 BERN52 文件夹内并覆盖（C\BERN52\PGM\EXE_AIUB）。再将附图 E-1 中的 DE405.EPH 复制到 C\BERN52\GNSS\GEN。完成以上两步之后在 BERN52 安装路径里新建 BerneseMe 文件夹，再将附图 E-1 中的 gzip.exe 与附图 E-3Windows 文件里的 crx2rnx.exe、rnx2crx.exe 复制到新建文件夹里。

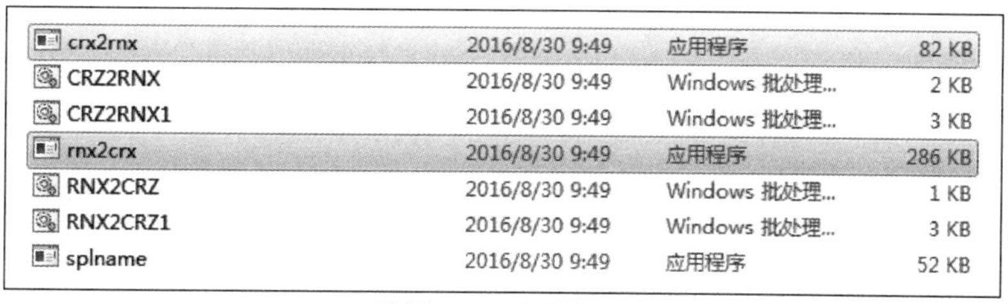

crx2rnx	2016/8/30 9:49	应用程序	82 KB
CRZ2RNX	2016/8/30 9:49	Windows 批处理...	2 KB
CRZ2RNX1	2016/8/30 9:49	Windows 批处理...	3 KB
rnx2crx	2016/8/30 9:49	应用程序	286 KB
RNX2CRZ	2016/8/30 9:49	Windows 批处理...	1 KB
RNX2CRZ1	2016/8/30 9:49	Windows 批处理...	3 KB
splname	2016/8/30 9:49	应用程序	52 KB

附图 E-3　文件替换

⑤环境变量设置。将新建的 BerneseMe 文件夹添加到系统变量中,添加过程如附图 E-4 所示。

附图 E-4　环境变量设置

⑥安装完成。完成以上工作,Bernese V5.2 即已安装,重启计算机即可运行软件。

(2)调试

重启计算机后,启动 Bernese 软件,运行 Bernese V5.2 自带案例以验证软件是否安装成功。

①打开软件,如附图 E-5 所示,点击 CAMPAIGN→Select active campaign,选择自带案例,点击 OK。

附图 E-5　案例选择

②点击 Configure→Set session/Compute date，在 Session table 选项中，点击 SES 并选择 SESSIONS，点击 Set，点击 OK，如附图 E-6 所示。

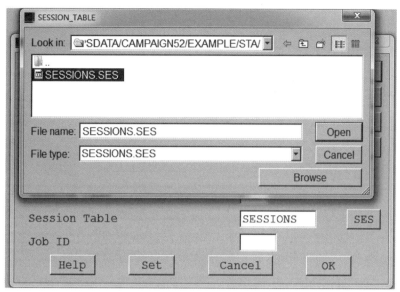

附图 E-6　SES 选择

③点击 BPE→Start BPE Processing，如附图 E-7 所示，并点击 Next。

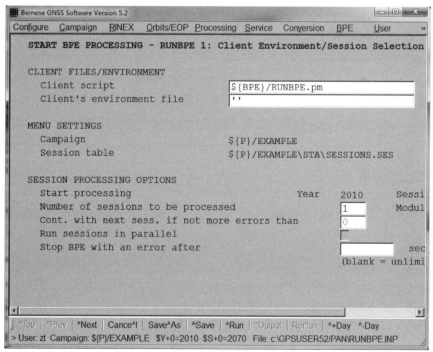

附图 E-7　BPE 处理界面

之后进入 Process Control Options 界面，如附图 E-8 所示，点击 PCF，选择 PPP_DEMO.PCF 并点击 Open。

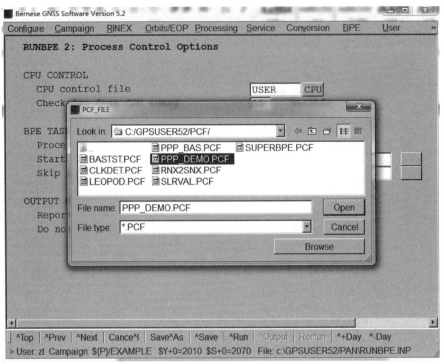

附图 E-8　PCF 选择

接着点击 NEXT，进入 Output Filenames 界面，如附图 E-9 所示，无须更改，点击 Next。

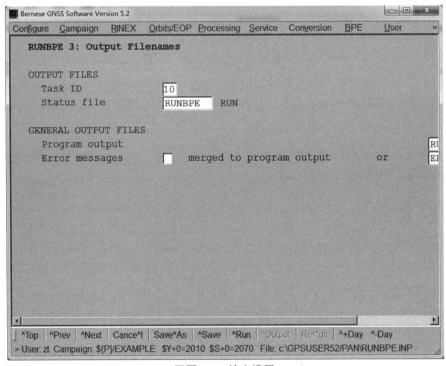

附图 E-9　输出设置

④运行至附图 E-10 所示界面时，点击 Run。

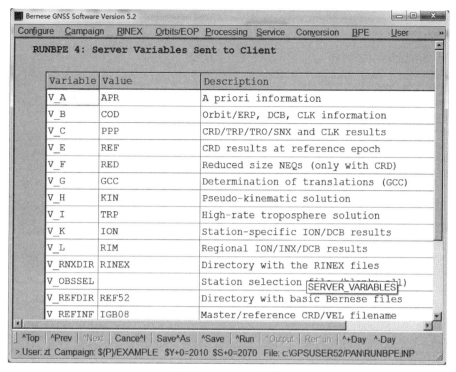

附图 E-10 BPE 变量

⑤点击 Run 之后，BPE 运行界面如附图 E-11 所示。

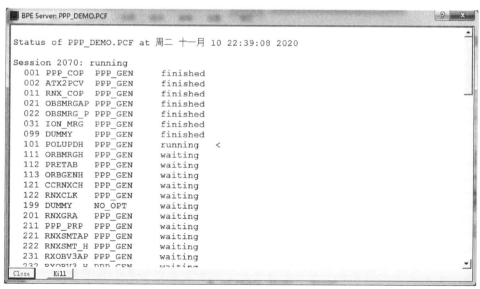

附图 E-11 BPE 运行界面

⑥若运行结果如附图 E-12 所示是 finished，则程序安装成功。若不是 finished 而是 error 或者一直是 running，则程序安装出错，最为常见的是环境变量设置出错或者是缺少某些必要文件，具体可打开 LOG 文件查询。

附图 E-12　BPE 运行成功

2. 教学实例——定轨解算

1）项目设置

打开 Bernese V5.2 软件，点击 Campaign→Edit list of campaigns 设置新的项目，比如 ${P}/GRCA，点击保存。点击 Campaign→Select active campaign，选择${P}/GRCA，会出现两个信息提示，直接点击确定。点击 Campaign→Creat new campaign，点击 Run。这一个项目就创建好了，可以在 GPSDATA\CAMPAIGN52 文件夹下看到刚创建的项目。

2）时间设置

点击 Configure→set session/compute date，在附图 E-13 4 个日期设置框中随便选择一个进行日期设置（设置一个点击"Set"其他三个会自动修改），点击"OK"。

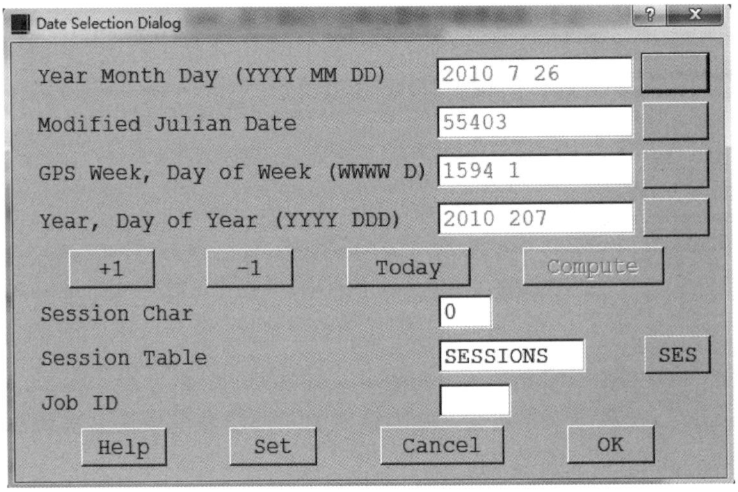

附图 E-13　时间设置

3）BPE 批处理

点击 BPE→Start BPE Processing，进入附图 E-14 所示界面。

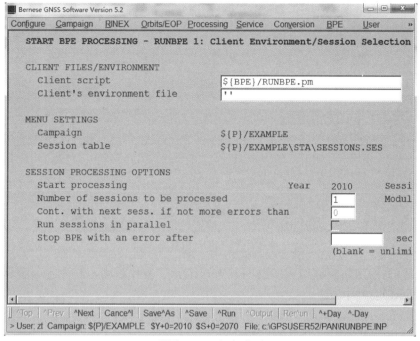

附图 E-14　任务选项

点击"Next"，进入附图 E-15 所示界面，点击"PCF"，选择 LEOPOD.PCF，点击"Open"，继续点击"Next"。

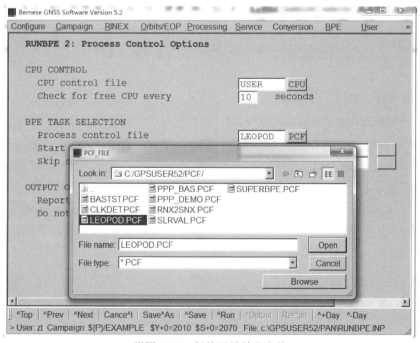

附图 E-15　低轨卫星精密定轨

之后的处理步骤无须改动变量，直至开始解算。运行成功如附图 E-16 所示。

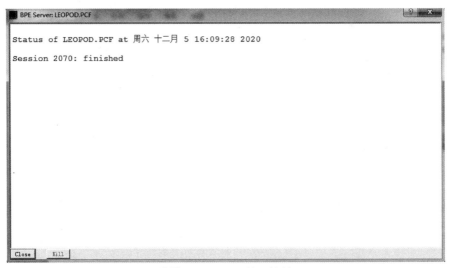

附图 E-16　POD 处理结果

附图 E-17 为定轨解算结果中的两种方法统计学参数对比，其他各项解算结果可在 GRACEAF.PRC 文件中查看。

```
=========================================================
PART 7: ORBIT COMPARISON
=========================================================

Comparison of reduced-dynamic and kinematic orbit:
            radial    along-track   out-of-plane
RMS         0.0234      0.0176         0.0149  m
Mean       -0.0003     -0.0024         0.0086  m
Min        -0.1099     -0.0664        -0.0316  m
Max         0.1175      0.0511         0.0418  m
```

附图 E-17　简化动力学定轨与运动学定轨对比

4）数据下载

GNSS 相关数据包括 GNSS 电离层数据、观测数据、广播星历、精密星历和钟差等，需要在相关网站下载，目前常用的网站有 3 个：武汉大学 IGS 数据中心（ftp://igs.gnsswhu.cn）、Scripps Orbit and Permanent Array Center（http://sopac.ucsd.edu）、NASA 的 CCDDIS 官网（https://cddis.nasa.gov）。